“十二五”职业教育国家规划教材
经全国职业教育教材审定委员会审定

“十三五”江苏省高等学校重点教材
(编号:2020-1-011)

荣获中国石油和化学工业优秀出版物奖（教材奖）一等奖

有机化工生产技术与操作

第三版

陈学梅　梁凤凯　主编
陈炳和　主审

·北　京·

内容简介

《有机化工生产技术与操作》第三版的主要内容有：化工装置的总体开车运行；乙烯、甲醇、甲醛、环氧乙烷、乙酸、氯乙烯、丙烯腈、丁二烯、苯乙烯等典型有机化工产品的生产准备、生产方法选择、生产条件确定、工艺流程组织、开停车与正常生产操作步骤和要求、异常生产现象的判断和处理等；同时在“学习拓展与知识链接”中介绍了近代国内外典型的化工先锋人物以及前沿技术进展等。每个项目都配套了电子课件、练习与实训指导（有参考答案）、项目考核与评价（有参考答案）以及便于网络化教学的“资源导读”。

本书具有实用性、综合性、典型性和先进性，既可作为高等职业教育化工技术类专业的学习教材，也可作为从事化工、石化及相关行业的工程技术人员、生产管理人员以及生产一线高级操作人员了解新知识、新技术、新工艺、新方法，扩展专业知识范围，提高生产操作技能，取得相应职业资格证书的参考用书。

图书在版编目（CIP）数据

有机化工生产技术与操作/陈学梅，梁凤凯主编. —3版. —北京：化学工业出版社，2020.11（2024.1重印）

ISBN 978-7-122-37981-8

Ⅰ.①有… Ⅱ.①陈… ②梁… Ⅲ.①有机化工-化工产品-生产工艺-高等职业教育-教材 Ⅳ.①TQ207

中国版本图书馆CIP数据核字（2020）第225056号

责任编辑：提 岩 窦 臻　　文字编辑：李 瑾
责任校对：宋 夏　　装帧设计：张 辉

出版发行：化学工业出版社（北京市东城区青年湖南街13号 邮政编码100011）
印 装：河北鑫兆源印刷有限公司
787mm×1092mm 1/16 印张16¾ 字数413千字 2024年1月北京第3版第8次印刷

购书咨询：010-64518888　　售后服务：010-64518899
网 址：http://www.cip.com.cn
凡购买本书，如有缺损质量问题，本社销售中心负责调换。

定 价：48.00元

前言

《有机化工生产技术与操作》教材自2010年出版以来，历经十年教学实践，不断修订完善，受到了广大教师和学习者的喜爱。

第三版教材是在第二版教材的基础上，依据化工技术类专业国家教学标准和职业技能等级标准1+X修订。第三版仍保持了第二版教材的特色，教材内容采用项目化方式，选取的十个典型项目载体不变，突出安全、环保、节能思想；项目内容的编排方式不变，以工作过程为导向，强化创新能力和实践能力，符合认知规律和岗位工作过程的需要；编写团队坚持“双元编写”，由多年从事高等职业教育，有着丰富教学经验和科研经历的高职院校教师和多年在化工生产一线从事生产操作与技术管理的行家里手及实践专家合作编写而成。

本次修订充分落实党的二十大报告中关于“着力推动高质量发展”“实现新型工业化”“加快建设制造强国”“推动绿色发展”等要求，对新知识、新工艺、新技术、新标准进行了更新和补充，将新安全生产法等内容融入各项目中。为了深入贯彻党的二十大精神，落实立德树人根本任务，在重印时继续不断完善，在“素质目标”中融入培养家国情怀、文化素养和道德修养等理念，在“学习拓展和知识链接”中介绍近代典型的化工先锋、榜样的力量，弘扬爱国情怀，树立民族自信，培养学生的职业精神和职业素养。在原有配套数字化教学资源的基础上，充分利用互联网信息时代的二维码技术，形成信息化资源配套的新形态教材，提供微课、动画、案例、图片等教学资源和素材，更显直观易懂，以拓展学习者线上、线下学习。

本书的项目一由天津职业大学梁凤凯编写，项目二、项目六（部分）由南京科技职业学院王一男编写，项目三（部分）、项目十（部分）由南京科技职业学院陈学梅编写，项目四、项目八由内蒙古化工职业学院郑焱编写，项目五由天津职业大学刘希东编写，项目六（部分）由中国石化集团南京化学工业有限公司朱立新编写，项目七、项目九由辽宁石化职业技术学院刘小隽编写，项目三（部分）、项目十（部分）由湖南石油化工职业技术学院窦岩编写。全书由陈学梅、梁凤凯统稿并担任主编，常州工程职业技术学院陈炳和教授担任主审。

编者对中沙（天津）石化有限公司、中国石化集团扬子石油化工有限公司化工厂、扬子巴斯夫苯乙烯系列有限公司、中国石化集团南京化学工业有限公司、中国石化集团金陵石化化工一厂、惠生（南京）化工有限公司和天津渤海化工集团公司等单位提供珍贵技术资料的有关工程技术专家，对本书中参考文献的作者，对全国石油和化学工业职业教育教学指导委员会化工技术类专业委员会的组织领导以及化学工业出版社的大力支持，在此一并表示衷心感谢。

由于编者水平所限，书中不足之处在所难免，恳请广大读者批评指正，并深表谢意。

编者

第一版前言

高等职业教育作为我国三大教育体系中的重要组成部分和高等教育发展中的一个类型，肩负着培养面向生产、建设、服务和管理第一线需要的高技能人才的使命，在我国加快推进社会主义现代化建设进程中具有不可替代的作用。本书按照教育部高职高专化工技术类专业教学指导委员会的发展规划，依据教育部“关于全面提高高等职业教育教学质量的若干意见[高教（2006）16号]”和“教育部、财政部关于实施国家示范性高等职业院校建设计划加快高等职业教育改革与发展的意见”，参照相关的国家职业资格标准，针对我国化工技术领域和职业岗位（群）的任职需要，以应用性职业岗位需求为中心，以学生能力培养、技能实训为本位，以培养基本操作技能为主线，力求教材内容和职业资格认证培训内容有机衔接。

本书在内容体系上进行了改革性的尝试与探索，由多年从事高等职业教育有着丰富教学经验、科研经历和生产实践的高职院校教师与长期在化工生产一线从事生产操作、技术管理的行家里手及实践专家共同合作，针对现代化工企业对生产操作和管理一线岗位的要求，确定课程学习目标。以化工生产操作典型工作任务分析为基础，把化工生产一线操作人员的操作技能明确为具体能力目标、把操作技能的理论支撑界定为知识目标，操作和管理人员所具备的职业素养确定为素质目标，着重培养学生的岗位操作和产品质量控制技能、生产岗位的设备维护保养及故障处理等方面的能力，按照学生的认知规律，以企业理念和工程语言介绍了化工装置的总体开车运行；以乙烯、乙炔、甲醇、甲醛、醋酸、环氧乙烷、氯乙烯、丙烯腈、丁二烯、精对苯二甲酸、苯乙烯、邻苯二甲酸二辛酯12个典型有机化工产品为项目载体，结合化工生产实际，以“生产准备、生产方法选择、应用生产原理确定生产条件、工艺流程组织、正常生产操作、异常生产现象的判断与处理”等为工作任务，对产品的性能与用途、原料工业规格要求、产品质量指标要求、产品的工业生产方法选择、主副反应、催化剂、工艺条件、生产工艺流程及主要设备、开停车操作步骤和要求、生产中常见异常现象的判断与处理方法等进行介绍；同时作为“学习拓展”，简要阐述了化工产品的包装贮运、安全生产技术、“三废”治理与环境保护、节能措施、新技术、新工艺等。

本书的项目一（部分)、项目三（部分)、项目六（部分）由天津职业大学梁凤凯编写，项目二、项目七、项目十一由南京化工职业技术学院王一男编写，项目四、项目十二、项目十三由南京化工职业技术学院陈学梅编写，项目五、项目九（部分）由内蒙古化工职业学院郑焱编写，项目八、项目十由辽宁石化职业技术学院刘小隽编写，项目一（部分）由天津渤海化工集团公司天津化工厂孙洪林编写，项目三（部分）由天津渤海化工集团公司天津化工厂刘东光编写，项目六（部分）由天津石化公司烯烃部徐志杰编写，项目九（部分）由齐鲁石化公司丙烯腈厂王少青编写。全书由梁凤凯和陈学梅统稿，常州工程职业技术学院陈炳和教授担任主审。

编者对中国石化扬子石油化工有限公司化工厂、扬子巴斯夫苯乙烯系列有限公司、中石化南京化学工业有限公司、中石化金陵石化化工一厂、南京惠生化工有限公司、中石化天津分公司和天津渤海化工集团公司等单位的有关工程技术专家提供的珍贵技术资料，对本书中的参考文献作者，对全国化工高等职业教育教学指导委员会化工技术类专业委员会的组织领导以及化学工业出版社的大力支持，在此一并表示衷心感谢。由于水平所限，加之时间仓促，书中不妥之处在所难免，恳请读者批评指正，并深表谢意。

编者

2010年6月

第二版前言

《有机化工生产技术与操作》第一版是全国化工高等职业教育教学指导委员会化工技术类专业委员会组织建设的规划教材，也是中国石油和化学工业行业规划教材，2010 年 9 月由化学工业出版社正式出版，并在全国高职院校得到广泛使用。

《有机化工生产技术与操作》第二版于 2013 年由化学工业出版社组织申报并被教育部立项为“十二五”职业教育国家规划教材。依据“十二五”职业教育国家规划教材立项原则要求，为使《有机化工生产技术与操作》更加完善，成为高职教育的精品教材，教材编写团队主要进行了如下修订。

1. 更新教材部分内容、反映产业技术升级。第二版将第一版所选的 13 个项目筛选为 10 个项目，并对每个项目中出现的新技术、新材料、新设备和新工艺等进行适时的更新，以充分体现有机化工生产的现状和发展方向。

2. 完善教学目标。教学目标中增加了素质目标，从能力目标、知识目标和素质目标三方面进行阐述，并逐一落实到具体的工作任务中。

3. 配套数字化教学资源。第二版在完成教材出版的同时，还配套了每个项目的电子课件、练习与实训指导参考答案、项目考核与评价参考答案等数字化教学资源，以方便开展教学活动。选用本教材的学校可以和化学工业出版社联系（cipedu@163. com)，免费索取。

4. 为了深入理论探索、适应教学改革、把握行业动态、获取更多资源，适于网络化教学，每个项目都增加了“资源导读”的内容。

第二版以乙烯、甲醇、甲醛、环氧乙烷、醋酸、氯乙烯、丙烯腈、丁二烯、苯乙烯等典型有机化工产品为项目载体，结合化工生产实际，以“生产准备、生产方法选择、应用生产原理确定生产条件、工艺流程组织、正常生产操作、异常生产现象的判断与处理”等为工作任务，以“工厂化”理念和“工程化”语言对产品的性能与用途、原料工业规格要求、产品质量指标要求、产品的工业生产方法选择、主副反应、催化剂、工艺条件、生产工艺流程及主要设备、开停车操作步骤和要求、生产中常见异常现象的判断与处理方法等进行介绍；同时作为“学习拓展”，简要阐述了化工产品的包装贮运、安全生产技术、“三废”治理与环境保护、节能措施、新技术、新工艺等。

本书的项目一、项目五由天津职业大学梁凤凯编写，项目二、项目六由南京科技职业学院（南京化工职业技术学院）王一男编写，项目三、项目十由南京科技职业学院陈学梅编写，项目四、项目八由内蒙古化工职业学院郑焱编写，项目七、项目九由辽宁石化职业技术学院刘小隽编写，项目一（部分）由天津渤海化工集团公司天津化工厂孙洪林编写，项目五（部分）由中沙（天津）石化有限公司徐志杰编写，项目八（部分）由齐鲁石化公司丙烯腈厂王少青编写。全书由梁凤凯和陈学梅统稿，常州工程职业技术学院陈炳和教授担任主审。

编者对中沙（天津）石化有限公司、中国石化扬子石油化工有限公司化工厂、扬子巴斯夫苯乙烯系列有限公司、中石化南京化学工业有限公司、中石化金陵石化化工一厂、南京惠生化工有限公司和天津渤海化工集团公司等单位的有关工程技术专家提供的珍贵技术资料，对本书中参考文献的作者，对全国石油和化学工业职业教育教学指导委员会化工技术类专业委员会的组织领导以及化学工业出版社的大力支持，在此一并表示衷心感谢。由于编者水平所限，加之时间仓促，书中不妥之处在所难免，恳请读者批评指正，并深表谢意。

编者

2015 年 3 月

目录

项目一　化工装置的总体开车运行　001

项目二　乙烯的生产　044

项目三 甲醇的生产 077

项目四 甲醛的生产 101

项目五 环氧乙烷的生产 135

项目六　乙酸的生产 154

项目七　氯乙烯的生产 178

项目八　丙烯腈的生产　193

项目九　丁二烯的生产　223

项目十　苯乙烯的生产　236

项目一

化工装置的总体开车运行

教学目标

知识目标：1. 了解制定化工装置总体试车方案的意义。

2. 了解化工容器容积检定的含义、技术要求及检定方法。

3. 掌握化工装置试压、吹扫与清洗、酸洗与钝化的含义及技术要求。

4. 掌握化工装置干燥的目的和方法。

5. 掌握化工装置投料试生产的意义和必备条件。

能力目标：通过本项目的学习和工作任务的训练，能够进行化工装置的试压操作；能够进行化工装置的吹扫与清洗操作；能够进行化工装置的酸洗与钝化操作；能够根据不同的化工装置采用相应的方法进行干燥操作；能够参与大型化工装置的实际投料试车过程。

素质目标：1. 培养学生具备化工生产的安全、环保、节能及劳动卫生防护职业素养。

2. 增强学生岗位工作的责任心。

3. 提高学生完成任务的团队意识和协作精神。

4. 提高学生的科技创新意识。

5. 培养学生逐步形成“工程”概念。

资源导读：为了深入理论探索、适应教学改革、把握行业动态、获取更多资源，请根据需要，访问下列网址进行学习。

1. 中国高职高专教育网　www.tech.net.cn

2. 中国化学工程集团有限公司　www.cncec.cn

3. 中国化学品安全协会　www.chemicalsafety.org.cn

任务一　化工装置总体试车方案的制定

一、制定化工装置总体试车方案的意义

“总体试车方案”名称的出现并正式纳入基本建设和生产管理程序始于20世纪70年代末期。我国于1976年先后在四川化工厂建设的第一套引进合成氨-尿素装置和北京燕山石化公司引进的乙烯及其下游产品装置，在组织开工过程中便开始使用了总体试车方案。经过多年不断的生产实践、总结和完善，现已逐步形成一种制度。中国石油化工总公司于1990年

制定的《石油化工建设项目生产准备与投料试车工作制度》中明确规定："建设单位应根据设计要求和《生产准备纲要》，于投料试车一年以前，在集思广益的基础上，编制出总体试车方案。"

总体试车方案就是在化工装置建设中、后期围绕化工装置试车投产这一目标指挥各个方面协同作战的纲领性文件。其主要目的是组织协调各装置之间（包括上、下游装置之间，主装置和公用工程装置之间）的相互配合关系，以期安全顺利而又最经济地启动一个化工厂或大型联合装置。在现有生产装置的大检修计划中，根据生产工艺过程及公用工程之间的相互关联，规定各装置之间先后停车的顺序，停水、停气、停电、灭火炬及点火炬的具体时间，还要明确规定各个装置的检修时间、检修项目的进度以及开车顺序等。总体试车方案与单个装置试车方案的主要区别在于"总体"二字。20 世纪 90 年代以后，许多大型化工联合装置的总体试车方案编制工作日趋科学和完善，并为顺利地启动装置发挥了重要作用。

现在化工生产，特别是大型化工联合企业生产的各装置之间，甚至各工厂之间已经形成一个相互制约、紧密相连的有机整体。因此，无论是现有装置的大检修，还是一套新建化工联合装置或一个新建化工厂的原始启动，都必须有一个计划安排，即总体试车方案。不然的话，一套装置的开车或停车必然会影响到其他装置的正常生产。

实行总体试车方案制度是化工装置日趋大型化、现代化以及功能化的必然结果，并具有如下重要意义。

1. 化工企业经济效益的需求

社会主义市场经济体制的建立，促使化工装置建设的资金来源由计划经济体制下的国家拨款、无偿使用，改为自筹资金和银行贷款等。化工装置自建设开始之日起，企业就要承担起还本付息的责任。化工装置的建设与生产已由社会行为转为企业的经济行为。

大型化工装置在试车期间，只有投入，没有产出，其资金损耗少则几百万元，多则几千万元。经济学家对大型化工装置自开车之日起到通用折旧寿命的一般盈亏情况进行大量调查后，绘出了如图 1-1 所示的曲线。

由图可见，开工第一年是亏损最严重的一年，其亏损额通常需要用 3～5 年时间才能"填平"，这是因为基建的债务在最初几年基本上是全额债务，还本付息的压力非常大。因此，通过总体试车方案的制定和实施，用最少的资金，以最快的速度顺利地启动化工装置并使之尽早步入盈利状态，已是每个企业认真考虑的问题。

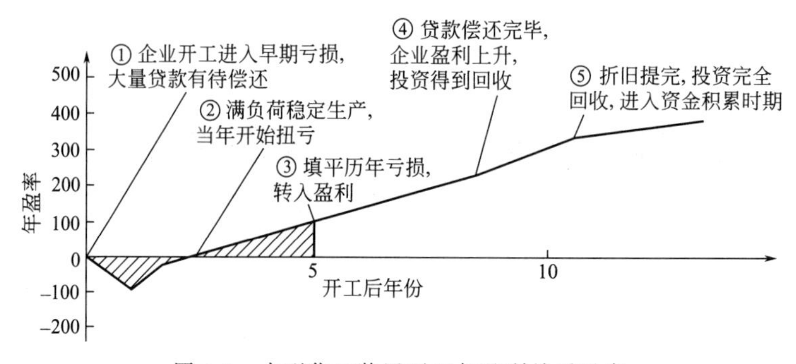

图 1-1 大型化工装置开工与盈利关系示意

2. 化工生产规模化的需求

现代化工装置大型化、超大型化的发展，既为企业带来了规模效益，同时也形成了规模消耗。比如，一套以轻油为原料的大型合成氨-尿素工厂开工，至少需要贮存上万吨的油品和近百种化工物料。当锅炉开工后，每天至少耗用燃料 180t，当转化炉投料后，每天至少耗用轻油 200t，仅此两项的资金损耗每天大约 50 万元。再如，一套大型乙烯装置，如果在开工阶段发生上、下游装置不能紧密衔接的问题，其乙烯放空损失每天将在 200 万元以上。这样巨额的资金投入必然要求开工组织者和所有开工人员必须精心考虑和妥善安排每一个开工步骤的顺序、占用的时间、前后的衔接以及发生意外情况时的应急措施等，尽可能地优化整个开工步骤，缩短开工周期，减少资金的投入，取得最佳的经济效果。

3. 长周期性和复杂性的需求

大型化工装置开工过程的长周期性和复杂性，要求必须有一个严密的总体试车方案。一个新建大型化工装置，特别是一个整体新建的工厂，从基本建设交工转入投料试生产，一般都要经过一个漫长的交替过程。首先，从基本建设自身的规律来讲，从施工安装基本结束起，要经过单机试车、联机试车、工程中间交接和投料试车直至生产考核 5 大步骤，由于各个单项工程不可能（也没必要）在一天之内同时完成，这就涉及各个单项工程之间的时间合理安排和衔接，同时还涉及 5 大步骤之间甲方（工程发包方或建设单位）和乙方（工程承包方或施工单位）之间人员职责的转换和配合，因此必须有一个统一的试车方案来约定各个方面的工作。其次，大型化工装置的原始启动，程序复杂，周期很长。为了准时实现化工投料，生产出合格产品的最终目标，许多单项工程、独立装置必须提前竣工投产。例如根据有关的技术资料要求，一套大型合成氨-尿素装置，从第一台仪表、空气压缩机启动开始直到生产出合格的尿素，一般时间为 160 天，而实际执行结果，最长的达到 517 天。因此许多独立装置（如供电、水处理、辅助锅炉、贮运工程等）必须提前竣工并投入生产，才能保证总体目标的实现。同时，试车过程中每一个步骤的推进都不是孤立的，而必须得到各项相关工作的支持和配合，这些相关工作何时进行，进行到什么程度，都需要总体试车方案提出准确的指示。例如，各种化工物料进厂入库的时间必须有详细而准确的计划。时间过早，占用大量的资金，有些物料（如离子交换树脂）还有失效的危险；时间过晚，有些紧缺物料（特别是进口化工品，如催化剂等）错过了订货周期，将对生产周期或运输周期（国际海运）带来严重的影响。其他方面，如财务工作，需要安排流动资金的借贷计划；人事工作，需要确定各类人员完成培训进入装置的时间；对于引进装置的外事工作，需要落实每一个开工专家进入现场的时间和预安排；供销工作，需要落实大宗物料和产品的运输准备以及即将生产的产品销售和半成品的处理等。所有这些工作的协调，均需依靠总体试车方案的安排部署。

4. 解决重大关键问题的需求

总体试车方案最后一个重要意义就是研究和解决整个试车过程的重大关键问题。如前所述，由于化工装置的规模大型化、技术现代化等特点，虽然装置本身（尤其是引进装置）一般来讲是比较成熟的，开工投产也都有法可依、有章可循，但是由于每套装置建设在不同地区、不同环境，在试车过程中与之有关的周边条件的衔接，如水、电、汽等公用工程的供应，“三废”的处理及排放，原料及燃料质量的差异，下游生产装置的衔接等都会对该装置本身的顺利启动投产造成巨大的影响。就是化工装置本身，有时由于局部设计的修改，新型设备、新型催化剂的使用也会产生某些新的疑难问题。有些问题比较容易解决，而有些问题则必须进行某些单项工程进度的调整或采取某些重大措施。对此，在制定总体试车方案时必须予以规定和明确，以求花费最少的代价取得最好的效果。

二、化工装置总体试车的标准程序

随着我国许多大型化工装置建设投产以及国家对基本建设管理办法的不断改革和完善，化工装置由基本建设或重大技术改造施工收尾转入原始启动的程序划分和职责转换也日益规范化、标准化。化工装置总体试车的标准程序划分一般包括单机试车、中间交接、联动试车、化工投料和装置考核 5 个阶段。

1. 单机试车阶段

单机试车又称单机试运，其主要目的是对化工装置的所有动设备（如机泵、搅拌器等）的机械性能通过实际启动运转进行初步检验，以尽早发现设计、制造、安装过程中存在的缺陷，并采取相应措施予以消除，从而保证后续试车程序的顺利进行。

单机试车阶段的划分一般是从配电所第一次送电开始直到最后一台动设备试车完毕。单机试车阶段包括了供、配电系统的投用和仪表组件的单校等。一般情况下，要求每台动设备连续正常运转 4～24h（各行业均有具体的条例和规定），经各方联合确认合格即可视为通过。对于发现有问题的设备，必须认真研究，找出原因，并采取可行措施，直到重新投用 4～24h 连续运转合格为止。

按照建设部门和化工部门等各有关方面编造的工程建设施工以及验收规范规定，单机试车阶段的工作属于安装施工工作内容的一个组成部分，其实施应以施工单位（通常称为乙方）为主。当然，由于该项工作涉及供电、供水、供汽和通风等内容，特别是与后续的联动试车、化工投料阶段还有着很密切的关联，因此，还需建设生产单位（通常称为甲方）给予积极的协助和合作。

2. 中间交接阶段

工程中间交接标志着工程施工安装阶段的结束，这只是建设单位对施工安装一个阶段的认可和装置保管、使用责任的移交，并不解除施工单位对工程质量和交工验收应负的责任。对于不同的工程项目管理体制，中间交接有着不同的含义。在我国现行的以工程建设单位和施工单位为甲、乙方分工负责的传统基本建设管理体制下，工程中间交接是在单机试车、系统吹扫和清洗完成后进行。工程中间交接是由建设单位组织，施工、设计单位参加，并在工程中间交接协议书及其附件上签字。中间交接签字后，该装置（或设备）将由建设单位接手管理和操作，联动试车正式开始，施工单位转入配合角色。

根据中国石油化工总公司石油化工建设项目生产准备与投料试车工作制度（试行）规定，工程中间交接应具备的条件包括如下 9 项。

① 工程按设计内容施工完毕。

② 工程质量初评合格。

③ 工艺、动力管道的试压、吹扫、清洗和气密试验完毕。

④ 静设备强度试验、无损检验及清扫完毕。

⑤ 动设备单机试车合格。

⑥ 电气、仪表调试合格。

⑦ 装置区施工临时设施已拆除，竖向工程施工完毕，防腐、保温基本完成。

⑧ 对联动试车有影响的设计变更和工程尾项处理完毕。

⑨ 施工现场料净、场地清。

有关工程中间交接的内容包括如下 5 项。

① 按设计内容对工程实物量的核实交接。

② 工程质量的初评资料及有关调试记录的交审与验证。

③ 安装专用工具和剩余随机备件、材料的交接。

④ 工程尾项清理及完成时间的确认。

⑤ 随机技术资料的交接。

3. 联动试车阶段

联动试车阶段的工作一般包括系统的置换、气密、干燥、填料和三剂（催化剂、干燥剂和化学试剂）充填、加热炉烘炉、循环水系统预膜等，最后在系统充入假定介质（如气、水、油等）后全系统设备（含电气、仪表或计算机控制系统）进行一定时间的联动运转。在某些特定场合，特别是主要工序化工投料之前还要对部分工序的催化剂进行升温、还原等预处理，以缩短整个化工投料到生产出合格产品的周期，减少投料期间大量物料放空的经济损失。

联动试车的目的是在尽量接近正式生产状态下对全系统所有设备，包括仪表、联锁、管道、阀门、供电等进行联合试运转，并给受培训的操作工人一个动手实践的机会，尽最大可能为化工投料做好一切准备，保证化工投料的一次成功。

由于各个化工装置的生产工艺以及主要设备的不同，因而联动试车的内容及程序也不尽统一，这也是化工装置原始启动过程中工艺程序复杂多变，甲、乙双方职责和工作交叉最频繁的一个阶段。在制定总体试车方案时需要给以充分的注意。联动试车的必备条件包括如下 13 项。

① 工程中间交接完毕。

② 所需公用工程已能平稳供应。

③ 设备位号、管道介质名称及流向标志完毕。

④ 机、电、仪维修和分析化验等已投入使用，通讯和调度系统畅通。

⑤ 消防和气体防护器材、可燃气体报警系统、放射性物质防护设施已经按设计要求施工完毕并处于完好状态。

⑥ 岗位尘、毒、噪声监测点已确定。

⑦ 装置技术员、操作班长、岗位操作人员已经确定。

⑧ 岗位责任制已制定完善。

⑨ 试车方案、操作规程和操作法已印发给生产试车人员，主要工艺指标、仪表联锁、报警整定值已经批准并公布。

⑩ 生产操作人员已经培训并考核合格，持有上岗合格证。

⑪ 用于联动试车的化工原材料、润滑油（脂）准备齐全。

⑫ 试车所需备品、备件准备妥当。

⑬ 生产记录等辅助用品齐全。

联动试车方案的编制是由生产单位完成并组织实施，施工和设计等有关单位共同参与。该方案是指导联动试车的纲领性文件，主要内容通常包括如下 8 项。

① 试车的目的和编制依据。
② 试车的组织指挥系统。
③ 试车应具备的条件。
④ 试车内容、程序、进度网络图。
⑤ 主要工艺指标、分析控制指标、仪表联动值、报警值等。
⑥ 试车用物料的数量与质量要求。
⑦ 开、停车与正常操作控制方法、事故的处理措施。
⑧ 试车期的保运体系等。

4. 化工投料阶段

化工投料阶段是整个原始启动过程中最关键的阶段，不仅关系到生产的安全，而且关系着生产的经济效益。因为一旦进入化工投料，物料在装置中将开始发生反应，温度、压力、流量、速率等主要工艺参数均将接近或达到设计值，所有设备也将接受实载负荷的考验。如果出现操作不当或各种外部条件失谐，都可能发生各种事故。从经济角度来看，化工原料及燃料一般要占产品成本的60%～80%，投料之后，如不能尽快生产出合格产品，或虽然本装置生产了合格产品而下游装置不能及时衔接，必将造成严重的经济损失。因此，在化工投料之前，必须严格按照标准，检查是否已确实具备了投料条件，并根据投料试车方案平稳有序地进行，保证化工投料一次成功。

根据多年的生产经验，大家公认的准则是“单机试车要早，吹扫气密要严，联动试车要全，投料试车要稳，经济效益要好”。

化工投料阶段的工作完全由生产建设单位负责组织执行，施工单位根据需要组织紧急抢修力量（即保镖队伍）场外待命，设计单位负责技术指导或咨询。

5. 装置考核阶段

装置考核阶段是化工装置原始启动的最后一个阶段。其目的是在设计规定条件下，全面检验整个化工装置的工程质量和工艺、设备的特性，确定该装置各项指标是否能够达到设计规定值或合同保证值，为最后的工程竣工验收提供依据。

装置考核的时间一般情况下为72h，考核的方法应由提供技术方（设计、研究或国外工程公司等）和生产建设方共同拟定。考核时，有关各方应现场共同确认考核结果并在有关文件上签字。如果考核不合格，有关各方应商定补救措施，经改进后，另选时间再次组织考核。个别情况下，也可承认不合格结果，采取经济罚款或其他共同认可的方法进行相应处理。

三、“倒开车”方案

1. “倒开车”的含义

化工装置原始启动的传统习惯是按照工艺流程由前到后顺序进行。一方面是由于后面工序的物料必须由前面工序提供，有时后面工序的一部分物料还要回到前面工序处理；另一方面也有习惯思维的影响。

随着大型、超大型化工装置的建设和试车实践，人们逐渐认识到了“倒开车”方案的重要技术经济意义，从而使这一做法得到了充分的肯定和普遍的采用。

所谓“倒开车”，又称“逆式开车”，是指不按正常生产工艺流程的顺序由前向后依次开车，而是在主体生产装置投料之前，利用外进物料（或近似物料、代用料）将下游装置、单元或工序先行开车，打通后路，待上游装置中间产物进来后即可连续生产，以减少中间环节的放空损失和停滞。

2. “倒开车”的基本条件

实行“倒开车”必须具备的两个基本条件是：第一，后续装置的设备安装进度必须提前，以使其有足够的时间和关键工序交叉或平行作业；第二，要有外供的物料供给系统和该工序产出物料的贮运处理系统。

我国大型乙烯装置在裂解炉正式投入裂解原料（石脑油、轻柴油等）之前，大都引进附近炼油厂的丙烯、液化气（来自炼厂气分装置）、氮气（来自空分装置）、氢气（来自炼厂重整或制氢装置）等物料，分别对装置中的丙烯精馏和制冷系统、脱丙烷和脱丁烷系统、加氢反应器及其催化剂还原裂解气压缩机系统等进行实物循环试运转，在接近或达到正常操作条件下对设备的可靠性进行检验。例如裂解气压缩机出口压力可达 3.33MPa，制冷系统低温可达 173K。如果“倒开车”进行得比较充分、操作人员素质较高，在这种情况下最后再实施裂解炉投料，可望在 50h 左右的周期内得到合格的乙烯产品，大大低于世界多套乙烯投料试车的平均时间。而如果在投料前能得到外来乙烯的供应，提前对乙烯压缩和精馏系统进行试车，还可以进一步缩短开车时间。1989 年 12 月 10 日上海乙烯工程在总体试车方案中采用了“四有”（有乙烯、有丙烯、有液化气、有氢气）开车方案，创造了投料试车仅用 16h 15min 即生产出合格乙烯产品的历史记录，充分体现了“倒开车”和依托老厂的总体试车方案的优越性。

3. “倒开车”的特点

“倒开车”的主要特点是在全装置化工投料之前首先对处于流程后部的部分工序提前进行实物试运转。从网络计划的角度观察，就是把原来处于关键线路的一部分后续工序，调整到非关键线路上去，从而缩短了总体计划所需的时间。

通过以上具体实例，可以看出采用“倒开车”方案有如下优点。

① 可以把总体试车计划网络中处于关键线路上的许多工序调整到非关键线路上来，从而有效地缩短了总体试车时间。

② 可以把新装置本身存在的大部分缺陷（这些缺陷来自设计、制造、安装、调试以及操作管理各个方面）在化工投料之前充分暴露，并加以解决。

③ 可以为操作人员提供一个比较理想的“准开车”实践机会。由于这种操作是处于非关键线路上，对于原来十分紧张的化工投料操作过程实行化整为零、化繁为简的调整，大大减轻了操作人员的心理压力，特别是对于首次进入实战状态的新工人，有利于他们尽早将书本上学来的知识转化为自己的实践经验，增强他们的操作控制能力和紧急应变能力。

④ 大大缩短了由化工投料开始到产出合格产品所需的时间，减少了化工投料阶段主要原料、燃料的消耗，因而可以取得显著的经济效益，特别是对大型化工装置尤其重要。例如，对一套以轻油为原料的 300kt/a 乙烯装置，以投料期间 60％负荷计，每小时可节约 90t 轻柴油和 30t 燃料油，仅此两项即达 20 万元左右。

任何事物都不可绝对化，逆式试车方案本身由于在化工投料前需要购进一些化工物料，有时还要为这些物料的贮运和中间产品的处置增加一些临时设施，这些均要有一定的投入。对于某些流程较短、化工投料过程不长的中小型装置来讲，经济上不一定合算，这就要实事求是地通过调查研究和具体测算来决定方案的取舍，不可“千篇一律”。

4. 典型的“倒开车”事例

自20世纪70年代末期以来，我国先后建设了以300kt/a乙烯装置为核心的塑料型、化纤型和氯碱原料型等多套大型石油化工联合装置。这些装置的原始启动，大都采用了“倒开车”的方法。其实践事例如下。

① 塑料型石化联合装置的下游装置主要为聚乙烯、聚丙烯装置。在乙烯装置化工投料之前，要最大限度地对聚乙烯、聚丙烯装置提前进行实物试车，一般提前3个月购进相同牌号的塑料树脂粉料，对流程中的聚合干燥、挤压造粒、掺和均化、包装码垛等工序进行实物试运。对于聚丙烯装置还要购入丙烯，对丙烯精制工序进行试运。液相聚合系统通过小循环、中循环、大循环进行油运，使聚合系统完全具备接受原料丙烯的条件。一旦上游装置生产出合格的丙烯即进行聚合投料，尽快贯通全流程。

② 化纤型石化联合装置的下游装置可以设乙酸乙烯和聚乙烯醇装置以制维纶，设丙烯腈装置以制腈纶，设芳烃装置以制涤纶。举例来说，对于丙烯腈-腈纶联合装置应购置丙烯腈，对精制系统进行联运；购置硫氰酸钠（或其他类型溶剂，如二甲基乙酰胺等）对溶剂回收系统进行联运；购进腈纶纤维对纺丝线、毛条机、打包机等进行实物试运，以尽可能地对生产线进行调试和消除缺陷。

聚氯乙烯生产工艺流程

③ 氯碱原料型联合装置的下游装置一般有烧碱（离子膜电解）、氯乙烯、聚氯乙烯、环氧氯丙烷-甘油装置等。通常还配有热电站。对于烧碱装置，用外购液碱配制成模拟电解液，对液碱蒸发系统进行试运；用外购液氯对氯气液化、回收、氯压机系统进行试运行；对氯乙烯装置外购二氯乙烷打通二氯乙烷裂解、氯乙烯精制和氧氯化流程。实际上在电解槽送电之前，整个氯乙烯装置9个单元只剩下工艺比较简单的直接氯化单元，虽然乙烯和氯气尚未投料，但由二氯乙烷制成的合格氯乙烯单体已可供聚氯乙烯装置使用。对于聚氯乙烯装置，外购聚氯乙烯粉料调试包装运输系统，再用粉料配成30%的浆料打通汽提、离心、干燥单元的流程。氯乙烯回收单元用甲醇进行液相系统联运。这样也只留下聚合单元等待正式投料。对于环氧氯丙烷-甘油装置在接收氯气之前，外购粗氯丙烯、粗环氧氯丙烷和甘油，分别对各自的精制系统进行试运，为前端高温氯化和皂化单元投料做好准备。

任务二 化工装置的吹扫和清洗

一、吹扫和清洗的目的

在化工装置开工之前，需对其安装检验合格后的全部设备和工艺管道进行吹扫和清洗，简称吹洗。

吹洗是保证化工装置顺利试车和长周期安全生产的一项重要试车程序，其目的是通过使用空气、蒸汽、水及有关化学溶剂等流体介质的吹扫、冲洗、物理和化学反应等手段，清除施工安装过程中残留在设备和工艺管道内壁的泥沙、油脂、焊渣和锈蚀物等杂物，防止开车时堵塞管道、设备，损坏机器、阀门和仪表，沾污催化剂及化学溶液，影响产品质量，发生燃烧、爆炸事故等。

二、吹扫和清洗的方法

化工装置中管道、设备多种多样，其工艺条件和使用材料及结构等状况也各不相同，因而相应吹洗方法也各有区别。吹扫和清洗的方法通常包括水冲洗、空气吹扫、蒸汽吹扫、油清洗和脱脂等。

1. 水冲洗

水冲洗是以水为介质，用泵加压冲洗管道和设备的一种方法。该法适于对水溶性物质的清洗。一般化工设备、管道冲洗常用浊度小于 1×10^{-5}、氯离子含量小于 1×10^{-4} 的澄清水，但对于如尿素生产装置等采用奥氏体不锈钢的设备和管道，为防止氯离子的积聚而发生设备、管道等的应力腐蚀破裂（SCC，stress corrosion cracking），则需要采用去离子水冲洗。

水冲洗管道应以管内可能达到的最大流量或不小于 1.5m/s 的流速进行（这里不包括高压、超高压水射流清洗设备、管束内外表面结垢方法）。水冲洗具有操作方便、无噪声等特点，被广泛应用于输送液体介质的管道及塔、罐等设备内部残留脏、杂物的清除。

2. 空气吹扫

空气吹扫是以空气为介质，经压缩机加压（通常为 0.6～0.8MPa）后，吹除输送介质设备、管道中残留的脏、杂物的一种方法。

空气吹扫时，空气消耗量一般都很大，并且需要一定的吹扫时间。因此，空气吹扫通常使用装置中最大的空气压缩机或使用装置中可压缩空气的大型压缩机（如乙烯装置中的裂解气压缩机等）提供运转空气。对于缺乏提供大量连续吹扫空气的中、小型化工装置，则可采用分段吹扫法（即将系统管道分成许多部分，每个部分再分成几段，然后逐段吹扫，吹扫完一段与系统隔离一段）。这样在气源量较小的情况下，也可保证吹扫质量。对大直径管道或脏物不易吹除的管道，也可采用爆破吹扫法。忌油管道和仪表空气管道应使用不含油的空气吹扫。氮气由于其来源及费用等原因，一般不作为普通管道和设备的吹扫气源，而用作管道及设备的空气吹扫、系统空气干燥合格后的保护置换。

3. 蒸汽吹扫

蒸汽吹扫是利用管内不同参数的蒸汽介质流动时的能量（亦称动量）冲刷管内锈皮杂物。

蒸汽吹扫适于蒸汽管道，特别是动力蒸汽管道。非蒸汽管道如用空气吹扫不能满足清扫要求时，也可用蒸汽吹扫，但应考虑其结构能否承受高温和热胀冷缩的影响并采用必要的措施，以保证吹扫时人身和设备的安全。

动力蒸汽管道吹扫时，不但要彻底吹扫出管道中附着的脏、杂物，而且还应把金属表面的浮锈吹除，因为它们一旦夹带在高速的蒸汽流中，将对高速旋转的汽轮叶片、喷嘴等造成极大的损害。

蒸汽吹扫温度高、压力大、流速快，管道受热要产生膨胀位移，降温后又将发生收缩，因而蒸汽管道上都装有补偿器、疏水器，管道支吊架、滑道等也都考虑了膨胀位移的需要。蒸汽吹扫具有很高的吹扫速度，因而具有很大的能量（或动量）。而且采用间断的蒸汽吹扫方式，又使管线产生冷热缩胀，有利于管线内壁附着物的剥离和吹除，故能达到最佳的吹扫效果。

4. 油清洗

对于蒸汽透平、离心压缩机等高速、重载化工机器设备的润滑、密封油及控制油管道系统，应在其设备及管道吹洗或酸洗合格后，再进行油清洗。因为这类油管道系统清洁程度要求极高，其间若残留微小杂质，就可能造成运转中机器的轴瓦、密封环的损坏及调节控制系统的失灵，酿成机器设备重大事故。

油清洗的方法是以油在管道系统中循环的方式进行，循环清洗过程中需在 308～348K 温度范围内，每 8h 反复升降油温 2～3 次，以使附于管壁上的粒屑脱落，随油循环进入滤油机滤芯而去除。

清洗用油应采用适合该机器的优质油。清洗合格后的管道系统应采用有效的防护措施。机器试运转前应更换合格的润滑油。

油清洗作业周期长，一般都需要 40～50 天才能完成。为缩短油清洗时间，目前一种采用新型精滤器以捕捉微小铁磁物质的大流量油冲洗的移动式装置已投放市场，其油清洗时间可缩短近 2/3，这无疑给装置试车带来良好的经济效益。

当设计或制造厂没有提出对油管路系统清洗的具体要求时，确定油清洗是否符合要求的方法有两种。一是采用美国 MOOG 四级标准检测，其方法为：以 100mL 油样中颗粒状杂质大小数作为界限，使用 20 倍放大镜进行观测，当连续两次取样观测达到表 1-1 规定的标准时，则认为该系统油清洗合格。

表 1-1 MOOG 油清洗合格标准（用 JC10 型 20 倍读数显微镜观测计数）

颗粒大小/μm	>150	100～150	50～100	水分
合格标准/个	0	≤21	≤225	0

二是采用滤网进行检查，其合格标准按表 1-2 规定。

表 1-2 油清洗合格标准

设备转速/(r/min)	滤网规格/目	合格标准
≥6000	200	目测滤网，每 $1cm^2$ 范围内残存的污物不多于 3 颗粒
<6000	100	

5. 脱脂

脱脂处理是利用脂可溶于某些化学溶剂的原理，为那些在生产、运输或贮存、使用过程中，为防止由于接触到少量的油脂等有机物就可能发生燃烧或爆炸的介质（如氧气）以及接触到油脂等会影响产品质量而进行的又一类清洗工作。脱脂处理的操作过程，实际上就是一种化学清洗过程。

为保证试车和生产的安全，对这类设备、管道（包括管件、阀门、仪表、密封材料）以及安装所用的工具、量具等都必须在安装使用前进行严格的脱脂处理。如果设备、管道、阀件等在制造后已脱脂并封闭良好，安装后可不用再脱脂。

脱脂，必须选好脱脂剂，脱脂剂应能很快地溶解油脂，使用的脱脂剂的含油量应符合质量标准，必要时需通过化验测定，脱脂剂的使用规定见表 1-3。

表 1-3 脱脂剂的使用规定

含油量/(mL/L)	＞500	50～500	＜50
使用规定	不得使用	粗脱脂	净脱脂

脱脂剂溶解油脂是有限度的。使用后容易被污染，所以一般只能使用一次，需重复使用时则必须蒸馏再生，并检验其含油量合格后才能用来脱脂。

对于脱脂剂的选用可参照表 1-4。

表 1-4 脱脂剂选用表

脱脂剂名称	适用范围	附注
工业二氯乙烷	金属件的脱脂	有毒、易燃、易爆
工业四氯化碳	黑色金属、铜及非金属的脱脂	有毒
工业三氯乙烯	金属件的脱脂	必须含稳定剂、有毒
工业酒精≥95.6%	脱脂要求不高的设备、零部件以及人工擦洗表面	易燃、易爆
浓硝酸≥98%	浓硝酸装置的耐酸管件及瓷环等的脱脂	

其中，最常用的脱脂剂为四氯化碳，因其脱脂效率高，毒性及对金属的腐蚀性较小，适用范围广。此外，还可用丙酮、苯、碱液作脱脂剂。

常用的脱脂方法有灌注法、循环法、蒸汽冷凝法和擦洗法 4 种。对容积较大的设备，通常采用蒸汽冷凝法或擦洗法。对有明显油迹或严重腐蚀的设备、管道和管件等，则应先用蒸汽吹扫、喷砂或其他方法清除干净，同时在使用有机溶剂（如四氯化碳等）脱脂前应将残余水驱尽，再进行脱脂。

由于大多数脱脂剂具有毒性或爆炸性，使用时必须注意防止中毒和形成爆炸混合气。因此，脱脂现场要建立脱脂专职区域，施工场地应保持清洁，安装临时冲洗水管和设置防火装置，保证通风良好。脱脂剂不要洒落在地上，废溶剂应收集和妥善处理。操作人员应穿无油脂工作服、防护鞋，戴橡皮手套及防毒面具等。

经脱脂后的管道、管件等一般还要用蒸汽吹洗，直至检验合格为止。在不宜用蒸汽吹洗时，溶剂脱脂后可直接进行自然通风，吹除残存溶剂。为加速消除残存溶剂，可用无油的氮气或空气（限于四氯化碳溶剂）加热到 60～70℃进行吹除。

设备、管道、管件等脱脂后需经检查鉴定，检验标准应根据被输送介质在压力、温度不同的情况下接触油脂时的危险程度而确定。一般情况下，可按下列规定进行检查：为输送或贮存富氧空气或防止催化剂活性降低而进行的脱脂设备、管道、管件等，如按脱脂的方法严格处理者，可不进行分析检验；而用清洁干燥的白色滤纸擦拭设备及管道和附件，纸上无油脂痕迹为合格；也可采用紫外线灯照射，脱脂表面无紫蓝荧光为合格；输送或贮存氧气的设备、管道等，在用蒸汽吹洗脱脂剂时，用一较小的器皿取其蒸汽冷凝液，于其间放入数颗粒度小于 1mm 的纯樟脑，以樟脑能不停地旋转为合格；另外，可将脱脂后的溶剂取样分析，溶剂中油脂含量小于 0.03%为合格。

脱脂合格的设备、管道、阀件等应及时封闭管口，保证在以后的工序中不再被污染。

三、水冲洗、空气吹扫和蒸汽吹扫的操作

1. 水冲洗操作

(1) 水冲洗的基本要求 水冲洗的水质应符合冲洗管道和设备材质要求，水冲洗的流速应以管内能达到的最大流量或不小于1.5m/s进行，冲洗需按顺序采用分段连续冲洗的方式进行，冲洗流向应尽量由高处往低处冲水，其排放口的截面积不应小于被冲洗管截面积的60%，并要保证排放管道的畅通和安全。

只有上游冲洗口冲洗合格，才能复位进行后续系统的冲洗。只有当泵的入口管线冲洗合格之后，才能按规程启动泵冲洗出口管线。管道与塔器相连的部分，冲洗时必须在塔器入口侧加盲板，只有待管线冲洗合格后，方可连接。水冲洗气体管线时，要确保管架、吊架等能承受盛满水时的载荷安全。管道上凡是遇有孔板、流量仪表、阀门、疏水器、过滤器等装置，必须拆下或加装临时短路设施，只有待前一段管线冲净后再将它们装上，然后方可进行下一段管线的冲洗工作。直径在600mm以上的大口径管道和有人孔的容器等，先要以人工清扫干净。工艺管线冲洗完毕后，应将水尽可能从系统中排除干净，排水时应有一个较大的顶部通气口，以避免在容器中液位降低时设备内形成真空而损坏设备。冬季冲洗时要注意防冻，冲洗后应将水排尽，必要时可用压缩空气吹干。不得将水引入衬有耐火材料等的设备、管道和容器中。

(2) 水冲洗应具备的条件

① 化工设备及管道冲洗前，必须编写好冲洗方案。冲洗方案的内容包括：编写依据、冲洗范围、应具备的条件、冲洗前的准备工作、冲洗方法和要求、冲洗程序和检查验收7个部分。

② 化工设备、管道安装完毕、试压合格，按PID图检查无误。

③ 按冲洗程序要求的临时冲洗配管安装结束。

④ 本系统所有仪表调试合格，电气设备正常投运。

⑤ 各泵、电机单试合格并连接；冲洗水已送至装置区。

⑥ 冲洗工作人员及安装维修人员已做好安排，冲洗人员必须熟悉冲洗方案。

(3) 水冲洗的操作要点 首先，水冲洗方案中的冲洗程序应采用分段冲洗的方法进行，即每个冲洗口合格后，再复位进行后续系统的冲洗；第二，各泵的入口管线冲洗合格后，按规程启动泵冲洗出口管线，合格后再送塔器等冲洗；第三，冲洗时，必须在换热器、塔器入口侧加盲板，只有待上游段冲洗合格后才可进入设备；第四，各塔器设备冲洗之后要入塔检查并清扫出机械杂质；第五，在冲洗过程中，各管线、阀门等设备一般需间断冲洗3次，以保证冲洗效果；第六，在水冲洗期间，所有的备用泵均需切换开停1次；最后，水冲洗合格后，应填写管段和设备冲洗记录。

(4) 水冲洗的检查验收标准 水冲洗的检查验收标准按国标“GB 50235—2010”规定，“以出口的水色和透明度与入口处目测一致为合格”，或设计规定。

2. 空气吹扫操作

(1) 吹扫方案 化工管道及设备的空气吹扫，应预先制定吹扫方案，其内容包括编制依据、吹扫范围、吹扫气源、吹扫应具备的条件、临时配管、吹扫的方法和要求、操作程序、吹扫的检查验收标准、吹扫中的安全注意事项及吹扫工器具和靶板等物资准备等。

（2）空气吹扫的基本要求　选用空气吹扫，应保证足够的气量，使吹扫气体流动速度大于正常操作流速，或不低于20m/s，以使其有足够的能量（或动量）吹扫出管道和设备中的残余附着物，保证装置顺利开车和安全生产；对工艺管道的空气吹扫气源压力一般要求为0.6～0.8MPa，对吹扫质量要求较高的管道可适当提高压力，但不要高于其操作压力，对低压管道和真空管道可视情况采用0.15～0.20MPa的气源压力吹扫；吹扫时，应将管道上安装的所有仪表测量元件（如流量计、孔板等）拆除，防止吹扫时流动的脏物将仪表元件损坏，同时，还应对调节阀采取适当的保护措施；吹扫前，必须在换热器、塔器等设备入口侧前加盲板，只有待上游吹扫合格后方可进入设备，一般情况下，换热器本体不参加空气吹扫；吹扫时，原则上不得使用系统中调节阀作为吹扫的控制阀，如需要控制系统吹扫风量时，应选用临时吹扫阀门；吹扫时，应将安全阀与管道连接处断开，并加盲板或挡板，以免脏杂物吹扫到阀底，使安全阀底部密封面磨损；系统吹扫时，所有仪表引压管线均应打开进行吹扫，并应在系统综合气密试验中再次吹扫；所有放空火炬管线和导淋管线，应在与其连接的主管后进行吹扫，设备壳体的导淋及液面计、流量计引出管和阀门等都必须吹扫；在吹扫进行中，只有在上游系统合格后，吹扫空气才能通过正常流程进入下游系统；对管径大于500mm和有人孔的设备，吹扫前先要用人工清扫，并拆除其有碍吹扫的内件；所有罐、塔、反应器等容器，在系统吹扫合格后应再次进行人工清扫，并复位相应内件，封闭时要按照隐闭工程封闭手续办理。

（3）空气吹扫应具备的条件　空气吹扫前，工艺系统管道、设备安装竣工，强度试压合格；吹扫管道中的孔板、转子流量计等已抽出内件后安装复位，压差计、液面计、压力计等根部阀处于关闭状态；禁吹的设备、管道、机泵、阀门等已装好盲板；供吹扫用的临时配管、阀门等施工安装已完成；需吹扫的工艺管道一般暂不保温，因为吹扫时需用木槌敲击管道外壁；提供吹扫空气气源的压缩机已空气运转，公用工程满足压缩机具备连续供气条件；吹扫操作人员及安装维修人员已做好安排，并熟悉吹扫方案；绘制好吹扫的示意流程图，图上应标示出吹扫程序、流向、排气口、临时管线、临时阀门等和事先要处理的内容；准备好由用户、施工单位和试车执行部门三方代表签署的吹扫记录表，以便吹扫时填写。

（4）空气吹扫的操作要点　按照吹扫流程图中的顺序对各系统进行逐一吹扫。吹扫时先吹主管，主管合格后，再吹各支管。吹扫中同时要将导淋管、仪表引压管、分析取样管等进行彻底吹扫，防止出现死角；吹扫采用在各排放口连续排放的方式进行，并以木槌连续敲击管道，特别是对焊缝和死角等部位应重点敲打，但不得损伤管道，直至吹扫合格为止；吹扫开始时，需缓慢向管道送气，当检查排出口有空气排出时，方可逐渐加大气量至要求量进行吹扫，以防因阀门、盲板等不正确原因造成系统超压或使空气压缩机系统出现故障；在使用大流量压缩机进行吹扫时，应同时进行多系统吹扫，以缩短吹扫周期，但在进行系统切换时，必须缓慢进行，并与压缩机操作人员密切配合，听从统一指挥，特别要注意防止造成压缩机出口流量减小发生喘振的事故；为使吹扫工作有序进行和不发生遗漏，需绘制另一套吹扫实施情况的流程图，用彩笔分别标明吹扫前准备完成情况、吹扫已进行情况和进行的日期，使所有参加吹扫的工作人员都能清楚地了解进展情况，并能防止系统吹扫有遗漏的地方，该图应存档备查；系统吹扫过程中，应按流程图要求进行临时复位，在吹扫结束确认合格后，应进行全系统的复位，为下一步进行综合气密试验做好准备。

（5）吹扫的检验标准　每段管线或系统吹扫是否合格，应由生产和安装人员共同检查，当目视排气清净和无杂色杂物时，在排气口用白布或涂有白铅油的靶板检查，如5min内无铁锈、尘土、水分及其他脏物和麻点即为吹扫合格。

3. 蒸汽吹扫操作

正确掌握蒸汽吹扫方法和严格质量要求非常重要。蒸汽吹扫按管道使用参数范围不同常分为高中压和低压两个级别（或高、中、低压3个级别）的吹扫方法，相应的吹扫要求也各不相同。

（1）吹扫蒸汽来源及其影响因素　蒸汽吹扫的汽源由蒸汽发生装置提供，对汽源的要求是其蒸汽参数（压力、温度）和汽量应满足各个级别压力下蒸汽管段吹扫的要求。为提高吹扫效率和减少吹扫费用，蒸汽吹扫通常采用降压吹扫的方式。但由于蒸汽消耗量大（一般为管道额定负荷下管内蒸汽流量的50%～70%）、参数高（中压、高温）、时间长，因此蒸汽管网的吹扫常与其供汽锅炉的启动同步进行。但是，对于乙烯和合成氨装置等的高温工艺气的蒸汽发生器（废热锅炉）的输汽管道，为缩短开工周期，在装置化工投料前，一般使用外供蒸汽或用其装置自建的开工锅炉提供汽源。

蒸汽吹扫时影响蒸汽介质能量的因素有：吹扫时的蒸汽参数（压力、温度）；蒸汽管道的水力特征；吹扫时的主汽门开度的大小。这3个因素实际上是互相关联的，必须根据具体情况选择计算出合理的吹扫参数。蒸汽吹扫参数选择原则是：使吹扫时管内蒸汽动量大于额定负荷下的蒸汽动量。

（2）蒸汽吹扫前的准备工作　蒸汽吹扫前应根据蒸汽管网的实际情况，制定完备的吹扫方案，其内容包括：吹扫范围、蒸汽管网级别划分、吹扫蒸汽流量的确定和各级吹扫蒸汽参数（压力、过热温度值）的计算和确定，吹扫方法、吹扫顺序、排放口位置，吹扫用临时配管、阀门和支架，吹扫质量鉴定方法和标准，吹扫人员组织及吹扫中的安全措施与注意事项等；对蒸汽管道、管件、管支架、管托、弹簧支吊架等作详细检查，确认牢固可靠，除去弹簧的固定装置后，确认弹簧收缩灵活；检查并确认蒸汽导向管无滑动障碍，滑动面上无残留焊点和焊疤；所有蒸汽管道保温已完成；高、中压蒸汽管道已完成酸洗、钝化；按吹扫方案要求，所有吹扫用临时配管、阀门、放空管、靶板、支架等均已安装并符合强度要求；已将被吹扫管道上安装的所有仪表元器件（如流量计、孔板、文丘里管）等拆除，管道上的调节阀已拆除或已采取保护措施；每台蒸汽透平入口已接好临时蒸汽引出管，以防吹扫时蒸汽进入汽轮机主汽阀及汽轮机叶片，损坏主汽阀及汽轮机叶片。

（3）蒸汽管网吹扫的操作要点　蒸汽吹扫通常按管网配置顺序进行，一般先吹扫高压蒸汽管道，然后吹扫中压蒸汽管道，最后吹扫低压蒸汽管道。对每级管道来说，应先吹扫主干管，在管段末端排放，然后吹扫支管，先近后远；吹扫前，干、支管阀门最好暂时拆除，临时封闭，当阀前管段吹扫合格后再装上阀门继续吹扫后面的管段。对于高压管道上的焊接阀门，可将阀芯拆除后密封吹扫，各管段疏水器应在管道吹洗完毕后再装上。

蒸汽管线的吹扫操作程序是：以暖管→吹扫→降温→暖管→吹扫→降温的方式重复进行，直至吹扫合格。如此周而复始地进行，管线必然冷热变形，使管内壁的铁锈等附着物易于脱落，故能达到好的吹扫效果。吹扫反复的次数，对于第一次主干管的吹扫来说，因其管线长，反复次数亦要多一些，当排汽口排出的蒸汽流目视清洁时方可暂停吹扫，进行吹扫质量检查。通常主干管的吹扫次数在20～30次，各支管的吹扫次数可少一些。经过酸洗钝化处理的管道，其吹扫次数可以明显地下降。

蒸汽吹扫必须先充分暖管，并注意疏水，防止发生水击（水锤）现象；在吹扫的第一周期引蒸汽暖管时，应特别注意检查管线的热膨胀、管道的滑动、弹簧支吊架等的变形情况是否正常。暖管应缓慢进行，即先向管道内缓慢送入少量蒸汽，对管道进行预热，当吹扫管段首端和末端温度相近时，方可逐渐增大蒸汽流量至需要的值进行吹扫。

用高、中压蒸汽暖管时，其第一次暖管时间要适当长一些，一般需要4～5h，即大约每小时升温100K；第二轮以后的暖管时间可短一些，1～4h即可。每次的吹扫时间为20～30min，因为降温是自然冷却，故降温时间取决于气温，一般使管线冷至373K以下即可。

(4) 蒸汽吹扫的检验标准　对于高、中压蒸汽管道、蒸汽透平入口管道的吹扫效果需用靶板来检查其吹扫质量。靶板可以是抛光的紫铜片，厚度为2～3mm，宽度为排汽管内径的5%～8%，长度等于管子内径。亦可用厚度为8～10mm的抛光铝板制作。连续两次更换靶板检查，吹扫时间1～3min，如靶板上目测看不出任何因吹扫造成的痕迹，则吹扫合格（如设计单位另有要求应按要求执行）。

对于低压蒸汽管道，可用抛光木板置于排汽口检查，板上无锈和脏物，蒸汽冷凝液清亮、透明，即为合格。

(5) 蒸汽吹扫的安全注意事项　蒸汽吹扫时，由于蒸汽消耗量大，且高低幅度变化大，因此供汽锅炉必须做到以下几点：严密监视和控制脱氧槽水位，防止给水泵汽化，造成给水中断而烧干锅；降压吹扫时，由于控制阀门开关速度快，锅筒水位波动大，要采取措施，防止满水和缺水的事故发生；要严格控制锅筒上、下壁的温差不大于42K；吹扫汽轮机蒸汽入口管段时，汽轮机应处于盘车状态，以防蒸汽意外进入汽轮机而造成大轴弯曲。

蒸汽吹扫，特别是高、中压蒸汽管网的吹扫，是一项难度较大的工作。因此，在吹扫流程安排、吹扫时间和临时措施及安全防范等方面都要根据管网实际情况做好周密安排和搞好吹扫的各项协同工作。

高、中压蒸汽吹扫时，温度高、流速快、噪声大，且呈无色透明状态，所以吹扫时一定要注意安全，排放口要有消音设备，且排放口必须引至室外并朝上，排放口周围应设置围障，在吹扫时不许任何人进入围障内，以防人员误入吹扫口范围而发生人身事故。

任务三　化工装置的试压操作

对于化工装置，在建成投产之前或者大检修之后，均需按规定进行压力试验，也就是通常所称的试压。

压力试验是对压力容器和管道系统的一次综合性考核，通过压力试验，就能检验容器和管道是否具有安全的承受设计压力的能力（即耐压程度）以及严密性、接口或者接头的质量、焊接质量和密封结构的紧密程度。此外，还可观测受压后容器和管道的母材焊缝的残余变形量，及时发现材料和制造过程中存在的问题。

化工装置的试压包括强度试验和严密性试验，压力容器和管道系统的强度试验包括液压强度试验（又称水压试验）和气压强度试验。

一、水压试验

1. 水压试验的含义

为防止试压过程中发生意外，通常多采用液压强度试验。液压强度试验的加压介质通常采用洁净水，故液压强度试验又被称为水压试验。

2. 水压试验的基本要求

水压试验前，容器和管道系统上的安全装置、压力表、液面计等附件及全部内构件均应装配齐全并经检查合格。同时应将不参与水压试验的系统、设备、仪表和管道等加盲板隔离，对于加盲板的部位应有明显的标记和记录。

水压试验时，试验环境和水的温度应保证高于试验容器材质的无塑性转变温度（NDTT，nil-ductility transition temperature），其目的是防止材质冷脆而产生低应力脆性断裂。通常应该在环境温度下进行，如在5℃以下应有防冻措施。对于碳钢和16MnR钢制容器和管道，试验用水温度不应低于5℃，其他低合金钢（不包括低温容器），试验用水温度不低于15℃。如因板厚等因素会造成脆性转变温度升高，还应适当提高试验用水温度。

关于水压试验的压力规定、升压程序、合格标准、安全措施和防范等，除了遵照设计文件规定外，还必须根据压力容器安全技术监察规程和SH 3501—2011(石油化工有毒、可燃介质钢制管道工程施工及验收规范）进行。

如果不用水而改用其他液体时，所用的液体必须是流动性好、无毒、沸点和闪点高于耐压强度试验温度，不能导致其他危险。

对奥氏体不锈钢容器和管道系统进行水压试验时，应严格控制水的氯离子含量，因为氯离子的存在对奥氏体不锈钢将产生严重的晶间腐蚀。因此，试验前应先检查水的氯离子含量，一般要求在25mg/L以下；超过时，应采取相应措施（例如加入硝酸钠溶液）进行处理。

3. 水压试验的操作

水压试验时，应将水缓慢充满容器和管道系统，打开容器和管道系统最高阀门，将滞留在容器和管道内的气体排净；容器和管道外表面应保持干燥，待壁温与水温接近时方能缓慢升压至设计压力，确认无泄漏后继续升到规定的试验压力，根据容积大小保压10～30min，然后降压至设计压力，保压进行检查，保压时间一般为30min，检查期间压力应保持不变。检查重点是各焊缝及连接处有无泄漏、有无局部或整体塑性变形。对于大容积的容器，还要检测基础下沉情况，对要求在基础工作上做水压试验且容积大于100m^3的设备，水压试验的同时，在充水前、充水时、放水时和放完水后，均应按预先标定的测点做基础沉降观察，并详细记录基础下沉和回升情况，填写基础沉降观察记录。

检查的方法可用小锤沿焊缝及平行于焊缝15～20mm处轻轻敲打。如发现泄漏，不得带压紧固和修理，以免发生危险。缺陷排除后，应重新进行水压试验。

水压试验结束后，打开容器和管道的最低阀门降压放水。排水时，不得将水排至基础附近。大型设备排水时，应考虑反冲力作用和其他安全注意事项。另外，排水时容器顶部的放空阀门一定要打开，以防薄壁容器抽瘪。

水放净后，采用压缩空气或惰性气体将其表面吹干，严防器内和管内存水。

试验用压力表不得少于两个，并经过校验合格，其精度不低于1.5级，表面刻度值为最大被测压力值的1.5～2倍。压力表应分别装在最高处和最低处，试验压力应以最高处的压力读数为准。

试验所用压力应遵照压力容器安全技术监察规程和SH 3501—2011（石油化工有毒、可燃介质钢制管道工程施工及验收规范）以及设计文件执行。

压力容器水压试验的试验压力见表 1-5。

表 1-5 压力容器水压试验的试验压力

压力容器名称	压力等级	水压试验压力($p_T=\eta p$)/MPa
钢制和有色金属制压力容器	低压	$1.25p$
	中压	$1.25p$
	高压	$1.25p$
铸铁		$2.00p$
搪玻璃		$1.25p$

管道系统水压试验压力见表 1-6。

表 1-6 管道系统水压试验压力

<table>
<tr><th colspan="3">管道级别</th><th>设计压力/MPa</th><th>水压试验压力/MPa</th></tr>
<tr><td colspan="3">真空</td><td></td><td>0.196(2kgf/cm^2)</td></tr>
<tr><td rowspan="4">中低压</td><td colspan="2">地下管道</td><td></td><td>$1.25p$</td></tr>
<tr><td rowspan="3">埋地管道</td><td>钢</td><td></td><td>$1.25p$</td></tr>
<tr><td rowspan="2">铸铁</td><td>≤0.49(5kgf/cm^2)</td><td>$2.00p$</td></tr>
<tr><td>>0.49(5kgf/cm^2)</td><td>$p+0.49$</td></tr>
<tr><td colspan="3">高压</td><td></td><td>$1.50p$</td></tr>
</table>

注：1kgf/cm^2=98.0665kPa。

水压试验必须严格按规程、设计文件的要求和批准的水压试验方案一步一步进行，严禁逾越。

当管道系统和设备一同试压时，以设备的试验压力为准，并确保与其他无关系统隔离。

二、气压强度试验

1. 气压强度试验的应用

在化工生产装置中，对于下列情况可按设计文件和检修方案要求采用气压强度试验：①因设计结构或者支承原因而不能向器内安全地充满液体；②进行水压试验会损伤衬里和内部保温层；③大检修时容器内催化剂未卸出、但容器局部经过焊补需要做强度试验时；④生产工艺要求不允许有微量的残留试验液体的容器和管道系统。

2. 气压强度试验的基本要求

气压强度试验所用气体为干燥而洁净的空气、氮气或其他惰性气体。

压力设备管道系统进行气压强度试验，必须有完整、稳妥的试压方案和安全措施，并经有关主管部门批准后方可进行。

在进行气压强度试验时，试验单位的安全部门必须到现场监督，同时应设防护区，严禁无关人员靠近。

对碳钢和低合金钢容器和管道，试验用气体温度不得低于 15℃；对其他材料制容器和管道，其试验用气体温度应符合设计文件规定。

气压强度试验的试验压力应遵照压力容器安全技术监察规程和设计文件规定执行。压力容器气压强度试验的试验压力见表1-7，管道系统气压试验的试验压力见表1-8。

表1-7 压力容器气压强度试验的试验压力

压力容器名称	压力等级	气压试验压力($p_T=\eta p$)/MPa
钢制和有色金属制压力容器	低压	1.15p
	中压	1.15p
	高压	—
铸铁		—
搪玻璃		1.00p

表1-8 管道系统气压试验的试验压力

<table>
<tr><th colspan="3">管道级别</th><th>设计压力/MPa</th><th>气压试验压力/MPa</th></tr>
<tr><td colspan="3">真空管道</td><td></td><td>0.196(2kgf/cm^2)</td></tr>
<tr><td rowspan="4">中低压</td><td colspan="2">地下管道</td><td></td><td>1.15p</td></tr>
<tr><td rowspan="3">埋地管道</td><td>钢</td><td></td><td>1.15p</td></tr>
<tr><td rowspan="2">铸铁</td><td>≤0.49(5kgf/cm^2)</td><td>2.00p</td></tr>
<tr><td>>0.49(5kgf/cm^2)</td><td>p+0.49</td></tr>
<tr><td colspan="3">高压</td><td></td><td>—</td></tr>
</table>

3. 气压强度试验的操作

(1) 操作技术要点

① 气压强度试验必须严格按批准的气压强度试验方案逐步进行，严禁逾越。

② 管道系统与容器一同试压时，应以容器的试验压力为准，并确保与其他无关系统隔离。进行气压强度试验时，应先缓慢升压至规定试验压力的10%，保压5～10min，并对所有焊缝和连接部位进行初次检查；如无泄漏，可继续升压到规定的50%；如无泄漏和异常现象，继续按试验压力的10%逐级升压，直到试验压力，各级均稳压3min；然后降至设计压力，进行保压检查，保压时间30min。用喷涂肥皂水或其他检漏液检查，无泄漏、无异常变形，即为合格。

③ 由于种种原因，压力容器和管道系统在运行过程中，常常存在超压的可能性，即装置内的实际工作压力超过规定的使用压力。为了确保安全运行，预防由于超压而发生事故，除了从根本上采取措施，杜绝或减少可能引起超压的各种因素外，还需要在压力容器和管道上装设安全泄压装置——安全阀、爆破板等。

(2) 安全阀的调校 为了确保安全阀的良好工作状态，必须在使用中加强维护和检查，并进行定期校正调整。

《压力容器安全技术监察规程》规定：安全阀一般每年至少校验一次。其目的是保证能正常工作，在工作压力下保持严密不漏，在压力超过工作压力时及时开启、排气和降压。

安全阀的调校，包括阀的加载的校正和调节圈的调整。前者是通过调节施加在阀瓣上的载荷（对于杠杆式安全阀就是调节重锤的位置，对于弹簧式安全阀就是调节弹簧的压缩量）来校正安全阀的开启压力。这种校正最好在专用的气体试验台上进行，没有条件时可用水作为试验介质进行初步校正，然后在生产装置上校正。后者是通过调整阀上的调节圈的位置来调整它的排放压力和回座压力。校正安全阀的加载时，一般是调整它的开启压力（阀门行业称为整定压力）。通常，开启压力 p_0 为工作压力 p_w 的 1.05～1.10 倍。

上述安全阀的调校是在装置停车后进行的。

（3）安全阀在线调试技术　安全阀在线调试新技术是在正常的生产过程中，安全阀在外加力的作用下，使得安全阀弹簧做小量的压缩，从而使安全阀开启的技术。此调试方法避免了传统的调试法所消耗的生产时间，可在生产装置不停车的情况下进行，从而提高了产量，减少了能耗，保证了生产装置的安全运行。因此，安全阀在线调试技术在生产中得到愈来愈广泛的利用。

前面提出安全阀的开启压力 $p_0=(1.05\sim1.10)p_w$(工作压力)，在正常生产工况下，在线安全阀所承受的实际压力和工作压力之间的差值为 $\Delta p=p_c-p_w=(0.05\sim0.10)p_w$。为了验证和在线调校安全阀，这个压差 Δp 可利用外加力的方法加入安全阀弹簧中——压力油加入法。

此法简单可靠，调校装置的结构也简单，并具有下述功能。

① 可以测得安全阀的开启压力。

② 可以测得安全阀的复位压力。

③ 调试安全阀时，安全可靠，不影响正常生产。

④ 调试安全阀时，不需要使生产装置处于超压状态运行，保护了设备，提高了生产装置运行的安全可靠性。

三、气密性试验

1. 气密性试验的目的

气密性试验与上述的水压试验是目的和概念不同的两种试验。气密性试验的主要目的是检验容器和管道系统各连接部位（包括焊缝、铆接缝和可拆连接等）的密封性能，以保证容器和管道系统能在使用压力下保持严密不漏。

《压力容器安全技术监察规程》明文规定：“介质毒性程度为极度、高度危害的或设计上不允许有微量泄漏的容器，必须进行气密性试验。”

2. 气密性试验的条件

为了保证容器和管道系统不会在气密性试验中发生破裂爆炸引起大的危害，气密性试验应在水压试验合格后进行。

对采用气压强度试验的容器和管道系统，气密性试验可在气压强度试验时，气压降到设计压力后，一并进行检查。

碳钢和低合金钢制容器和管道系统，气密性试验用气体的温度不低于 15℃，其他材料制容器和管道系统，其试验用气体温度应符合设计图样规定。

3. 气密性试验的控制标准

《压力容器安全技术监察规程》规定：压力容器气密性试验压力等于设计压力。压力容器气密性试验的试验压力见表 1-9。

表 1-9 压力容器气密性试验的试验压力

压力容器名称	压力等级	气密性试验压力/MPa
钢制和有色金属制压力容器	低压	$1.00p$
	中压	$1.00p$
	高压	$1.00p$
铸铁		$1.00p$
搪玻璃		$1.00p$

4. 气密性试验的方法

（1）气密性试验介质　气密性试验所采用的气体通常应为干燥而洁净的空气、氮气或其他惰性气体。如生产工艺无特殊要求，通常采用干燥、洁净的空气作为气密性试验介质。当然，能采用氮气和其他惰性气体作为试验介质更好，更符合石油化工生产工艺的要求；但上述介质的来源需要具有空气分离装置，而且价格较贵。

对易燃易爆介质，在用压力容器和管道系统进行气密性试验时，必须进行彻底的清洗和置换，严禁用空气作为试验介质。

对要求脱脂的容器和管道系统，应采用无油的气体。

（2）气密性试验的方法　气密性试验时，升压应分段缓慢进行。首先升至气密性试验压力的 10%，保压 5～10min，检查焊缝和各连接部位是否正常；如无泄漏，可继续升至规定试验压力 50%，再检查有无异常现象、有无泄漏，其后按 10%逐级升压，每级稳压 3min；到达试验压力时，保压进行最终检查，保压时间应不少于 30min。

检查期间，检查人员在检查部位喷涂肥皂液（对铝合金容器、铝管等要用中性肥皂）或其他检漏液，检查是否有气泡出现。如无泄漏、无可见的异常变形、压力不降或压力降符合设计规定，即为合格。

气密性试验时，如发现焊缝或连接部位有泄漏，需泄压后修补，如要补焊，补焊后要重新进行耐压强度试验和气密性试验，合格后再联动试车运转，还应以设计压力进行真空度试验。

（3）真空度试验　真空度试验宜在气温变化较小的环境中进行，主要检查增压率，试验时间为 24h。增压率按下式计算：

$$\Delta p=\frac{p_2-p_1}{p_1}\times 100\%$$

式中　Δp——24h 的增压率，%；

p_1——试验初始压力（表压），MPa；

p_2——24h 后的实际压力（表压），MPa。

对增压率 Δp，A 级管道不应大于 3.5%；B、C 级管道不应大于 5%。

四、上、下水管道的渗水量试验

1. 渗水量试验的含义

化工装置的上、下水管道安装完工后，除要进行水压强度试验或气压强度试验外，还应对管道进行液压严密性试验，以检验是否有泄漏现象，通常称为渗水量试验。

2. 渗水量试验的基本要求

渗水量试验一般在强度试验合格后进行，试验压力为工作压力，试验时不得有漏水现象，实测渗水量小于或等于《给水排水管道工程施工及验收规范》（GB 50268—2008）所规定的允许渗水量时，液压严密性试验为合格。

压力管道水压试验的允许渗水量见表 1-10。

表 1-10 压力管道水压试验的允许渗水量

管道内径 D_i/mm	允许渗水量/[L/(min·km)]		
	焊接接口钢管	球墨铸铁管、玻璃钢管	预(自)应力混凝土管、预应力钢筒混凝土管
100	0.28	0.70	1.40
150	0.42	1.05	1.72
200	0.56	1.40	1.98
300	0.85	1.70	2.42
400	1.00	1.95	2.80
600	1.20	2.40	3.14
800	1.35	2.70	3.96
900	1.45	2.90	4.20
1000	1.50	3.00	4.42
1200	1.65	3.30	4.70
1400	1.75		5.00

当管道内径大于表 1-10 规定时，实测渗水量应小于或等于按下列公式计算的允许渗水量。

钢管： $Q=0.05\sqrt{D}$

铸铁、球墨铸铁管： $Q=0.1\sqrt{D}$

预应力、自应力混凝土管： $Q=0.14\sqrt{D}$

式中 Q——允许渗水量，L/(min·km)；

D——管道内径，mm。

3. 渗水量试验的方法

渗水量试验应按《给水排水管道工程施工及验收规范》（GB 50268—2008）附录 A 放水法或注水法进行。

（1）放水法试验 放水法试验应按下列程序进行。

① 将水压升至试验压力，关闭水泵进水阀门，记录降压 0.1MPa 所需的时间 t_1。打开水泵进水阀门，再将管道压力升至试验压力后，关闭水泵进水阀门。

② 打开连通管道的放水阀门，记录降压 0.1MPa 的时间 t_2，并测量在 t_2 时间内，从管道放出的水量 $\overline{w}$。

实测渗水量应按下式计算：

$$q=\frac{\overline{w}}{(t_1-t_2)l}$$

式中 q——实测渗水量，L/(min·m)；

t_1——从试验压力降压 0.1MPa 所经过的时间，min；

t_2——放水时，从试验压力降压 0.1MPa 所经过的时间，min；

$\overline{w}$——t_2 时间内放出的水量，L；

l——试验管段的长度，m。

放水法试验记录表格形式见表 1-11。

表 1-11 放水法试验记录表

<table>
<tr><td colspan="2">工程名称</td><td colspan="3"></td><td>试验日期</td><td>年 月 日</td></tr>
<tr><td colspan="2">桩号及地段</td><td colspan="5"></td></tr>
<tr><td colspan="2">管道内径/mm</td><td colspan="2">管材种类</td><td colspan="2">接口种类</td><td>试验段长度/m</td></tr>
<tr><td colspan="2"></td><td colspan="2"></td><td colspan="2"></td><td></td></tr>
<tr><td colspan="2">工作压力/MPa</td><td colspan="2">试验压力/MPa</td><td colspan="2">10min 降压值/MPa</td><td>允许渗水量/[L/(min·m)]</td></tr>
<tr><td colspan="2"></td><td colspan="2"></td><td colspan="2"></td><td></td></tr>
<tr><td rowspan="5">渗水量测定记录</td><td rowspan="5">放水法</td><td>次数</td><td>由试验压力降压 0.1MPa 的时间 t_1/min</td><td>由试验压力放水下降 0.1MPa 的时间 t_2/min</td><td>由试验压力放水下降 0.1MPa 的放水量/L</td><td>实测渗水量/[L/(min·m)]</td></tr>
<tr><td>1</td><td></td><td></td><td></td><td></td></tr>
<tr><td>2</td><td></td><td></td><td></td><td></td></tr>
<tr><td>3</td><td></td><td></td><td></td><td></td></tr>
<tr><td colspan="5">折合平均实测渗水量/[L/(min·km)]</td></tr>
<tr><td colspan="2">外 观</td><td colspan="5"></td></tr>
<tr><td colspan="2">评 语</td><td colspan="2">强度试验</td><td></td><td>严密性试验</td><td></td></tr>
</table>

施工单位： 试验负责人：

监理单位： 设计负责人：

使用单位： 记录员：

(2) 注水法试验 注水法试验应按下列程序进行。注水法升至试验压力后开始计时。每当压力下降，应及时向管内补水，但降压不得大于 0.3MPa，使管道试验压力始终保持恒定；延续时间不得少于 2h，并计量恒压时间内补入试验管段内的水量。

实测渗水量应按下式计算：

$$q=\frac{\overline{w}}{t_1 l}$$

式中 q——实测渗水量，L/(min·m)；

t_1——从开始计时至保持恒压结束的时间，min；

l——试验管段的长度，m。

注水法试验记录表格形式见表 1-12。

表 1-12 注水法试验记录表

<table>
<tr><td colspan="2">工程名称</td><td colspan="4"></td><td>试验日期</td><td>年 月 日</td></tr>
<tr><td colspan="2">桩号及地段</td><td colspan="6"></td></tr>
<tr><td colspan="2">管道内径/mm</td><td colspan="2">管材种类</td><td colspan="2">接口种类</td><td colspan="2">试验段长度/m</td></tr>
<tr><td colspan="2"></td><td colspan="2"></td><td colspan="2"></td><td colspan="2"></td></tr>
<tr><td colspan="2">工作压力/MPa</td><td colspan="2">试验压力/MPa</td><td colspan="2">10min 降压值/MPa</td><td colspan="2">允许渗水量/[L/(min・m)]</td></tr>
<tr><td colspan="2"></td><td colspan="2"></td><td colspan="2"></td><td colspan="2"></td></tr>
<tr><td rowspan="5">渗水量测定记录</td><td rowspan="5">注水法</td><td>次数</td><td>达到试验压力的时间 t_1/min</td><td>恒压结束时间 t_2/min</td><td>恒压时间 t/min</td><td>恒压时间内补入的水量/L</td><td>实测渗水量/[L/(min・m)]</td></tr>
<tr><td>1</td><td></td><td></td><td></td><td></td><td></td></tr>
<tr><td>2</td><td></td><td></td><td></td><td></td><td></td></tr>
<tr><td>3</td><td></td><td></td><td></td><td></td><td></td></tr>
<tr><td colspan="6">折合平均实测渗水量/[L/(min・km)]</td></tr>
<tr><td colspan="2">外 观</td><td colspan="6"></td></tr>
<tr><td colspan="2">评 语</td><td colspan="2">强度试验</td><td></td><td>严密性试验</td><td colspan="2"></td></tr>
</table>

施工单位： 试验负责人：
监理单位： 设计负责人：
使用单位： 记录员：

任务四 化工装置的酸洗与钝化

一、酸洗与钝化的意义及其应用

酸洗与钝化是采用以酸（包括无机酸或有机酸）为主剂组成的酸洗剂，对覆盖在金属设备、管道等表面的氧化皮（也称扎制鳞皮）、铁锈、焊渣、表面防护涂层等通过化学和电化学反应，使其溶解、剥离，并随即进行表面钝化，从而使金属基体表面形成一层良好的防腐保护膜的一种表面处理技术。

酸洗与钝化技术具有清洗速度快、清洗效果好、操作易于控制等优点，不仅被应用于化工装置开工前清除设备、管道中有碍试车和运行的锈垢附着物等，而且也是定期清除蒸汽发生系统、化工生产中制冷系统等设备中形成的积垢，保证化工装置安全生产和节能降耗等的最常用、最有效的技术。另外，酸洗与钝化技术还被广泛应用于冶金、机械、热工动力、建材、军工等工业领域。

二、酸洗与钝化的主要工艺过程

酸洗与钝化技术应用广泛、发展迅速，其清洗作业因清洗对象的性质（如设备与管道的材质、锈垢等附着物性质等）不同、清洗要求各异而有不同的清洗配方和工艺条件。但是，其工艺过程基本相同，主要包括：①水冲洗除去泥沙、灰尘；②碱洗除去油脂和碱溶物；③水冲洗置换；④酸洗除去氧化鳞皮和锈垢；⑤水冲洗置换和漂洗；⑥钝化保护；⑦过程的残液处理7个部分。其中，碱洗、酸洗和钝化是3个主要环节，而酸洗是整个清洗作业的核心。水冲洗等作为主要环节的过渡措施和残液处理也是十分重要和必不可少的组成部分。

三、化工装置酸洗与钝化的操作

化工装置的酸洗、钝化操作，一般在装置的设计文件或操作手册中均应给出详细说明，操作者应按其规定严格执行。整个酸洗、钝化操作通常包括酸洗前的准备、酸洗除锈垢操作与过程监测、废液处理、工程验收4个部分。

1. 酸洗前的准备

（1）制定酸洗、钝化方案　一般在进行酸洗之前，需要根据被清洗设备、管道和阀门等的材质、结构及锈垢的类型、被清洗空间容量等制定正确的清洗方案。清洗方案一般包括如下内容：①规定清洗程序，通常均为水冲洗→碱洗→水冲洗→酸洗→水冲洗→漂洗与钝化；②选择或试验确定碱洗、酸洗、漂洗与钝化的药剂与配方、清洗工艺条件（温度、时间等），其中酸洗药剂与配方、工艺条件的选择和确定是酸洗成败的关键；③选择合适的清洗方式，化工装置由于系统包容设备多、设备结构复杂，通常选用循环清洗法；④划分清洗回路，绘制清洗流程示意图，为保证清洗的效果，清洗通常分成若干回路进行，并使流程中设备、管道等采取串联清洗方式；⑤清洗用化学药品和公用工程（水、电、汽、风等）的需用数量和质量要求，水、电、汽、风等的供应方式，酸洗、钝化全过程通常需要耗用被清洗空间的15～22倍去离子水，这是在方案中要特别注意的，因此一般酸洗、钝化都是在去离子水系统正常生产后进行的，其他水、电、汽、风的连续供应对保证清洗也十分重要；⑥过程工艺条件的控制，如各阶段清洗液的升、降温，药剂的加入量及浓度、pH的控制等；⑦循环清洗用临时泵站、临时配管及各清洗回路加插盲板的说明；⑧过程的残液处理和临时设施；⑨人员组织和通讯联络等后勤保证；⑩现场安全保护措施和安全用品的配备等。

（2）循环清洗系统的基本流程　典型的循环清洗系统基本流程如图1-2所示。

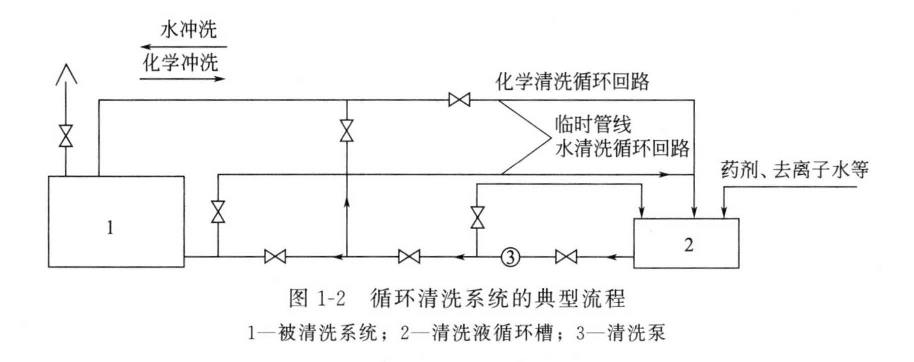

图1-2　循环清洗系统的典型流程

1—被清洗系统；2—清洗液循环槽；3—清洗泵

（3）循环清洗系统的主要设备及配管要求

① 清洗液循环槽是被清洗系统和清洗泵之间的中介设备，循环槽应该有足够的容积和高度，并配有蒸汽加热盘管、液位计、温度计，槽底应配有排污底阀，以便顺利排出沉渣。

② 循环清洗泵应耐腐蚀，当缓蚀剂缓蚀率高、清洗液配制操作正确时，清洗泵亦可用普通离心泵替代。泵的扬程除应高于清洗系统的最高处外，还应加上系统运行时的管路压降。泵的流量应使清洗液在被清洗的管路中流速约0.5m/s。

③ 临时配管应有足够的截面积，以保证清洗液在被清洗系统中的流速和流量。

④ 清洗泵入口应安装过滤网，过滤网的孔径应小于5mm，且应有足够的流通面积，以保证清洗泵的正常运转。

(4) 循环清洗系统的试运转 当循环清洗用临时泵站、配管与被清洗系统安装完毕之后，应进行清水负荷试车。全系统（循环槽除外）试压至1.0MPa合格。启动循环泵，先进行小循环回路操作，再进行大循环回路操作，以确认泵的扬程、流量能满足清洗要求。

2. 酸洗与钝化的操作

(1) 水冲洗 水冲洗包括直流水冲洗和热水循环冲洗。直流水冲洗的操作是打开系统各正常排放阀和入废水池排放总阀，由系统顶端送入去离子水冲洗设备和管道，直至出水清澈或浓度小于1×10^{-5}为止。热水循环冲洗的操作是使系统回路充满去离子水，通过在循环槽直接或间接蒸汽加热，使全系统在348～358K下循环冲洗2～4h，然后排放。

(2) 碱洗 碱洗操作是向回路加入去离子水，加热至353K左右，恒定，注入化学药品，各循环回路碱洗时所需要化学药品数量、投药次序、加入回路后溶液各组分浓度、清洗温度及循环时间等控制应严格执行方案规定。

加药时需缓慢进行，以免造成回路中溶液浓度不均匀。分析测定回路进、出口溶液pH为10.5～10.9，浑浊度、电导率相等为合格。碱洗结束，排尽碱液，以去离子水直流冲洗，排入废水池，直到进、出口pH相等，冲洗水变清。再回路循环0.5h，当循环水pH不超过新鲜去离子水0.2为合格。

(3) 酸洗 碱洗后的热水循环冲洗合格后，水不需排除。继续维持或降至酸洗要求的温度，按方案规定进行投药。其投药次序、加入回路后溶液浓度、循环温度及酸洗时间等应严格控制。

酸洗阶段要进行化学分析控制，其分析控制项目主要有阻蚀剂试验、铁的浓度、pH、氟化物试验和酸分析等，分析周期为1h。由于酸洗溶液具有强的腐蚀性，故酸洗温度应控制在指标的下限操作。酸洗后溶液中的铁离子浓度一般为8g/L左右，当分析测定溶液中的酸含量在至少3h内基本稳定，且酸溶液尚有溶解更多铁的能力时，酸洗可告结束。酸洗结束，排尽酸液，用去离子水冲洗。

(4) 漂洗与钝化（以$NaNO_2$为钝化剂） 酸洗后的热水循环冲洗结束后，冲洗水部分排放，并同时补充冷去离子水，使回路温度降至308～313K。按方案规定进行投药。其投药次序、加入回路后溶液浓度、循环温度及酸洗时间等应严格控制。钝化阶段要进行化学分析控制，其分析控制项目为pH(9.0～9.5)、Fe含量、氢氧化铁沉淀试验[在为提高pH而在回路注入氨之前，取溶液样品慢慢注入氨，使pH上升到9.5，加入3g/L亚硝酸钠，经过反应，样品颜色变为绿色或褐色，但清澈度不应改变，即无絮状的$Fe(OH)_2$或$Fe(OH)_3$沉淀等]，分析周期为半小时。排出钝化液，系统干燥后充氮保护。

四、酸洗与钝化的安全防护和废液处理

1. 酸洗与钝化的安全防护

酸洗与钝化作业现场必须遵循化工装置的通用安全规定，同时还需做到以下几点。

① 清洗回路（包括临时泵站和管道）。安装结束后，应进行约1.0MPa的水压试验（清洗用循环槽只做注水试验），以防清洗时具有强烈腐蚀性和有毒的清洗液可能造成的外漏而发生烧伤和烫伤等人身安全事故。

② 清洗回路的最高点应装有排气口，使酸洗过程中产生的二氧化碳，或因缓蚀效果不好产生的氢气，能够畅通地排出系统。

③ 钝化阶段不能在清洗液 pH<5.5 的情况下向回路中注入 $NaNO_2$，以防 $NaNO_2$ 分解为有毒的氧化氮气体。注入柠檬酸的质量必须 4 倍于可溶解 Fe 的质量，以防 $Fe(OH)_3$ 或 $Fe(OH)_2$ 沉淀。

④ 清洗液从回路排放时注意打开顶部放空阀，以免形成负压而损坏设备。

⑤ 整个清洗操作要注意循环槽内液位，防止清洗液循环泵抽空损坏。

⑥ 在酸洗期间严禁在现场动火、焊接，以防空气中的氢气达到危险浓度而遇火发生爆炸。

⑦ 从事化学清洗的操作人员必须佩戴必要的安全保护用品，如防护眼镜、防酸服、胶鞋及胶制手套等。

2. 排出废液的处理方法

酸洗与钝化过程中排出的废液含有大量的剩余清洗药剂和反应产物。该废液对环境危害极大，必须严格执行排放标准。未经处理的废液不得随意采用渗坑、渗井和漫流等方式排出。一般情况下，酸洗与钝化作业应在工厂污水处理装置投产之后进行，废水经初步处理后排放。如不具备此条件时，必须设置临时处理设施，以解决污染问题。废液的常用处理方法如下。

（1）稀释法　当从系统中排放的清洗液含有少量低浓度的碳酸钠、氢氧化钠或磷酸钠等时，应采用较多的水进行冲稀排放，使混合后进入污水管道的废液 pH 在 6.0～9.0，悬浮物<500mg/L，符合国家排放标准。

（2）中和法　对于浓度较高的酸、碱废液，不宜采用稀释法处理，而应采用中和法处理。

① 碱洗废液的处理。碱洗废液的处理方法有两种：一是将碱洗液与后面的酸洗废液（但不包括柠檬酸洗废液）中和，使 pH 达到 7～9 排放；二是采用投药中和法，即以工业用硫酸、盐酸为中和剂，使废碱液与酸中和反应后排放。

② 酸洗废液的处理。酸洗废液中除柠檬酸废液采用焚烧法处理外，其他大都采用中和法处理。即将酸洗废液与碱洗废液中和，使 pH 达到 6～9 排放。或者采用投药中和法，常用中和剂有纯碱、烧碱、氨水和石灰乳等。

③ 钝化废液的处理。亚硝酸钠废液不能与废酸液排入同一池中，否则会生成大量氮氧化物气体，形成有毒黄烟，严重污染环境。比较好的处理方法如下。

a. 尿素分解法。尿素经盐酸酸化后投入废液中，与亚硝酸钠反应，使生成氮气。其反应式如下：

$$CO(NH_2)_2 + 2HCl + 2NaNO_2 \longrightarrow 2NaCl + 2N_2\uparrow + CO_2\uparrow + 3H_2O$$

投入量为 1kg 亚硝酸钠投加 0.45kg 尿素。

b. 氯化铵处理法。将氯化铵投入废液中，与亚硝酸钠反应：

$$NH_4Cl + NaNO_2 \longrightarrow NaCl + N_2\uparrow + 2H_2O$$

氯化铵的加入量应为亚硝酸钠含量的 3～4 倍，为了加快反应速率，防止亚硝酸钠在低 pH 时会分解造成二次污染，可向废液中通入蒸汽，维持温度 343～353K，控制 pH 5.0～9.0。

c. 次氯酸钙处理法。将次氯酸钙加入废液中，与亚硝酸钠反应：

$$Ca(ClO_2)_2 + 4NaNO_2 \longrightarrow CaCl_2 + 4NaNO_3$$

次氯酸钙的投入量为亚硝酸钠的2.6倍，反应在常温下进行，通入压缩空气搅拌效果更好。

（3）焚烧法 柠檬酸酸洗废液由于化学需氧量高（20000～50000mg/L），通常采用焚烧法处理。即把柠檬酸废液排至煤场或灰场，使其与煤混合后送入炉膛内焚烧。

五、大型化工装置、管网酸洗与钝化实例

本实例为某乙烯厂芳烃联合装置的化学清洗。在该芳烃联合装置中，被清洗的工艺管线总长度为10078m，设备总数为58台，折合总容积1144m^3。

其清洗程序为：水力冲洗→碱洗→水洗→酸洗→水洗（漂洗和中和）→钝化→检查和验收→充氮待用。

水力冲洗的目的是除去灰尘和泥沙、游离铁锈、铁屑等疏松杂物，冲洗用水浊度不大于2.0×10^{-5}，氯离子不大于50mg/L，冲洗流速不低于1.5m/s。冲洗水进、出口浊度差小于5.0×10^{-6}，且不见碎片、杂物时，则水力冲洗结束。碱洗的目的是脱脂和除机械油、石墨脂、含油涂层、防锈油等油污，碱洗后用水冲，以除去脱脂液和固体粒子，冲洗速率为1.5m/s。酸洗的目的是除去FeO、Fe_2O_3、Fe_3O_4等铁锈与轧制鳞皮。钝化处理的目的是防止再锈。充氮待用也是防止在使用前再生锈和系统进入杂物。

芳烃抽提装置中部分装置的清洗过程如下。

1. 芳烃抽提装置的清洗

本装置的部分工艺管线、设备，特别是抽提塔、重整液抽提塔、重整提留塔内部，在制造和安装过程中涂刷了大量的防锈机油、黄油，平均厚度达2～3mm。这些油脂的存在将会污染下游装置的催化剂，另外所涂油脂时间太长会氧化，氧化物有可能最后进入苯中，影响整个装置的效率，含氧化物的苯也会影响吸附分离装置的干燥。因此，酸洗除锈之前除去设备内大量的油脂至关重要。其碱洗配方及碱洗条件如下。

① 碱洗。碱总质量浓度为3%(下同)，钠盐总浓度为3%，蓝星表面活性剂为0.05%，碱洗温度大于353K，碱洗时间为10～12h。抽提塔与重整液抽提塔是和与其相连的工艺管线和换热器一起清洗的。首先清洗液充满塔体，再利用塔自身的压差分别循环切换清洗与塔相连接的换热器及工艺管线。塔顶都是利用公用空气循环的低进高回，然后间隔一定时间正反向循环切换，以免产生气阻、死角。

② 酸洗。HCl为5%～6%，HF为1%，缓蚀剂Lan-826为0.2%，温度为323～328K，时间为6h。

2. 吸附分离装置的清洗

吸附分离装置是用来制造高纯度对二甲苯。如果设备、管道中有油污、铁锈等杂物存在，便会降低工作性能，甚至使装置失效。另外，由于泵和阀门是采用不锈钢制成，对清洗要求比较严格，所以采用柠檬酸（含氨）清洗。其配方及工艺条件如下。

① 碱洗。碱总浓度为2.5%，钠盐总浓度为2.5%，蓝星表面活性剂为0.05%，碱洗温度大于353K，时间10～12h。

② 酸洗。柠檬酸为3%，氨水（18%～20%）调pH，缓蚀剂Lan-826为0.1%，酸洗温度大于353K，时间8～10h。

③ 钝化采用蓝星钝化防锈液，2～3个月不生锈。

3. 压缩机进口管线的清洗

压缩机各段进口管线的清洗也是该装置的重要环节，因为大型离心压缩机的部件十分精密，转速甚高，微小的金属粒子或杂物都可能毁坏其精密部件，造成不良后果。压缩机管路种类较多，走向复杂，因此清洗前临时管线配备相当重要，要选择一定管径，注意循环回路走向。低点设置排污管，各高点设置排空管，以防造成死角、气阻，保证不了一定的流速，而影响整体清洗效果。其清洗配方及工艺条件如下。

① 碱洗。碱总浓度为 2.5%，钠盐总浓度为 2.5%，碱洗温度大于 308K，时间 6～8h。

② 酸洗。HCl 为 6.5%～8%，缓蚀剂 Lan-826 为 0.20%～0.25%；或 HCl 为 4.5%～6%，F 为 0.2%，缓蚀剂 Lan-826 为 0.20%～0.25%，酸洗温度 323～328K，时间 6～8h。

③ 使用蓝星钝化液钝化。先加入钝化防锈冷冻剂，钝化后采用高压泵吹扫，冲净管内残留物。

4. 氧气管线的清洗

输送氧气的管线其清洁度要求较高，管线内微量油污、金属粒子及渣物等的存在均可能与高纯、高压的氧气相撞击发生电火花而发生难以预料的后果，因此要进行严格的清洗。首先，用高压蒸汽吹扫管内的焊渣、泥沙、游离铁锈、轧制鳞片等杂物，然后进行水冲洗、碱洗、酸洗、中和漂洗及钝化处理。

① 碱洗。碱总浓度为 4.0%，钠盐总浓度为 4.0%，碱洗温度大于 308K，时间 8～10h。

② 酸洗。HNO_3 为 6%～8%，HF 为 1%，缓蚀剂 Lan-826 为 0.20%～0.25%，酸洗温度 313～318K，时间 6～8h。

③ 酸洗之后先进行中和漂洗（除去残留铁锈），然后进行碱性钝化（两次脱脂兼钝化功能，碱浓度为 3%～4%），再用氮气吹扫管内残渣颗粒，最后用氮气微正压封存待用。

任务五　化工装置的干燥

一、化工装置干燥的目的

化工装置开车之前，需要干燥的系统十分复杂，主要可分为低温系统、反应器系统和其他系统 3 大类型。不同的系统，其干燥目的和要求也不同。

1. 低温系统

化工低温系统干燥的目的是：脱除残留在设备、管道、阀门中的水分，防止低温操作时，水分发生冻结，与开车投料后的某些烃类生成烃水合物结晶（如 $CH_4 \cdot 6H_2O$、$C_2H_6 \cdot 7H_2O$、$C_3H_8 \cdot 17H_2O$ 等），堵塞设备和管道，危及试车和生产的安全。

化工装置的低温系统干燥除水程度要求高，如乙烯装置的压缩、精馏和贮罐系统等，合成氨装置的低温甲醇洗、低温液氮洗、空分装置的分馏塔和冷箱系统等，它们均要求在开车前，进行深度干燥除水，一般都要达到 223～213K 露点的含湿量要求。

2. 反应器系统

对有耐火衬里和热壁式反应器系统干燥的目的是：除去其耐火材料砌筑时所含的自然水

和结晶水，烘结耐火衬里，增加强度和使用寿命；除去热壁式反应器系统设备安装、试压、吹扫过程中的残留水分，避免影响催化剂的强度和活性。

3. 其他系统

对某些工艺介质进入装置后，能与残余水分作用形成对设备、管道、阀门产生严重腐蚀或影响产品质量与收率的系统，也需要进行干燥除水。如以 HF 为催化剂的烷基化装置，为防止氟化氢与水作用形成对碳钢等材料制作的设备、管道产生严重的腐蚀，防止产品质量与收率受到影响，也需在氟化氢引入系统前，对烷基化装置的设备进行干燥除水。

二、化工装置的主要干燥方法与操作

化工装置常用的干燥方法主要有常温低露点（氮气）干燥、热氮循环干燥和溶剂循环吸收干燥 3 种，其操作技术分别如下。

1. 常温低露点（氮气）干燥

常温低露点（氮气）干燥，以下简称空气（氮气）干燥，此法是化工低温系统设备除水的一种常用方法。当系统设备、管道经吹洗和综合气密试验合格后，使用经分子筛吸附脱水，露点降至 203～213K 的低露点的空气（氮气）对被干燥系统的设备、管道内表面的残余水分进行对流干燥。由于进入系统的是低露点空气（氮气），水分含量小，水汽分压低，因此设备内表面残余水分不断汽化，当排气口空气（氮气）已稳定达到系统对水分含量（露点）要求时，则系统干燥作业完成。

常温空气（氮气）干燥，因其饱和水分含量（或水汽分压）低，故干燥过程相对需要消耗大量低露点空气（氮气）。因此，除装置中已有大、中型空分装置（如以渣油或煤油为原料的合成氨装置设有空分装置）可提供大量分馏氮气直接供系统干燥使用，一般是先不使用分馏氮气进行干燥作业，而是待空气干燥作业完成后，以分馏氮气进行系统置换和系统保压及防腐使用。

（1）干燥作业应具备的条件　①制定系统空气（氮气）干燥方案，该方案内容包括干燥范围、露点要求、气源的选定或配置、干燥方法选择、干燥流程的确定、临时管道和阀门及盲板等的设置、干燥前的准备和干燥过程中的注意事项等；②选定系统干燥的气源，根据被干燥系统对干燥后露点的要求，结合装置或联合装置的工艺和设备现状，选定或配置供系统干燥作业的低露点空气（氮气）的连续气源，这是完成干燥作业的首要条件；③被干燥系统的全部设备、工艺管道安装完毕，系统的吹扫、冲洗、积水排除、综合气密等均已合格，系统仪表、电器联校、调试工作已完成并可以投入使用；④用于空气（氮气）干燥的临时管道、阀门、盲板等设施已配置或准备完好待用；⑤用于干燥后露点分析的仪器及取样接头等已准备就绪。

（2）干燥操作采用系统充压、排放的方法进行　注意充压压力要严格控制，不能超过操作压力，一般为 0.2～0.5MPa。具体方法是：①系统干燥前的准备，按系统干燥操作流程安排的程序，分别关闭所有的控制阀和旁通阀，打开它们的前后阀，关闭有关管线上的所有阀门，拆装规定盲板，使被干燥系统圈定为一个封闭空间；②缓慢地将空气（氮气）引入系统，待充压至规定要求后，关气源进口阀、开系统排放阀，进行干燥。如此反复循环至各规定取样点分析露点合格后，干燥作业即告结束。

（3）干燥作业的技术要点　①干燥作业期间，要绝对防止干燥系统排放空气与燃料气体或其他易燃气体接触；②系统所有仪表引出管线均应同时进行干燥；③干燥作业完成后，应保持系统压力 0.05～0.10MPa（表压），以防止潮湿空气进入已干燥系统，同时应在工艺仪表流程图及记录表上记录干燥结果；④法兰、过滤网、盲板等的拆装工作，必须详细登记，并在现场做明显标志，以防发生意外事故；⑤进行干燥作业时，要求气源压力上下波动小，特别要注意保持供气系统的压缩机压力平稳，防止压缩机出口流量锐减，造成压缩机喘振而损坏压缩机部件，同时也应注意防止超过气源用干燥器的分子筛层的压差极限；⑥使用氮气干燥时，要注意防止氮气窒息。

2. 热氮循环干燥

（1）热氮循环干燥的特点及流程 在化工装置中，热氮循环干燥法主要用于有耐火衬里和热壁式反应器系统的设备干燥除水。它是以氮气作为过程的载热体和载湿体，在一个封闭循环系统中，通过循环压缩机将氮气顺序通过加热炉升温（通常与加热炉烘炉开工步骤同步进行）、系统热氮对流干燥、热氮冷却和水汽冷凝分离、冷氮再压缩循环加热除水等过程完成。热氮循环干燥属于中、高温干燥，其氮气加热温度通常在 623～773K，因而载湿大、收率高，同时氮气消耗少（仅用于补充泄漏损失）。热氮循环干燥常与加热炉烘炉同时进行，即采用氮气循环，一方面氮气从炉内带出烘炉热量，保证炉管不超温而保护炉管；另一方面，借助这部分热氮气体在被干燥系统内循环通过，可以带走水分，达到系统干燥的目的。热氮循环干燥流程示意如图 1-3 所示。

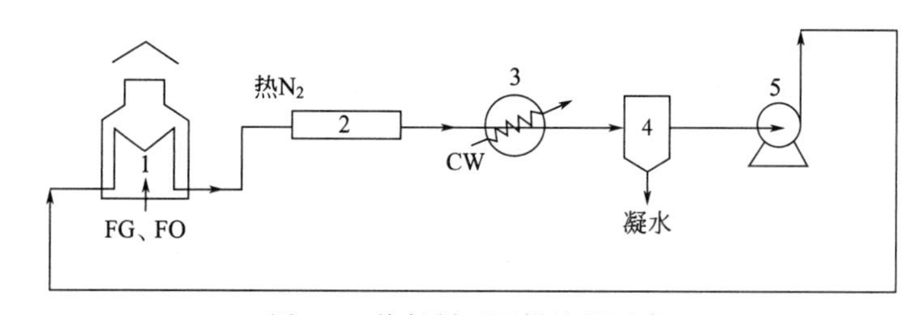

图 1-3 热氮循环干燥流程示意

1—加热炉；2—热干燥系统；3—氮气冷却器；4—冷凝水分离器；5—氮气循环压缩机

（2）干燥作业应具备的条件 ①按照热氮循环干燥流程完成设备和管道的安装，并且吹扫、气密试验合格；②按被干燥系统（热壁式或耐火衬里式）的不同特点，分别制定干燥温度-时间操作曲线，该曲线应与加热炉烘炉要求相协调；③加热炉具备点火烘炉（或电加热器具备投用）条件；④氮气循环压缩机已试运合格，具备开机条件；⑤公用工程（水、电、汽、仪表、风）及系统补充用氮气已满足使用要求；⑥温度等测量监控仪表已投用；⑦现场消防器材和防止氮气窒息等有关安全措施已备好。

（3）系统干燥作业技术要点 ①氮气置换和充压，向系统引入氮气，对整个氮循环干燥系统进行氮置换，直到分析氧体积含量小于 0.5%时，将系统充压到规定值，该值应视系统运行压力和氮循环压缩机额定值确定，通常为 0.5～0.6MPa；②冷氮循环，待系统氮充压完成后，按氮循环压缩机开车规程启动，建立系统冷氮循环，并投用氮气冷却器；③按加热炉点火和烘炉规程点火升温，其升温速率和每个阶段的持续时间应达到系统烘干和加热炉耐火材料烘干两者都能接受的要求，即满足已制定的各自升温曲线；④热氮循环过程中要控制热氮气体水冷却后温度小于 313K，以提高系统干燥效率和防止氮压缩机超温运转；⑤系统干燥过程中，要注意保持氮循环压缩机进口压力和系统压力稳定，当由于排冷凝水等原因泄漏氮气使压力下降时，应及时补充氮气；⑥应及时排除凝结水，当氮冷却后水分离器的凝水排除量小于100mL/h，且达到升温曲线要求时，则可确认系统干燥完成。

3. 溶剂循环吸收干燥

溶剂循环吸收干燥（简称溶剂法干燥）是利用水可被某些化学溶剂吸收并具有共沸特性的原理，通过溶剂在系统内循环吸收，将系统中残余水分吸收于溶剂中，此含水溶剂通过系统内蒸馏工序将水由系统排出，溶剂再循环吸收，直至溶剂中含水量达到规定指标。如烷基化装置的苯循环干燥除水，当循环苯的含水量少于 100×10^{-6} 时，可认为装置已干燥好。

溶剂循环吸收干燥的操作过程比较复杂，且干燥完成后系统内又有溶剂存在，因此该法多用于所用溶剂为本装置的一种物料，并设有该物料蒸馏脱水的干燥工序等设备。例如以氟化氢为催化剂的烷基化装置，在氟化氢引入装置前，就是先使用装置中的苯干燥系统，以原料苯对全装置设备、管道的残余水分进行循环吸收而除去。

（1）系统干燥的准备工作　化工系统设备、管道内残余水分的溶剂吸收法干燥，随化工过程的产出物不同，其使用的溶剂和相应的操作条件也不同，而且用于干燥的溶剂大都具有易燃、易爆和有毒危害的特性，如以氟化氢为催化剂的烷基化装置，使用的溶剂苯（亦是原料）就具有这种特性。因此，为防止这种溶剂引入系统后，可能出现泄漏和发生燃爆等各种不正常现象，在系统进行干燥作业前，必须使系统工艺设备等处于可安全运转的要求，这些准备工作可归纳为：①系统应进行水联运合格；②在溶剂引入装置前因水运而拆除的容器内零部件已复位，并进行系统气密和排除积水；③所有的仪表和系统都处于工作或准备工作状态；④确认系统各阀门、盲通板等的开关位置符合引入溶剂的要求；⑤确认系统内设备、容器、管道等的含氧量符合要求；⑥所有的安全截止阀已锁定在全开位置上，全部安全系统都处于正常工作状态；⑦相关的公用工程项目已引入各设备接口，并处于可稳定供应状态；⑧确认所用溶剂符合质量要求。

（2）溶剂法干燥的基本原理　溶剂法干燥过程虽因不同工艺使用的溶剂和工艺设备及操作控制指标等的不同而有所区别，但干燥过程的基本原理是一致的。即溶剂先进入系统中的干燥塔（通常称为蒸馏过程）进行干燥操作，待溶剂干燥合格后，不断送入系统后续工艺设备、管道循环吸收系统残留水分，此含水溶剂再返回干燥塔进行干燥除水，如此循环，待干燥塔顶冷凝槽受器不再有水排出，且循环溶剂中的含水量等于规定指标时，即可认为干燥合格。

（3）溶剂法干燥过程　以氟化氢为催化剂的烷基化装置的干燥为例，具体过程为：①由苯贮槽向苯干燥塔送苯，并启动干燥塔操作；②当苯干燥塔底出现无水苯时，向反应系统送无水苯，直至反应器和分层器灌满；③让苯由反应系统流至HF提留塔，并启动HF提留塔操作；④把HF提留塔塔底物料送至脱苯塔进料，并启动脱苯塔操作，把侧线苯循环回到反应系统和干燥苯混合；⑤开动HF提留塔和HF再生塔的塔顶回流泵，再经正常工艺管线把苯送回反应系统；⑥由脱氢冷提塔塔底经烷基化反应系统的开车旁路，把正构烷烃送到脱烷烃塔，并启动塔进行回流操作，加热脱水（使用苯亦可，但损失大，且不安全）；⑦以设计流率把苯通过各条进料管线流到再生塔，并对苯加热器及重沸器供热；⑧把苯引到烷基化物不合格品罐和苯罐中去，目的是干燥这些贮罐，并使不合格品返回线也得到干燥；⑨打开反应器的酸循环泵，并定期开动其他各泵，以便使干燥苯通过这些泵及其连接管线，在进行上述操作中，不断把各塔顶受器的底部及各容器、工艺管线的底部积水排掉，同时把HF沉积槽的苯及脱苯塔侧线循环苯送回到干燥塔，使干燥过程的苯得到循环干燥；⑩当干燥塔顶冷凝槽受器不再有水排出，且循环苯的含水量少于 10×10^{-5} 时，即可认为系统干燥合格。

任务六 化工装置的投料试生产

一、化工装置投料的意义

化工装置投料（简称化工投料）是指一套化工装置经过土建安装、单体试运、中间交接和联动试运之后，对装置投入主要原料进行试生产的过程。

为进行装置单机试运、联动试运、“倒开车”等而投入的部分物料不能称为化工投料。习惯上将第一次投入原料的日期称为化工投料日，而将第一次生产出合格产品的日期称为投产日，自投料日至投产日的过程称为化工投料过程。

化工投料是一个化工装置从设计、安装到投入生产漫长过程中最关键的步骤，同时也是风险最大的一步。化工投料是对一个化工装置的工艺技术、设计艺术、设备制造、安装质量、公用工程条件、“三废”治理、物资供应和销售水平、人员培训质量、生产管理制度、安全、消防、救护、生活后勤以及外事、财务工作等方面的综合检验，也是资金的一次集中使用和增值的过程。投产顺利，项目的筹划得到生产实践的初步肯定，工厂将为社会发展做出贡献，企业也将获得预期的经济效益；投产不顺利，甚至发生重大事故，企业将承受巨大的损失。因此，为了确保化工装置投料的顺利进行，必须努力做好各方面的工作。

二、化工装置投料的必备条件

按照投料试车制度的要求，进行化工投料必须具备以下条件。

（1）完成工程中间交接 具体要求是：①工程质量合格；②三查四定（查设计漏项、查施工质量隐患、查未完工程；对检查出的问题定任务、定人员、定措施、定时间）的问题整改消缺完毕，遗留尾项已处理完；③影响投料的设计变更项目已施工完毕；④工程已办理中间交接手续；⑤现场清洁，无杂物，无障碍。

（2）联动试车已完成 具体要求是：①吹扫、清洗、气密、干燥、置换、三剂装填、仪表联校等已完成并经确认；②设备处于完好备用状态；③在线分析仪表、仪器经调试具备使用条件，工业空调已投用；④联锁调校已完毕，准确可靠；⑤各岗位工、器具已配齐。

（3）人员培训已完成 具体要求是：①国内、外同类装置培训、实习已结束；②已进行岗位练兵、模拟练兵、反事故练兵，达到“三懂六会”（懂原理、懂结构、懂方案规程；会识图、会操作、会维护、会计算、会联系、会排除故障），提高六种能力（思维能力、操作与作业能力、协调组织能力、反事故能力、自我保护与救护能力、自我约束能力）；③各工种人员经考试合格，已取得上岗资格证；④已汇编国内、外同类装置事故案例，并组织学习，对本装置试车以来的事故和事故苗头本着“三不放过”（事故原因分析不放过、事故责任人和群众没有受到教育不放过、没有防范措施不放过）的原则已进行分析总结，吸取教训。

（4）各项生产管理制度已落实 具体要求是：①岗位分工明确，班组生产作业制度已建立；②公司（总厂）、分厂、车间三级试车（或厂、车间一装置二级试车）指挥系统已落实，干部已值班上岗，并建立例会制度；③公司（总厂）、分厂两级（或工厂一级）生产调度制度已建立；④岗位责任、巡回检查、交接班等制度已建立；⑤已做到各种指令、信息传递文字化，原始记录数据表格化。

(5) 经上级批准的资料、试车方案已向生产人员交底　具体要求是：①工艺技术规程、安全技术规程、操作法等已人手1册，投料试车方案要求主操作以上人员已人手1册；②每一试车步骤都有书面方案，并要求从现场指挥到各岗位操作人员均已掌握；③已实行“看板”或“上墙”管理；④已进行试车方案交底、学习、讨论；⑤事故处理预想方案已经制定并落实。

(6) 保运工作已落实　具体要求是：①保运的范围、责任已划分；②保运队伍已组成；③保运人员已经上岗并佩戴标志；④保运设施、工器具已落实；⑤保运值班地点已落实并挂牌，实行24h值班；⑥保运后备人员已落实；⑦物资供应服务到现场，实行24h值班；⑧机、电、仪的维修人员已上岗。

(7) 供排水系统已正常运行　具体要求是：①水网压力、流量、水质均符合工艺要求，而且供水稳定；②循环水预膜已合格，并运行稳定；③工艺水、消防水、冷凝水、排水系统均已投用，并运行可靠。

(8) 供电系统已平稳运行　具体要求是：①已实现双电源、双回路供电；②仪表电源稳定运行；③保安电源已落实，事故发电机处于良好备用状态；④电力调度人员已上岗值班；⑤供电线路维护已经落实，人员开始倒班巡线。

(9) 蒸汽系统已平稳供给　具体要求是：①蒸汽系统已按压力等级并网、运行参数稳定；②无明显跑、冒、滴、漏现象，保温良好。

(10) 供氮、供风系统已运行正常　具体要求是：①工业风、仪表风、氮气等系统运行正常；②压力、流量、露点等参数合格。

(11) 化工原材料、润滑油（脂）均准备齐全　具体要求是：①化工原材料、润滑油（脂）已全部到货并检验合格；②“三剂”装填完毕；③润滑油三级过滤制度已落实，设备润滑点已明确。

(12) 各种备品、备件准备齐全　具体要求是：①备品、备件可满足试车需要并已上架，账物相符；②库房已建立昼夜值班制度，保管人员熟悉库内物资规格、数量及存放地点，确保出库及时准确。

(13) 通信系统运行可靠　具体要求是：①指挥系统电话畅通；②岗位电话已开通好用；③直通、调度、火警电话可靠好用；④无线电话、报话机呼叫清晰。

(14) 物料贮存系统已处于良好待用状态　具体要求是：①原料、燃料、中间产品及产品等的贮罐均已吹扫、试压、气密、干燥、氮封完毕；②机泵、管线联动试车完，并处于良好待用状态；③贮罐防静电、防雷击设施完好；④贮罐的呼吸阀已调试合格；⑤贮罐位号、管线介质名称与流向、罐区防火等都有明显标志。

(15) 运销系统已处于良好待用状态　具体要求是：①铁路、公路、码头及管道输送系统已建成投用；②原料、燃料、中间产品、产品交接的质量、数量和方式等制度已经落实；③不合格品处理手段已落实；④产品包装设施已用实物料试车，包装材料齐全；⑤产品销售和运输手段已落实；⑥产品出厂检验、装车、运输已演习。

(16) 安全、消防、急救系统已完善　具体要求是：①安全生产管理制度、规程、台账等齐全，安全管理体系建立，有关人员经安全教育后取证上岗；②动火制度、禁烟制度、车辆管理制度已建立并公布；③消防巡检制度、消防车现场管理制度已制定，消防作战方案已落实，消防道路已畅通，并进行过消防演习；④岗位消防器材、护具已备齐，人人会用；⑤气体防护、救护措施已落实；⑥现场人员劳保用品穿戴符合要求，职工急救常识已经普及；⑦生产装置、罐区的消防泡沫站、汽幕、水幕、喷淋以及烟火报警器、可燃气体和有毒气体监测器已投用，完好率达100%；⑧安全阀试压、调校、定压、铅封完毕，盲板已有专人管理，设有台账，现场挂牌；⑨锅炉等压力容器已经劳动部门确认发证；⑩现场急救站已建立，并备有救护车等，实行24h值班。

(17) 生产调度系统已正常运行　具体要求是：①公司（总厂）、分厂两级（或工厂一级）调度体系已建立，各专业调度人员已配齐并考核上岗；②试车调度工作的正常秩序已形成，调度例会制度已建立；③调度人员已熟悉各种物料输送方案，厂际、装置间互供物料关系明确且管线已开通；④试车期间的原料、燃料、产品、副产品及动力平衡等均已纳入调度系统的正常管理之中。

(18) 环保工作达到要求　具体要求是：①生产装置“三废”预处理设施已建成投用；②“三废”处理装置已建成投用；③环境检测所需的仪器、化学药品已备齐，分析规程及报表已准备完；④环保管理制度、各装置环保控制指标、采样点及分析频率等经批准公布执行。

(19) 分析化验准备工作已就绪　具体要求是：①中心化验室、分析室已建立正常分析检验制度；②化验分析项目、频率、方法已确定，仪器调试完，试剂已备齐，分析人员已上岗；③采样点已确定，采样器具、采样责任已落实；④模拟采样、模拟分析已进行。

(20) 现场保卫工作已落实　具体要求是：①现场保卫的组织、人员、交通工具等已落实；②入厂制度、控制室等要害部门保卫制度已制定；③与地方联防的措施已落实并发布公告。

(21) 生活后勤服务已落实　具体要求是：①职工通勤措施满足试车倒班和节假日加班需要，安全正点；②食堂实行24h值班，并做到送饭到现场；③倒班宿舍管理已正常化；④清洁卫生责任制已落实。

(22) 试车指导人员和有关专家已到现场　具体要求是：①国内试车指导队和国外专家已按计划到齐；②国内试车指导人员和国外专家的办公地点、交通、食宿等已安排就绪；③投料试车方案已得到专家的确认，试车指导人员的建议已充分发表。

三、化工装置投料试车方案

1. 化工装置投料试车方案的基本内容

化工装置投料试车方案不同于化工投料操作法，它是为全面组织化工投料试车工作，统领试车全面工作的一份综合性、纲领性文件，其目的是为化工投料服务。

一套完整的化工装置除了主要生产装置（一般指从生产原料投入到产品产出的主要工艺流程部分）外，还包括公用工程系统。对于主要生产装置的化工投料试车方案的内容一般包括：装置概况及试车目标；试车组织与指挥系统；试车应具备的条件；试车程序与试车进度；试车负荷与原燃料平衡；试车的水、电、汽、氮气平衡；工艺技术指标、联锁值、报警值；开停车与正常操作要点及事故处理措施；环保措施；安全、防火、防爆注意事项；试车保运体系；试车难点及对策；试车存在的问题及解决办法等。

2. 化工装置投料试车方案的编制

在编制试车方案之前（或交叉同时），必须要把化工投料操作法编好。只有编制操作法，才能准确地对各有关方面提出协同、配合的要求。在操作法编制的过程中，各种实际问题也将逐个显现，这样才能使化工投料试车方案有的放矢地去研究和解决问题，为化工投料铺平道路。

（1）化工投料操作法的编制　化工投料操作法的编制主要来源于：①该装置工艺技术的卖方或提供方（如国外工程公司、国内设计院、研究院等）提供的操作手册和有关技术资料；②参加国内、外同类型装置培训人员搜集的有关技术资料，特别注意有关最新的操作改进和各类事故经验教训；③有关专家提出的指导性意见或技术建议。

在掌握了以上素材之后，就可以组织技术人员结合自己装置的特点开始编写操作法。但应特别注意本装置与其他装置所处的不同环境条件，如各种公用工程条件的差异，原料、燃料、各种催化剂性质和成分的差异，气候条件（如气温、气压）的差异等。如果本装置在某个局部环节上采用了新技术、新设备，还应充分考虑到其第一次工业化可能出现的风险及其对策等。

编写完成之后的操作法要经过一定范围的讨论、修改，并按管理规定上报有关部门获得批准。在此基础上着手编制化工投料试车方案，可以收到事半功倍的效果。

（2）试车方案的编制　试车方案的编制需要领导人员和更广泛范围的人员参加。诸如试车目标的确定、指挥系统的框架及组成、试车保运体系的组织、试车难点及所采取的必要措施等都要首先听取有关领导的意见。

有关公用工程、原燃料及产品贮运、环保、安全、消防、事故处理等各方面的措施还要广泛征求有关主管人员的意见。为了搞好工作的衔接，设计、施工单位也应有合适的人员参加方案的编写或讨论。对于试车难点及其对策要组织专题小组，通过切实的调查研究后提出初步意见，以便领导决策后列入试车方案。

化工投料试车方案编制完成后，一般均由建设单位试车主管部门审查批准。对重要化工装置的方案，有时还要由上一级试车主管部门组织有关专家和有关部门讨论修订后批复执行。如果对引进装置的原操作手册有修订的内容，还要征求国外开车专家的意见并取得确认。

3. 化工装置投料试车的基本要求

化工投料试车关系到工程的评价、生产的安全、企业的效益和社会的环境，因此要尽最大努力为化工投料制造良好的条件，并保证化工投料试车达到如下要求：①生产装置一次投料后可以连续运行生产出合格产品，主要控制点整点到达，即通常称之为一次投料试车成功；②不发生重大的设备、操作、人身、火灾、爆炸事故，环保设施做到“三同时”，不污染环境；③投料试车期不亏损或少亏损，经济效益好。

四、化工投料的经验介绍与案例分析

自 20 世纪 70 年代末期以来，我国已有多套大型引进化工装置陆续建成投产，除去个别装置外，大部分装置化工投料试车都取得了比较好的成绩，特别是进入 20 世纪 90 年代以后，有许多装置严格实现了一次开车成功的要求。如金陵石化炼油厂 1000kt/a 重油催化裂化装置，引进美国石伟工程公司 RFCC（resid fluid catalytic cracking，渣油流化催化裂化）技术专利，总投资 2.2 亿元（人民币），1988 年 4 月 1 日破土动工，1991 年初装置建成并进行了单机、联动试运，在各项准备工作切实可靠的基础上，1991 年 4 月 25 日 22 时 19 分开始化工投料，4 月 26 日 18 时生产出合格产品。之后，该装置一直连续在高负荷下运行了 83

天，直到全厂计划检修才随同停车。真正做到了一次开车成功，并取得了良好的经济效益。综观这些装置，取得良好成绩的主要经验有以下几点。

1. 良好的工程综合质量是化工投料一次成功的坚实基础

工程质量，通常指设备安装质量。但对一个装置的顺利投产而言，这还远远不够。广义的工程质量（也可以称为综合工程质量）包括设备的设计、制造，工艺技术的成熟可靠，装置的良好设计和正确安装，设备投产前的各种预处理（清洗、吹扫、装填、调校等）。从实践结果看，在化工投料中出现的各种问题，大多数是由工程质量问题引起的。现结合具体案例说明如下。

【案例Ⅰ】 设备设计质量问题

高速透平转子设计问题给某石化公司化肥厂试车及试生产带来灾难性的影响。

该厂引进300kt/a合成氨装置的主要设备合成气压缩机由蒸汽透平驱动，透平代号为KT1501，设计功率17987kW，额定转速11230r/min，系由法国著名的机械制造工厂克洛索-洛瓦设计制造，该厂对于大型电站蒸汽透平（900～1200kW）有长期丰富的设计制造经验，但对高速工业透平设计经验不足。在为化肥厂设计这台日产千吨的机组之前，仅为波兰设计制造过日产750t的透平机组，日产千吨的机组属于首次设计。该机组从1978年单机试运开始就极不顺利，由于机组的润滑、密封、调速、仪表等部位故障不断，致使该机先后启动14次才勉强达到化工投料条件。而在投产后的第三天即发生由于透平叶片围带破裂而导致的叶片断裂事故，使该化肥厂在其后的4年时间内长期处于70%低负荷运转和全厂因事故抢修而频频停工状态，职工疲惫不堪，企业遭受严重的经济损失，其原因完全是由于克洛索-洛瓦工厂设计经验不足，汽轮机叶片围带铆钉强度不够产生断裂引起。其后几次改进围带铆钉结构仍未解决问题，先后5次发生叶片断裂的重大事故，法方对此已表现出束手无策。最后直到1982年改用国内自行设计制作的新转子才彻底解决问题，4年时间损失合成氨产量约500kt，其教训十分深刻。

【案例Ⅱ】 设备制造质量问题

某公司炼油厂630kt/a连续重整装置，总投资7.7亿元（人民币），1996年3月开工建设。该装置使用的3台国产大型往复式重整氢压缩机，为4列2级对称平衡式压缩机，2台为4M40型，1台为M-136型，均系国内大型压缩机厂制造。在安装试车过程中，出现大量设计、制造问题，给现场试运、投产带来了严重困难。虽经各方人员夜以继日地抢修、改造、消缺，原定的6个月完成的安装调试任务，最后用了10个月时间才勉强完成。

设备质量存在的问题，给工程试运和投料带来严重的困难。在开工阶段，设备已无法退换，因此不得不在现场花费大量人力、物力和财力来处理这些问题。为了保证设备的制造质量，除去制造厂自身的努力外，工程项目的业主在选择制造厂家时必须十分慎重，签订合同之后大力加强制造现场的监督和严格执行检验、验收制度都是十分必要的。

表1-13列出了现场发现的主要设计和制造问题。

表1-13 往复压缩机组试运中发现主要问题一览表

序号	主要问题	问题原因	处理措施
1	曲轴曲板内部气孔密集超标	制造问题	更换新曲轴
2	气缸中心直线度偏移超标	制造问题	现场处理1个月

续表

序号	主要问题	问题原因	处理措施
3	气缸冷却水套不通(铸砂堵塞)	制造问题	更换新气缸
4	润滑油管线焊接未用氩弧焊打底,清洁度不合格	制造问题	现场返修
5	连杆小头瓦多次烧坏,填料过热	设计间隙太小	修改参数,厂家更换
6	压缩机出口排气温度超标	设计问题	修改活门片升程及其弹簧
7	拉杆与活塞三次脱开造成活塞破碎	设计问题	重新设计制造
8	电机轴瓦温升太高不能运行	巴氏合金质量差,轴承冷却效果不好	现场改为强制润滑,更换新瓦
9	电机转子风扇脱落,损坏24组定子线圈	制造问题	返回制造厂修理
10	压缩缸轴封熔化抱轴	制造装配间隙错误	厂家来人现场解决处理
11	活塞环不耐磨,设计寿命8000h实际只有1个月	产品质量	未完全解决
12	卸荷阀动作不稳定	制造、设计问题	未完全解决

【案例Ⅲ】 安装质量问题

某染化厂引进意大利年产10kt四氯化碳技术，工程建设总投资1.1亿元（人民币）。1990年12月试车投产。该装置的四氯化碳精馏塔结构是塔盘式，由于安装质量把关不严，塔盘安装不符合图纸要求，降液板与塔盘距离上下不一，有的间隙过小，有的间隙过大。开车后塔内温度分布远离设计要求，操作负荷无法调节，产品质量达不到标准要求。最后被迫停车，严格把关按照设计图纸尺寸重新拆装。重新开车后效果极为明显，达到了考核标准。因此，对于安装过程的关键数据，特别是那些对工艺操作产生影响的安装数据，生产单位要及早引起安装单位和参加该工作人员的重视并加强现场监督，以确保投料试车的顺利进行。

为了保证化工投料的一次成功，根据多年的实践经验，人们总结出“单机试车要早，联动试车要全，化工投料要稳”的宝贵经验。

所谓“单机试车要早”，就是要尽量抓紧在总体试车网络中还未占用关键线路的机会，尽早地把设备问题通过单机试运暴露出来并加以消除。由于尚未占据关键线路，所以给设备缺陷的处理留出一段比较充裕的时间，而如果不在“早”字上下工夫，单机试运已经处于关键线路的地位，这时发现的设备缺陷已经没有足够的时间进行处理，往往遗留隐患，埋下祸根，以致在化工投料或日常生产中出现问题。

所谓“联动试车要全”，就是要严格按照联运内容和联运标准做完该做的事。因为单机试运多数是检验运转设备，而联动试车则包括了传动和静止设备，诸如单机设备的带负荷运转，静置的所有组成部分都要处理得当并在尽可能接近投料生产的条件下进行“实弹演习”。为了切实保证化工投料试车的必要条件，近年来许多装置在化工投料之前，组织一次以安全部门为主的，由生产技术、消防环保、保卫、后勤服务等有关方面共同参加的化工投料安全大检查，对装置的状态进行投料前最后一次全面综合性的检查，得到确认后再开始化工投料，也是一种可以借鉴的办法。

2. 操作人员的素质是投料一次成功的关键

现代化工装置操作条件十分苛刻，操作步骤十分严格。可以将其比喻为一部高速奔驰的赛车。操作得当，可以表现出十分优越的性能；而操作不当，将会带来严重的后果。化工投料是靠人进行的，操作队伍（包括管理干部）的素质将是其成败的关键。而训练有素、经验丰富的操作人员常常可以使化工投料的过程得以缩短。

多年来，国内许多大型化工装置在人员培养上积累了丰富的经验。他们主要做法有如下几点。

① 充分依托老厂，从同类型装置或性能接近的装置调入一批有经验的生产技术管理人员和操作人员。大化肥装置曾采取过从老的化肥生产企业（一开始多为中型化肥装置）"成建制"地向新企业输入技术骨干。所谓"成建制"即从厂部领导，到车间、班组以及主要生产岗位的骨干人员，并包括一定数量的维修工人。一个大型装置调入 100～200 名此类人员，可以保证每个轮班有 1/3 左右的技术骨干并分布在关键岗位上。这些人员，再通过一定时间的国内、外理论学习和现场培训，将成为保证化工投料顺利进行的骨干力量。

② 配备一定数量的专业对口的大学和大专毕业生，经过一段有针对性的培训，可以较快地掌握生产技术，对那些技术复杂并要求一定外语水平的岗位如中央控制室、DCS 岗位等，应从这批人员中首选。

③ 招收具有中等文化程度的学生，进行 2 年左右的职业培训，结合化工装置的实际，进行专业技能培训，再通过 1 年左右的同类工厂实习提高其实践能力。这些人一开始可以先担任岗位的操作或在老工人的带领下协助操作，经过一段时间的实践，大多数可以成为生产操作岗位的中坚力量。

④ 如果操作骨干比例较少，在投料初期可以将四班倒改为两班倒。这样可以使有限的骨干力量发挥更多的作用，但这样做的时间不能太长，并要注意充分保证他们班后的休息，以保持充沛的精力。

⑤ 争取一定的外援，引进装置在投料期间一般要有国外专家在现场参加倒班指导操作。除此之外，还可根据需要聘请一定数量的国内技术专家和操作骨干担任技术指导，一部分人也可以参加倒班。这些人一般不代替操作人员的实际操作，只作为开车技术指导，帮助把关，对于指导正常操作和协助紧急处理可以发挥很好的作用。

3. 严密有效的组织管理是投料一次成功的必要保证

在化工投料试车阶段，基建、生产系统进行职能转换，各类人员的工作还有交叉，装置首次进行启动，各项公用工程的使用、原料及燃料的供应、成品的贮运销售、设备的维修和抢修、生活后勤的保障等都立即面临实战状态。为了使各项工作有条不紊地进行，保证内部指挥灵活畅通，外部衔接配合紧密，必须要建立恰当的组织系统和开工指挥体系。

在化工投料阶段，常常有来自 5 个方面的人员要共同工作，即安装施工人员、生产企业人员、装置设计人员、开车技术指导人员和外国专家（对引进装置）。为了统一指挥，一般都采取开工指挥部的临时组织形式统一组织和指挥各个方面的力量，指挥部下属机构可根据实际需要设置生产调度、技术顾问、物资供应、设备保运、后勤服务和外事联络等机构，如有必要，也可单独设置安全、宣传（政工）等组织机构。

开工指挥部首先要抓好总体试车方案和化工投料试车方案，组织好从单机试运、联动试运、中间交接、化工投料直至考核过程的工作交接、职能转换、整改消缺、试车保运等一系列工作。一般从单机试运开始就要尽早地组织工厂生产、检修、技术人员进入施工现场，熟悉情况，检查质量，参与试车、调校、整改保运工作。这对于工厂人员尽早掌握和熟悉装置十分有利。

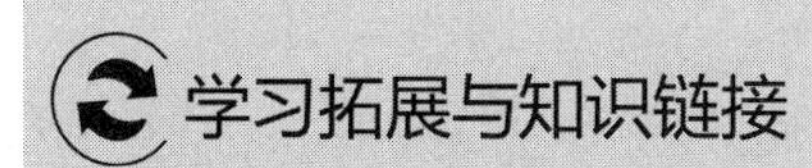

中国民族化学工业之父——范旭东

中国近代化工的先驱，中国杰出的化工实业家，中国重化学工业的奠基人，中国民族化学工业之父——范旭东，一生将爱国、报国作为崇高理想和神圣使命。

中国人民的大救星、中华人民共和国的开国领袖毛泽东主席在新中国成立初年曾对黄炎培说："在中国近代历史上，有四个人是我们万万不可忘记的，他们是：搞重工业的张之洞；搞纺织工业的张謇；搞交通运输业的卢作孚；搞化学工业的范旭东。"

一、范旭东的非凡生平

范旭东（1883 年 10 月 24 日—1945 年 10 月 4 日），湖南湘阴县人，出生时取名源让，字明俊；后改名为范锐，字旭东。

范旭东年幼丧父，但范母不为家境所困，依然支持儿子读书；1900 年东渡日本留学，1910 年以优异成绩毕业于京都帝国大学理科化学系，留校担任专科助教。在日本学成后，于 1911 年学成归国创业。

抗日战争胜利后，范旭东正准备派员分赴久大、永利、永裕等厂接收原有财产之时，终因操劳过度，致积劳成疾。

1945 年 10 月 2 日，突患恶疾（据称急性肝炎），10 月 4 日下午三点溘然长逝，终年 62 岁。临终前，叮嘱后人要"齐心合力，努力前进"。

对范旭东的逝世，社会各界深感痛惜。当时正在重庆与国民党谈判的毛泽东，为他题写了"工业先导，功在中华"的挽联。周恩来代表毛泽东亲往南园吊唁。时任委员长的蒋介石送去挽幅："力行致用"。在中国近代历史上，国共两党领袖在同一时间、同一地点参与祭奠的唯有范旭东。

范旭东，他制精盐，改变了中国人千百年来吃有害粗盐的局面；他制纯碱，打破了西方列强对碱业的垄断，赢得世界的尊重；他办酸厂，为中国化学工业开辟了新天地；他力主抗战，为国仇耗尽心血；他心系国家，为战后重建奔走于世界；他如此功绩，却一生清贫，离世后不曾给家人留下半点资产，却为国家留下了宝贵财富，给国家留下了一座至今仍在运作的天津碱厂。

二、范旭东的举国伟业与精神内涵

1. 开创我国化学工业，实业救国

范旭东 1914 年创办——永利碱厂（天津碱厂），生产世界最好的碱。1926 年 8 月，为纪念美国建国 150 周年，一个规模超大的万国博览会在费城隆重举办。来自中国天津永利公司的红三角牌纯碱，被大会授予金质奖章，获奖的理由是永利公司所作的努力象征了"中国工业的进步"。

1915 年，范旭东在天津创办久大精盐公司，股本 5 万元。他在塘沽的渔村开始研制精盐，很快令纯度达到90%以上，久大以海滩晒盐加工卤水，用钢板制平底锅升温蒸发结晶，生产出中国本国制造的第一批精盐，它品质洁净、均匀、卫生，品种主要有粒盐、粉盐和砖盐等，传统制盐方法生产出来的粗盐根本不能与之相比。

20世纪20年代初，他创办了亚洲第一座纯碱工厂——永利化学公司碱厂，突破了外国公司的垄断，与侯德榜等成功地解决了制碱过程一系列化学工艺与工程技术问题。

20世纪30年代，他创办了我国第一座生产合成氨的联合企业——永利化学公司碱厂。

抗战期间，他在大后方先后创办了久大川厂和永利川厂，推进了大西南建设，支援了抗战。他为我国民族工业的发展做出了重大贡献。

1937年，范旭东在南京兴建的永利硫酸厂生产出中国第一批硫酸铵产品。硫酸铵不仅能生产化肥，还可以生产硝酸，制造炸药。

范旭东在《记事》里写道："列强争雄之合成氨高压工业，在中华于焉实现矣。我国先有纯碱、烧碱，这只能说有了一翼；现在又有合成氨、硫酸、硝酸，才算有了另一翼。有了两翼，我国化学工业就可以展翅腾飞了。"

抗战初期，永利南京硫酸厂改生产化肥为生产硝酸铵，赶制炸药，以供应军需。日军的炮火蔓延到上海，日本深知永利南京厂战时可以生产硝酸，于是一再要求合作。但范旭东发下誓言："宁肯为工厂开追悼会，坚决不与侵略者合作。"日军恼羞成怒，出动飞机三次轰炸工厂。范旭东痛下决心，命令凡是可以搬动的机器材料、图样、模型都抢运西移。笨重无法移动的设备，则将仪表拆走，其余设备拆下投入长江，并布置全部技术人员和老工人向内地转移。

当时四川产盐，范旭东将制碱工业选址四川，硫酸厂也设在四川犍为县岷江畔五通河的老龙坝，积极为抗战提供军需物资。抗战前的永利一直使用的是用廉价海盐作为原料的苏尔维制碱法，而在四川只能使用昂贵的井盐，只有研究出符合井盐的制碱法才能生存下去。范旭东派侯德榜远赴美国进行新的制碱方法的研究，并在国内成立相应的研究试验机构。

侯德榜终于不负众望，研究出新的制碱法。1941年3月，范旭东将新的制碱方法命名为"侯氏制碱法"。

2.培育国家化工人才，忠心报国

范旭东麾下的众多工程师成为建设新中国的骨干力量：侯德榜任化学工业部副部长，李烛尘任轻工业部部长，孙学悟任中国科学院工业化学研究所所长……

范旭东派遣赴美求学的年轻工程师学成后全部归国报效，无一滞留不归。

3.首创中国科研机构，科学救国

范旭东在创办实业的同时，积极提倡科学救国，尊重知识，尊重人才，积极参与和支持科学研究工作。

早在1922年，他就创办了我国第一家专门的化工科研机构——黄海化学工业研究社，并把久大、永利两公司给他的酬金用作该社的科研经费，也是他自喻为毕生创办的第三件大事业。

黄海与永利、久大联合组成的"永久黄集团"还创办了《海王》旬刊。该刊在范旭东的主持下制定了"四大信条"：

一、在原则上绝对相信科学；
二、在事业上积极地发展事业；
三、在行动上宁愿牺牲个人，顾全大局；
四、在精神上以服务社会为最大光荣。

从1928年至1949年，《海王》旬刊累计出版600多期，范旭东先后亲自为该刊撰稿逾百篇。永利、久大两公司和黄海化学工业研究社的数千名职工在“四大信条”的鼓舞和鞭策下，为发展我国的化学工业和科学研究事业迈出了坚定的步伐，其中范旭东不愧是实践这些信条的典范。

范旭东本着“以能为社会服务为最大光荣”的信条，抗战期间还创办了中国工业服务社。他亲自为该社拟订章程，规定其宗旨是：“协助有志兴办工业的团体或私人，为其提出的工业生产项目，共同进行调查研究，如资源、厂址、技术工艺、设备要求和投资计划及市场需要等。”一经委托和受托双方取得协议，即由该社提出建设方案和工程计划，从永利、久大、黄海等单位中抽调人员协同委托单位实施。这个服务社刚刚办起，就与四川省南川县的一煤矿签订合同，派永利的黄汉江前去帮助该矿把生产搞了上去。这也是我国化工科技咨询服务工作早期的一次成功范例。

范旭东十分热衷于学术活动和教育事业，曾担任中国自然科学社理事达30余年，曾受国民政府中央研究院的聘请担任评议员达10余年，曾被推选为中华化学工业会副会长、中国化学会副理事长。他还继兄长范源濂之后担任过中华书局董事，对出版事业提出了许多有益的建议。他还是天津南开大学和湖南私立隐储女校的校董。他对南开大学化学系和经济研究所捐赠奖学金，以鼓励优秀学生。

范旭东，组建了中国企业发展史上第一个享誉中外的科学家团队，创办了中国历史上第一座应用先进化工技术的精盐厂、亚洲第一座碱厂以及科技水平位居远东第一的硫酸厂……

范旭东，是一个视科学为灵魂、视英才如手足、视事业如生命的实业家。

范旭东，是一个成功挑战国外列强技术垄断、坚定走民族自主发展之路并屡创商战奇迹的民族英雄。

我们作为新时代的化工学子，一定要弘扬范旭东的“爱国、科学与实业精神”内涵，从范旭东“四大信条”出发，依托丰富的社会实践活动，将“工匠精神”根植于具体的课程技能操作与实践工作岗位之中。磨炼意志、砥砺品质、不忘初心、牢记使命、提高技能，为早日成为我国社会发展、实现中国梦的高素质技术技能型人才而发奋学习。

练习与实训指导

1. 制定化工装置总体试车方案的重要意义是什么？
2. 化工装置总体试车的标准程序包括哪几个阶段？
3. 何谓“倒开车”？其主要优点是什么？
4. 化工装置进行水压试验的基本要求有哪些？
5. 简述气密性试验的目的。
6. 在酸洗与钝化作业时如何做好安全防护？

7. 化工装置常用的干燥方法主要有哪些？

8. 化工容器按形状不同分为哪几种类型？

9. 简述化工容器容积检定的意义。

10. 化工装置进行气压强度试验时，所用气体有哪些？

11. 何谓化工投料？取得一次投料成功的主要经验有哪些？

项目考核与评价

一、填空题（20%）

1. 化工装置中管道、设备多种多样，它们的工艺使用条件、材料和结构等状况也各不相同，因而相应的吹洗方法也各有区别。通常包括__________、__________、__________、__________和__________等方法。

2. 化工装置开车之前，需要干燥的系统十分复杂。根据干燥目的和要求的不同主要可分为三种类型：______________系统、______________系统和______________系统。

3. 化工装置总体试车的标准程序一般包括__________、__________、__________、__________和__________。

4. 对于化工装置，在建成投产之前或者大检修之后，均需按规定进行压力试验，也就是通常所称的试压。试压包括强度试验和__________试验，压力容器和管道系统的强度试验包括__________试验和__________试验。

5. 酸洗与钝化技术应用广泛、发展迅速，其清洗作业因清洗对象的性质不同、清洗要求各异而有不同的清洗配方和工艺条件，但其工艺过程基本相同，主要包括：①水冲洗除去泥沙、灰尘；②__________；③水冲洗置换；④__________；⑤__________；⑥__________；⑦__________共7个部分。

二、选择题（10%）

1. 投料控制主要是指对投料速度、（　　）、顺序、原料纯度及投料量的控制。

A. 配比　　B. 投料时间　　C. 原料密度　　D. 原料体积

2. 化工“三级”安全教育中不包括（　　）。

A. 工厂安全教育　　B. 车间安全教育　　C. 化工安全教育　　D. 岗位安全教育

3. 选泵时若要求精确进料时应选用（　　）。

A. 轴流泵　　B. 往复泵　　C. 离心泵　　D. 比例泵

4. 化工过程工艺流程图不能确定设备的（　　）。

A. 大小　　B. 个数　　C. 相对高低位置　　D. 相互位置

5. 化工生产中，当物料温度需要冷却至－12℃时，一般选择的冷却剂是（　　）。

A. 深井水　　B. NaCl冷冻盐水　　C. $CaCl_2$冷冻盐水　　D. 循环冷却水

三、判断题（10%）

1. 在带有循环物料的反应系统中，总转化率一定高于单程转化率。（　　）

2. 化工管路外壁上涂有不同颜色的油漆是为了保护管路不受腐蚀，同时也可以区别化工管路的类别。（　　）

3. 在往复泵的出口管道上通常需要调节阀以调节流量。（　　）

4. 工艺技术路线决定了项目的经济效益和社会效益，其先进性为工艺路线的首要选择原

则。(　　)

5. 对规模较小、产品种类较多且生产能力低的生产过程，可采用间歇操作。(　　)

四、简答题（30%）

1. 何谓“倒开车”? 实行“倒开车”必须具备的两个基本条件是什么?

2. 在化工装置开工之前，需对其安装检验合格后的全部工艺管道和设备进行吹扫和清洗（简称吹洗）。进行吹洗的目的是什么?

3. 什么是化工装置总体试车方案? 其主要目的是什么?

五、工艺流程组织（15%）

设计典型的循环清洗系统基本流程示意图。

六、综合题（15%）

1. 选用管壳式换热器，用A流体逆流加热B流体，B为有毒性介质，试画出示意图。

2. 试画出工艺流程图中设备的标注方法，并说出其中英文字母和数字各表示什么?

项目二
乙烯的生产

教学目标

知识目标：1. 了解乙烯工业的发展趋势。
2. 理解烃类热裂解制乙烯的生产原理、工艺条件。
3. 掌握烃类热裂解制乙烯工艺流程、深冷分离方法。
4. 掌握乙烯生产过程中的有关防火、噪声防护等知识。

能力目标：1. 能够对乙烯生产过程中的工艺条件进行分析、判断和选择。
2. 能阅读和分析烃类热裂解生产乙烯的工艺流程图（PFD，process flow diagrams）。
3. 能根据生产原理分析生产条件、生产的组织顺序。
4. 能根据生产原理，结合工艺流程图、岗位操作方法，解释裂解炉开停车步骤，并对异常现象和故障能进行分析、判断、处理和排除。

素质目标：1. 具备化工生产的安全、环保、节能及劳动卫生防护职业素养。
2. 具备化工生产遵章守纪的职业道德。
3. 具备强烈的责任感和吃苦耐劳的精神。
4. 具备资料查阅、信息检索和加工等自我学习能力。
5. 具备发现、分析和解决问题的能力。
6. 具备表达、沟通和与人合作、岗位与岗位之间合作的能力。

资源导读：为了深入理论探索、适应教学改革、把握行业动态、获取更多资源，请根据需要，访问下列网址进行学习。
1. 国家级职业教育专业教学资源库→生物与化工大类→应用化工技术专业教学资源库→“乙烯生产操作”课程（天津职业大学　刘希东，等）
www. icve. com. cn/portal/courseinfo? courseid= k6kdas2oqqxjalswa3jcaq
2. 中国大学 MOOC→“乙烯生产技术”课程（兰州石化职业技术学院　王焕梅，等）
www. icourse163. org/course/LZPCC-1205912805
3. 中国海洋石油集团有限公司　www. cnooc. com. cn

任务一　生产方法的选择

乙烯（ethylene，ethene）作为最简单的烯烃，是石油化工的重要基础原料，现代化乙烯装置在生产乙烯的同时，副产世界上约 70％的丙烯（propylene）、90％的丁二烯（butadiene)、30%的芳烃（aromatic hydrocarbons）。以三烯（乙烯、丙烯、丁二烯）和三苯［苯（benzene）、甲苯（toluene）、二甲苯（xylene）］总量计，约65%来自乙烯生产装置。正因为乙烯生产在石油化工基础原料生产中所占的主导地位，常常以乙烯生产能力作为衡量一个国家和地区石油化工生产水平的标志。由于乙烯的化学性质很活泼，因此在自然界中独立存在的可能性很小。乙烯生产不管是过去、现在、还是未来都是化学工业中最活跃的领域之一。

工业和信息化部发布的《石化和化学工业发展规划（2016～2020年）》中，在“十二五”期间国家稳步推进产业结构调整，区域布局有了进一步改善，建成了22个千万吨级炼油、10个百万吨级乙烯基地，形成了长江三角洲、珠江三角洲、环渤海地区三大石化产业集聚区。新型煤化工和丙烷脱氢等技术获得突破，非石油基乙烯和丙烯产量占比分别提高到12%和27%，有效提高了我国石化化工产品的保障能力。规划同时也指出会在“十三五”期间，有效缓解传统化工产品产能过剩的矛盾，使得烯烃、芳烃等基础原料和化工新材料保障能力显著提高。加快推进重大石化项目建设，开展乙烯原料轻质化改造，提升装置竞争力。开展煤制烯烃升级示范，统筹利用国际、国内两种资源，适度发展甲醇制烯烃、丙烷脱氢制丙烯，提升非石油基产品在乙烯和丙烯产量中的比例，提高保障能力。规划中预测，到2020年底，我国乙烯（当量消费量）将达到4800万吨/年，“十三五”期间需求年均增长率3.6%；丙烯（当量消费量）达到4000万吨/年，需求年均增长率达4.7%。

石化和化学工业发展规划（2016~2020年）

一、乙醇脱水、焦炉煤气分离制乙烯

$$CH_3CH_2OH \longrightarrow C_2H_4 + H_2O$$

19世纪乙醇（ethanol）脱水曾经是主要的乙烯生产路线。脱水所用催化剂为载于焦炭的磷酸、活性氧化铝或ZSM分子筛，反应温度一般为360～420℃。以焦炭为载体的磷酸催化剂是工业上早期使用的催化剂，其特点是所得产品纯度高，脱水产物经水洗和干燥后可得纯度99.5%的乙烯。但是磷酸催化剂有酸沥出、泄漏，引起腐蚀等问题，操作时需要经常卸出催化剂和更新设备，处理能力也较低。氧化铝催化剂特别是分子筛催化剂较为清洁、坚固，没有设备腐蚀问题。由于石油化工的蓬勃发展，乙醇脱水制乙烯逐渐被淘汰。但是，在某些场合，如乙醇来源广泛、乙烯消费量较小、运输不便等情形下，该工艺仍在使用。

焦炉煤气中约含有2%的乙烯，早期是用硫酸来吸收，经处理后转化成乙醇，再催化脱水释出乙烯。用这种方法生产的乙烯含杂质较多，纯度不高。之后又发展了焦炉煤气低温分离法，在分离氢氮混合气的同时也分离出乙烯。但由于从焦炉煤气中能回收的乙烯数量有限，流程较长，工业上已不再采用。

二、烃类热裂解制乙烯

目前，世界上99%左右的乙烯产量都是由烃类管式炉热裂解法生产的，近年来我国新建的乙烯生产装置均采用管式炉热裂解生产技术。

烃类热裂解过程是指石油系烃类原料［如天然气（natural gas）、炼厂气（refinery gas）、轻油（white oil）、煤油（kerosene）、柴油（diesel oil）、重油（heavy oil）等］在高温、隔绝空气的条件下发生分解反应而生成碳原子数较少、分子量较低的烃类，以制取乙烯、丙烯、丁烯等低级不饱和烃，同时联产丁二烯、苯、甲苯、二甲苯等基本原料的化学过程。

烃类热裂解反应过程十分复杂，即使是单一组分原料进行裂解，所得产物也很复杂，且随着裂解原料组成的复杂化、重质化，裂解反应的复杂性及产物的多样性难以简单描述。为了对这样一个复杂系统有一个概括的认识，可将复杂的裂解反应归纳为一次反应和二次反应，如图 2-1 所示，凡箭头指向乙烯、丙烯的反应为一次反应（primary reaction）（虚线箭头），箭头背向乙烯、丙烯的反应为二次反应（secondary reaction）（实线箭头）。

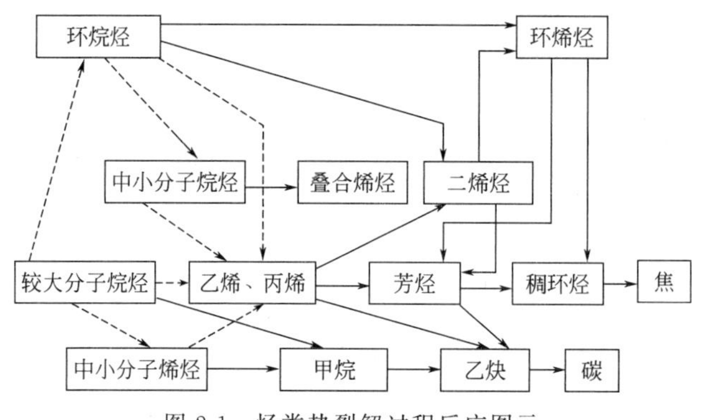

图 2-1 烃类热裂解过程反应图示

一次反应，即由原料烃类经裂解生成乙烯和丙烯的反应。二次反应主要指一次反应生成的乙烯、丙烯等低级烯烃进一步发生反应，生成多种产物，甚至最后生成焦或炭。

在生产中希望发生一次反应，因为它能提高目的产物的收率，不希望发生二次反应，并应尽量抑制二次反应的生成，因为它降低目的产物的收率，而且由于生焦、结炭会增加设备的堵塞造成事故。

三、合成法制乙烯

合成法制乙烯是指用煤或天然气、煤层气等天然资源经过各种合成步骤生成乙烯。合成乙烯的方法按工艺步骤的多少，可分为三类：一步法、二步法和三步法。表 2-1 列出了最为主要的方法，其中间物是合成气、甲醇和二甲醚（DME），由表 2-1 可见，合成乙烯属于碳一化工领域，乙烯是碳一后加工的产品。在近十几年的发展中，二步法甲醇路线合成乙烯工艺已逐步实现了全程工业化。

表 2-1 合成法制乙烯

原　料	过程	步　　骤
天然气	一步法	$CH_4 \longrightarrow C_2H_4$
煤、天然气、煤层气	二步法	Coal $\longrightarrow CO + H_2 \longrightarrow C_2H_4$（$CH_4 \nearrow CO + H_2$） $CH_4 \longrightarrow CH_3OH \longrightarrow C_2H_4$
煤、天然气、煤层气	三步法	Coal $\longrightarrow CO + H_2 \longrightarrow CH_3OH \longrightarrow C_2H_4$（$CH_4 \nearrow CO + H_2$） $CO + H_2 \searrow (CH_3)_2O$ $(C_2H_5OH) \nearrow C_2H_4$

甲醇路线：

合成气制甲醇

$$CO + 2H_2 \rightleftharpoons CH_3OH$$

$$CO_2 + 3H_2 \rightleftharpoons CH_3OH + H_2O$$

$$CO_2 + H_2 \rightleftharpoons CO + H_2O$$

甲醇制乙烯

$$2CH_3OH \rightleftharpoons C_2H_4 + 2H_2O$$

由合成气开始，经过甲醇后生成乙烯。后一步甲醇制乙烯，称为 MTO（methanol to ethene）法。近年来，我国甲醇制烯烃技术有了巨大的进步，领先于世界，率先实现工业化。2017 年度国家科学技术进步奖 12 个一等奖奖项中就有“高效甲醇制烯烃全流程技术”项目（SMTO）。表 2-2 是近几年建设投产的甲醇制烯烃项目。

表 2-2　国内工业化甲醇制烯烃项目统计一览表

工艺类型	公司名称	烯烃产能/(万吨/年)	装置地址	装置投产时间
MTO	南京惠生清洁能源有限公司	30	江苏南京	2013
MTO	山东阳煤恒通化工有限公司	30	山东临沂	2015
MTO	江苏斯尔邦石化有限公司	90	江苏连云港	2016
MTO	吉林康乃尔化学工业有限公司	30	吉林吉林	2017
DMTO	神华包头煤化工有限公司	60	内蒙古包头	2010
DMTO	宁波富德能源有限公司	60	浙江宁波	2013
DMTO	中煤陕西榆林能源化工有限公司	60	陕西榆林	2014
DMTO	蒲城清洁能源化工有限责任公司	70	陕西蒲城	2014
DMTO	山东神达化工有限公司	30	山东滕州	2014
DMTO	浙江兴兴新能源科技有限公司	69	浙江嘉兴	2015
SMTO	中国石化中原石油化工有限公司	60	河南濮阳	2011
SMTO	中安联合煤业化工有限公司	70	安徽淮南	2014
MTP	神华宁夏煤业集团	50	宁夏银川	2010
MTP	大唐国际多伦煤化工公司	46	内蒙古多伦	2011

注：MTO 指由 UOP（美国公司）和 Hydro（挪威公司）共同开发的 MTO 工艺；
DMTO 是由大连物化所研发的 MTO 工艺；
SMTO 是由中国石化上海化工研究院开发的 MTO 工艺；
MTP 是由 Lurgi 公司开发的甲醇制丙烯的生产工艺（methanol to propylene）。

在我国煤炭资源丰富的地区，以煤为原料的 MTO 工艺研究，实现了以乙烯、丙烯为代表的低碳烯烃生产原料的多元化，解决了我国石油资源紧张问题，是促进我国低碳烯烃工业快速发展的有效途径。

乙醇路线的主流工艺是合成气经催化剂直接生成乙醇，再脱水生成乙烯。后者是成熟工艺。合成气制乙醇近年来的研究是采用新型铑催化剂，生成乙醇的转化率明显提高。但这一路线要实现工业化还有一段距离，主要是产品成分多，分离过程长，技术上和经济上难度较大。

任务二 生产原料及产品的认知

一、乙烯的性质和用途

乙烯是一种无色、有窒息性的醚味或淡淡的甜味、易燃、易爆的气体。乙烯几乎不溶于水，化学性质活泼。与空气混合能形成爆炸性混合物。乙烯产品通常以液体形态加压贮存于乙烯厂内，贮存压力为1.9～2.5MPa，贮存温度为－30℃左右。暴露到高浓度的乙烯中会产生麻醉作用；长时间暴露将会失去知觉，且可能由于窒息而导致死亡。乙烯的物理性质见表2-3。

表2-3 乙烯的物理性质

项目	数据	项目	数据
分子量	28.05	临界压力/MPa	4.97
熔点/℃	－169.4	自燃点/℃	537
沸点/℃	－103.8	聚合热/(kJ/mol)	95
相对密度(液体,－103.8℃)	0.5699	爆炸极限/%	3.02～34
临界温度/℃	9.90		

以乙烯为原料通过多种合成途径可以得到一系列重要的石油化工中间产品和最终产品，如图2-2所示。其中高、低密度聚乙烯，环氧乙烷和乙二醇，二氯乙烷和氯乙烯，乙苯和苯乙烯，以及乙醇和乙醛，是乙烯的主要消费产品。

二、主要原料的工业规格要求

1. 原料来源

用于管式炉裂解的原料来源很广，主要有两个方面：一是来自油田的伴生气和来自气田的天然气，两者都属于天然气范畴；二是来自炼油厂的一次加工油品（如石脑油、煤油、柴油等）、二次加工油品（如焦化汽油、加氢裂化尾油等）以及副产的炼厂气。另外还有乙烯装置本身分离出来循环裂解的乙烷等。

天然气的主要成分是甲烷，还含有乙烷、丙烷等轻质饱和烃及少量二氧化碳、氮、硫化氢等非烃成分。从化学组分来分类，天然气可分为干气和湿气。干气含甲烷在90%以上，由于在常温下加压也不能使之液化，不适宜作裂解原料。湿气含90%以下甲烷，还含有一定量的乙烷、丙烷、丁烷等烷烃。由于乙烷以上的烃在常温下，加压可以使之液化，故称为湿气。此类天然气经分离后得到的乙烷以上的烷烃，是优质的裂解原料。

从图2-3可看出，湿性天然气分离加工后，甲烷被分离出去，得到乙烷、液化石油气（LPG，liquefied petroleum gas）、天然汽油、加工厂凝析油，总称为天然气凝析液（NGL，natural gas liquid）。NGL可不加分离直接用作裂解原料。

来自炼油厂的各种原料所含烃类的组成不同，裂解性能有很大差异。

（1）炼厂气（refinery gas） 是原油在炼厂加工过程中所得副产气的总称，它主要包括重整气、加氢裂化气、催化裂化气、焦化气等，主要成分为C_4以下的烷烃、烯烃以及氢气

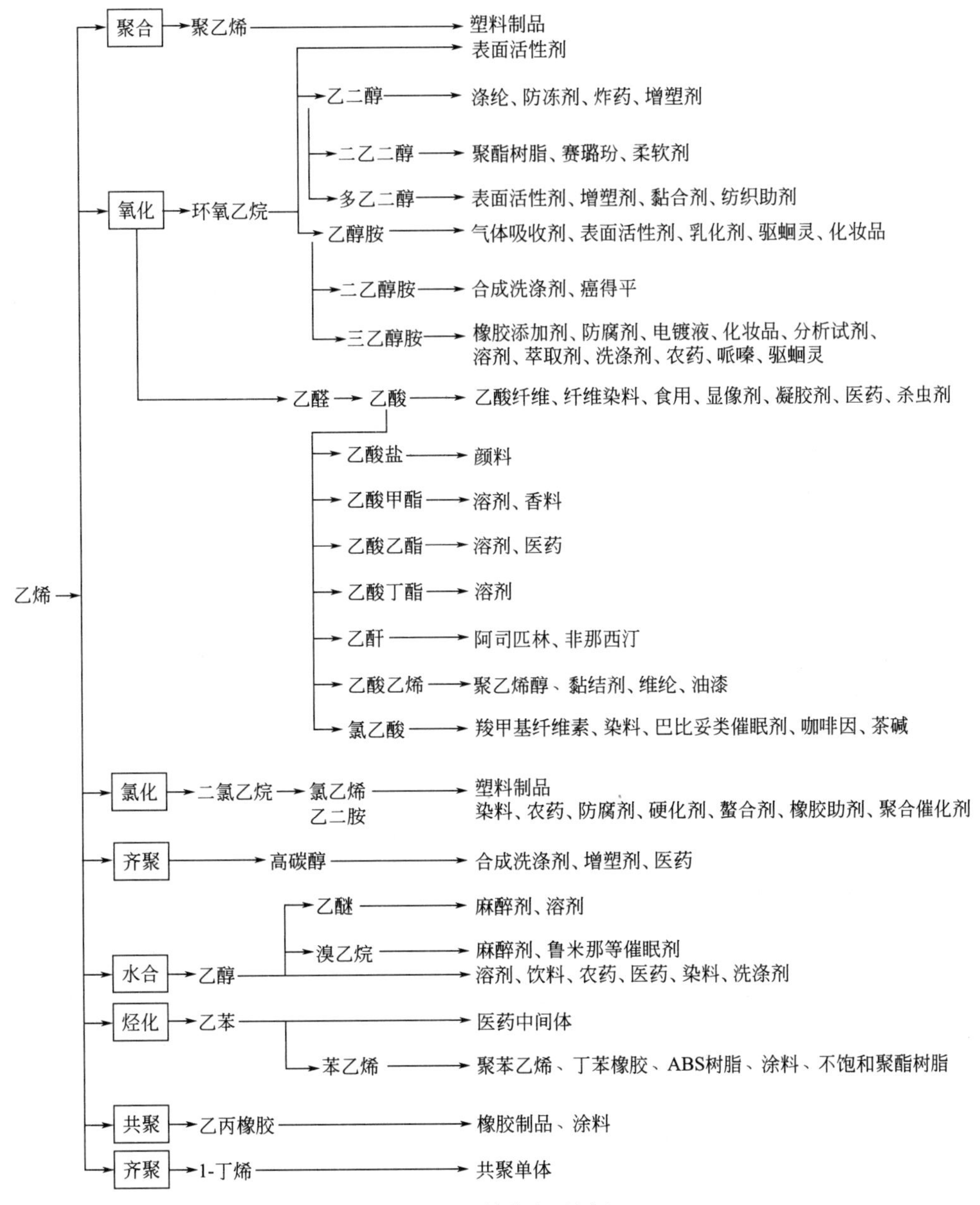

图 2-2 乙烯的主要用途

和少量氮气、二氧化碳等气体。其中丰富的丙烯和丁烯可不经裂解由气体分离装置直接回收利用。分离出来的烷烃可作为裂解原料。

（2）石脑油（naphtha） 一种轻质油品，其沸点范围依需要而定，通常为较宽的馏程，如 30～220℃。石脑油按加工深度不同分为直馏石脑油和二次加工石脑油。直馏石脑油是原油经常压蒸馏分馏出的馏分；二次加工石脑油是指由炼油厂中焦化装置、加氢裂化装置等二次加工后得到的石脑油。由于原油产地、性质不同，直馏石脑油的收率相差很大，低收率仅为原油的 2%～3%，高收率可达 30%～40%。我国原油一般较重，石脑油收率仅为 5%～15%。

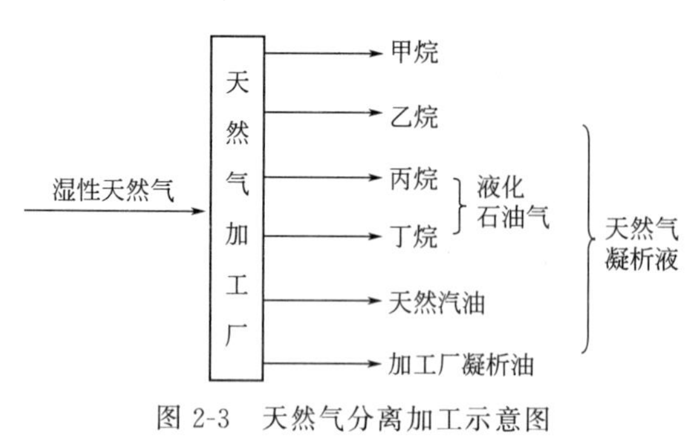

图 2-3 天然气分离加工示意图

(3) 直馏柴油(straight-run diesel oil) 原油常压蒸馏时所得馏程范围在 200～400℃的馏分为直馏柴油。一般称 200～350℃的馏分为轻柴油,称 250～400℃的馏分为重柴油。由于柴油裂解性能比相应的石脑油差,故不是理想的裂解原料。

(4) 加氢裂化尾油 加氢裂化是 20 世纪 60 年代发展起来的新工艺。加氢裂化使重质原料脱硫、脱氮;使芳烃饱和、多环烷烃加氢开环,从而增加烷烃含量;使重油轻质化,将减压馏分油及渣油转化为汽油、中间馏分和加氢裂化尾油。加氢裂化尾油是很好的裂解原料。

目前,我国乙烯使用的原料以石脑油为主,其次是轻柴油、加氢尾油等。其中,石脑油占 64%、加氢尾油占 10%、轻柴油占 10%,90%乙烯原料来自炼厂。环顾全球,目前世界范围内乙烯原料主要来自石脑油、乙烷、页岩气等。其中,中东地区主要由乙烷作为乙烯原料,中国、日本、韩国等亚洲国家主要依赖于经原油加工的重质石脑油,美国等北美国家则主要依靠天然气凝析液(NGL)等。而在上述原料中,按价格高低排序依次是石脑油、页岩气和乙烷。随着美国对油页岩的开采,美国页岩气产量持续增长,加速了天然气凝析液(NGL)作为乙烯生产原料的占比。

2. 技术要求

乙烯装置用石脑油技术要求和试验方法应符合表 2-4 的规定。

表 2-4 乙烯装置用石脑油技术要求(Q/SY 26—2009)

项目		技术指标			试验方法
		65 号	60 号	55 号	
颜色/赛波特号		≥+20			GB/T 3555
密度(20℃)/(kg/m^3)		630～750			GB/T 1884
馏程	初馏点/℃	报告			GB/T 6536 GB 255①
	50%馏出温度/℃	报告			
	终馏点/℃	≤200			
族组成	烷烃含量(质量分数)/%	≥65	≥60	≥55	NB/SH/T 0741—2010 SH/T 0714—2002②
	正构烷烃含量(质量分数)/%	≥30	—		
	环烷烃含量(质量分数)/%	报告			
	烯烃含量(质量分数)/%	≤2.0			
	芳烃含量(质量分数)/%	报告			
硫含量(质量分数)/%		≤0.05			GB/T 380③ SH/T 0253 SH/T 0689
砷含量/(μg/kg)		报告			SH/T 0629
铅含量/(μg/kg)		≤100			SH/T 0242

续表

项目	技术指标			试验方法
	65号	60号	55号	
机械杂质及水分	无			目测[④]
外观	无色透明液体			目测

① 馏程测定允许使用GB 255；有争议时，以GB/T 6536为准。

② 可采用NB/SH/T 0741—2010和SH/T 0714—2002；有争议时，以SH/T 0714—2002为准。

③ 可采用GB/T 380、SH/T 0253及SH/T 0689；有争议时，以GB/T 380为准。

④ 将试样注入100mL玻璃量筒中观察，应透明，没有悬浮和沉降的机械杂质及水分。在有异议时以GB/T 511和GB/T 260方法测定结果为准。

注：Q/SY 26—2009为中国石油天然气集团公司企业标准。

三、乙烯产品的质量指标要求

乙烯直接氧化法生产环氧乙烷时，要求原料乙烯的纯度在99%以上，有害杂质含量不允许超过1×10^{-5}；生产聚乙烯则要求原料气纯度不低于99.9%，乙烯的露点不大于−50℃。

表2-5为我国乙烯产品的国家标准。

表2-5 我国乙烯产品国家标准

项目	质量标准			实验方法	项目	质量标准			实验方法
	优质	一级	合格			优质	一级	合格	
乙烯(摩尔分数)/%	>99.9	>99.9	>99.9	GB/T 3391—2002	$C_3+C_3^+$/(mg/kg)	<50	<50	—	GB/T 3391—2002
乙炔/(mg/kg)	<5	<10	<20	GB/T 3394—2009	二氧化碳/(mg/kg)	<10	<20	<50	GB/T 3394—2009
氧/(mg/kg)	<2	<5	<10	GB/T 3396—2002	氢/(mg/kg)	<10	—	—	GB/T 3393—2009
一氧化碳/(mg/kg)	<5	<5	<10	GB/T 3394—2009	水/(mg/kg)	<10	20	—	GB/T 3396—2002
总硫/(mg/kg)	<1	<2	<5	GB/T 3396—2002	在生产厂及用户管道中				
甲烷+乙烷(摩尔分数)/%	<0.1	<0.1	余量	GB/T 3391—2002					

任务三 应用生产原理确定工艺条件

一、烃类热裂解制乙烯的生产原理

1. 烃类热裂解的一次反应

各种裂解原料中主要有烷烃、环烷烃和芳烃。

(1) 烷烃热裂解的一次反应

① 脱氢反应。是C—H键的断裂反应，生成碳原子数相同的烯烃和氢。

$$C_nH_{2n+2} \rightleftharpoons C_nH_{2n}+H_2$$

脱氢反应是可逆反应，在一定条件下达到动态平衡。

② 断链反应。是C—C键断裂的反应，产物分子中碳原子数减少。

$$C_{m+n}H_{2(m+n)+2} \longrightarrow C_mH_{2m}+C_nH_{2n+2}$$

（2）环烷烃的热裂解　环烷烃热裂解时，主要发生断链和脱氢反应。带侧链的环烷烃首先进行脱烷基反应，脱烷基反应一般在长侧链的中部开始断链一直进行到侧链为甲基或乙基，然后再进一步发生环烷烃脱氢生成芳烃的反应，环烷烃脱氢比开环生成烯烃容易。当裂解原料中环烷烃含量增加时，乙烯和丙烯收率会下降，丁二烯、芳烃收率则有所增加。

（3）芳烃的热裂解　芳烃的热稳定性很高，在一般的裂解温度下不易发生芳烃的开环反应，则可发生两类反应：一类是烷基芳烃的侧链发生断裂生成苯、甲苯、二甲苯等反应和脱氢反应；另一类是在较剧烈的裂解条件下，芳烃发生脱氢缩合反应。

2. 烃类热裂解的二次反应

烃类热裂解的二次反应远比一次反应复杂。它是原料经一次反应生成的烯烃进一步裂解为焦和碳的反应。

（1）烯烃经炔烃而生成碳　裂解过程中生成的目的产物乙烯在900～1000℃或更高的温度下经过乙炔中间阶段而生成碳。

$$CH_2{=}CH_2 \xrightarrow{-H} CH_2{=}\dot{C}H \xrightarrow{-H} CH{\equiv}CH \xrightarrow{-H} CH{\equiv}\dot{C} \xrightarrow{-H} \dot{C}{\equiv}\dot{C} \longrightarrow C_n$$

C_n 为六角形排列的平面分子。

（2）烯烃经芳烃而结焦　烯烃的聚合、环化和缩合可生成芳烃，而芳烃在裂解温度下很容易脱氢缩合生成多环芳烃直至转化为焦。

（3）生碳结焦反应规律

① 在不同的温度条件下，生碳结焦反应经历着不同的途径；在900～1000℃以上主要是通过生成乙炔的中间阶段，而在500～900℃主要是通过生成芳烃的中间阶段。

② 生碳结焦反应是典型的连串反应，随着温度的增加和反应时间的延长，不断释放出氢，残物（焦油）的氢含量逐渐下降，碳氢比、分子量和密度逐渐增大。

③ 随着反应时间的延长，单环或环数不多的芳烃，转变为多环芳烃，进而转变为稠环芳烃，由液体焦油转变为固体沥青质，再进一步可转变为焦炭。

3. 各种烃热裂解生成乙烯、丙烯的能力

不同烃类热裂解时生成乙烯、丙烯的能力一般有如下规律。

（1）烷烃　正构烷烃在各种烃中最有利于乙烯、丙烯的生成。烷烃的分子量（M_r）愈小，其总收率愈高。异构烷烃的烯烃总收率低于同碳原子数的正构烷烃，但随着 M_r 的增大，这种差别减小。

（2）烯烃　大分子烯烃裂解为乙烯和丙烯；烯烃能脱氢生成炔烃、二烯烃，进而生成芳烃。

（3）环烷烃　在通常裂解条件下，环烷烃生成芳烃的反应优于生成单烯烃的反应。含环烷烃较多的原料，丁二烯、芳烃的收率较高，而乙烯的收率较低。

（4）芳烃　无烷基的芳烃基本上不易裂解为烯烃，有烷基的芳烃，主要是烷基发生断碳键和脱氢反应，而芳环保持不裂开，可脱氢缩合为多环芳烃，从而有结焦的倾向。

各类烃的热裂解容易程度有如下顺序：

正烷烃＞异烷烃＞环烷烃（六碳环＞五碳环）＞芳烃

二、热力学和动力学分析

由于裂解反应主要是烃分子在高温下分裂为较小分子的过程，所以是个强吸热过程。只有在高温下，裂解反应才能进行。烃类生碳反应的 $\Delta G_T^{\ominus}$ 具有很大的负值，在热力学上比一次反应占绝对优势，但分解过程必须经过中间产物乙炔阶段。现以乙烷裂解反应为例。

$$C_2H_6 \xrightleftharpoons{K_{p_1}} C_2H_4 + H_2$$

$$C_2H_4 \xrightleftharpoons{K_{p_2}} C_2H_2 + H_2$$

$$C_2H_2 \xrightleftharpoons{K_{p_3}} 2C + H_2$$

表 2-6 是不同温度下乙烷分解生碳过程各反应的平衡常数。从表 2-6 可见，随着温度升高，乙烷脱氢和乙烯脱氢两个反应的平衡常数 K_{p_1} 和 K_{p_2} 都增大，其中 K_{p_2} 增得更大些。虽然 K_{p_3} 随着温度升高而减小，但其值仍很大。所以热力学分析结果是，高温有利于乙烷脱氢平衡，更有利于乙烯脱氢生成乙炔，过高的温度更有利于碳的生成。如果反应时间很长，使裂解反应进行到平衡，最后生成大量的碳和氢，则对生成乙烯也是不利的。

表 2-6　乙烷分解生碳过程各反应的平衡常数

温度/K	K_{p_1}	K_{p_2}	K_{p_3}	温度/K	K_{p_1}	K_{p_2}	K_{p_3}
827	1.675	0.01495	6.556×10^7	1127	48.86	1.134	3.446×10^5
927	6.234	0.08053	8.662×10^6	1227	111.98	3.248	1.032×10^5
1027	18.89	0.3350	1.570×10^6				

从动力学上分析，在高温下烃类裂解生成乙烯的反应速率远比分解为碳和氢的反应速率快，而且生成乙烯反应发生在先。所以缩短在反应器中停留时间，可充分发挥一次反应速率快的优势，从而有效地控制反应向有利于生成乙烯的方向进行。

三、工艺条件的确定

1. 裂解温度和停留时间

温度和停留时间有密切的关系，既相互依赖，又相互制约。图 2-4、图 2-5 是轻柴油裂解炉管出口温度和停留时间对乙烯收率的影响。从图中可看出，没有适当高的温度，停留时间无论怎样变动也得不到高收率的乙烯；反之无适当的停留时间，即使高温也得不到高收率的乙烯。因此，寻找适当的反应温度和停留时间是很重要的。

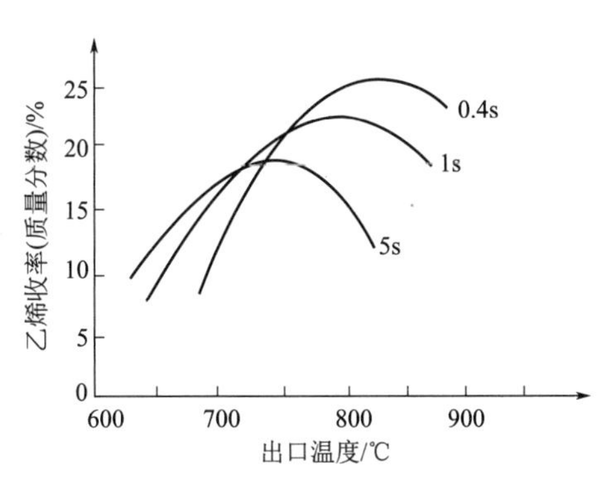

图 2-4　温度和停留时间对轻柴油裂解中乙烯收率的影响

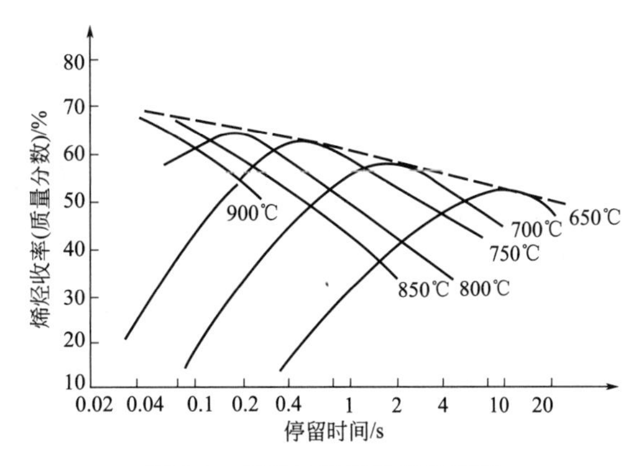

图 2-5　轻柴油裂解反应的温度-停留时间对烯烃收率的影响

裂解温度和停留时间的选择与原料有关。一般较轻原料选用较高的裂解温度和较长的停留时间，而较重原料采用稍低的裂解温度和较短的停留时间。对于同一种原料，由表 2-7 可见，提高温度、缩短停留时间可以提高乙烯收率，而丙烯和汽油的收率降低。所以，可根据生产上对各种产物的需求，选择合理的裂解温度和停留时间。

表 2-7 石脑油裂解时温度和停留时间对产品收率的影响（蒸汽/石脑油＝0.6，质量比）

出口温度/℃	760	810	850	860
停留时间/s	0.7	0.5	0.45	0.4
乙烯收率(质量分数)/%	24	26	29	30
丙烯收率(质量分数)/%	20	17	16	15
裂解汽油(质量分数)/%	24	24	21	19

2. 烃分压与稀释剂

裂解过程无论是脱氢反应还是断链反应，都是气体分子数增加的反应。从化学平衡来看，降低压力平衡向气体分子数增多的方向移动，所以降低反应压力，有利于提高乙烯的平衡转化率。而二次反应中的缩合、聚合等反应都是分子数减少的反应，故降低压力也可抑制这些反应的进行。

但高温操作不宜采用抽真空减压的方法降低烃分压，这是因为高温密封不易，一旦空气漏入负压操作的裂解系统，就有与烃气体混合爆炸的危险，而且减压操作对后续分离工序的操作也不利。所以工业上一般采用向原料烃中添加适量的稀释剂以降低烃分压的措施达到减压操作的目的，这样设备仍可在常压或正压下操作。

在管式炉裂解中，通常采用水蒸气作为稀释剂。水蒸气作稀释剂除了降低烃分压外，还有以下作用。

① 稳定裂解温度。水蒸气热容量较大，当操作供热不平稳时，它可起到稳定温度的作用，还可以起到保护炉管防止过热的作用。

② 保护炉管。如裂解原料中含有微量硫（10^{-6} 级），对炉管有保护作用；但含硫量稍多，铬合金钢管在裂解温度下易被硫腐蚀。当有水蒸气存在时，由于高温蒸汽的氧化性，可抑制裂解原料中的硫对炉管的作用，即使含硫量高达 2%（质量分数），炉管也无硫化现象。

③ 脱除结炭。炉管中的铁和镍能催化烃类气体的生炭反应，水蒸气对铁和镍有氧化作用，可抑制它们对生炭反应的催化作用，而且水蒸气对已生成的炭有一定的脱除作用。

但加入水蒸气也带来了一些不利影响，降低了炉管的生产能力；如要维持生产能力，反应管的管径、质量及炉子的热负荷都要增大，同时加大了公用工程的消耗。因此，水蒸气的加入量不宜过大。表 2-8 列出了不同裂解原料常用的水蒸气加入量。

表 2-8 不同裂解原料的稀释比（质量比）

裂解原料	稀释比(蒸汽/烃)	裂解原料	稀释比(蒸汽/烃)
乙烷	0.30～0.35	中石脑油	0.50～0.60
丙烷	0.30～0.40	重石脑油	0.60～0.65
丁烷	0.40	轻柴油	0.60～0.80
轻石脑油	0.50	重柴油	0.80～1.00

四、工艺参数的控制方案

乙烯裂解炉是乙烯装置的主要核心部分。这里介绍 100kt/a 的 SL2 型裂解炉（中国石化与 ABB Lummus 公司合作开发）的进料流量、稀释蒸汽加入量、裂解炉出口温度这三个重要工艺参数的控制方案。

1. 进料流量控制

裂解原料（石脑油、加氢尾油、重柴油中的一种）是通过 6 组炉管分别进入裂解炉，在裂解炉内被加热到热裂解的温度。裂解炉进料流量的控制对乙烯的产量和质量有重要作用，控制方案如图 2-6 所示。

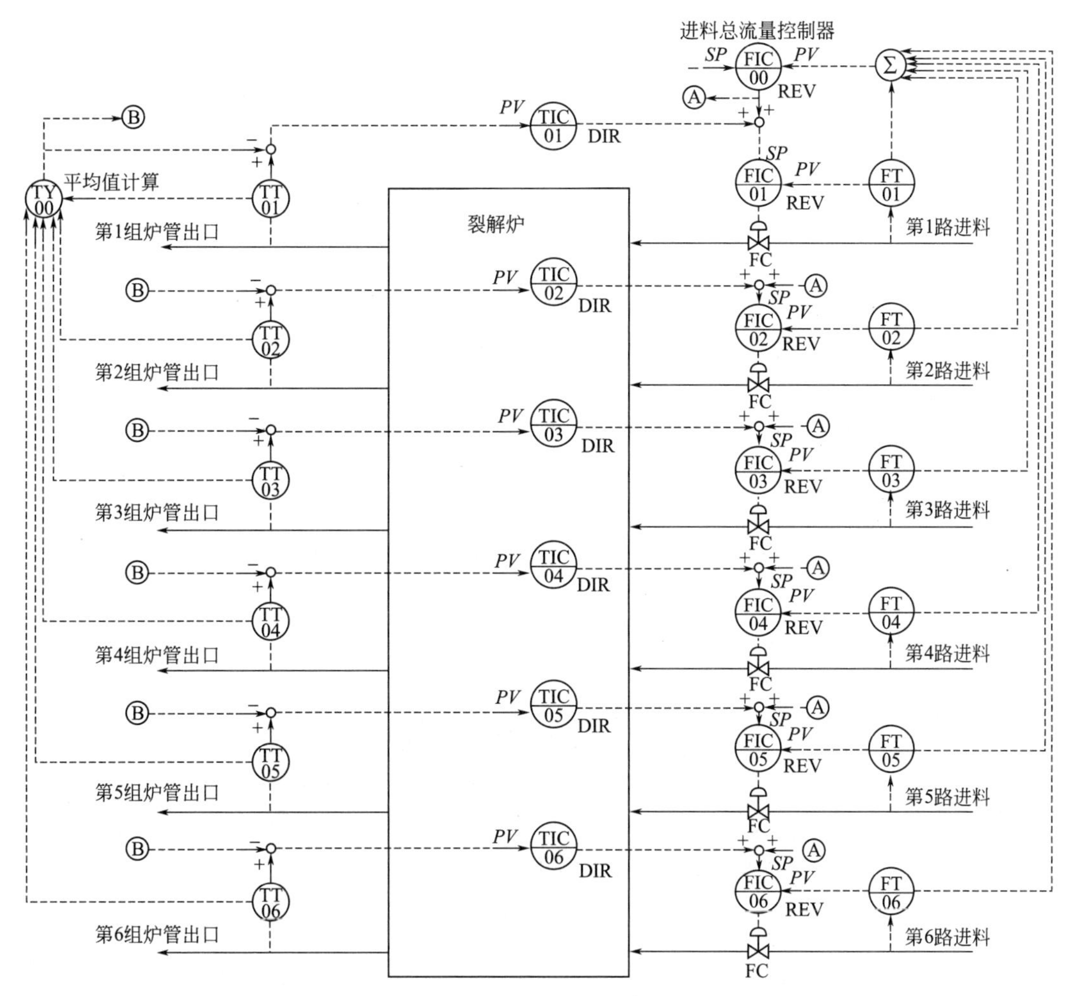

图 2-6 进料流量控制

注：DIR 为正作用，REV 为反作用

6 组进料流量分别由 FIC-01～FIC-06 控制器定量控制进入裂解炉。裂解炉进料流量控制中设置一个总流量控制器 FIC-00，由操作人员设定总进料量。为了避免出现不稳定情况，FIC-00 实际设定值以每分钟 1%的速率逐渐变化。FIC-00 的输出作为 6 组进料流量控制器 FIC-01～FIC-06 的设定值来调整裂解炉进料流量。6 组炉管出口均有温度测量元件，TT-

01～TT-06 为 6 组炉管出口的温度变送器，通过 TY-00 计算出 6 组炉管出口的平均温度，作为平均 COT（各组炉管的炉出口温度），每组炉管出口温度测量值与平均 COT 进行比较，分别作为各组炉管温度平衡差值 COT 控制器 TIC-01～TIC-06 的输入，TIC-01～TIC-06 的输出分别与 FIC-00 的输出相加，相加结果去校正各组炉管进料流量控制器的设定值。正常操作下，各组炉管的进料流量控制器的设定值是由总流量控制器 FIC-00 和各组炉管温度平衡差值 COT 控制器 TIC-01～TIC-06 共同来调整的。

采用孔板流量计测量原料流量时，单组进料流量测量值需要用测量的进料密度进行密度补偿。根据进料手动选择开关（石脑油、加氢尾油、重柴油原料）的位置选择相应的进料密度值。

裂解炉进料流量控制中，设置了一个总进料流量的控制器和 6 组炉管进料控制器。裂解炉总进料及 6 组炉管进料恒定保证 6 组炉管进料在裂解炉中的受热一致，炉膛温度对各组炉管的影响相同。这样一是可以达到裂解后的各组炉管出口裂解气要求的裂解深度；二是各组炉管结焦程度相同，延长炉管使用寿命和清焦周期。

2. 每组炉管稀释蒸汽的比值控制

对于乙烷和石脑油等轻原料，只需要一次稀释蒸汽注入；容易结焦的原料（加氢尾油等）可适当增大稀释比，或者二次蒸汽注入。

一次稀释蒸汽注入的控制方案如图 2-7 所示。FIC-11～FIC-16 为各组稀释蒸汽流量控制器。以第 1 组稀释蒸汽的控制方案为例介绍，每组进料流量乘以由操作工输入的系数作为该组稀释蒸汽流量控制器的设定值，FF-11 的输出是比值计算后的稀释蒸汽流量值。这个系数根据进料种类和工况由操作工手动输入，系数变化时要经过一个斜坡函数缓慢平稳地变到预期的值。稀释蒸汽流量需要设一个最小值，图 2-7 中 HC-00 是最小稀释蒸汽流量的手动输入站。当物料流量过少时，需要有一定量的稀释蒸汽，如果此时失去稀释蒸汽，会引起辐射段炉管内表面快速结焦，炉管堵塞，造成炉管管壁表面温度高，损坏炉管。最小稀释蒸汽量的引入是为了保护炉管。HC-00 的输出和 FF-11 的输出经过高选择器 FY-11 输出作为 FIC-11 的设定值，确保稀释蒸汽流量不低于最小蒸汽量。

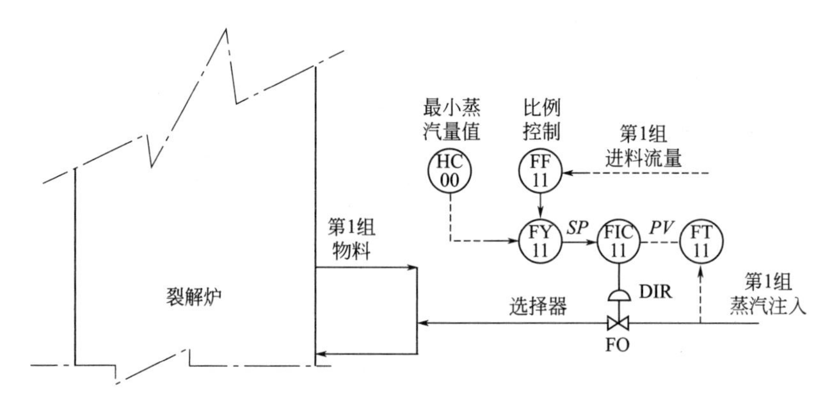

图 2-7 每组炉管稀释蒸汽的比值控制

注：其他各组蒸汽与第 1 组蒸汽的控制方案相同

3. 平均炉出口温度控制

平均炉出口温度控制方案如图 2-8 所示。6 组炉管的平均炉出口温度经 TY-00 平均后，就是裂解炉出口裂解气的平均温度（平均 COT）。平均 COT 作为炉出口温度控制器 TIC-00 的输入，控制器的输出作为底部燃料气流量控制器 FIC-51 的设定值。通过调节燃料气的进量来控制炉管出口温度。

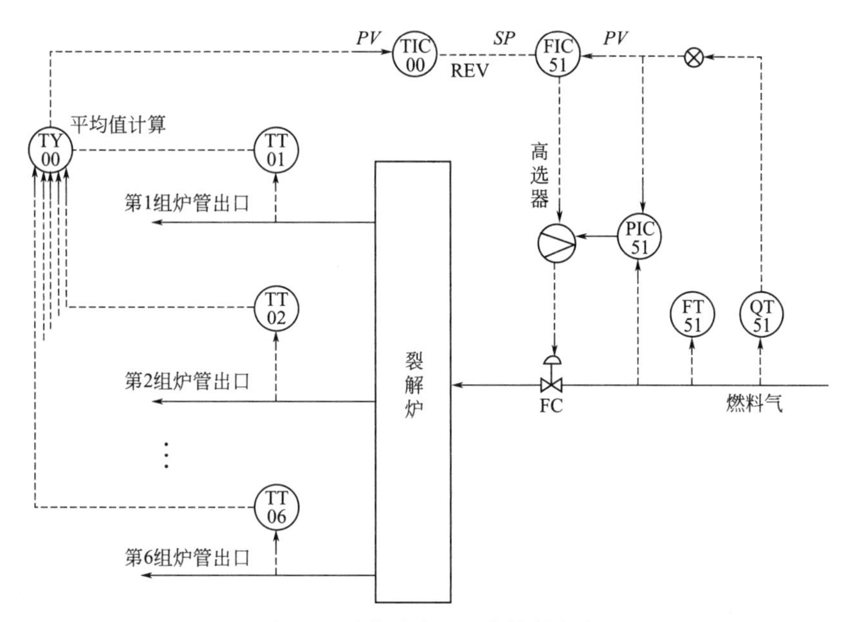

图 2-8　平均炉出口温度控制方案

炉出口温度控制器 TIC-00 是主控制器，FIC-51 是副控制器。炉出口温度发生变化时，FIC-51 调节燃料气流量。如果扰动较小，不会影响到炉出口温度；如果扰动很大时，影响到主控变量炉出口温度，TIC-00 的输出发生变化。副控制器 FIC-51 将接受设定值和测量值两方面的变化。当扰动使主被控变量炉出口温度和副被控变量燃料气流量向相同方向变化时，副控制器 FIC-51 的输入偏差增加，FIC-51 输出变化较大，燃料气控制阀开大或关小，迅速克服干扰；如果扰动使主被控变量炉出口温度和副被控变量燃料气流量向相反方向变化时，副控制器 FIC-51 的输入偏差变化不大，FIC-51 输出变化较小也能克服干扰。

平均炉出口温度控制方案较单回路控制平稳、快速。这样可使炉出口温度波动较小，减小了对炉管材料的损害，使裂解气的裂解深度趋于稳定。

任务四　生产工艺流程的组织

一、烃类热裂解的生产工艺流程

烃类热裂解过程随原料不同，工艺流程也有所不同。随着我国乙烯工业的发展，裂解原料逐步变重，现以直馏柴油为例，了解整个裂解过程。

当以直馏柴油为原料裂解后所得裂解气中含有相当量的重质馏分，这些重质燃料油馏分与水混合后因乳化而难于进行油水分离，因此在冷却裂解气的过程中，应先将裂解气中的重质燃料油馏分分馏出来，然后将裂解气再进一步送至水洗塔冷却，其工艺流程如图 2-9 所示。

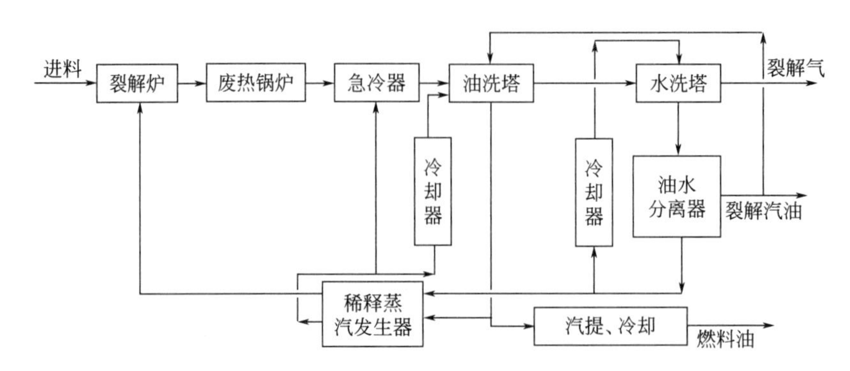

图 2-9 直馏柴油裂解工艺示意图

原料经裂解后，高温裂解气经废热锅炉回收热量，再经急冷器用急冷油喷淋，降温至220～300℃，冷却后的裂解气进入油洗塔（或称预分馏塔）。塔顶用裂解汽油喷淋，温度控制在100～110℃之间，保证裂解气中的水分从塔顶带出油洗塔。塔釜温度控制在190～200℃。塔釜所得燃料油产品，部分经汽提并冷却后作为裂解燃料油产品。另一部分（称为急冷油）送至稀释蒸汽系统作为稀释蒸汽的热源，回收裂解气的热量。经稀释蒸汽发生系统冷却的急冷油，大部分送至急冷器以喷淋高温裂解气，少部分急冷油进一步冷却后作为油洗塔中段回流。

油洗塔塔顶裂解气进入水洗塔，塔顶用急冷水喷淋，裂解气降温至40℃左右送入裂解气压缩机。塔釜约80℃，经油水分离器，水相一部分（称为急冷水）经冷却后送入水洗塔作为塔顶喷淋，另一部分则送至稀释蒸汽发生器产生蒸汽，供裂解炉使用。油相即裂解汽油馏分，部分送至油洗塔作为塔顶喷淋，另一部分则作为产品采出。

经热裂解过程处理后的裂解气，是含有氢和各种烃类（已脱除大部分 C_5 以上液态烃）的复杂混合物，此外裂解气中还含有少量硫化氢、二氧化碳、乙炔、乙烯、丙烯和水蒸气等杂质。

由于裂解气体组成复杂，对乙烯、丙烯等分离产品纯度要求高，所以要进行一系列的净化与分离进程。净化与分离进程的流程排列是可以变动的，可组成不同的分离流程。但各种不同分离流程均由气体的净化、压缩和冷冻、精馏分离三大系统组成，如图 2-10 所示。最终通过深冷分离利用气体中各组分的熔点差异，在－100℃以下低温下将除氢和甲烷外的其

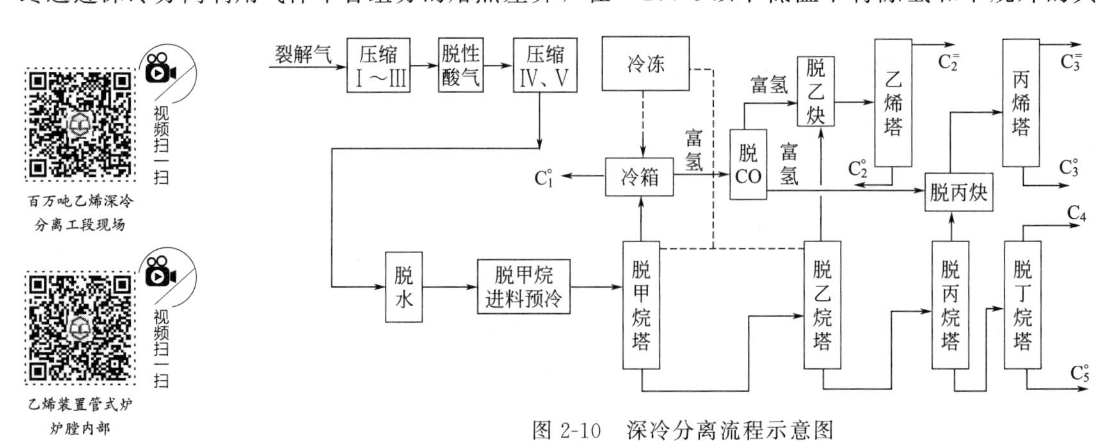

图 2-10 深冷分离流程示意图

余的烃全部冷凝，然后在精馏塔内利用各组分的相对挥发度不同进行精馏分离，利用不同精馏塔，将各种烃逐个分离出来。

1. 管式炉裂解工艺流程的组织

管式炉裂解的工艺流程包括原料供给和预热、对流段、辐射段、高温裂解气急冷和热量回收等几部分。不同裂解原料和不同热量回收，形成各种不同的工艺流程。图 2-11 是管式炉裂解的流程示意图。

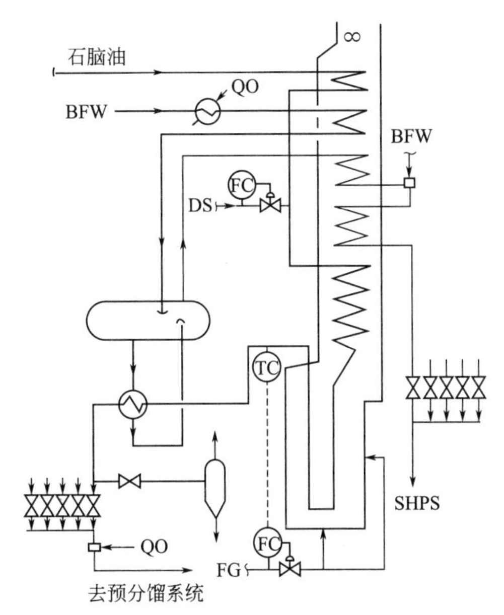

图 2-11 管式炉裂解工艺流程举例

BFW—锅炉给水；DS—稀释蒸汽；SHPS—超高压蒸汽；QO—急冷油；FG—燃料气

裂解原料主要在对流段预热，为减少燃料消耗，也常常在进入对流段之前利用低位能热源进行预热。裂解原料预热到一定程度后，需在裂解原料中注入稀释蒸汽。图 2-11 采用的是原料先注入部分稀释蒸汽，在对流段中预热至一定程度后，再次注入经对流段预热后的稀释蒸汽。

管式裂解炉的对流段用于回收烟气热量，回收的烟气热量主要用于预热裂解原料和稀释蒸汽，使裂解原料汽化并过热至裂解反应起始温度后，进入辐射段加热进行裂解。此外，根据热量平衡也可在对流段进行锅炉给水的预热、助燃空气的预热和超高压蒸汽的过热。

烃和稀释蒸汽混合物在对流段预热至所需温度后进入辐射盘管，辐射盘管在辐射段内用高温燃烧气体加热，使裂解原料在管内进行裂解。

裂解炉辐射盘管出口的高温裂解气达 800℃以上，为抑制二次反应的发生，需将辐射盘管出口的高温裂解气快速冷却。急冷的方法有两种：一种是用急冷油（或急冷水）直接喷淋冷却；另一种方式是用换热器进行冷却。用换热器冷却时，可回收高温裂解气的热量而副产出高位能的高压蒸汽。该换热器被称为急冷换热器（常以 TLE 或 TLX 表示），急冷换热器与汽包构成的发生蒸汽的系统称为急冷锅炉（或废热锅炉）。在管式炉裂解轻烃、石脑油和柴油时，都采用废热锅炉冷却裂解气并副产高压蒸汽。经废热锅炉冷却后的裂解气温度尚在 400℃以上，此时可再由急冷油直接喷淋冷却。为防止急冷换热器结焦，废热锅炉出口温度要高于裂解气的露点，裂解原料愈重，废热锅炉终期出口温度愈高。

从裂解炉出来的高温裂解气体，通过急冷锅炉迅速降低温度而终止化学反应，并用来回收高温热量以发生高压蒸汽。因此，急冷锅炉运行的好坏，直接影响乙烯装置的蒸汽平衡。另外，由于急冷锅炉的运行周期和裂解炉的运行周期是互为牵制的，所以应延长急冷锅炉的运行周期，以提高乙烯产量。

根据急冷锅炉在冷却过程中容易产生二次反应和容易结焦的特点，要求急冷锅炉必须具备以下性能。

① 高质量流速。裂解气要很快通过急冷锅炉，以免重组分和二次反应物在管壁上沉积，使轻微结焦。质量流速最好在 60～110kg/(m^2·s)。

② 高水压。通过提高水和蒸汽压力，在换热过程中管壁温度不致降到裂解气的露点温

度以下，同时可使结焦轻微，目前采用的压力一般在 8.33～11.8MPa。

③ 短停留时间。这一指标与高质量流速相一致，如果急冷锅炉的管子太长，不仅会使出口温度太低，而且阻力降太大，会影响裂解深度，一般急冷锅炉的停留时间应控制在 0.05s 左右。

2. 裂解气的分离流程的组织

急冷后的裂解气温度仍在 200～300℃，并且是含有从氢到裂解燃料油的复杂混合物。因此，首先须通过预分馏使其冷却至常温，并分出重组分；然后进行压缩和净化，以除去酸性气体和水等杂质，并达到分离所需的压力；最后通过深冷精馏分离才能得到所需要的合格产品。

（1）裂解气的预分馏　裂解炉出口的高温裂解气经废热锅炉冷却，再经急冷器进一步冷却后，温度可降到 200～300℃。将急冷后的裂解气经油洗塔、水洗塔进一步冷却至常温，并在冷却过程中分馏出裂解气中的重组分，这一环节即为裂解气的预分馏。

（2）裂解气的压缩　在深冷分离部分，要求温度最低的部位是甲烷和氢气的分离。所需的温度随操作压力的降低而降低。如当脱甲烷操作压力为 3.0MPa 时，为分离甲烷的塔顶温度为－100～－90℃；当脱甲烷操作压力为 0.5MPa 时，为分离甲烷的塔顶温度则需下降至－140～－130℃。而为获得一定纯度的氢，则所需温度更低。因此，可对裂解气进行压缩升压，以提高深冷分离的操作温度，从而节约低温能量和低温材料。

另一方面加压会促使裂解气中的水和重质烃冷凝，可除去相当部分的水和重质烃，从而减少干燥脱水和精馏分离的负担。加压太大会增加动力消耗，提高对设备材质的强度要求。一般认为经济上合理而技术上可行的压力为 3.6～3.7MPa。

裂解气的压缩比一般在 25 以上，为降低能耗并限制裂解气在压缩过程中升温，均采用多段压缩，段间设置中间冷却。裂解气压缩的合理段数，主要是由压缩机各段出口温度所限定。为避免在压缩过程中因温度过高而使双烯烃聚合，通常要求各段出口温度低于 100℃。段间冷却一般采用水冷，相应各段入口温度为 38～40℃。一般需要五段压缩才能满足各段出口温度低于 100℃的要求。目前大型乙烯生产工厂均采用离心式（或称透平式）压缩机。

（3）裂解气的碱洗和干燥　由表 2-9 可知，预分馏后的裂解气中除烃类外，还含有水分、酸性气体（二氧化碳、硫化氢）、一氧化碳、炔烃等杂质，这些杂质的存在对深冷分离和烯烃的进一步加工有害。酸性气体不但会使催化剂中毒，还会腐蚀和堵塞管道。水分和二氧化碳在低温下会凝结成冰和固态水合物，堵塞设备管道，影响分离操作。因此在深冷分离前必须脱除水分和酸性气体。

表 2-9　进裂解气压缩机前的裂解气组成

裂解原料		乙烷	轻烃	石脑油	轻柴油
转化率		65%		中深度	中深度
组成(体积分数)/%	氢	34.00	18.20	14.09	13.18
	一氧化碳、二氧化碳、硫化氢	0.19	0.33	0.32	0.27
	甲烷	4.39	19.83	26.78	21.24
	乙炔	0.19	0.46	0.41	0.37
	乙烯	31.51	28.81	26.10	29.34

续表

裂解原料		乙烷	轻烃	石脑油	轻柴油
组成（体积分数）/%	乙烷	24.35	9.27	5.78	7.58
	丙炔		0.52	0.48	0.54
	丙烯	0.76	7.68	10.30	11.42
	丙烷		1.55	0.34	0.36
	碳四馏分	0.18	3.44	4.85	5.21
	碳五馏分	0.09	0.95	1.04	0.51
	碳六至204℃馏分		2.70	4.53	4.58
	水	4.36	6.26	4.98	5.40
平均分子量		18.89	24.90	26.83	28.01

一般要求将裂解气中的二氧化碳和硫化氢分别脱除至 1×10^{-6} 以下。通常裂解气压缩机入口处裂解气中酸性气含量为0.2%～0.4%（摩尔分数），为此，乙烯装置多采用碱洗法脱除裂解气中的酸性气。当裂解气中含硫量过高时，为降低碱耗量，可考虑增设可再生的溶剂吸收法（常用乙醇胺）脱除大部分酸性气，然后再用碱洗法进一步净化。

裂解气压缩机出口压力约3.7MPa，经冷却至15℃时，裂解气中饱和水含量为 $(6\sim7)\times10^{-4}$，送至深冷前，必须脱水干燥使含水量在 1×10^{-6} 以下。脱水干燥的方法主要采用分子筛、活性氧化铝为干燥剂的固体吸附法。

（4）深冷分离流程方案　不同的精馏分离方案和净化方案组成不同的裂解气分离流程。图2-12是裂解气分离流程分类示意图。

图2-12中工艺流程A称为顺序分离流程。裂解气经压缩干燥后先由脱甲烷塔塔顶分出氢和甲烷（C_1°），塔釜液送至脱乙烷塔，由脱乙烷塔塔顶分离出乙烷和乙烯，塔釜液送至脱丙烷塔。最终由乙烯精馏塔、丙烯精馏塔、脱丁烷塔分别得到乙烯（$C_2^{=}$）、乙烷（C_2°）、丙烯（$C_3^{=}$）、丙烷（C_3°）、混合碳四、裂解汽油等产品。由于这种分离流程是按碳一、碳二、碳三……顺序进行切割分离，故称为顺序分离流程。

流程B和流程C是裂解气先在脱乙烷塔分馏，塔顶得到氢、甲烷、乙烷、乙烯等轻组分，将其送入脱甲烷塔，分离出氢和甲烷后，碳二组分送乙烯精馏塔分离；塔釜为碳三和碳三以上的重组分，将塔釜液送至脱丙烷塔，然后再经丙烯精馏塔和脱丁烷塔进一步分馏。由于分离是从乙烷开始切割分馏，通常称为前脱乙烷分离流程。

流程D和流程E是裂解气先在脱丙烷塔分馏，塔顶为碳三和碳三以下轻组分，塔顶组分再依次经脱甲烷、脱乙烷、乙烯精馏、丙烯精馏等进行分离；脱丙烷塔塔釜为碳四和碳四以上组分，直接送至脱丁烷塔。该流程称为前脱丙烷流程。

在裂解气分离过程中，要通过催化加氢的方法脱除炔烃（炔烃的存在会影响后续合成或聚合反应的顺利进行，亦会影响催化剂的寿命，含量过高甚至引起爆炸）。催化加氢的方法有前加氢和后加氢之分。在裂解气分离氢气之前，利用裂解气中所含氢气对炔烃进行加氢，称为前加氢，此时无需外给氢气。后加氢是对分离出的碳二馏分和碳三馏分分别加氢脱除其炔烃，所需氢气是由裂解气分离出的氢气供给。

顺序分离流程一般采用后加氢方案，而前脱乙烷和前脱丙烷则既有前加氢方案（图

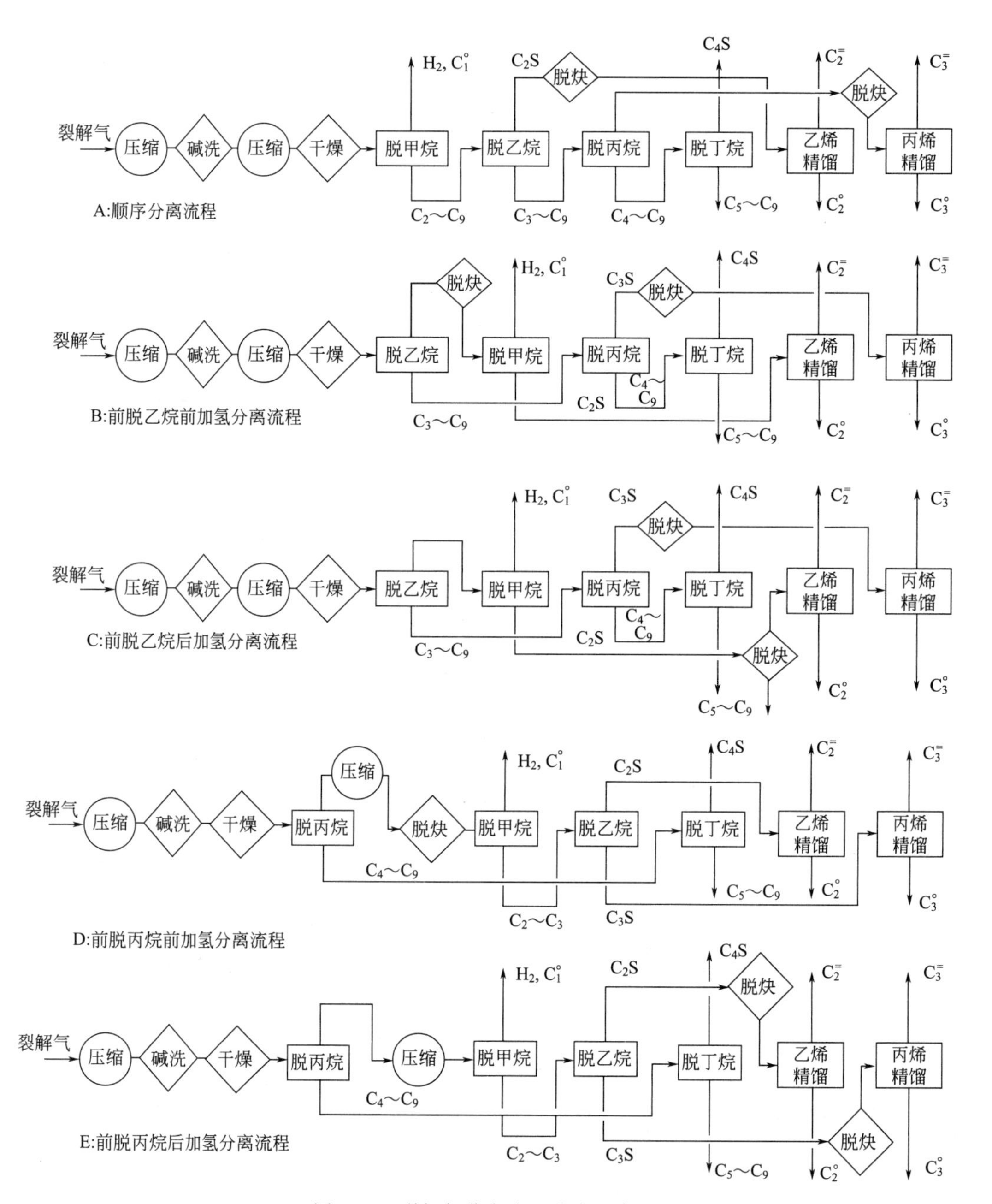

图 2-12 裂解气分离流程分类示意图

2-12 中 B 和 D)，又有后加氢方案（图 2-12 中 C 和 E)。

（5）制冷系统 乙烯装置中采用压缩制冷，常以乙烯、丙烯为制冷工质。压缩制冷的基本原理是制冷工质通过制冷循环来实现的。

丙烯制冷系统是为裂解气分离提供高于－40℃的各温度级的冷量。其主要冷量用户为裂解气的预冷、乙烯制冷剂冷凝、乙烯精馏塔、脱乙烷塔、脱丙烷塔塔顶冷凝等。乙烯装置的丙烯制冷系统如设置 4 个温度级，4 级节流的丙烯制冷系统通常提供－40℃、－24℃、－7℃和 6℃ 4 个不同温度级的冷量。

乙烯制冷系统是为裂解气分离提供−102～−40℃各温度级的冷量。其主要冷量用户为裂解气在冷箱的预冷以及脱甲烷塔塔顶冷凝。大多数乙烯制冷系统均采用3级节流的制冷循环，相应提供−50℃、−70℃、−100℃左右3个温度级的冷量。

在裂解气深冷分离的脱甲烷过程中，为减少甲烷中乙烯含量以保证较高的乙烯回收率，脱甲烷的操作温度需降至−100℃以下。为保证回收的甲烷和氢气达到95%以上的纯度，则其操作温度要降至−170℃左右。乙烯装置中通常采用组成为丙烯-乙烯-甲烷的复叠制冷系统，获得−100℃以下的冷量。

二、裂解炉的选择

裂解炉是烃类热裂解的主要设备。目前国外一些代表性的裂解炉型有美国鲁姆斯（Lummus）公司的SRT（short residence time）型炉，美国斯通韦勃斯特的超选择性USC型炉，美国凯洛格（Kellogg）公司的USRT超短停留时间毫秒炉，日本三菱油化公司的倒梯台式炉等。尽管各家炉型各具特点，但同样，都是为了满足高温、短停留时间、低烃分压而设计的。国内大都采用鲁姆斯公司的SRT炉型和凯洛格公司的USRT炉型。SRT-Ⅰ型裂解炉如图2-13所示。其辐射段炉管排布不断改进的过程见表2-10。

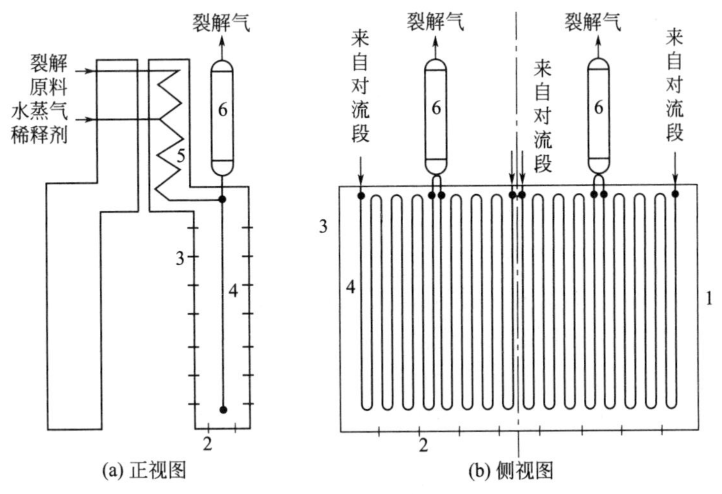

图2-13 SRT-Ⅰ型裂解炉结构图

1—炉体；2—油气联合烧嘴；3—气体无焰烧嘴；4—辐射段炉管（反应管）；5—对流段炉管；6—急冷锅炉

表2-10 SRT型裂解炉辐射段炉管排布形式

项目	SRT-Ⅰ	SRT-Ⅱ	SRT-Ⅲ
炉管排列			
程数	8P	6P33	4P40
管长/m	80～90	60.6	51.8

续表

项　目	SRT-Ⅰ	SRT-Ⅱ			SRT-Ⅲ		
管径/mm	75～133	64	96	152	64	89	146
		1程	2程	3～6程	1程	2程	3～4程
表观停留时间/s	0.6～0.7	0.47			0.38		

项　目	SRT-Ⅳ、SRT-Ⅴ		SRT-Ⅵ	
炉管排列				
程数	2程(16～2)		2程(8～2)	
管长/m	21.9		约21	
管径/mm	41.6	116	>50	>100
	1程	2程	1程	2程
表观停留时间/s	0.21～0.3		0.2～0.3	

为了推进大型石化装备国产化率，中国石化集团公司与美国鲁姆斯公司合作开发了两种裂解炉型：一种是以中国石化CBL裂解技术为基础的裂解炉（命名为SL-Ⅰ型炉）；另一种是以鲁姆斯公司SRT-Ⅵ型炉技术为基础的裂解炉（命名为SL-Ⅱ型炉）。

从表2-10可以看出裂解炉设计的改进一直未中断。为了提高裂解温度并缩短停留时间，改进辐射段炉管的排布形式、管径结构、炉管材质都是有效的手段。发展中相继出现了多程等管径、分支变管径、双程分支变管径等不同结构的辐射盘管。材质过去采用主要成分为含镍20%、铬25%的HK-40合金钢（耐1050℃高温），以后改用含镍35%、铬25%的HP-40合金钢（耐1100℃高温）。美国Shaw集团的石-韦公司（S&W，Stone & Webster）拟使陶瓷炉乙烯生产技术实现工业化。陶瓷炉将是裂解炉技术发展的一个飞跃，可超高温裂解，大大提高裂解苛刻度，且不易结焦。采用陶瓷炉，乙烷制乙烯转化率可达90%，而传统炉管仅为65%～70%。

拓展资料

总体来看，现今新裂解炉的开发有两种趋势。一是开发大型裂解炉。乙烯装置的大型化促使裂解炉向大型化发展，单台裂解炉的生产能力已由1990年的80～90kt/a发展到目前的175～200kt/a。2018年3月，中国石化浙江石油分公司4000万吨/年炼油化工一体化项目的乙烯装置采用9台乙烯裂解炉，单台乙烯产能就达到了20万吨/年。大型裂解炉结构紧凑，占地面积小，投资省，但其必须是与乙烯装置大型化相匹配的。二是开发新型裂解炉，进一步推进超高温、短停留裂解，提高乙烷制乙烯的转化率，并防止焦炭生成。乙烯装置结焦是影响长周期运行的老问题。以前解决乙烯裂解炉生焦问题仅是关注如何解决催化焦的防焦技术，现在已认识到改进裂解炉管表面化学结构可有效抑制催化焦和高温热解焦的生成，以及防止或减缓结焦母体到达炉管表面、降低表面温度使结焦反应速率降低，从而延长运行周期。工业上已成功地应用了一些抑制裂解炉结焦的新技术，包括在原料或蒸汽中加入抗结焦添加剂、对炉管壁进行临时或永久性的涂覆、增加强化传热单元和特殊结构炉管等。

任务五 正常生产操作

一、裂解单元的开工统筹图

图 2-14 为裂解单元的开工统筹图。

二、SRT-Ⅵ型裂解炉的开停车操作

1. SRT-Ⅵ型裂解炉的开车

（1）开车前的条件和准备工作

① 确认裂解炉各部件完好。检查仪表系统，确认系统正常。检查引风机润滑完好，风机盘车灵活并已送电。

② 设定流程正确。拆燃料气盲板，引燃料气至炉前。

③ 现场启动引风机进行炉膛置换，并测爆合格。

④ 检查排污系统。

⑤ 将裂解炉的运行方式开关设定在“备用”（HOT STANDBY）位置。

（2）点火操作步骤

① 燃料气管线实气置换，进行测爆分析，当可燃气体的含量小于 1mL/L，分析合格。

② 调整底部主烧嘴的压力，设定为 0.05MPa(表)。现场设定燃料气常明线的压力为 0.15MPa(表)。

③ 控制炉膛的负压为－25～－12Pa 范围内，调整好底部主烧嘴的风门开度。

④ 点燃点火棒，通过点火孔点燃底部主烧嘴的长明灯。

⑤ 打开主烧嘴的燃料气阀门，点燃主烧嘴。

⑥ 调整好所点燃的烧嘴风门，使烧嘴的燃烧充分、完全。

⑦ 依点火顺序图，按照上述同样的方法点燃其他的底部主烧嘴。

⑧ 调整好炉膛负压和烧嘴的风门开度。未投用的烧嘴风门微开 20°～30°。

（3）升温步骤

① 裂解炉点火完毕后，以＜100℃/h 的升温速率进行升温。增点烧嘴以点火顺序图进行。

② 升温过程中，应对炉管的位移、炉管导向、平衡锤的位移进行检查。确保炉管移动自由。

③ 当横跨段的烟气温度达到 100℃时，炉管内通入空气，空气流量为 500～1000kg/h。

④ 打开锅炉给水调节阀 1″旁通阀门，汽包进水充液，充液前汽包放空阀门打开放空。控制好汽包的液面，投用汽包和废热锅炉的排污管线。

⑤ 确认横跨段的烟气温度指示值在 150℃状态下，继续进行升温。

⑥ 升温的速率继续维持＜100℃/h。

⑦ 在进行升温时，继续按点火顺序图点燃烧嘴。

⑧ 当炉管出口温度指示达到 200℃，停止通入空气，投入稀释蒸汽，稀释蒸汽通过炉管和废热锅炉进入烧焦罐放空。

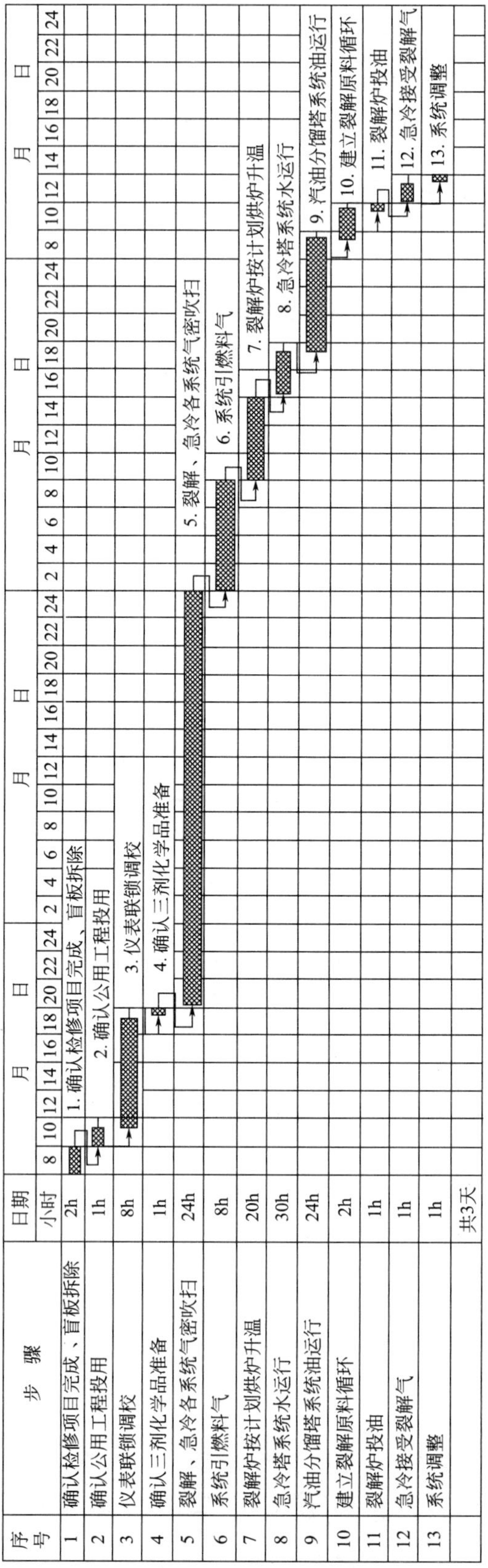

序号	步骤	日期 小时
1	确认检修项目完成、盲板拆除	2h
2	确认公用工程投用	1h
3	仪表联锁调校	8h
4	确认三剂化学品准备	1h
5	裂解、急冷各系统气密吹扫	24h
6	系统引燃料气	8h
7	裂解炉按计划烘炉升温	20h
8	急冷塔系统水运行	30h
9	汽油分馏塔系统油运行	24h
10	建立裂解原料循环	2h
11	裂解炉投油	1h
12	急冷接受裂解气	1h
13	系统调整	1h
		共3天

图 2-14 裂解单元开工统筹图

⑨ 调整各组稀释蒸汽流量为设计值的50%。

⑩ 投用防焦蒸汽。

⑪ 继续按<100℃/h的速率进行升温。升温时继续以点火顺序图进行增点烧嘴。

⑫ 在升温过程中，每两小时对裂解炉整体做全面的检查并做好记录，特别要检查平衡锤、炉管导向、炉管的热膨胀以及炉墙的情况，发现问题要及时处理，以确保炉管的自由移动。

⑬ 当炉子出口温度达到300℃时，将汽包内的蒸汽切入超高压蒸汽SS过热段。打开无磷锅炉给水BFW去减温器的阀门，关闭4″汽包放空阀，将蒸汽切入蒸汽过热段，由消音器放空。

⑭ 在炉子出口温度到达400℃以上时，增加稀释蒸汽的流量到设计值的100%。

⑮ 当炉子出口温度达到400℃时，将锅炉给水进水阀门改为调节阀FC-80141控制。在进行升压时，注意锅炉给水的流量变化以及超高压蒸汽SS的流量和过热段温度的变化。维持汽包的液位的稳定。

⑯ 对废热锅炉、急冷器、裂解气、烧焦气阀门进行热把紧。检查裂解气管线的吊架和膨胀节，确认它们在安全的调节范围内。

⑰ 继续以<100℃/h的速率进行升温。当炉子出口温度到达600℃，维持炉子总的燃料气流量基本不变，将稀释蒸汽的流量增加到设计值的150%，即35000kg/h，或5850kg/h。

⑱ 当汽包压力达到8.0MPa、汽包液面在70%左右时，汽包缓慢升压，将超高压蒸汽SS切入到总管。

⑲ 继续以<100℃/h的速率进行升温。当炉子出口温度小于所投原料设计裂解温度20℃时，停止升温。

⑳ 对裂解炉整体做全面的检查并做好记录，特别要检查平衡锤、炉管导向、炉管的热膨胀以及炉墙的情况，以确保炉管的自由移动。

（4）热蒸汽备用

① 完成上述步骤，调整好炉子的稀释蒸汽流量。

② 将所运行裂解炉选择器开关设定在“备用”（HOT STANDBY）位置。

③ 进行裂解气阀门和烧焦气阀门的切换。慢慢关闭20″烧焦气阀门，然后再缓慢打开48″裂解气阀门，同时关闭10″烧焦气阀门。在进行裂解气和烧焦气阀门切换的过程中，要注意阀前的压力略高于裂解气总管压力，防止压力过高而使得裂解气管线和炉管超压，也防止压力低裂解气倒回烧焦气管线。

④ 通知急冷岗位，稀释蒸汽切入汽油分馏塔，做好调整。

⑤ 打开急冷器的急冷油总阀，投用急冷器。设定急冷器出口温度为211℃。

⑥ 点燃所用的烧嘴，调整好裂解炉的底部燃烧器的风门，控制好裂解炉的出口温度，控制好裂解炉的热值为正常运行设计值的30%～40%。

（5）投料过程

① 将所需投料的裂解炉运行选择开关设定在“运行”（RUN）位置。

② 将裂解炉原料选择开关设定在所需要投入的原料位置上。下面以BA-1101炉裂解石脑油为例加以说明。原料选择开关设在位置“HNAP”。

③ 通知水汽车间原料油岗位，要求投用裂解炉原料。打开4″HNAP原料根部阀门以及两道原料电磁阀。室内操作人员通知外操现场对这两个电磁阀进行复位。

④ 室内进行流量确认。确认调节阀和流量表完好，原料进料畅通。关闭六组进料调节阀。

⑤ 再次逐步打开原料进料调节阀，将HNAP原料通入炉管中。同时增加裂解炉的燃料

气压力和热值。

⑥ 尽可能快地、平稳地增加原料到设计值的70%，以使裂解炉形成稳定的自动控制。

⑦ 当裂解炉的进料量达到设定值的70%，将稀释蒸汽流量降低到设计值的110%。

⑧ 在5～10min内将裂解炉的原料进料量达到流量报警值的最低值。

⑨ 继续增加烃进料量，达到设计值的80%，将稀释蒸汽的流量降低到设计值。

⑩ 继续增加烃进料量达到设计值的100%。控制好裂解炉的出口温度略低于设计值15～20℃。

⑪ 注意裂解炉出口温度对进料量增加反应较快，而对炉膛燃料的反应较慢。在控制时应避免反复。

（6）调整

① 当烃流量稳定以后，将裂解炉的烃进料量、热值控制、喷嘴混合器进出口温度差、炉管出口温度差、超高压蒸汽SS流量和汽包液位等投入自动控制。

② 逐步增加炉管出口温度达到设计值。

③ 检查炉膛燃烧情况，调整炉膛负压、氧含量在规定的指标内。

④ 投用裂解炉的仪表联锁。

⑤ 对现场的设备、仪表、工艺管道进行全面的检查。

2. SRT-Ⅵ型裂解炉正常停车步骤

SRT-Ⅵ型裂解炉的正常停车步骤和开车步骤相反。现以BA-1101轻质进料裂解炉的停车为例加以说明。

（1）正常停车步骤

① 联系仪表人员，摘除联锁。

② 逐步降低原料进料量，在10min内，将原料量降到零。在原料流量降低到70%时，将稀释蒸汽流量增加到35t/h（轻质进料裂解炉）和38t/h（重质进料裂解炉）。

③ 在降低原料进料量的同时，降低燃料气的压力或流量。

④ 在裂解炉烃进料停止后，关闭原料进料调节阀，关闭4″原料进料手动阀，将质量流量计改为旁路。

⑤ 对原料进料管线进行吹扫。打开六组原料进料调节阀，打开3″稀释蒸汽DS吹扫阀门，吹扫30min。吹扫完毕后，关闭六组原料调节阀和3″稀释蒸汽DS吹扫阀门。

⑥ 停止投用急冷器。关闭急冷油总阀。对急冷油管线进行吹扫，打开急冷器的温度调节阀，打开3″稀释蒸汽DS吹扫阀门，吹扫30min。吹扫完毕后，关闭急冷油调节阀和3″稀释蒸汽DS吹扫阀门。

⑦ 将裂解炉运行方式选择开关设定在“备用”（HOT STANDBY）位置。

⑧ 调整炉出口温度为800℃，稀释蒸汽流量调整到35t/h（轻质进料裂解炉）和38t/h（重质进料裂解炉）。

⑨ 调整裂解炉烧嘴的风门、炉膛压力、烟气氧含量等指标在规定范围内。

⑩ 将稀释蒸汽DS切出DA-1101裂解炉。

（2）裂解炉清焦操作

① 将所需烧焦的裂解炉运行方式选择开关设定在“烧焦”（DECOKE）位置。

② 确认原料进料电磁阀、乙烷进料电磁阀、急冷油电磁阀处于关闭的位置。

③ 加上原料总阀后的盲板和急冷油总阀后的盲板。

④ 当裂解炉需要清焦时，按 SRT-Ⅵ型炉日常操作中的裂解炉清焦操作步骤进行。

(3) 降温停炉

① 确认裂解炉烧焦步骤已经结束。

② 关闭六组裂解炉烧焦空气调节阀和手动阀，关闭总管的电阀。

③ 按点火顺序图相反的方向熄灭烧嘴，以＜100℃/h 的速率进行降温。

④ 当炉管出口温度降到 600℃时，熄灭所有的侧壁烧嘴。同时降低稀释蒸汽的流量到设计值的 100％。

⑤ 当炉管出口温度降低到 400℃时，将超高压蒸汽 SS 切出 SS 总管。超高压蒸汽通过消音器放空。锅炉给水由 1″旁通阀门控制，关闭锅炉给水的调节阀。稀释蒸汽流量降低到设计值的 50％。

⑥ 当炉管出口温度降到 300℃时，将超高压蒸汽 SS 切出对流段 SS 过热盘管，SS 由汽包放空。关闭对流段 SS 减温器的无磷锅炉给水总阀和调节阀。

⑦ 当炉管出口温度降低到 200℃时，停止稀释蒸汽的通入。关闭稀释蒸汽总阀和调节阀，停锅炉给水两道总阀和锅炉旁通阀。

⑧ 停各防焦蒸汽。

⑨ 当炉出口温度降到 150℃时，关闭所有底部烧嘴和长明灯，加燃料气 FG 盲板。

⑩ 将锅炉给水管线、汽包和废热锅炉倒空。汽包充氮气 0.2MPa(表) 保护。

⑪ 将裂解炉运行方式选择开关设定在“停车”(SHUT DOWN) 位置。

3. SRT-Ⅵ型裂解炉紧急停车步骤

如果时间允许应将紧急停车事项通知其他部门。由于老装置和新装置的独立运行特征，因此紧急措施应能保护未受影响装置的运行，同时还应保护受影响装置内的操作人员和设备。下面列出导致紧急情况的系统故障情况，这些紧急情况要求立即采取协调措施，保护装置操作人员及设备。

(1) 紧急停车原则

① 尽最大可能保证操作人员的安全，保证压缩机组、裂解炉等关键设备不受损坏，尽可能保证设备、管线不超温超压。

② 尽快将装置安全无误地停下来。

③ 尽可能防止产品污染，保证下游装置的运行。

④ 尽最大努力保证反应器、裂解炉不飞温，反应器不中毒。

⑤ 尽最大可能避免或减少事故范围的扩大。避免发生火灾、爆炸事故。

⑥ 尽快查明停车原因，进行适当处理，以便尽快开车。

(2) 事故原因　发生下列情况应采取紧急措施使装置全部或部分安全停车。

① 电源故障。

② 仪表风故障，仪表空气压力极低不能恢复。

③ 冷却水故障，装置内停冷却水。

④ 蒸汽故障。

⑤ 火灾、爆炸等重大事故。

⑥ 压缩机主机发生异常声响而不能处理的。

⑦ 压缩机主机发生振动，其值超过规定而又无法处理的。

⑧ 发生严重泄漏而不能及时处理的。

⑨ 地震、洪水、台风等严重自然灾害。

⑩ 锅炉给水故障。

（3）停车处理方法

① 电源故障或冷却水故障。对 SRT-Ⅵ裂解炉应采取如下措施：

a. 确认所有运行的裂解炉，因Ⅰ-8001 或Ⅰ-8003 联锁动作切断所有裂解炉原料油、燃料供应；

b. 调节稀释蒸汽流量，尽可能地维持稀释蒸汽的供应；

c. 全开烟道挡板并检查炉膛负压，控制裂解炉降温速率≤100℃；

d. 在公用工程锅炉停车以前，尽量维持废热锅炉汽包的液位，关闭排污阀；

e. 尽可能维持燃料气管线压力，如果需要则由界区外输入燃料气。

在进行紧急处理后，随后做一些二次处理，按正常停车的方法使装置完全安全地停下。

② 严重火灾、爆炸及大地震。出现严重火灾、爆炸事故，根据情况决定是否按 A 级停车进行处理，若应进行 A 级停车，则按紧急停车按钮停车。同时应立即通知消防单位，并配合消防单位救火，及时启用车间内消防设施：水幕、汽幕、泡沫消防站及其他灭火设施，尽快地切断通向事故地点的可燃物料，及时将油品倒空送出界区，利用公用工程站的氮气、水、蒸汽阻断火路。出现大地震时要注意防火，处理方法和停电相同。

③ 蒸汽系统故障。当蒸汽系统出现故障时，应视情况是否采取部分停车或全面停车，若蒸汽能继续供应，只是量的减少，处理方法按如下原则：首先裂解工序减负荷，裂解气放火炬，再考虑停压缩机 GB-1201 系统。裂解工序、分离工序、加氢工序根据压缩工序的动作做相应处理。若因蒸汽压力、温度或其他不能维持蒸汽系统条件的原因，装置应立即采取全面停车处理。

裂解工序压缩机 GB-1201 停车后，裂解气排放至火炬。维持急冷油、急冷水系统的循环运行，在裂解炉降负荷的同时，调整急冷系统的操作。停乙烷炉，停止硫的注入。

任务六　异常生产现象的判断和处理

一、进料流量的异常现象和处理方法

乙烯裂解炉进料流量的异常现象原因和处理方法见表 2-11。

表 2-11　进料流量的异常现象原因和处理方法

异常现象	原　因	处　理　方　法
液态原料压力低	①原料泵出口压力低	①联系贮运立刻切换处理
	②过滤器堵	②立刻投用备用滤器或开滤器旁路
	③进料泵机械故障不能立刻供料	③按下紧急停车按钮停炉，也可切换另一种液态原料，但只能切一台炉
	④原料调节阀故障	④用手轮控制进料量联系仪表

续表

异常现象	原　　因	处　理　方　法
轻烃原料压力低	①循环乙烷/丙烷量少 ②再沸器 EA-117 汽化量不足 ③裂解气压缩机 GB-201/501 停车	①联系分离岗位调整 ②再沸器 EA-117 排液,加大汽化蒸汽量 ③立即切断原料,分离停车

二、稀释蒸汽流量的异常现象和处理方法

乙烯裂解炉稀释蒸汽流量的异常现象、原因和处理方法见表 2-12。

表 2-12　裂解炉用稀释蒸汽流量的异常现象、原因和处理方法

异常现象	原　　因	处理方法
仪表 PIC-117 压力低	阀门故障	联系乙班人员及时修理
	低压蒸汽分离罐 FA-115 液位高	降低 FA-115 液位
	界区中压蒸汽 MS 温度高低	提高 MS 温度

如果异常处理不能及时恢复 PIC-117 压力，转入事故预案按“稀释蒸汽中断”处理。

三、裂解炉出口温度的异常现象和处理方法

乙烯裂解炉出口温度的异常现象、原因和处理方法见表 2-13。

表 2-13　裂解炉出口温度的异常现象、原因和处理方法

异常现象	原　　因	处理方法
炉膛负压大,横跨段正压	①引风机故障 ②风门开度过大 ③烟道挡板故障 ④对流段积灰 ⑤负荷过高	①停炉 ②调整风门 ③检查传动机构并处理 ④吹灰 ⑤调整负荷

如果异常处理不能及时恢复炉膛压力，转入“裂解炉紧急停车”处理。

学习拓展与知识链接

新中国第一代石油钻井工人——王进喜

王进喜，1923 年 10 月 8 日出生于甘肃玉门赤金堡一个贫苦农民家庭。因患胃癌医治无效，于 1970 年 11 月 15 日逝世，年仅 47 岁。他的一生平凡而伟大，在大庆建有我国第一座工人纪念馆，即铁人王进喜纪念馆，纪念馆主体建筑外形为“工人”二字组合，鸟瞰呈“工”字形，侧看为“人”字形，象征这是一座专门为石油工人王进喜而建的纪念馆。纪念馆主体建筑高度 47 米，正门台阶共 47 级，寓意铁人王进喜 47 年不平凡的人生历程。

1950 年春，王进喜在玉门老君庙参加工作，成为新中国第一代石油钻井工人，曾担

任司钻、副队长、队长等职位，于1956年4月加入中国共产党。1958年9月，他带领钻井队创造了当时月钻井进尺的全国最高纪录，荣获“钢铁钻井队”的称号。1959年9月，王进喜由于出色的表现被评为“全国劳动模范”。

1959年9月26日，以“松基三井”喜获工业油流为标志，宣告了大庆油田的诞生，向共和国10周年华诞献上了一份厚礼。1960年初，按照党中央、国务院的部署，来自祖国四面八方的数万人云集大庆，开始了气壮山河的石油大会战。王进喜也主动请缨，积极要求参加石油大会战。1960年3月15日，王进喜率队从玉门到东北大庆参加了石油大会战。当时大庆是茫茫荒原，时值三月冰天雪地，在异常艰苦的工作环境下和各种难以想象的困难面前，王进喜和1205钻井队队友发扬了革命加拼命的精神。起吊设备不够，他组织起全队职工将几十吨的钻机部件卸下来，化整为零，用“人拉肩扛”的方法搬运和安装钻机；没有运水管线，罐车又少，就用“盆端桶提”的方法来运水保开钻，夜以继日地工作，仅仅用了5天时间，王进喜率队打出了到大庆后的第一口井。当王进喜和队友们打第二口井时发生了井喷事故，由于没有搅拌设备，水泥和泥浆不能有效融合，水泥沉入泥浆池底，他不顾腿伤带头跳进冰冷的泥浆池里，用自己的身体搅拌泥浆，和全队工人一起经过奋战终于压住了井喷。在大会战中，王进喜不分昼夜奋战在井场，钻杆当床、钻头作枕，被誉为“铁人”。

由于王进喜的出色表现，1960年4月29日大庆油田召开庆“五一”万人誓师大会，王进喜成为石油大会战树立的第一面旗帜，会战指挥部先后两次号召全体会战职工向铁人王进喜学习，大庆油田也掀起了向铁人王进喜学习的热潮。作为钻井队队长，王进喜立下“宁肯少活二十年，拼命也要拿下大油田”的铮铮誓言，他带领的1205钻井队“北风当电扇，大雪是炒面，天南海北来会战，誓夺头号大油田!”，他们多次打破全国和世界钻井纪录，彰显出中国石油人的英雄气概。在王进喜等人的带领下，经过会战全体人员的艰苦奋斗，大庆油田开发建设迅猛，只用三年半时间，就从根本上改变了我国石油工业落后的面貌，从此中国人民使用“洋油”的时代一去不返。

铁人王进喜是中国石油人的杰出典范、中国工人阶级的光辉榜样、中国共产党人的优秀楷模、中华民族的英雄。铁人王进喜的先进事迹和精神激励鼓舞了共和国几代人，以铁人王进喜为代表的一代大庆石油人英雄群体为我国石油工业的发展和社会主义建设立下了不朽的功勋，在创造巨大物质财富的同时，通过他们的伟大实践而逐渐培育形成了铁人精神、大庆精神。铁人精神是大庆精神的典型化浓缩和人格化体现，主要包括：“为国分忧、为民族争气”的爱国主义精神；“宁肯少活20年，拼命也要拿下大油田”的忘我拼搏精神；“有条件要上，没有条件创造条件也要上”的艰苦创业精神；“练一身硬功夫、真本事”

"干工作要经得起子孙万代检查"的科学求实精神；"甘愿为党和人民当一辈子老黄牛"的埋头苦干、无私奉献精神。铁人精神就是"爱国、创业、求实、奉献"，集中体现了中华民族和中国工人阶级的优良传统与优秀品质，是中华民族精神宝库的重要组成部分，是中国石油企业文化的灵魂，是中国石油人的传家宝，是我们事业发展的宝贵财富和前进的不竭动力，是中华民族精神的重要组成部分。

练习与实训指导

1. 请登录国家科学技术奖励工作办公室官方网站（http：//www. nosta. gov. cn/web/index. aspx）浏览一下国务院设立的国家科学技术奖5大奖项：国家最高科学技术奖、国家自然科学奖、国家技术发明奖、国家科学技术进步奖、国际科学技术合作奖。找找近几年和有机化工有关的获奖奖项。

2. 陶氏化学计划开发一种生物质制乙醇的工艺，该工艺将利用非食物类的成分，如玉米植株的茎叶或木材废弃物，通过气化工艺将其生物质转化为合成气，然后采用陶氏的混合醇催化剂将合成气进一步转化为包括乙醇在内的醇类混合物。请分析，用该方法通过乙醇路线生产乙烯与用天然气、煤层气三步法经乙醇路线生产乙烯本质上有何不同？

3. 炉管排布形式的发展与烃类裂解乙烯收率有何关系？

4. 了解一下工业和信息化部发布的《石化和化学工业发展规划（2016～2020年）》的具体内容，看看哪些条目已经由规划变成现实。

5. 根据图2-15，用自己的话描述一下该工艺流程。

6. 对比图2-12，说明图2-15属于哪种裂解气分离方案。

7. 2020年初沙特阿拉伯与非OPEC成员俄罗斯之间未达成减产协议导致国际油价大幅下降，请你谈谈油价下跌对MTO工艺制烯烃项目会带来哪些影响。

项目考核与评价

一、填空题（20%）

1. 现代化乙烯装置在生产乙烯的同时，副产世界上约70%的__________、90%的__________、30%的__________。

2. 现今常以__________生产能力作为衡量一个国家和地区石油化工生产水平的标志。

3. 目前，世界上99%左右的乙烯产量都是由__________法生产的，近年来我国新建的乙烯生产装置均采用此法生产技术。

4. 用于管式炉裂解的原料来源很广，主要有两个方面：一是来自油田的__________和来自气田的__________；二是来自炼油厂的一次加工油品（如__________、__________、__________等）、二次加工油品（如__________、__________等）以及副产的炼厂气。另外还有乙烯装置本身分离出来循环裂解的乙烷等。

5. 从裂解炉出来的高温裂解气体，通过急冷锅炉迅速降低温度而终止化学反应，并用来回收高温热量以发生高压蒸汽。因此对急冷锅炉要具备__________、__________、__________这些特性。

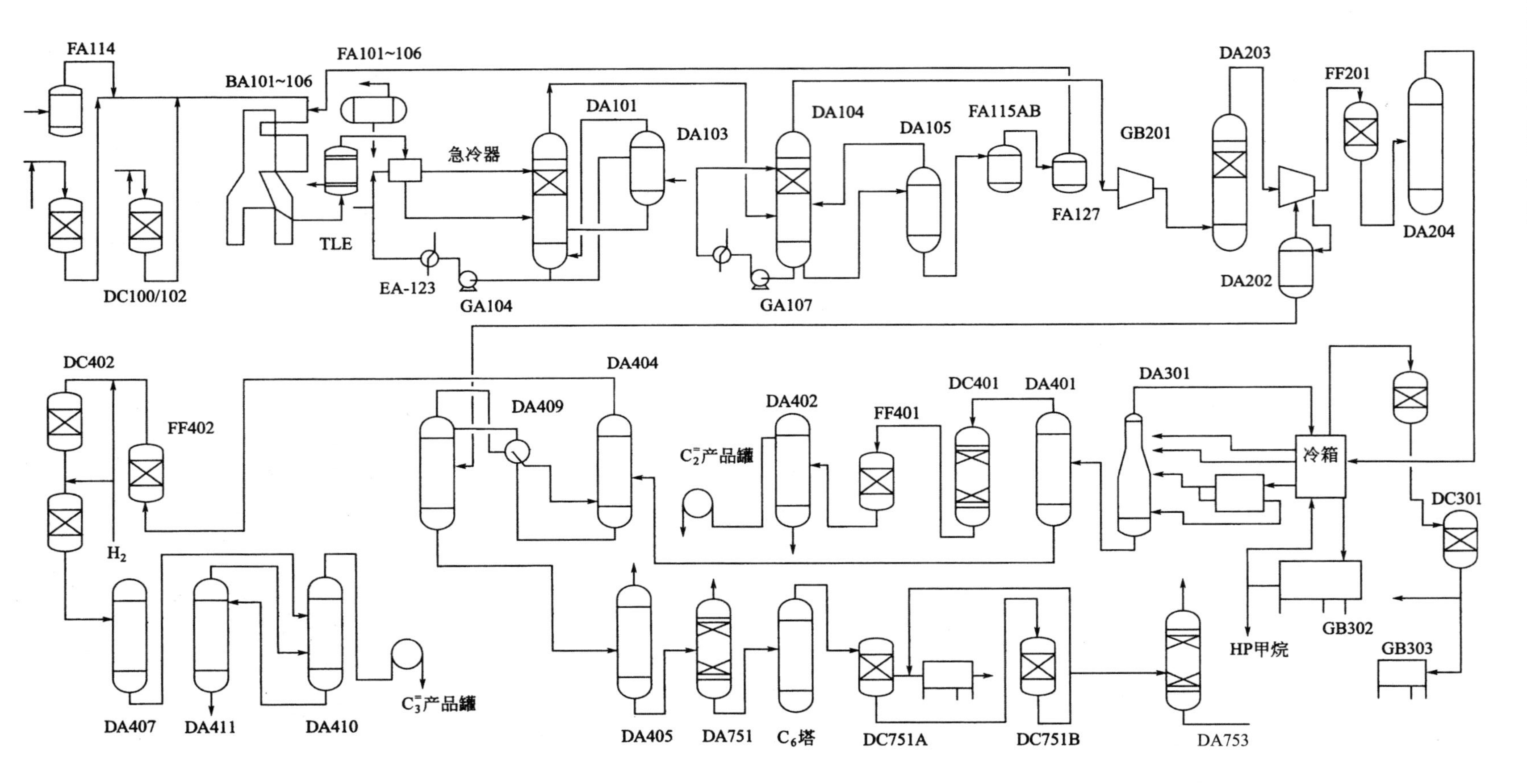

图2-15 烃类热裂解工艺流程图

FA114—汽化罐;BA101~106—裂解炉;FA101~106—汽包;DA101—汽油分馏塔;DA104—急冷塔;DA105—工艺水汽提塔;GB201—裂解气压缩机;DA203—碱洗塔;DA204—苯洗脱塔;DA103—脱甲烷塔;DA404—第一脱丙烷塔;DA409—第二脱丙烷塔;DA402—乙烯精馏塔;DA401—脱乙烷塔;DA301—甲烷塔;DC402—MAPD加氢反应器;DA407—甲烷汽提塔;DA411—第二丙烯精馏塔;DA410—第一丙烯精馏塔;DA405—脱丁烷塔;DA751—脱戊烷塔;DA753—H_2S汽提塔

二、选择题（10%）

1. 下图裂解气分离流程是哪种类型？（　　）

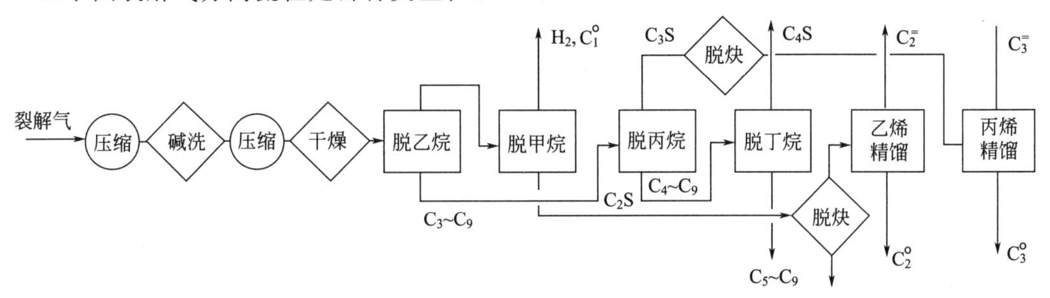

A. 前脱乙烷后加氢分离流程　　B. 前脱乙烷前加氢分离流程

C. 前脱丙烷后加氢分离流程　　D. 前脱丙烷前加氢分离流程

2. 我国乙烯使用的原料以（　　）为主。

A. 轻柴油　　B. 加氢尾油　　C. 石脑油　　D. 乙烷

3. 硫化氢这种有毒气体按生物作用性质分类属于（　　）。

A. 刺激性气体　　B. 窒息性气体　　C. 麻醉性气体　　D. 溶血性气体

4. 各族烃类的裂解反应难易顺序为：（　　）。

A. 正烷烃＞异烷烃＞环烷烃＞芳烃　　B. 正烷烃＜异烷烃＜环烷烃＜芳烃

C. 环烷烃＞芳烃＞正烷烃＞异烷烃　　D. 环烷烃＜芳烃＜正烷烃＜异烷烃

5. 下列哪种物质不是由乙烯作为原料（之一）制备而成的？（　　）

A. 苯酐　　B. 氯乙烯　　C. 苯乙烯　　D. 环氧乙烷

三、判断题（10%）

1. 合成乙烯的方法按工艺步骤的多少，可分为三类：一步法、二步法和三步法。（　　）

2. 各类烃的热裂解困难程度顺序为：正烷烃＞异烷烃＞环烷烃（六碳环＞五碳环）＞芳烃。（　　）

3. 裂解气经压缩干燥后按碳一、碳二、碳三……顺序进行切割分离，称为顺序分离流程。（　　）

4. 现今开发新型裂解炉的趋势是：进一步推进超高温、短停留裂解，提高乙烷制乙烯的转化率，并防止焦炭生成。（　　）

5. 裂解是将烃类原料（气或油品）在隔绝空气和高温作用下，使烃类分子发生断链或脱氢反应，生成分子量较小的烯烃、烷烃及炔烃。（　　）

四、简答题（30%）

1. 什么是一次反应？什么是二次反应？在乙烯生产中哪个反应是期望发生的，为什么？

2. 什么是 MTO 工艺？什么是 MTP 工艺？什么是 SDTO 工艺？

3. 简述乙烯的物理化学性质。

4. 什么是天然气凝析液（NGL）？

5. 在管式炉裂解中，通常采用水蒸气作为稀释剂。水蒸气作稀释剂有哪些作用？

五、画图题（10%）

画出热裂解制乙烯的工业生产工艺流程示意图。

六、综合题（20%）

根据下图，描述裂解炉平均炉出口温度是如何控制的？

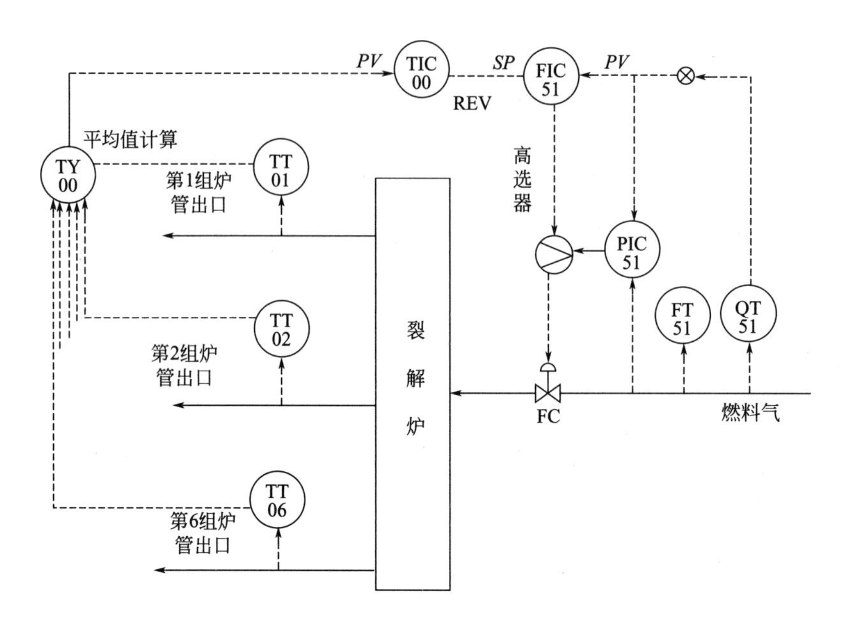
PV
TIC
00
SP
FIC
51
PV
REV
平均值计算
TY
00
TT
01
第1组炉
管出口
高
选
器
PIC
51
TT
02
FT
51
QT
51
裂
解
炉
第2组炉
管出口
FC
燃料气
TT
06
第6组炉
管出口

项目三

甲醇的生产

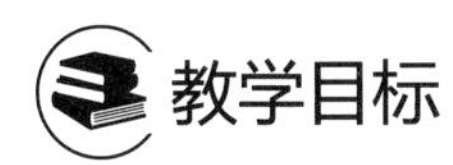

教学目标

知识目标：1. 了解甲醇的性质、产品质量指标要求、用途及其生产方法。
2. 了解原料的来源，合成气的制取方法。
3. 理解甲醇合成的生产原理和影响因素。
4. 掌握甲醇生产条件的确定、控制及常见异常现象的分析、判断和处理方法。
5. 掌握工艺流程图及主要设备的基本结构。
6. 掌握生产过程中的安全、卫生防护、设备维护和保养知识。

能力目标：1. 能对甲醇的生产方法进行选择。
2. 能根据生产原理进行生产条件的确定和工业生产的组织。
3. 能认真执行工艺规程和岗位操作方法，完成甲醇生产装置的开停车及正常操作，并对异常现象进行分析、判断和处理。

素质目标：1. 具备化工人为甲醇产业服务的人生观、价值观和科学发展观。
2. 具备化工生产的安全、环保、节能及劳动卫生防护职业素养。
3. 具备化工生产遵章守纪的职业道德。
4. 具备强烈的责任感和吃苦耐劳的精神。
5. 具备资料查阅、信息检索和加工等自我学习能力。
6. 具备发现、分析和解决问题的能力。
7. 具备表达、沟通和与人合作、岗位与岗位之间合作的能力。

资源导读：为了深入理论探索、适应教学改革、把握行业动态、获取更多资源，请根据需要，访问下列网址进行学习。
1. 智慧职教→“甲醇生产技术”课程（延安职业技术学院　侯玉霞，等）
www.icve.com.cn/portal_new/courseinfo/courseinfo.html?courseid=nnaaabspdohlwopuiukt9g
2. 中国大学 MOOC→“煤制甲醇技术”课程（兰州石化职业技术学院　齐晶晶，等）
www.icourse163.org/course/LZPCC-1205906803

任务一　生产方法的选择

一、木材或木质素干馏法

工业上生产甲醇曾有过许多方法，早期用木材或木质素干馏法制甲醇，此法需耗用大量木材，而且产量很低，现早已被淘汰。

二、氯甲烷水解法

氯甲烷水解法也可以生产甲醇，但因水解法价格昂贵，没有得到工业上的应用。

三、甲烷部分氧化法

甲烷部分氧化法可以生产甲醇，这种制甲醇的方法工艺流程简单，建设投资节省，但是，这种氧化过程不易控制，常因深度氧化生成碳的氧化物和水，而使原料和产品受到很大损失。因此甲烷部分氧化法制甲醇的方法仍未实现工业化。但它具有上述优点，国外在这方面的研究一直没有中断，应该是一个很有工业前途的制取甲醇的方法。

四、联醇生产法

工业上将与合成氨联合生产甲醇的工艺叫联醇工艺。联醇生产是在 10.0～13.0MPa 压力下，采用铜基催化剂，串联在合成氨工艺中，是我国合成氨生产工艺开发的一种新的配套工艺，具有中国特色，既生产氨又生产甲醇，达到实现多种经营的目的。目前联醇产量约占我国甲醇总产量的 40%。

五、合成气化学合成法

目前，工业生产上主要是采用合成气（$CO+H_2$）为原料的化学合成法。

$$CO + 2H_2 \rightleftharpoons CH_3OH$$

$$CO_2 + 3H_2 \rightleftharpoons CH_3OH + H_2O$$

此法已有 50 多年的历史。由于所使用的催化剂不同，反应温度和反应压力的不同，又分为高压法、低压法和中压法，见表 3-1。

表 3-1 不同合成法的反应条件

方法	催化剂	条件		备注
		压力/MPa	温度/℃	
高压法	$ZnO-Cr_2O_3$ 二元催化剂	25～30	300～400	1924 年工业化
低压法	$CuO-ZnO-Cr_2O_3$ 或 $CuO-ZnO-Al_2O_3$ 三元催化剂	5	240～270	1966 年工业化
中压法	$CuO-ZnO-Al_2O_3$ 三元催化剂	10～15	240～270	1970 年工业化

1. 高压法

高压法一般指的是使用锌铬催化剂，在 300～400℃、30MPa 高温高压下合成甲醇的过程。自从 1923 年第一次用这种方法合成甲醇成功后，差不多有 50 年的时间，世界上合成甲醇生产都沿用这种方法，仅在设计上有某些细节不同。近几年来，我国开发了 25～27MPa 压力下在铜基催化剂上合成甲醇的技术，出口气体中甲醇含量为 4%左右，反应温度为 230～290℃。

2. 低压法

低压甲醇法为英国 ICI 公司在 1966 年研究成功的甲醇生产方法，从而打破了甲醇合成的高压法的垄断，这是甲醇生产工艺上的一次重大变革，它采用 51-1 型铜基催化剂，合成压力为5MPa。ICI法所用的合成塔为热壁多段冷激式，结构简单，每段催化剂层上部装有菱形冷激气分配器，使冷激气均匀地进入催化剂层，用以调节塔内温度。低压法合成塔的型式还有德国Lurgi公司的管束型副产蒸汽合成塔及美国电动研究所的三相甲醇合成系统。20世纪70年代，我国轻工部四川维尼纶厂从法国Speichim公司引进了一套以乙炔尾气为原料日产300t低压甲醇装置（英国ICI专利技术）。80年代，齐鲁石化公司第二化肥厂引进了德国Lurgi公司的低压甲醇合成装置。

3. 中压法

中压法是在低压法研究基础上进一步发展起来的，由于低压法操作压力低，导致设备体积相当庞大，不利于甲醇生产的大型化，因此发展了压力为10MPa左右的甲醇合成中压法，它能更有效地降低建厂费用和甲醇生产成本。例如ICI公司研究成功了51-2型铜基催化剂，其化学组成和活性与低压合成催化剂51-1型差不多，只是催化剂的晶体结构不相同，制造成本比51-1型高。由于这种催化剂在较高压力下也能维持较长的寿命，从而使ICI公司有可能将原有的5MPa的合成压力提高到10MPa，所用合成塔与低压法相同也是四段冷激式，其流程和设备与低压法类似。

无论采用哪一种生产方法，其典型的流程包括原料气制造、原料气净化、甲醇合成、粗甲醇精馏等工序。甲醇生产的总流程长，工艺复杂，根据不同的压力、不同的原料和不同的净化方法可以演变为多种生产流程。甲醇的合成是在高温、高压、催化剂存在下进行的，是典型的复合气-固相催化反应过程。随着甲醇合成催化剂技术的不断发展，目前总的趋势是由高压向低、中压发展。

任务二　生产原料及产品的认知

一、甲醇的性质和用途

甲醇又称木醇（wood-alcohol）、木酒精（wood-spirit）、甲基氢氧化物（methyl-hydroxide），其英文名称为methanol、methyl-alcohol、carbinol，是饱和醇中最简单的一元醇，分子量为32.04。在通常条件下，纯甲醇是无色易挥发和易燃的无色液体，具有类似酒精的气味。相对密度为0.792(20/4℃)，熔点为−97.8℃，沸点为64.5℃，闪点为12.22℃，自燃点为463.89℃，蒸气相对密度为1.11，蒸气压为13.33kPa(100mmHg，21.2℃)。蒸气与空气混合物爆炸下限为6.0%～36.5%。能与水、乙醇、乙醚、苯、酮、卤代烃和许多其他有机溶剂相混溶。遇热、明火或氧化剂易着火，遇明火会爆炸。

甲醇的化学性质

甲醇是一种重要的有机化工原料，应用广泛，可以用来生产甲醛、合成橡胶、甲胺、对苯二甲酸二甲酯、甲基丙烯酸甲酯、氯甲烷、乙酸、甲基叔丁基醚等一系列有机化工产品，而且还可以用来合成甲醇蛋白。

我国甲醇消费结构与国外类似，最大消费领域是甲醛生产，消费比例约为40%；其次是MTBE和乙酸，所占比例分别为6%和7%。随着世界石油资源越来越紧缺和环境保护的迫切需要，近年来甲醇燃料方面的消费发展迅速，并已成为驱动甲醇需求的主要动力之一。

此外，随着二甲醚2008年正式进入民用燃气市场，其对甲醇的需求迅速膨胀，现在，甲醇以及其下游品已是最有希望成为后石油时代初期的主导替代产品。

二、原料的来源和要求

1. 合成气的工业生产方法

制造合成气的原料是多种多样的，许多含碳的资源像天然气、石脑油、重油、煤及其加工产品（焦炭、焦炉煤气）、乙炔尾气、农林废料、城市垃圾等均可用来制造合成气。目前合成气的工业生产方法主要有以下三种。

（1）以天然气为原料制合成气 天然气是制造甲醇的主要原料。天然气的主要组分是甲烷，还含有少量的其他烷烃、烯烃与氮气。以天然气生产甲醇原料气有蒸汽转化、催化部分氧化、非催化部分氧化等方法，其中蒸汽转化法应用得最广泛，它是在管式炉中在常压或加压下进行的。由于反应吸热必须从外部供热以保持所要求的转化温度，一般是在管间燃烧某种燃料气来实现，转化用的蒸汽直接在装置上靠烟道气和转化气的热量制取。

由于天然气蒸汽转化法制的合成气中，氢过量而一氧化碳与二氧化碳量不足，$(H_2+CO_2)/(CO+CO_2)\approx 3$，工业上解决这个问题的一种方法是采用添加二氧化碳的蒸汽转化法，以达到合适的配比，二氧化碳可以外部供给，也可以由转化炉烟道气中回收。另一种方法是以天然气为原料的二段转化法，即在第一段转化中进行天然气的蒸汽转化，只有约1/4的甲烷进行反应；第二段进行天然气的部分氧化，不仅所得合成气配比合适而且由于第二段反应温度提高到800℃以上，残留的甲烷量可以减少，增加了合成甲醇的有效气体组分。

蒸汽二段转化法是在催化剂存在及高温条件下，使甲烷等烃类与水蒸气反应，生成H_2、CO等混合气，此法技术成熟，目前广泛用于生产合成气。

$$CH_4 + H_2O \longrightarrow 3H_2 + CO$$

由天然气蒸汽转化制合成气的过程如图3-1所示。

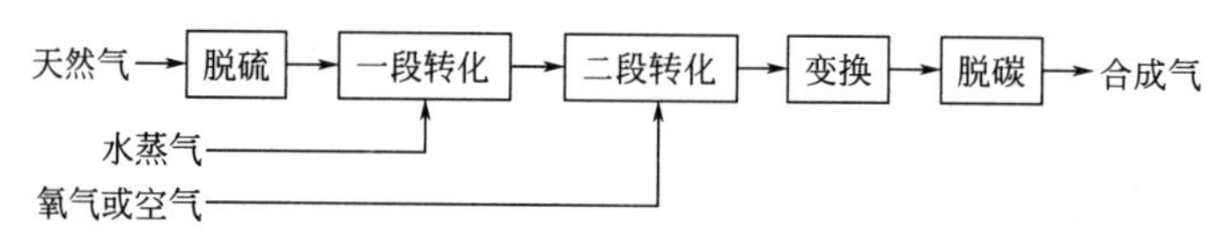

图3-1 天然气蒸汽转化制合成气工艺流程框图

（2）以煤与焦炭为原料制合成气 煤与焦炭是制造甲醇粗原料气的主要固体燃料。用煤和焦炭制甲醇的工艺路线包括燃料的气化、气体的脱硫、变换、脱碳及甲醇合成与精制。

用蒸汽与氧气（或空气、富氧空气）对煤、焦炭进行热加工称为固体燃料气化，气化所得可燃性气体通称煤气，是制造甲醇的初始原料气。该生产方法有间歇式和连续式两种操作方式。其中连续式生产效率高，技术先进，它是在高温下以水蒸气和氧气为气化剂，与煤反应生成CO和H_2。

$$C + O_2 \longrightarrow CO_2$$
$$C + H_2O \longrightarrow CO + H_2$$
$$C + 2H_2O \longrightarrow CO_2 + 2H_2$$
$$2C + O_2 \longrightarrow 2CO$$
$$C + CO_2 \longrightarrow 2CO$$

气化的主要设备是煤气发生炉，按煤在炉中的运动方式，气化方法可分为固定床（移动床）气化法、流化床气化法和气流床气化法。国内用煤与焦炭制甲醇的煤气化一般都沿用固定床间歇气化法，煤气炉沿用UGI炉。在国外对于煤的气化，目前已工业化的煤气化炉有柯柏斯-托切克（Koppers-Totzek）、鲁奇（Lurgi）及温克勒（Winkler）三种。第二、第三代煤气化炉的炉型主要有德士古（Texaco）及谢尔-柯柏斯（Shen-Koppers）等。

煤与水蒸气制合成气的过程如图3-2所示。

煤 ＋水蒸气 ＋氧气 → 气化 → 脱硫 → 变换 → 脱碳 → 合成气

图3-2 煤与水蒸气制合成气工艺流程框图

用煤和焦炭制得的粗原料气组分中氢碳比太低，故在气体脱硫后要经过变换工序。使过量的一氧化碳变换为氢气和二氧化碳，再经脱碳工序将过量的二氧化碳除去。原料气经过压缩、甲醇合成与精馏精制后制得甲醇。

煤制备甲醇的工艺

（3）以油为原料的生产方法　工业上用油来制取甲醇的油品主要有两类：一类是石脑油；另一类是重油。

原油精馏所得的220℃以下的馏分称为轻油，又称石脑油。以石脑油为原料生产合成气的方法有加压蒸汽转化法、催化部分氧化法、加压非催化部分氧化法、间歇催化转化法等。目前用石脑油生产甲醇原料气的主要方法是加压蒸汽转化法。石脑油的加压蒸汽转化需在结构复杂的转化炉中进行。转化炉设置有辐射室与对流室，在高温、催化剂存在下进行烃类蒸汽转化反应。石脑油经蒸汽转化后，其组成恰可满足合成甲醇之需要，既无需在转化前后补加二氧化碳或设二段转化，也无需经变换、脱碳调整其组成。

重油是石油炼制过程中的一种产品，根据炼制方法不同，可分为常压重油、减压重油、裂化重油及它们的混合物。以重油为原料制取甲醇原料气有部分氧化法与高温裂解法两种途径。裂解法需在1400℃以上的高温下，在蓄热炉中将重油裂解，虽然可以不用氧气，但设备复杂，操作麻烦，生成炭黑量多。

重油部分氧化是指重质烃类和氧气进行燃烧反应，反应放热，使部分碳氢化合物发生热裂解，裂解产物进一步发生氧化、重整反应，最终得到以H_2、CO为主，及少量CO_2、CH_4的合成气供甲醇合成使用。重油部分氧化法所生成的合成气，由于原料重油中碳氢比高，合成气中一氧化碳与二氧化碳含量过量，需将部分合成气经过变换，使一氧化碳与水蒸气作用生成氢气与二氧化碳，然后脱除二氧化碳，以达到合成甲醇所需之组成。

由重油转化为CO、H_2等气体的过程称为重油的气化。气化技术有部分氧化法和蓄热炉深度裂解法，目前常用的是部分氧化法。

重油制合成气的过程如图3-3所示。

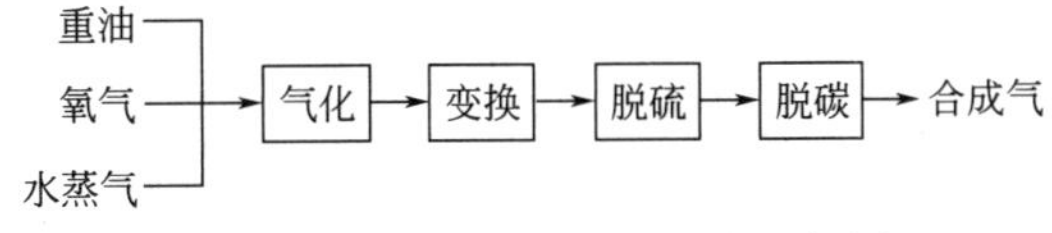

图3-3 重油制合成气工艺流程框图

合成后的粗甲醇需经过精制，除去杂质与水，得到精甲醇。

以上三种制合成气的生产方法中，以天然气为原料制合成气的成本最低；煤与重油制造合成气的成本相近，而重油制合成气可以使石油资源得到充分的综合利用。

2. 合成气的工业规格要求

（1）满足甲醇合成要求　从反应式可以看出，氢与一氧化碳合成甲醇的物质的量比为

2，与二氧化碳合成甲醇的物质的量比为3，当一氧化碳与二氧化碳都有时，对原料气中氢碳比（f 值或M 值）有以下两种表达方式：

$$f=\frac{H_2-CO_2}{CO+CO_2}=2.05\sim2.15$$

或

$$M=\frac{H_2}{CO+1.5CO_2}=2.0\sim2.05$$

不同原料采用不同工艺所制得的原料气组成往往偏离上述 f 值或M 值。例如，用天然气（主要组成为CH_4）为原料采用蒸汽转化法所得的粗原料气氢气过多，这就需要在转化前或转化后加入二氧化碳调节合理的氢碳比。而用重油或煤为原料所制得的粗原料气氢碳比太低，需要设置变换工序使过量的一氧化碳变换为氢气和二氧化碳，再将过量的二氧化碳除去。

生产中合理的氢碳比应比化学计量比略高些，按化学计量比值，f 值或M 值约为2，实际上控制得略高于2，即通常保持略高的氢含量。原料气中氢碳比略高于2，而在合成塔中氢与一氧化碳、二氧化碳是按化学计量比例生成甲醇的，所以甲醇合成回路中循环气体的氢就高得多，例如Lurgi合成流程中，甲醇合成塔入口气中含CO 10.53%、CO_2 3.16%、H_2 90%。过量氢对减少羰基铁的生成与高级醇的生成，及延长催化剂的寿命起着有效的作用。

（2）满足催化剂的要求　为了延长甲醇合成催化剂的使用寿命，提高粗甲醇的质量，必须对原料气进行净化处理，净化的任务是清除油、水、尘粒、羰基铁、氯化物及硫化物等，其中特别重要的是清除硫化物。

原料气中的硫化物能使催化剂中毒，使用锌铬催化剂时硫化物与ZnO生成ZnS，使用铜基催化剂时硫化物与Cu生成CuS，这些生成的金属硫化物使催化剂丧失活性。相对来讲锌铬催化剂的耐硫性能要好一些。但原料气中的硫含量也应控制在50mL/m^3 以下，铜基催化剂则对硫的要求很高，原料气中的硫含量应小于0.1mL/m^3。

此外硫化物进入合成系统会产生副反应，生成硫醇、硫二甲醚等杂质，影响粗甲醇质量，而且带入精馏系统会引起设备管道的腐蚀，因此，清除原料气中的硫化物至关重要。原料气中夹带油污进入甲醇合成塔对催化剂影响很大，油在高温下分解形成碳和高碳胶质物，沉积于催化剂表面，堵塞催化剂内孔隙，减少活性表面积，使催化剂活性降低，而且油中含有的硫、磷、砷等会使催化剂发生化学中毒。由此可见，甲醇合成催化剂对原料气的要求很高，不仅要求合适的氢碳比例，而且还要清除原料气中的有害杂质。

（3）工业生产对原料合成气的技术要求　工业生产对原料合成气的技术要求见表3-2。

表3-2　工业生产对原料合成气的技术要求

序　号	指　标　名　称	指　标	
		正　常　值	变化范围
1	CO/%	29.49	平衡
2	H_2/%	67.09	65～70
3	CO_2/%	2.98	≤5
4	CH_4+N_2+Ar/%	0.44	≤1.4
5	总硫/(mg/m^3)	0.1	≤0.1
6	HCl/(cm/m^3)	—	≤0.01
7	HCN/(cm/m^3)	—	≤0.1

续表

序号	指标名称	指标	
		正常值	变化范围
8	$NH_3/(cm/m^3)$	—	≤10
9	$O_2/(cm/m^3)$	—	≤50
10	铁和镍[以 $Fe(CO)_5$ 计]/(mg/m^3)	0.1	≤0.5
11	$H_2O/(cm/m^3)$	—	3000
12	$CH_3OH/(cm/m^3)$	—	1

三、甲醇产品的质量指标要求

工业用甲醇产品的质量指标要求见表 3-3。

表 3-3 甲醇产品质量指标要求（GB 338—2011）

序号	项目		指标		
			优等品	一等品	合格品
1	色度，Hazen 单位(铂-钴色号)	≤	5		10
2	密度 $\rho_{20}/(g/cm^3)$		0.791～0.792	0.791～0.793	
3	沸程(0℃，101kPa)/℃	≤	0.8	1.0	1.5
4	高锰酸钾试验/min	≥	50	30	20
5	水混溶性试验		通过实验(1+3)	通过实验(1+9)	—
6	水(质量分数)/%	≤	0.10	0.15	—
7	酸度(以 HCOOH 计，质量分数)/%	≤	0.0015	0.0030	0.0050
8	碱度(以 NH_3 计，质量分数)/%	≤	0.0002	0.0008	0.00015
9	羰基化合物含量(以 CH_2O 计，质量分数)/%	≤	0.002	0.005	0.010
10	蒸发残渣含量(质量分数)/%	≤	0.001	0.003	0.005
11	硫酸洗涤实验/Hazen 单位(铂-钴色号)	≤	50	50	
12	乙醇的质量分数/%		供需双方协商	—	

任务三 应用生产原理确定工艺条件

一、生产原理

1. 主反应和副反应

（1）主反应

$$CO + 2H_2 \rightleftharpoons CH_3OH$$

当反应物中有二氧化碳存在时，二氧化碳按下列反应生成甲醇：

$$CO_2 + 3H_2 \rightleftharpoons CH_3OH + H_2O$$

（2）副反应　又可分为平行副反应和连串副反应。

① 平行副反应

$$CO + 3H_2 \rightleftharpoons CH_4 + H_2O$$

$$2CO + 2H_2 \rightleftharpoons CH_4 + CO_2$$
$$4CO + 8H_2 \rightleftharpoons C_4H_9OH + 3H_2O$$
$$2CO + 4H_2 \rightleftharpoons CH_3OCH_3 + H_2O$$

当有金属铁、钴、镍存在时，还可能有下列反应发生：

$$2CO \longrightarrow CO_2 + C$$

② 连串副反应

$$2CH_3OH \rightleftharpoons CH_3OCH_3 + H_2O$$
$$CH_3OH + nCO + 2nH_2 \rightleftharpoons C_nH_{2n+1}CH_2OH + nH_2O$$
$$CH_3OH + nCO + 2(n-1)H_2 \rightleftharpoons C_nH_{2n+1}COOH + (n-1)H_2O$$

这些副反应的产物还可以进一步发生脱水、缩合、酰化或酮化等反应，生成烯烃、酯类、酮类等副产物。当催化剂中含有碱类时，这些化合物的生成更快。

副反应不仅消耗原料，而且影响甲醇的质量和催化剂寿命。特别是生成甲烷的反应是一个强放热反应，不利于反应温度的控制，而且生成的甲烷不能随产品冷凝，甲烷在循环系统中循环，更不利于主反应的化学平衡和反应速率。

2. 反应热效应分析

一氧化碳加氢合成甲醇是放热反应，各温度下的反应热效应列于表 3-4 中。在 298K 时反应热效应 $\Delta_r H_m^\ominus = -90.8$kJ/mol。

表 3-4 常压下甲醇合成反应在各温度下的反应热效应

T/K	373	473	523	573	623	673	773
$\Delta H_T^\ominus$/(kJ/mol)	−93.29	−96.14	−96.97	−98.24	−98.99	−99.65	−100.4

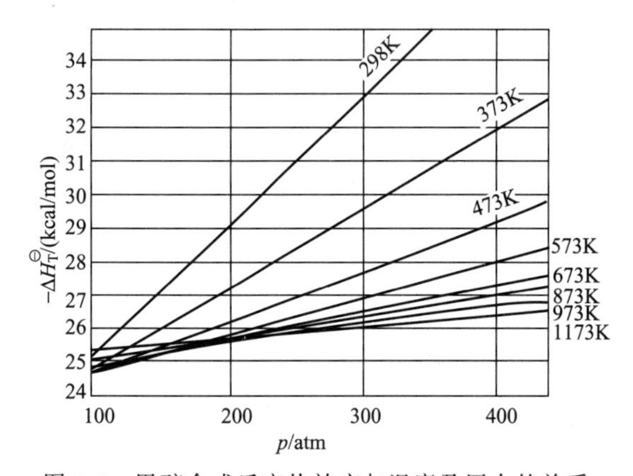

图 3-4 甲醇合成反应热效应与温度及压力的关系
（1kcal=4.1868kJ，1atm=0.1013MPa）

在合成甲醇反应中，反应热效应不仅与温度有关，而且与反应压力有关。甲醇合成反应热效应与温度及压力的关系如图 3-4 所示。

从图 3-4 可以看出，甲醇合成反应的热效应变化范围是比较大的。在高压下低温时反应热大，而且当温度低于 473K 时，反应热随压力变化的幅度大于反应温度时，298K、373K 等温线比 573K 等温线的斜率大。所以合成甲醇在低于 300℃条件下操作比高温度条件下操作要求严格，温度与压力波动时容易失控。而在压力为 20MPa 左右，温度为 573～673K 进行反应时，反应热随温度与压力的变化甚小，故在此条件下合成甲醇是比较容易控制的。

3. 热力学和动力学分析

(1) 热力学分析　由一氧化碳加氢合成甲醇反应的平衡常数与标准自由焓的关系为 $\Delta_r G_m^\ominus = -RT\ln K_f$，因此，平衡常数 K_f 只是温度的函数，当反应温度一定时，可以由 $\Delta_r G_m^\ominus$ 直接求出 K_f 值，不同温度下 $\Delta_r G_m^\ominus$ 与 K_f 的值见表 3-5。

表 3-5 合成甲醇反应的 $\Delta_r G_m^\ominus$ 与 K_f 值

T/K	$\Delta_r G_m^\ominus$	K_f	T/K	$\Delta_r G_m^\ominus$	K_f
273	−29917	527450	623	51906	4.458×10^{-5}
373	−7367	10.84	673	51906	1.091×10^{-5}
473	16166	1.695×10^{-2}	723	63958	3.265×10^{-6}
523	27925	1.629×10^{-3}	773	88002	1.134×10^{-6}
573	39892	2.316×10^{-4}			

由表 3-5 中 $\Delta_r G_m^\ominus$ 与 K_f 值可以看出，随温度升高，自由焓 $\Delta_r G_m^\ominus$ 增大，平衡常数 K_f 变小。这说明在低温下反应对甲醇合成有利。

一氧化碳加氢合成甲醇气相反应平衡常数关系式如下：

$$K^\ominus=\prod\left(\frac{p}{p^\ominus}\right)^{\nu_B}=K_y\left(\frac{p}{p^\ominus}\right)^{\sum_B \nu_B}$$

$$K_y=\frac{y_{CH_3OH}}{y_{CO}y_{H_2}^2}$$

根据上式计算结果见表 3-6。

表 3-6 合成甲醇反应的平衡常数

T/K	p/MPa	$K^\ominus$	K_y
473	10.0	1.909×10^{-2}	4.20
	20.0		26
	30.0		97
	40.0		234
573	10.0	2.42×10^{-4}	3.58
	20.0		19.9
	30.0		64.4
	40.0		153.6
673	10.0	1.079×10^{-5}	0.14
	20.0		0.69
	30.0		1.87
	40.0		4.18

由表中数据可以看出：在同一温度下，压力越大，K_y 值越大，即甲醇平衡收率越高。在同一压力下，温度越高，K_y 值越小，即甲醇平衡收率越低。所以从热力学角度分析来看，低温高压对甲醇合成有利。如果反应温度高，则必须采用高压，才有足够的 K_y 值。降低反应温度，则所需压力就可相应降低。

（2）动力学分析　采用丹麦 TopsΦe 公司生产的铜基催化剂得到的低压甲醇合成本征反应动力学方程（Langmuir-Hinshel-wood-Hougen-Watson）：

$$r_{CO}=\frac{d_{N_{CO}}}{d_w}=\frac{k_1 f_{CO} f_{H_2}^2\ (1-\beta_1)}{(1+K_{CO}f_{CO}+K_{CO_2}f_{CO_2}+K_{H_2}f_{H_2})^3}$$

$$r_{CO_2}=\frac{d_{N_{CO_2}}}{d_w}=\frac{k_2 f_{CO_2} f_{H_2}^3 \ (1-\beta_2)}{(1+K_{CO} f_{CO}+K_{CO_2} f_{CO_2}+K_{H_2} f_{H_2})^4}$$

式中，N 为摩尔流量，mol/h；w 为催化剂质量，g；k_1，k_2 为反应速率常数；K_{CO}，K_{CO_2}，K_{H_2} 为吸附常数。

$$\beta_1=\frac{f_{CH_4O}}{K_{f_1} f_{CO} f_{H_2}^2},\ \beta_2=\frac{f_{CH_4O} f_{H_2O}}{K_{f_2} f_{CO_2} f_{H_2}^3}$$

式中，K_{f_1}，K_{f_2} 分别是 CO、CO_2 加氢合成甲醇反应以逸度表示的平衡常数；f_{CO}，f_{CO_2}，f_{H_2}，f_{CH_4O}，f_{H_2O} 分别 CO、CO_2、H_2、CH_4O、H_2O 的逸度，MPa。

选用不同型号的铜基催化剂，其动力学参数不同。但从动力学方程可以看出，反应速率不仅与温度有关还与反应物浓度的幂次方成正比，提升温度则可以较大幅度提高甲醇合成过程中各反应速率常数，从而提高合成反应速率；反应物气体浓度增加，反应速率加快，随着合成系统原料气进气量的增加，气体流速增大，意味着单位反应气体与催化剂相对接触时间变短，所以 CO 以及总碳转化率随之降低。由于 CO_2 在催化剂表面相对 H_2、CO 吸附速率更快，原料气进气量的增加使更多的 CO_2 占据了催化剂的表面，所以 CO 以及总碳转化率随进气量 的增加呈下降趋势，而 CO_2 的转化率呈增长趋势。随着原料气进气量的增加，与单位催化剂 接触的原料气增多，所以产量升高。因此，适当增加进气量有利于提高甲醇产量 ，但进气量的提高也会带来催化剂床层压降变大、合成气压缩机动力消耗增加等弊端。

4. 催化剂

合成甲醇工业的进展很大程度上取决于催化剂的研制成功以及质量的改进。在生产中，很多工艺指标和操作条件都由所用催化剂的性质决定。所以催化剂对甲醇合成而言是至关重要的。

甲醇合成催化剂

目前甲醇合成催化剂分为两大类：Zn-Cr 催化剂和 Cu 基催化剂。在 1966 年以前国外的甲醇合成工厂几乎都使用 Zn-Cr 催化剂，该催化剂活性较低，所需反应温度高（380～400℃），为了提高平衡转化率，反应必须在高压下进行（称为高压法），适用于 30MPa 高压工艺流程。1966 年以后英国 ICI 公司和德国鲁奇（Lurgi）公司先后提出使用铜基催化剂。铜基催化剂活性高、性能好，适宜的反应温度为 220～270℃，操作压力为 5MPa，现在广泛应用于中低压法甲醇合成流程中。铜基催化剂有两大类：Cu-Zn-Al 系和 Cu-Zn-Cr 系，由于 Cr 对人体有害，故工业上采用 Cu-Zn-Al 系比 Cu-Zn-Cr 系更多。

铜基催化剂的活性与铜含量有关。实验表明：铜含量增加则活性增加，但耐热性和抗毒（硫）性下降；铜含量降低，使用寿命延长。不同型号的 Cu-Zn-Al 系催化剂中，CuO、ZnO、Al_2O_3 的含量不尽相同，但三种氧化物的作用是一致的，纯的氧化铜只具有非常低的活性，而且氧化铜本身会很快地被还原为单质铜，并迅速地结晶出来。氧化锌对甲醇合成的选择性非常好，而且它的催化活性与晶体的大小成反比，晶体较小的氧化锌活性较高。氧化铝对氧化铜有非常好的助催化作用。由于 CuO-ZnO 二元催化剂虽然有很高的活性，但还原后催化剂强度差、易粉化，且对毒物十分敏感，而 Al_2O_3 或 Cr_2O_3 可以形成催化剂骨架，维持催化剂还原后的强度，所以它们是催化剂中必不可少的部分。

国外有代表性的典型甲醇合成催化剂是 ICI 公司 51-1 型（CuO 60%，ZnO 30%，Al_2O_3 10%）、Topsoe 公司 MK-101 型（CuO 40%，ZnO 10%，Cr_2O_3 50%）和三菱公司 MGC 型（CuO 15%，ZnO 48%，Cr_2O_3 37%）三种。国内具有代表性的甲醇合成催化剂有三种，分别是 C207 型（CuO 48%，ZnO 39%，Al_2O_3 3.6%）、C301 型（CuO 58%，ZnO 31%，Al_2O_3 3%）和 C303 型（CuO 36%，ZnO 37%，Cr_2O_3 20%）。

铜基催化剂一般采用共沉淀法制备，即将多组分的硝酸盐或乙酸盐溶液共沉淀制备。沉淀时要控制溶液的 pH，然后仔细清洗沉淀物并烘干，再在 200～400℃下煅烧，将煅烧后的物料磨粉成型即得。

二、低压法甲醇合成工艺条件的确定

为了减少副反应，提高收率，除了选择适当的催化剂外，选择适宜的工艺条件也非常重要。工艺条件主要有温度、压力、空速和原料气组成等。

1. 反应温度

反应温度影响反应速率和选择性。合成甲醇反应是一个可逆放热反应，反应速率随温度的变化有一最大值，此最大值对应的温度即为最适宜反应温度。

实际生产中的操作温度取决于一系列因素，如催化剂、压力、原料气组成、空间速度和设备使用情况等，尤其取决于催化剂的活性温度。由于催化剂的活性不同，最适宜的反应温度也不同。对 $ZnO-Cr_2O_3$ 催化剂，最适宜温度为 380℃左右；而对 $CuO-ZnO-Al_2O_3$ 催化剂，最适宜温度为 230～270℃。

最适宜温度与转化深度及催化剂的老化程度也有关。一般为了使催化剂有较长的寿命，反应初期宜采用较低温度，使用一定时间后再升至适宜温度。其后随催化剂老化程度的增加，反应温度也需相应提高。由于合成甲醇是放热反应，反应热必须及时移走，否则易使催化剂温升过高，不仅会导致副反应（主要是高级醇的生成）增加，而且会使催化剂因发生熔结现象使活性下降。尤其是使用铜基催化剂时，由于其热稳定性较差，严格控制反应温度显得极其重要。

2. 反应压力

一氧化碳加氢合成甲醇的主反应与副反应相比，是摩尔数减少最多而平衡常数最小的反应，因此增加压力对提高甲醇的平衡浓度和加快主反应速率都是有利的。在铜基催化剂作用下，当空速为 3000h^{-1} 时，不同压力下甲醇生成量的关系如图 3-5 所示。

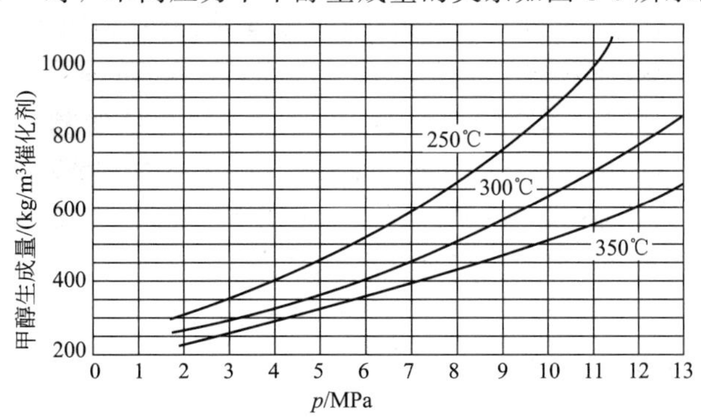

图 3-5 合成压力与甲醇生成量的关系

由图可以看出，反应压力越高，甲醇生成量越多。但是增加压力要消耗能量，而且还受设备强度限制，因此需要综合各项因素确定合理的操作压力。用 $ZnO\text{-}Cr_2O_3$ 催化剂时，反应温度高，由于受平衡限制，必须采用高压，以提高其推动力。而采用铜基催化剂时，由于其活性高，反应温度较低，反应压力也可相应降至 5～10MPa。在生产规模大时，压力太低也会影响经济效果，一般采用 10MPa 左右较为适宜。

3. 原料气组成

甲醇合成反应原料气的化学计量比为 H_2 ∶CO＝2∶1。一氧化碳含量高，不仅对温度控制不利，而且也会引起羰基铁在催化剂上的积聚，使催化剂失去活性，故一般采用氢过量。氢过量可以抑制高级醇、高级烃和还原性物质的生成，提高粗甲醇的浓度和纯度。同时，过量的氢可以起到稀释作用，且因氢的导热性能好，有利于防止局部过热和控制整个催化剂床层的温度。

原料气中氢气和一氧化碳的比例对一氧化碳生成甲醇的转化率也有较大影响，其影响关系如图 3-6 所示。从图中可以看出，增加氢的浓度，可以提高一氧化碳的转化率。但是，氢过量太多会降低反应设备的生产能力。工业生产上采用铜基催化剂的低压法甲醇合成，一般控制氢气与一氧化碳的摩尔比为（2.2～3.0）∶1。

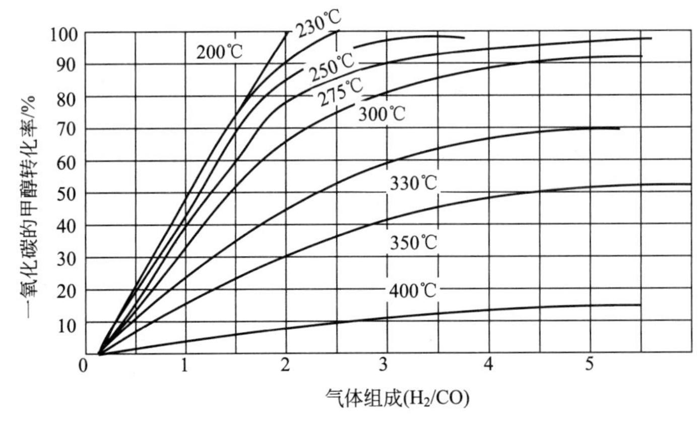

图 3-6 合成气中 H_2/CO 与一氧化碳生成甲醇转化率的关系

由于二氧化碳的比热容较一氧化碳为高，其加氢反应热效应却较小，故原料气中有一定二氧化碳含量时，可以降低反应峰值温度。对于低压法合成甲醇，二氧化碳含量（体积分数）为 5%时甲醇收率最好。此外，二氧化碳的存在也可抑制二甲醚的生成。

原料气中有氮及甲烷等惰性物存在时，使氢气及一氧化碳的分压降低，导致反应转化率下降。由于合成甲醇空速大，接触时间短，单程转化率低，只有 10%～15%，因此反应气体中仍含有大量未转化的氢气及一氧化碳，必须循环利用。为了避免惰性气体的积累，必须将部分循环气从反应系统中排出，以使反应系统中惰性气体含量保持在一定浓度范围。工业生产上一般控制循环气量为新鲜原料气量的 3.5～6 倍。

4. 空间速度

空间速度的大小影响甲醇合成反应的选择性和转化率。表 3-7 列出了在铜基催化剂上转化率、生产能力随空间速度变化的实际数据。

表 3-7 铜基催化剂上空间速度与转化率、生产能力的关系

空间速度/h^{-1}	CO 转化率/%	生产能力/[m^3/(m^3 催化剂·h)]
20000	50.1	25.8
30000	41.5	26.1

从表中数据可以看出，增加空速在一定程度上意味着增加甲醇产量。另外，增加空速有利于反应热的移出，防止催化剂过热。但空速太高，转化率降低，导致循环气量增加，从而增加能量消耗。同时，空速过高会增加分离设备和换热设备负荷，引起甲醇分离效果降低，甚至由于带出热量太多，造成合成塔内的催化剂温度难以控制正常。适宜的空速与催化剂的活性、反应温度及进塔气体的组成有关。采用铜基催化剂的低压法甲醇合成，工业生产上一般控制空速为 10000～20000h^{-1}。

任务四 生产工艺流程的组织

一、低压法甲醇合成的工艺流程组织

低压法甲醇合成工艺流程主要由制气、净化、压缩与合成、精制四大部分组成，工业上普遍采用的工艺流程如图 3-7 所示。此处主要讨论压缩、合成、精制部分。

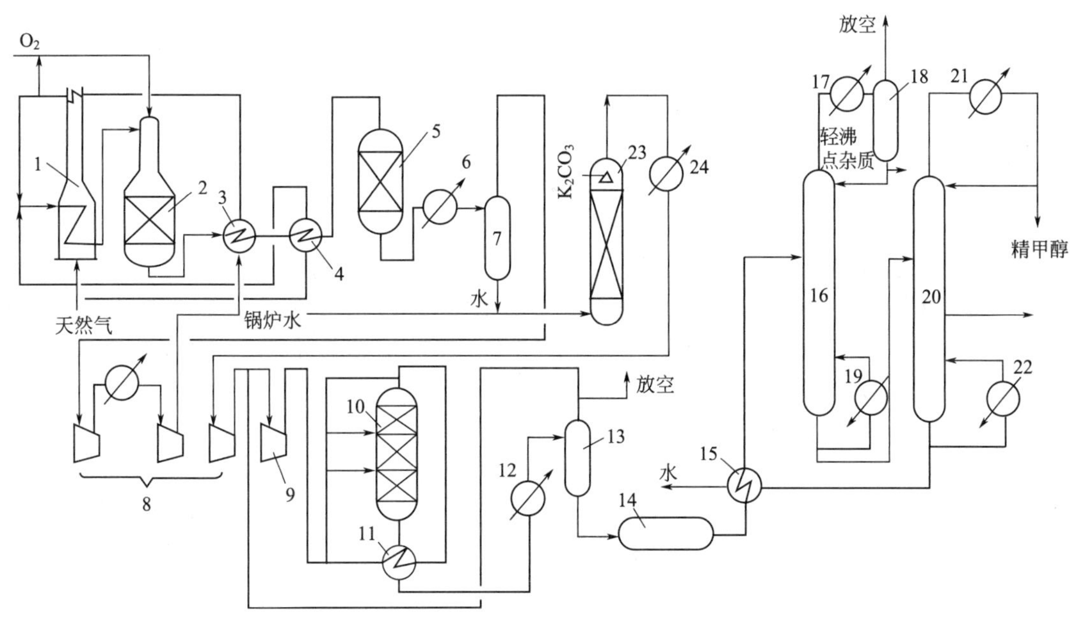

图 3-7 低压法甲醇合成的工艺流程

1—加热炉；2—转化器；3—废热锅炉；4—加热器；5—脱硫器；6,12,17,21,24—水冷器；7—气液分离器；8—合成气压缩机；9—循环气压缩机；10—甲醇合成塔；11,15—热交换器；13—甲醇分离器；14—粗甲醇中间槽；16—脱轻组分塔；18—分离器；19,22—再沸器；20—甲醇精馏塔；23—CO_2 吸收塔

利用天然气或煤转化后得到的（H_2+CO）合成气，经换热脱硫，脱硫后的合成气含硫不超过 0.5×10^{-6}，经水冷却，分离出冷凝水后进入合成压缩机（三段），压缩至压力略低于 5MPa，与循环气混合后在循环气压缩机中增压至 5MPa，进入合成反应器，在催化床层中进行合成反应。合成反应器为冷激式绝热反应器，催化剂为铜基催化剂，操作压力为 5MPa，操作温度为 240～270℃。由反应器出来的气体含甲醇 6%～8%，经换热器与合成气进行热交换后进入水冷器，使产物甲醇冷凝。然后在甲醇分离器中将液态的甲醇与气体分离，再经闪蒸除去溶解的气体，得到反应产物粗甲醇送精制。甲醇分离器分出的气体含大量的氢和一氧化碳，返回循环气压缩机循环使用。为防止惰性气体积累，将部分循环气放空。

粗甲醇中除含甲醇外，还含有两大类杂质：一类是溶于其中的气体和易挥发的轻组分，如氢气、一氧化碳、二氧化碳、二甲醚、乙醛、丙酮、甲酸甲酯和羰基铁等；另一类是难挥发的重组分，如乙醇、高级醇、水等。可用两个塔予以精馏。

粗甲醇首先进入脱轻组分塔，塔顶分出轻组分，经冷凝后回收其中所含甲醇，不凝气放空。此塔一般为板式塔，为 40～50 块塔板。塔釜液进入甲醇精馏塔，塔顶采出产品甲醇，重组分乙醇、高级醇等杂醇油在塔的加料板下 6～14 块板处侧线气相采出，水由塔釜分出，经回收余热后送废水处理。甲醇精馏塔为 60～70 块塔板。

由于低压法合成的甲醇杂质含量少，净化比较容易，利用双塔精制流程，便可以获得纯度（质量分数）高达 99.85%的精制产品甲醇。

二、反应器的选用

甲醇合成反应器是甲醇合成系统的最重要的设备，亦称甲醇转化器或甲醇合成塔。

1. 工艺对甲醇合成反应器的要求

① 甲醇合成是放热反应，因此，合成反应器的结构应能保证在反应过程中及时将反应放出的热量移出，以保持反应温度尽量接近理想温度分布。

② 甲醇合成是在催化剂作用下进行，生产能力与催化剂的装填量成正比例关系，所以要充分利用合成塔的容积，尽量多装催化剂，以提高设备的生产能力。

③ 高空速能获得高收率，但气体通过催化剂床层的压力降必然会增加，因此应使合成塔的流体阻力尽可能小，避免局部阻力过大的结构。同时，要求合成反应器结构必须简单、紧凑、坚固、气密性好，便于拆卸、检修。

④ 尽量组织热量交换，充分利用反应余热，降低能耗。

⑤ 合成反应器应能防止氢、一氧化碳、甲醇、有机酸及羰基物在高温下对设备的腐蚀，要求出塔气体温度不得超过 160℃。因此，在设备结构上必须考虑高温气体的降温问题。

⑥ 便于操作控制和工艺参数调节。

2. 合成反应器的结构与材质

合成甲醇反应是一个强放热过程。根据反应热移出方式不同，可分为绝热式和等温式两大类；按照冷却方式不同，可分为直接冷却的冷激式和间接冷却的列管式两大类。以下介绍低压法合成甲醇所采用的冷激式和列管式两种反应器。

（1）冷激式绝热反应器　这类反应器把反应床层分为若干绝热段，段间直接加入冷的原料气使反应气体冷却，故称之为冷激式绝热反应器。图 3-8 是冷激式绝热反应器的结构示意图，反应器主要由塔体、气体喷头、气体进出口、催化剂装卸口等组成。催化剂由惰性材料支撑，分成数段。反应气体由上部进入反应器，冷激气在段间经喷嘴喷入，喷嘴分布于反应器的整个截面上，以便冷激气与反应气混合均匀。混合后的温度正好是反应温度低限，混合气进入下一段床层进行反应。段中进行的反应为绝热反应，释放的反应热使反应气体温度升高，但未超过反应温度高限，于下一段间再与冷激气混合降温后进入下一段床层进行反应。

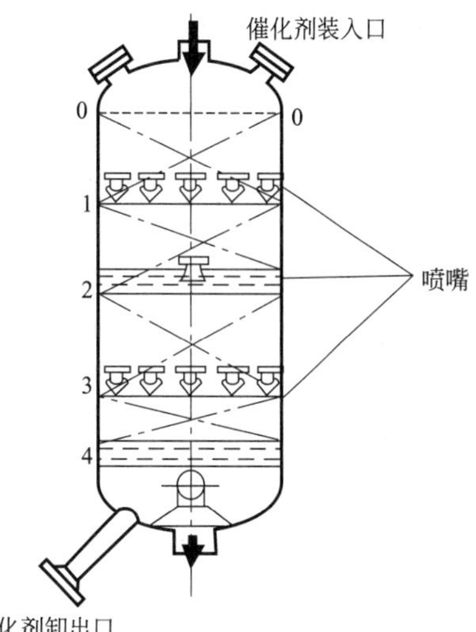

图 3-8 冷激式绝热反应器结构示意图

冷激式绝热反应器在反应过程中流量不断增大，各段反应条件略有差异，气体的组成和空速都不相同。

这类反应器的特点是：结构简单，催化剂装填方便，生产能力大，但需有效控制反应温度，避免过热现象发生，冷激气体和反应气体的混合及均匀分布是关键。冷激式绝热反应器的温度分布如图 3-9 所示。

(2) 列管式等温反应器　该类反应器类似于列管式换热器，其结构示意如图 3-10 所示。

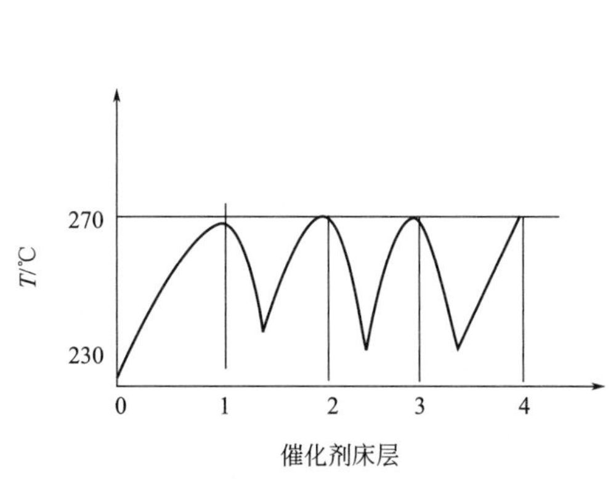

图 3-9 冷激式绝热反应器温度分布

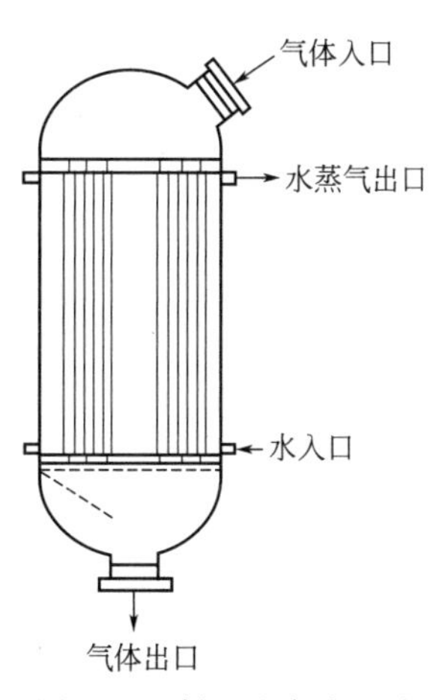

图 3-10 低压法合成甲醇列管式等温反应器

催化剂装填于列管中，壳程走冷却水（锅炉给水）。反应热由管外锅炉给水带走，同时产生高压蒸汽。通过对蒸汽压力的调节，可以方便地控制反应器内反应温度，使其沿管长温度几乎不变，避免了催化剂的过热，延长了催化剂的使用寿命。

列管式等温反应器的优点是温度易于控制，单程转化率较高，循环气量小，能量利用较经济，反应器生产能力大，设备结构紧凑。

(3) 反应器材料　合成气中含有氢和一氧化碳，氢气在高温下会和钢材发生脱碳反应（即氢分子扩散到金属内部，和金属材料中的碳发生反应生成甲烷逸出的现象），会大大降低钢材的性能。一氧化碳在高温高压下易和铁发生作用生成五碳基铁，引起设备的腐蚀，对催化剂也有一定的破坏作用。因此，反应器材质要求有抗氢蚀和抗一氧化碳腐蚀的能力。为防止反应器被腐蚀，保护反应器机械强度，一般采用在反应器内壁衬铜，铜中还含有1.5%～2%锰，但衬铜的缺点是在加压膨胀时会产生裂缝。当一氧化碳分压超过3.0MPa时，必须采用耐腐蚀的特种不锈钢（如1Cr18Ni18Ti）加工制造。

三、主要工艺参数的控制方案

1. 温度控制

反应温度是甲醇合成操作的主要指标，合成塔温度控制主要是指合成塔内反应温度的控制与出口气体温度的控制。

合成塔内温度的主要控制点为热点温度，即合成塔催化剂床层中最高的温度点。它反映了整个塔的反应情况。热点温度的位置随着生产负荷、催化剂使用时间而沿着塔的轴向高度发生变化。在催化剂使用初期，催化剂活性好，负荷小，合成反应在催化剂床层上就很快接近反应平衡，热点位置靠近上管板。相反，到催化剂使用后期，活性下降，负荷大，空速大，主要反应区逐渐下移到塔下部才接近反应平衡，热点也相应地移向催化剂管的中下部。一般来讲，在满足生产负荷的条件下，反应温度应当尽可能维持低一点，以延长催化剂使用寿命。

操作中，合成塔温度控制一般是通过调整合成回路气体循环量和汽包压力来实现的。

2. 压力控制

一般情况下，压力不作为经常调节的手段。在催化剂使用初期，由于催化剂活性好，可以维持较低的压力。在催化剂使用后期，催化剂活性下降，为保持生产强度，可以适当提高反应压力，强化合成反应。

但是，压力控制和调整涉及全装置压力平衡，调整不当时可能引起全系统压力波动，因此在调整时必须慎重缓慢，做好与气化、净化工段的协调。

压力控制通过调整合成回路尾气放空阀来实现。

3. 循环气量的控制

循环气量的控制通过调整循环气压缩机的副线或者调整循环气压缩机的入口阀来实现。

循环量的改变直接影响合成塔空速的改变，在反应初期催化剂活性较好，可在低循环量下操作。随着催化剂的使用时间推移，活性下降，转化率下降，为了保持一定的产量，可适当将循环量增加。

4. 进塔气体组分的控制

进塔气体组分一般可以通过新鲜气和循环气来调节。在生产负荷不变的情况下，正常操作中一旦选择好适宜的循环比，一般不将循环比作为操作的调节手段，而是通过前面工序（变换工段、低温甲醇洗工段等）来调整甲醇合成气体组分。一般来说，在催化剂使用初期，可以适当控制低CO含量、高惰性气体含量；在催化剂使用后期则可以适当提高CO含量，加大尾气排放，控制低的惰性气体含量。

总之，所有操作都应以满足生产负荷要求，并尽可能延长催化剂寿命为目的，反应温度控制是甲醇合成操作的重点。

任务五　正常生产操作

一、合成单元开停车操作

以低压法甲醇合成系统为例（采用列管式等温反应器）。

（一）开车操作

1. 开车前的准备工作

（1）全部设备安装、检修完毕，并验收合格。

（2）所有容器、静设备等检查、清洗合格。

（3）气体、蒸汽、锅炉给水、冷凝液所用的全部球阀、闸阀等都进行检查并涂上油。

（4）检查所有的测量和控制仪表，特别是调节阀及联锁阀的功能好用，具备投运条件。

（5）引循环水（CW）。在循环水系统启动时，分别打开入口及出口循环水阀，打开回水线高点放空阀。当甲醇冷却器、循环气压缩机油冷器、氢气压缩机油冷器及段间换热器循环水回水线高点放空排出水中无气时，关闭放空阀。随循环水系统进行化学清洗、预膜等。当化学清洗、预膜结束后，将回水阀开一半，投入正常运行。

（6）引蒸汽。确认进蒸汽喷射泵的蒸汽切断阀关闭，打开进蒸汽喷射泵的蒸汽切断阀前的现场排放阀，排放管内的惰性气，预热蒸汽管线，并将蒸汽引到蒸汽喷射泵前。如果在冬季，还应当将0.5MPa蒸汽引到装置伴热蒸汽站，并根据情况投用伴热蒸汽。引汽的方法是首先打开相应管线的现场排放阀暖管，暖管结束后，关闭上述各排放阀，打开疏水器前后切断阀，投用疏水器。

（7）仪表调校确认。总控按下DCS试灯按钮，检查所有报警灯、联锁报警灯、泵运行指示灯应全部亮，压缩机现场仪表盘试灯按钮检查，不亮的由仪表更换。按下述方法，总控与现场配合调试各调节阀动作情况，控制室各调节器手动输入数值，按0→25→50→75→100→75→50→25→0输出信号，现场人员进行确认，不正常的由仪表调试，直至全部调节阀动作正常，包括压缩机现场操作表盘中各调节表。

（8）引锅炉水、脱盐水，清洗水夹套和汽包。

① 打开汽包液位控制阀前截止阀及排放阀，当锅炉水系统运行时，在现场排放阀排放。

② 打开脱盐水前切断阀，关闭后切断阀，打开阀间排放阀排放脱盐水。

③ 当排放水质合格后，关闭排放阀，锅炉水具备使用条件。

④ 打开汽包液位控制阀及后切断阀，打开锅炉顶排空阀，向锅炉及甲醇合成塔夹套充水至粗甲醇液位控制指示20%，停加锅炉水。

⑤ 缓慢打开蒸汽喷射泵入口蒸汽阀，以20℃/h的速度升温至汽包达最高压力为止，当汽包压力指示大于0.1MPa时，关汽包排空阀。

⑥ 锅炉进水液位达50%～60%时，打开锅炉及甲醇合成塔夹套排污阀，就地排放，使锅炉进水液位维持在50%～60%。

⑦ 关闭蒸汽喷射泵入口蒸汽阀，锅炉慢慢泄压到常压，降温速率≤20℃/h，同时锅炉内水全部就地排放。

⑧ 按上述方法蒸煮三次，锅炉及合成塔排净热水，冷却至环境温度后，充入冷的锅炉水至液位指示 20%时停。

2. 正常开车

（1）开车前联检确认

① 再次检查确认本系统所有设备、检修项目、技措项目等施工完毕，复位正确，所有设备处于可使用状态。

② 确认本系统所有电气、仪表等设备检修、安装调试完毕，并处于随时投用。

③ 按开车条件确认卡中内容，逐条确认。

④ 精馏岗位具备接受粗甲醇条件，对于新装催化剂常压塔回流槽应排空，关闭甲醇分离器预馏塔和精甲醇计量槽的切断阀，打开去常压塔回流槽的切断阀，以备接受开车初期的粗甲醇。

⑤ 火炬系统运行正常，去火炬的分离器出口线上盲板抽掉，阀开。

⑥ 净化、氢回收装置均已运行正常，具备送气条件。

⑦ 所有调节器均处于手动位置，输出信号均为关闭。

（2）开车操作

① 确认净化、氢回收装置具备送气条件，合成循环机运行，精馏运行正常。

② 打开新鲜气进缓冲罐阀，引新鲜气置换循环回路，直至 N_2 含量<1%（体积分数）。

③ 用氢回收装置来富 H_2 气，将循环回路升压至指示 2.0MPa，升压速率<0.1MPa/min。

④ 调整蒸汽喷射泵蒸汽量，维持温度≥205℃，汽包液位保持 50%～60%液位。

⑤ 将汽包蒸汽压力给定 2.0MPa 投自动，将甲醇分离器液位给定 20%（设计值）投自动。

⑥ 根据生产负荷，提高循环气流量。

⑦ 打开净化装置新鲜气阀，调整好气体比例后缓慢补加氢回收、净化装置来气量到约为设计值的 10%。

⑧ 观察合成反应的进行，及时调节合成塔入口 CO、CO_2 含量，汽包压力和锅炉给水量。

⑨ 缓慢增加新鲜量，提高循环回路压力，至前工序气体全部加入，当分离器出口压力达到 5MPa 时，缓慢打开分离器出口压力调节弛放气排放量、压力稳定，将分离器出口压力投自动。

⑩ 导气过程注意：甲醇分离器出口气 CO 含量不应超过 9%，床层温度<230℃。

⑪ 催化剂首次使用不应超过 70%负荷。

⑫ 投用初期生产的粗甲醇从甲醇分离器排到甲醇地下槽。

⑬ 待操作稳定后，将蒸汽并网运行。

（二）停车操作

1. 正常停车操作

（1）通知气化、净化、一氧化碳、精馏岗位准备停车。

（2）新鲜气进缓冲罐阀手动关闭，现场手动关闭新鲜气进缓冲罐阀前后切断阀，关闭前系统来气切断阀。

（3）打开蒸汽喷射泵蒸汽阀，投用蒸汽喷射泵，维持温度在 210℃以上。

（4）将蒸汽切除并网，汽包蒸汽压力调节阀改手动关闭，打开蒸汽出口阀后放空阀。

（5）分离器出口压力调节阀改手动，关闭分离器出口压力阀。

（6）将甲醇分离器液位调节阀改手动，将甲醇分离器液位排空，注意膨胀槽压力不可超高，排空后关闭甲醇分离器液位手动阀及前后切断阀。

（7）甲醇合成塔降温。

（8）手动调节分离器出口压力，使系统泄压，控制卸压速率在 1.0～1.5MPa/h，将系统卸压至 0.4MPa。

（9）打开 N_2 阀，系统充 N_2 置换，通过分离器出口阀放空至火炬。

（10）置换至系统 $H_2+CO+CO_2<0.5\%$ 为止，系统保持 0.5MPa 压力。

（11）关闭蒸汽喷射泵入口蒸汽阀，关闭汽包排污阀。

（12）将汽包蒸汽压力调节阀投自动，由汽包蒸汽压力手动阀控制，降低汽包压力，使合成塔降温，降温速率≤25℃/h。

（13）汽包液位投自动，维持液位稳定。

（14）当反应器出口气温度降至接近 100℃时，关闭反应器出口气温度调节阀及前后切断阀，关闭汽包液位调节手动阀及前后切断阀，打开汽包顶放空阀。

（15）打开合成塔夹套及汽包排污阀，将汽包内水就地排放干净。

（16）当反应器温度≤50℃时，按停车程序停止循环压缩机运转，关闭循环压缩机出入口阀。

（17）如进行检修不卸催化剂，则系统充入 0.5MPa N_2 保压，并将系统加入下列盲板。

① 新鲜气至甲醇单元之前净化、氢回收气体各一块。

② 新鲜气放空阀新鲜气压力调节手动阀阀后一块。

③ 循环压缩机入口一块，出口一块。

④ 合成放空阀门出口去火炬管网线上一块。

⑤ 甲醇分离器顶部安全阀后各一块。

⑥ 分离器出口压力调节手动阀及副线各一块。

⑦ 水洗塔液位调节手动阀及副线各一块。

⑧ 水洗塔出口气相管线阀门一块。

2. 紧急停车操作

（1）蒸汽系统故障紧急停车操作

① 若蒸汽系统故障，甲醇合成应使用汽包蒸汽压力调节阀保住汽包压力在原操作压力，自汽包蒸汽压力调节阀后现场放空蒸汽，继续生产。

② 若精馏系统因蒸汽故障停车，粗甲醇通过甲醇膨胀槽出口管线改去粗甲醇罐。

③ 若因蒸汽系统故障必须停甲醇合成，应立即按循环压缩机停车按钮，手动关闭循环压缩机防喘振回流量调节阀，切断新鲜气进料阀，关闭循环压缩机回流阀。

④ 合成系统泄压至 0.2～0.3MPa，有 N_2 则系统置换，置换到 $CO+CO_2+H_2\leqslant0.5\%$ 后 N_2 封闭，合成塔自然降温。无 N_2 则保压 0.2～0.3MPa，合成塔自然降温。

⑤ 汽包液位控制在 50%，甲醇分离器液位排到 5%后，关闭甲醇分离器液位调节阀及切断阀。

（2）冷却水突然中断紧急停车操作

① 手动关闭新鲜气进缓冲罐进口阀及循环机回流阀，停循环压缩机。

② 系统立即泄压，有 N_2 则合成系统置换，置换到 $CO+CO_2+H_2 \leqslant 0.5\%$ 后 N_2 封闭，合成塔自然降温。无 N_2 则合成系统保压 0.2～0.3MPa，合成塔自然降温。

③ 汽包液位控制在 50%，甲醇分离器液位排到 5%后，关闭甲醇分离器液位调节阀及切断阀。

④ 注意循环压缩机油系统温度及轴瓦温度，以防超温，必要时停循环压缩机。

（3）仪表风突然中断紧急停车操作

① 因无仪表风，气动调节阀均关闭，改手动关闭，停压缩机。

② 系统立即泄压。有 N_2 则合成系统置换，置换到 $CO+CO_2+H_2 \leqslant 0.5\%$ 后 N_2 封闭，合成塔自然降温。无 N_2 则合成系统保压 0.2～0.3MPa，合成塔自然降温。

③ 参照汽包现场液位，用副线阀控制汽包液位。参照甲醇分离器现场液位，用副线将甲醇分离器液位排到 5%后关闭副线。

合成工序断高压电紧急停车操作

（4）突然停电紧急停车操作

① 循环压缩机做紧急停车处理，手动关闭新鲜气进缓冲罐进口阀，切断新鲜气。

② 系统立即泄压，当系统压力降至 1.0MPa 后，润滑油系统正常运行。有 N_2 则合成系统置换，置换到 $CO+CO_2+H_2 \leqslant 0.5\%$ 后 N_2 封闭，合成塔自然降温。无 N_2 则合成系统保压 0.2～0.3MPa，合成塔自然降温。

③ 关闭汽包排污阀，汽包液位控制在 50%，甲醇分离器液位排到 5%后，关闭甲醇分离器液位调节阀及切断阀。

（5）原料气突然中断紧急停车操作

① 通知前工序及精馏工段。

② 手动关闭新鲜气进缓冲罐阀，切断新鲜气进料。

③ 循环压缩机正常运行，投用蒸汽喷射泵，保持温度≥210℃。

④ 合成系统保压，汽包液位控制 50%，甲醇分离器液位排到 5%后，关闭甲醇分离器液位调节阀及切断阀。

二、合成单元正常生产操作

1. 正常操作

① 调整稳定好系统的负荷。

② 控制好系统压力，保持系统压力稳定。

③ 根据系统负荷，相应调整好循环量。

④ 控制好合成塔入口 CO_2、CO 含量，从而稳定新鲜气的 H/C。

⑤ 控制好汽包压力，稳定催化剂床层温度，保证催化剂安全运行，并稳定副产蒸汽量。

⑥ 控制稳定好汽包、甲醇分离器液位。

2. 日常工作

① 总控随时注意所有指示，记录仪表，每两小时记录一次，每两小时现场巡检一次，检查设备运转情况、各动静密封点的严密性，发现问题立即通知总控室及班长。

② 巡检内容如下。

第一站：合成系统。检查各机泵的运行状况，如电流、压力、温度、润滑油及备用情况；检查各静设备的液位、温度、压力等参数；检查跑冒滴漏情况。

第二站：甲醇罐区。检查各机泵的运行状况，如电流、压力、温度、润滑油及备用情况；检查各贮罐的液位、压力、温度、氮封等情况，检查跑冒滴漏情况。

第三站：循环机。检查循环压缩机的转速、振动、润滑油系统运行情况；检查各静设备的温度、压力、液位等参数；检查跑冒滴漏情况。

第四站：粗甲醇精馏系统。检查各机泵运行状况，如电流、压力、温度、润滑油及备用情况；检查各静设备的液位、压力、温度等参数；检查跑冒滴漏情况。

任务六　异常生产现象的判断和处理

一、合成岗位异常生产现象的判断和处理

低压法合成甲醇合成岗位常见异常生产现象的判断和处理方法见表 3-8。

表 3-8　合成岗位异常生产现象的判断和处理方法

序号	异常现象	原因分析判断	操作处理方法
1	合成塔系统阻力增加	①催化剂局部烧结 ②换热器管程堵塞 ③阀门开得太小或阀头脱落 ④设备内件损坏，零部件堵塞气体管道 ⑤催化剂粉化	①停车更换 ②停车清理 ③将阀门开大或停车检修 ④停车检查、更换、清理 ⑤改善操作条件，保护催化剂
2	合成塔温度升高	①汽包压力控制过高 ②循环量过小，带出热量少 ③汽包液位低 ④入塔气中 CO 含量过高，反应剧烈 ⑤温度表失灵，指示假温度	①调整汽包压力在指标范围内 ②加大循环量 ③适当加大软水入汽包量 ④适当降低 CO 含量 ⑤联系仪表维修，校正温度计
3	合成塔压力升高	①催化剂层温度低，反应状态恶化 ②负荷增大 ③惰性气体含量增大，反应差 ④氢碳比失调，合成反应差	①适当提高催化剂温度 ②负荷增大后，其他工艺指标作相应调整 ③开大吹除气量，降低惰性气体含量 ④联系变换岗位作相应调整
4	醇分离器液位突然上涨	①放醇阀阀头脱落，醇送不出去 ②系统负荷增大，而放醇阀未相应开大 ③输醇管被蜡堵塞 ④液位计失灵，发出假液位指示	①开旁路阀或停车检修 ②开大放醇阀 ③停车处理 ④联系仪表维修，校正液位计
5	催化剂中毒及老化	①原料气中硫化物、氯化物超标 ②气体中含油水，覆盖在催化剂表面 ③催化剂长期处高温下，操作波动频繁	①加强精制脱硫效果，严格控制气体质量 ②各岗位加强油水排放 ③保持稳定操作

续表

序号	异常现象	原因分析判断	操作处理方法
6	输醇压力猛涨	①醇分离器液位太低，高压气体串入输醇管 ②醇库进口阀未开或堵塞，醇无法进入贮槽 ③放醇阀内漏，大量跑气 ④输醇管被异物堵塞 ⑤误操作，打开阀门大量跑气	①调整液位在指标内 ②联系醇库将阀门打开或检修 ③停车更换阀门 ④停车疏通处理 ⑤修正并稳定操作

二、其他异常现象的判断和处理方法

1. 装置发生气体泄漏

① 现场立即实施隔离，严禁烟火，严禁车辆通过。

② 操作人员、检修人员穿防静电工作服，戴防 CO 面具进行紧急处理。

③ 必要时，立即切断净化和氢回收来原料气，气体放空至火炬。系统打开放空阀合成气放空至火炬，并用氮气进行置换，做停车处理，处理步骤同紧急停车。

2. 装置发生甲醇泄漏

① 现场立即实施隔离，严禁烟火，严禁车辆通过。

② 操作人员、检修人员穿防静电工作服，戴长管面具进行紧急处理。

③ 立即切断泄漏点，设法回收甲醇。

④ 必要时进行停车处理，处理步骤同紧急停车。

学习拓展与知识链接

高温高压催化反应第一个里程碑人物——弗里茨·哈伯

弗里茨·哈伯（Fritz Haber，1868—1934），德国化学家，1868 年 12 月 9 日出生在德国西里西亚布雷斯劳（现为波兰的弗罗茨瓦夫）的一个犹太人家庭。1909 年，成为第一个从空气中制造出氨的科学家，使人类从此摆脱了依靠天然氮肥的被动局面，加速了世界农业的发展，因此获得 1918 年瑞典科学院诺贝尔化学奖。

19 世纪末，化肥工业的出现和发展推动了农业生产的发展，但是随着世界人口增长，粮食的需求也日趋增大，再加上工业发展和军事上的迫切需要，使人工固氮成了世界性的重大研究课题。尽管不少化学家耗费了相当大的精力，但仍未掌握一种较理想的人工固氮方法。

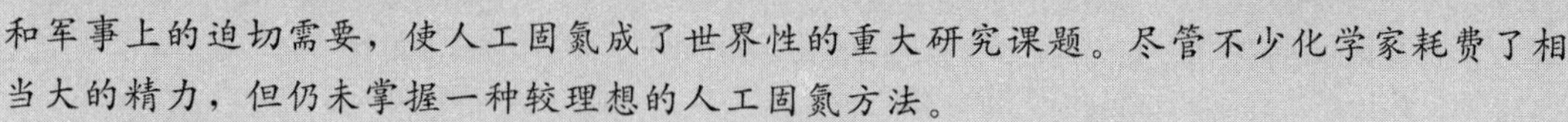

1905 年，哈伯赴美国考察，回国后也采用高压放电固氮，实验历时一年，效果不尽人意。后来他从法国化学家用高温、高压合成氨的消息中获得启示，也毅然采用该法进行试验。在历经无数次失败后，哈伯终于在实验室采用 600℃、200atm 和用金属铁作催化剂的条件下，人工固氮成功，这种人工固氮技术具有世界性意义，是化工合成生产实现高温、高压、催化反应的第一个里程碑。

合成氨的原料来自空气、煤和水，因此是最经济的人工固氮法，从而结束了人类完全依靠天然氮肥的历史，给世界农业发展带来了福音，为工业生产、军工需要的大量硝酸、炸药解决了原料问题。合成氨的成功也为德国节省了巨额经费支出，哈伯也一举成名。作为合成氨工业的奠基人，哈伯也深受当时德国统治者的青睐，他数次被德皇威廉二世召见，委以重任。43 岁时他担任了威廉皇家物理化学和电化学研究所所长兼柏林大学教授。第一次世界大战爆发后，德皇为了征服欧洲，要哈伯全力为他研制最新式的化学武器。哈伯此时又兼任了化学兵工厂厂长，他带领研究人员研制出军用毒气氯气罐，从而揭开了世界第一次化学战的帷幕。化学武器在第一次世界大战中造成近 130 万人的伤亡，占大战伤亡总人数的 4.6%，在历史上留下了极不光彩的一页，哈伯则成了制造化学武器的鼻祖，人类的罪人。

1918 年，瑞典皇家科学院因哈伯在合成氨发明上的杰出贡献，决定授予他诺贝尔化学奖，但因哈伯在研制化学武器上给人类带来灾难的行为，世界许多科学家提出异议。对于带来的灾难，哈伯辩称自己迫不得已。最终，瑞典皇家科学院毅然因其对人类的特殊贡献而颁发奖项，得奖后，哈伯将全部奖金捐献给了慈善组织，以表达自己内心的愧疚。

回顾化学发展过程，化学史上每一个重大的化学成就都是在一定的社会背景条件下产生，一项重大的科技发明历来就是一把锋利的双刃剑，在给人类带来福音和实惠的同时，也带来了不幸和灾难，合成氨的发明同样如此。金无足赤，人无完人，哈伯的故事会一直传播下去，功过是非，任人评说。

练习与实训指导

1. 甲醇的生产方法有哪些？各自的特点是什么？
2. 制取合成气的原料路线有哪些？工业上生产合成气的主要方法有哪几种？
3. 试写出 CO 与 H_2 合成甲醇的主、副反应方程式，并分析影响反应的因素。
4. 通过合成甲醇的热力学分析说明了哪些问题？
5. 合成甲醇的催化剂有哪几种？它们的性能如何？
6. 什么是催化剂还原？甲醇合成催化剂还原时应注意哪些事项？
7. 工艺对甲醇合成塔的结构有哪些要求？如何实现？
8. 合成甲醇的工艺流程由哪几部分组成？并简述其工艺流程。
9. 甲醇生产中有哪些常见的异常现象？请分析原因并提出处理办法。
10. 合成甲醇反应器内装有催化剂 $3m^3$，反应混合气进料标准状态下为 $42000m^3/h$，反应温度为 273℃，反应压力为 5MPa。计算空速和接触时间。

项目考核与评价

一、填空题（20%）

1. 甲醇的生产方法有________、________、________、________、________。

2. 工业上生产合成气的主要方法有__________、__________、__________。

3. 目前甲醇合成催化剂分为两大类：__________、__________。

4. 生成甲醇的起始原料有__________、__________和__________。

5. 为了减少副反应，提高收率，低压法合成甲醇除了选择适当的催化剂外，选择适宜的工艺条件也非常重要。工艺条件主要有__________、__________、__________和__________等。

6. 高压法、中压法和低压法合成甲醇的主要区别是：__________、__________和__________。

二、选择题（10%）

1. 工业上将与（　　）联合生产甲醇的工艺叫联醇工艺。

A. 合成氨　B. 合成气　C. 乙醇　D. 乙烯

2. 工业上合成甲醇的方法（　　）。

A. 高压法　B. 低压法　C. 中压法　D. 以上都是

3. 合成塔温度的控制一般是通过调整合成回路气体循环量和（　　）来实现的。

A. 蒸汽压力　B. 蒸汽温度　C. 原料气流量　D. 汽包压力

4. 甲醇合成单元总控随时注意所有指示、记录仪表，（　　）小时记录一次，（　　）小时现场巡检一次。

A. 1，2　B. 2，2　C. 1，1　D. 2，1

5. 低压法合成甲醇为了提高产品甲醇纯度，工业上一般采用（　　）精制流程。

A. 萃取精馏　B. 反应精馏　C. 双塔精馏　D. 减压精馏

三、判断题（10%）

1. 甲醇能与乙醇混溶，所以酒中可以含有甲醇。（　　）

2. 合成气化学合成法制甲醇是具有中国特色的方法。（　　）

3. 合成甲醇反应在同一温度下，压力越高，K_y 值越大。（　　）

4. Cu 基催化剂广泛应用于中低压法甲醇合成流程中。（　　）

5. 二氧化碳含量为 10%（体积分数）时甲醇收率最高。（　　）

四、简答题（30%）

1. 什么是催化剂还原？甲醇合成催化剂还原时应注意哪些事项？

2. 工艺对甲醇合成塔的结构有哪些要求？

3. 甲醇生产中合成塔温度突然升高，请分析原因并提出处理办法。

4. 画出以煤与焦炭为原料制合成气的流程框图。

5. 在甲醇合成精馏岗位上应做好哪些防护措施？

五、计算题（10%）

合成甲醇反应器内装有催化剂 $3m^3$，反应混合气进料标准状态下为 $42000m^3/h$，反应温度为 273℃，反应压力为 5MPa。计算空速和接触时间。

六、综合题（20%）

画出低压法合成甲醇的工艺流程示意图，并简述其工艺流程。选用什么结构的合成反应器？这类反应器有哪些特点？

项目四

甲醛的生产

教学目标

知识目标：1. 了解甲醛的物理及化学性质、生产方法及用途。
2. 掌握甲醇氧化生产甲醛的反应原理。
3. 掌握甲醇氧化生产甲醛的工艺流程。
4. 掌握甲醇氧化生产甲醛的各催化剂组成、特点及使用方法。

能力目标：1. 能够比较银法和铁钼法生产甲醛过程的特点。
2. 能够分析和判断主副反应程度对反应产物分布的影响。
3. 能够分析影响甲醇氧化生产甲醛反应过程的主要因素。
4. 能够分别绘出银法和铁钼法生产甲醛的工艺流程图。

素质目标：1. 具有自主学习习惯，提高信息检索和加工能力。
2. 具有工作责任意识，提高发现、分析和解决问题的能力。
3. 具有团队精神，提高表达、沟通以及与人合作的能力。
4. 具有自主学习的能力，追求知识、独立思考、勇于创新的科学态度和踏实能干、任劳任怨的工作作风。
5. 具有自我认知能力，有参与主动完成工作的意识。
6. 具有化工生产规范操作意识，良好的观察力、逻辑判断力、紧急应变能力。
7. 具有初步的日常工作管理能力。

资源导读：为了深入理论探索、适应教学改革、把握行业动态、获取更多资源，请根据需要，访问下列网址进行学习。
1. 中国大学 MOOC→“石油化工生产技术”课程（咸阳职业技术学院 张娟，等）中关于甲醇系产品的相关资源
www. icourse163. org/course/XIANYANGZHIYUAN- 1206299816
2. 中国石油化工集团公司　www. sinopecgroup. com

任务一　生产方法的选择

甲醛最早是由俄国化学家 A. M. Butlerov 于 1859 年通过亚甲基二乙酯水解制得。1868 年，A. W. Hoffmann 在铂催化剂存在下用空气氧化甲醇首次合成了甲醛，并且确定了它的化学性质。

1886 年 Loews 采用铜催化剂和 1910 年 Blank 使用银催化剂，开始了甲醛工业生产。1925 年由于工业合成甲醇的开发成功，为工业甲醛提供了原料基础，使甲醛工业化生产得到迅猛发展。1931 年阿德金斯和彼得森首次申请了铁钼氧化物催化剂的专利。从此，甲醛工业生产出现了银法和铁钼法两类工艺方法。在半个多世纪的发展中，这两种甲醛生产工艺都有了很大的进步。

目前，工业上生产甲醛的方法主要有三种，即甲醇空气氧化法、烃类直接氧化和二甲醚催化氧化法。

一、烃类直接氧化法

以甲烷和液烃为原料，经压缩后与氧（95%以上）按一定比例混合通入管式反应器中反应，用氧化氮作催化剂。即：

$$CH_4 + 1/2O_2 \longrightarrow CH_2O + H_2O$$

由于甲烷是稳定的碳氢化合物，不是直接被氧化，收率甚低，出口气中产品浓度低，且分离较复杂，工艺路线无法与甲醇氧化法相比。

世界上采用该法生产的甲醛量很少，主要在天然气和石油丰富的国家和地区才有发展。

二、甲醚催化氧化法

由合成制取甲醇的副产物二甲醚作原料，与空气在氧化钨的催化作用下生成甲醛。即：

$$CH_3OCH_3 + O_2 \longrightarrow 2CH_2O + H_2O$$

由于低压甲醇技术的发展，甲醇生产中副产二甲醚量大大减少。加之二甲醚的用途逐渐发展深入以及甲醇制甲醛的工艺技术的不断发展和改进，二甲醚催化氧化法已被淘汰。

三、甲醇空气氧化法

以甲醇为原料生产甲醛的方法，通常是有机原料与蒸汽或空气的混合物，在一定的温度（300～500℃）通过固定床或流化床催化剂，有机物发生适度的氧化反应生成所需氧化产品。又可称为气相催化氧化法。

按工业生产所利用催化剂和生产工艺不同，可分为两种不同的工艺路线：一是在过量甲醇（甲醇蒸气浓度控制在爆炸上限，37%以上）条件下，甲醇气、蒸汽和水汽混合物在金属型催化剂上进行脱氢氧化反应，通常采用结晶 Ag 催化剂，故称为“银法”，也称“甲醇过量法”；二是过量空气（甲醇蒸气浓度控制在爆炸区下限，7%以下）条件下，甲醇气直接与空气混合在金属氧化物型催化剂上进行氧化反应，催化剂以 Fe_2O_3-MoO_3 系最为常见，故称“铁钼法”，也称“空气过量法”。银法和铁钼法均在不断地发展中。

铁钼法的甲醇转化率高于银法，可达 95%～99%，甲醇单耗低，不需蒸馏装置，可以生产高浓度甲醛，甲醛成品中含醇量低，催化剂使用寿命长。但是铁钼法生产一次性投资大，电耗高。目前采用铁钼催化剂法工艺路线的甲醛装置生产能力较大，这是建立规模较大的装置时，投资与效益综合考虑下选择的工艺。

银法工艺简单，投资省，调节能力强，产品中甲酸含量少，尾气中含氢，可以燃烧。但是甲醇的转化率低，单耗高，催化剂寿命短，对甲醇纯度要求高，甲醛成品中甲醇含量高，只能生产低浓度甲醛。目前一些生产能力较小的企业仍采用此法。

不同生产方法的技术经济指标（以 37%甲醛水溶液计）见表 4-1。

表 4-1 银法和铁钼法生产甲醛的技术经济指标

项　　目	过量空气氧化法(铁钼法工艺)	过量甲醇氧化法(银法工艺)
甲醇在混合气体中的浓度/%	<7	>37
反应温度/℃	320～380	600～720
反应器形式	管式绝热	流化床绝热式
催化剂寿命/月	12～18	3～6
收率/%	91～94	89～91
甲醇单耗/(kg/t)	420～437	470～480
甲醛浓度/%	37～55	37～50
产品中甲醇含量/%	0.5～1.5	4～8
投资	115%～120%	100%
产品中甲酸含量/10^{-6}	200～300	100～200
催化剂失活原因	Mo 升华	Ag 粒烧成块,原料气中 Fe、S引起中毒
对毒物敏感程度	不敏感	敏感

由表 4-1 可见，银法反应温度较高，属于在爆炸上限下操作，原料混合气中甲醇浓度较高，单台设备的负荷较大，因而建厂投资较低；但由于银法在 600℃以上高温反应，催化剂银晶粒容易长大，加上银催化剂对毒物（Fe、S）极为敏感，因而催化剂寿命短。铁、钼催化剂活性高、寿命长，对毒物不敏感，甲醇的转化率高，甲醛的选择性高，单耗低；产品甲醛浓度高，含醇低，在下游产品规模较大或要求甲醛水溶液的浓度较高时特别适用，例如用作树脂、聚甲醛、脲醛及医药的原料等。虽然铁钼法工艺路线一次投资大，但是可以生产高浓度甲醛，在制取甲醛的下游产品时可以直接利用，不必浓缩。这就省去了稀醛浓缩所需要的设备及动力消耗费用，减少生产中大量含醇废水处理的投资及运行费用。就总体效益来讲，直接生产浓甲醛比先生产稀甲醛然后浓缩成浓甲醛合理得多。

在建设规模较大的装置时，无论从投资费用还是从环境污染与治理来讲，都应该选择铁钼法工艺。

我国甲醛生产开始于 1957 年，由外国专家在上海设计指导，于 1956 年建立第一套甲醛生产装置（设计能力 3.0kt/a），采用浮石银作催化剂，由甲醇氧化制得甲醛水溶液。从 20 世纪 70 年代开发使用了新一代催化剂——电解银催化剂，其特点是活性高、选择性好、单耗低、制作方便、无污染，在甲醛生产装置上得到普遍采用。

随着下游产品需求的增加，全球甲醛市场也在不断扩大，从 2014 年的 62449kt 增至 2018 年的 63052kt。目前中国是甲醛全球最大的生产地区，2018 年中国甲醛产量为 25529kt，占据了 40.18%的产量份额。据不完全统计，2018 年我国甲醛生产企业超过 500 家。我国甲醛工业迅速发展，银法甲醛生产技术的主要技术经济指标已达到国际水平，装置规模也走向大型化，目前国内甲醛单线产能最大规模生产能力为 40 万吨/年；世界最大规模为 120 万吨/年。规模化生产仍然是我国甲醇和甲醛企业共同奋斗的目标。

目前国内甲醛行业生产 37%低浓度甲醛多数仍采用银法工艺路线。在甲醛下游产品的生产中都是通过把 37%稀甲醛浓缩成 50%以上的浓甲醛后再进一步利用。我们应该重视这个问题：在稀甲醛浓缩过程中除了要消耗大量的动力之外，还要产生大量的含醇废水，不仅加重了环境污染，而且使甲醛的下游产品成本居高不下，难以与国外同行竞争。

如上所述，烃类直接氧化法和二甲醚催化氧化法只被极少数国家采用，目前甲醛工业生产中 90%以上采用甲醇氧化法。

任务二　生产原料及产品的认知

一、甲醛的基本理化性质

1. 物理性质

甲醛（formaldehyde）是最简单的脂肪醛。分子式为 CH_2O，分子量为 30.03，结构式为 $H-\overset{O}{\overset{\|}{C}}-H$，别名蚁醛。甲醛在常温下是无色的、具有强烈刺激性的窒息性气体，对眼睛和黏膜有刺激作用。甲醛有毒，在很低浓度时就能刺激眼、鼻黏膜，浓度很大时对呼吸道黏膜也有刺激作用。沸点 252K，在常压下冷却到 254K 时，可得液体甲醛，并在 155K 冷凝成固体。甲醛气体可燃，甲醛蒸气与空气能形成爆炸性混合物，爆炸极限（体积分数）为 7%～73%。

甲醛易溶于水，可形成各种浓度的水溶液，通常是 37.6%（质量分数），称为甲醛水，俗称福尔马林。甲醛水溶液为无色透明液体，有强烈的刺激气味。在大气压下，含甲醛 55%（质量分数）以下的甲醛水溶液其沸点为 99～100℃。25%（质量分数）甲醛水溶液的沸点为 99.1℃，而 35%（质量分数）甲醛水溶液的沸点为 99.9℃。含有一定量甲醇的甲醛水溶液可在相对低的温度下贮存，不会有聚合物沉淀出现。

甲醛的主要物理性质列于表 4-2。

2. 化学性质

甲醛（HCHO）分子结构中存在羰基氧原子（$>C=O$）和 α-H，化学性质很活泼，能参与多种化学反应。可以和许多物质作用，制得多种产品。甲醛的化学反应主要有加成、聚合和缩聚反应。

表 4-2　甲醛的主要物理性质

性　质	数　值	性　质	数　值
气体相对密度(空气为 1)	1.067	生成热(25℃)/(kJ/mol)	−116
液体密度/(g/cm^3)		溶解热(23℃)/(kJ/mol)	
−20℃	0.8153	水	62.0
−80℃	0.9151	甲醇	62.8
沸点(101.3kPa)/℃	−19.0	正丙醇	59.5
熔点/℃	−118.0	正丁醇	62.4
蒸气压 Antoine 常数		标准自由能(25℃)/(kJ/mol)	−109.7
A	9.28716	比热容/[J/(mol·K)]	35.2
B	959.43	熵/[J/(mol·K)]	218.6
C	243.392	燃烧热/(kJ/mol)	561～569
临界温度/℃	137.2～141.2	黏度(−20℃)/mPa·s	0.242
临界压力/MPa	6.81～6.66	表面张力/(mN/m)	20.70
临界密度/(g/cm^3)	0.266	空气中爆炸下限/上限(摩尔分数)/%	7.0/73
汽化热(19℃)/(kJ/mol)	23.0	着火温度/℃	430

（1）加成反应（特别是在碱性溶液中）

① 甲醛与氰化氢加成反应生成乙腈醇 $HOCH_2CN$。工业上，用该反应制取氨基酸系列产品，俗称 Marnnich 反应。

$$CH_2O + HCN + NH_3 \begin{cases} \xrightleftharpoons{(NH_4)_2CO_3} H_2NCH_2COOH \\ \xrightleftharpoons{pH=6} HN{=}C(CH_2CN)_2 \\ \xrightleftharpoons{H^+} N(CH_2CN)_3 \\ \xrightleftharpoons{[Co]} H_2NCH_2CH_2NH_2 \end{cases}$$

② 与氨作用：一般情况下，醛极易和氨作用，生成环状的六亚甲基四胺，即乌洛托品。

$$6CH_2O + 4NH_3 \xrightarrow{OH^-} (CH_2)_6N_4 + 6H_2O$$

③ 甲醛水溶液能与亚硫酸钠起加成作用。

$$Na_2SO_3 + HCHO + H_2O \longrightarrow H{-}\overset{\displaystyle H}{\underset{\displaystyle OH}{\overset{|}{\underset{|}{C}}}}{-}SO_3Na + NaOH$$

（2）分解反应 纯的、干燥的甲醛气体能在 80～100℃的条件下稳定存在。在 300℃以下时，甲醛发生缓慢分解为 CO 和 H_2，400℃时分解速率加快，达到每分钟 0.44%的分解速率。

$$HCHO \xrightarrow{300℃} CO + H_2$$

（3）氧化还原反应 甲醛可氧化为甲酸并在高温下进一步分解为 CO 和 H_2O。

$$HCHO + 1/2O_2 \longrightarrow HCOOH \xrightarrow{高温} CO + H_2O$$

（4）聚合反应 甲醛除自身外，能和多种醛、醇、酚、胺等化合物发生缩合反应。缩合反应是甲醛最重要的化学反应。

甲醛在低温下非常容易发生自缩合反应，重金属氧化物及酸性介质存在能促进甲醛聚合，聚合体为三聚或多聚甲醛。

$$3H{-}\overset{\displaystyle O}{\overset{\|}{C}}{-}H \longrightarrow \text{(CH}_2\text{O)}_3 \text{ 环状三聚甲醛（}H_2C{-}O{-}CH_2{-}O{-}CH_2{-}O\text{ 六元环）}$$

三聚甲醛为白色晶体，在酸性介质中加热，可以解聚再生成甲醛。浓缩甲醛水溶液时，甲醛多个分子可缩合成链状聚合物——多聚甲醛。

$$nHCHO \longrightarrow \left[O{-}\overset{H}{\underset{H}{C}}{-}O{-}\overset{H}{\underset{H}{C}} \right]_n$$

多聚甲醛为白色固体，聚合度 n 为 8～100，在酸催化作用下也能解聚成甲醛。因此，常将甲醛以这些聚合体形式进行贮存和运输。在一定的催化剂作用下，高纯度的甲醛可以聚合成聚合度很大的（n=500～5000）高聚物——聚甲醛。聚甲醛是重要的工程塑料。

二、甲醛的用途

在当代社会，甲醛已成为最重要的、应用十分广泛的大宗基本有机化工原料之一，它的衍生物已达上百种。

工业甲醛是含甲醛37%～55%(质量分数)的水溶液，在基础有机化工原料中，它是一种很重要的大宗化工产品。作为有机化工原料，甲醛主要用于生产热固性树脂，以及丁二醇、MDI（甲苯二异氰酸酯）和聚甲醛等有机化工产品，广泛应用于化工、医药、纺织、木材加工等行业，其中最大用途是用于制造黏合剂（脲醛、酚醛、三聚氰胺甲醛树脂）而使用于木材加工和家具生产，其次用于制造季戊四醇、乌洛托品、二苯基甲烷二异氰酸酯、1,4-丁二醇、三羟甲基丙烷、新戊二醇、甲缩醛、多聚甲醛、聚甲醛、吡啶及其化合物等化工产品，以及用于长效缓释肥料、医药、农药、日用化学品等方面。

甲醛是一种重要的化工原料，除单独作为产品外，更多的是用它作为生产其他化工产品的原料。

① 甲醛可以生产新型塑料聚甲醛，聚甲醛可代替有色金属用于汽车、拖拉机、飞机中的零件，机械工业中的精密仪表、轴承、齿轮，电气工业中的绝缘外壳，石油工业中的管道、开关、阀门及日用品等。

② 甲醛与苯酚或尿素缩合生成酚醛或脲醛树脂，这两种树脂广泛用于制造各种电器材料，也可制作各种用途的油漆和化工耐腐蚀材料。

③ 用于生产乌洛托品，进而生产炸药。甲醛与氨缩合可制得六亚甲基四胺（即乌洛托品），是重要的化工和医药原料。乌洛托品与浓硝酸反应制得三亚甲基三硝铵，是一种高效烈性炸药。

④ 在农业、医药及日常生活中，甲醛用作杀虫剂和杀菌剂，如医药卫生部门用福尔马林作消毒剂。

⑤ 用作合成橡胶和合成纤维的原料。如甲醛与异丁烯发生反应，生成异戊二烯。后者是合成橡胶的重要原料。

三、主要生产原料及辅助原料的工业规格要求

1. 甲醇

甲醛生产的主要原料是甲醇，甲醇的质量好坏对反应的转化、生产收率都有很大的影响，因此必须提供符合标准的优质甲醇。其工业规格要求应符合GB 338—2011标准。

2. 水

要符合一般锅炉软水的要求，最好是除氧软水，否则会直接影响设备寿命和产品质量。

3. 蒸汽

生产过程中加入的蒸汽不参加反应，只起到了把反应热带走的作用。但为了防止催化剂中毒失去活性，要求蒸汽不夹带铁锈、水滴和其他杂质。

4. 空气

生产上需要的氧气来源于空气。因此要求空气干净，无化学污染和尘土。

5. 包装材料

甲醛水溶液具有强烈的腐蚀性，因此甲醛贮存的槽或桶的材质，为防腐蚀桶内壁必须涂有耐腐蚀材料，否则将严重影响产品质量。一般大包装用不锈钢槽车，小包装用塑料桶。

四、甲醛产品的质量标准

1. 外观

工业甲醛溶液为无色透明或近似无色透明液体，在低温条件下贮存时，允许有少量沉淀或混浊现象。

2. 标准

工业甲醛溶液（37%）质量标准应符合 GB/T 9009—2011 标准，见表 4-3。

表 4-3　甲醛质量标准（GB/T 9009—2011）

项　　目	指　　标						试验方法
	50%级		44%级		37%级		
	优等品	合格品	优等品	合格品	优等品	合格品	
密度(ρ_{20})/(g/cm^3)	1.147～1.152		1.125～1.135		1.075～1.114		GB/T 4472—2011
甲醛(质量分数)/%	49.7～50.5	49.0～50.5	43.5～44.4	42.5～44.4	37.0～37.4	36.5～37.4	GB/T 9009—2011
酸度(以 HCOOH 计，质量分数)/%　≤	0.05	0.07	0.02	0.05	0.02	0.05	GB/T 9009—2011
色度，Hazen（铂-钴号）　≤	10	15	10	15	10	—	GB/T 3143
铁(质量分数)/%　≤	0.0001	0.0010	0.0001	0.0010	0.0001	0.0005	GB/T 3049—2006

任务三　应用生产原理确定工艺条件

一、银催化法生产甲醛

1. 生产原理

（1）主反应　原料甲醇、空气和水蒸气混合进入反应器，在银催化剂作用下生成甲醛的主要反应是氧化和脱氢反应。

$$CH_3OH + 1/2O_2 \longrightarrow HCHO + H_2O \qquad \Delta H^{\ominus}_{298K} = -159kJ/mol \qquad (4\text{-}1)$$

$$CH_3OH \rightleftharpoons HCHO + H_2 \qquad \Delta H^{\ominus}_{298K} = 284.2kJ/mol \qquad (4\text{-}2)$$

$$H_2 + 1/2O_2 \longrightarrow H_2O \qquad \Delta H^{\ominus}_{298K} = -248.2kJ/mol \qquad (4\text{-}3)$$

甲醇氧化反应（4-1）在 200℃左右开始进行，因此经预热进入反应器的原料混合器，必须用电热器点火燃烧，当催化床温度升至 200℃左右，反应（4-1）开始缓慢进行，它是一个放热反应，放出的热量使催化床随着温度的升高致使氧化反应（4-1）不断加快，所以，点火后催化床的温度升高非常迅速。

甲醇脱氢反应（4-2）在低温时几乎不进行，当催化床温度达 600℃左右，反应（4-2）成为生成甲醛的主要反应之一。脱氢反应是一个强吸热反应，故反应（4-2）发生对控制催化床的温度升高是有利的。脱氢反应是一个可逆反应，所谓可逆反应就是甲醇脱氢生成醛的同时，甲醛与氢也可向生成甲醇的方向进行，这类反应在化学反应中可用可逆符号来代替的。

当反应（4-3）发生时，原料混合气中的氧与脱氢反应生成的氢化合为水时，可使脱氢反应不断向生成甲醛的方向移动，从而提高了甲醇的转化率。反应（4-1）（4-3）放出的热量大于脱氢所需的热量、反应气体升温和反应器向周围环境散去的热量。因此，生产上在原料混合气中加入部分水蒸气，以便将多余的热量从反应系统中移出，以稳定反应温度、避免催化剂过热、清除催化剂表面积炭、控制甲醛氧化反应速率和深度，使反应能正常进行下去。

（2）主要副反应 除上述主反应外，在反应器中还发生下列生成二氧化碳、甲烷和少量甲酸等的副反应。

$$CH_3OH + 3/2O_2 \longrightarrow CO_2 + 2H_2O \tag{4-4}$$

$$CH_3OH + O_2 \longrightarrow CO + 2H_2O \tag{4-5}$$

$$HCHO + 1/2O_2 \longrightarrow HCOOH \tag{4-6}$$

反应（4-4）是甲醇的完全燃烧，反应（4-5）是甲醇的不完全燃烧，它们都消耗了甲醇，放出大量的反应热，而得不到产品甲醛。反应（4-6）是甲醛的氧化，将产生的甲醛深度氧化生成对设备有害的甲酸或继续分解为氧化碳从塔顶排放。

这些副反应的存在都会降低反应收率，在生产中需通过控制一定的反应条件，尽可能减少以上副反应的发生。

2. 催化剂

银法生产甲醛的催化剂有两种。一是采用载于浮石上的银，即为浮石银催化剂；二是采用无载体的电解银。

（1）浮石银、改良浮石银催化剂 浮石银法甲醛工艺属于气-固多相催化反应，是工业上应用最为广泛的一种催化氧化催化剂。浮石银以天然浮石为载体，经初选、酸洗及水洗后，去除密度大、空隙小的不合格浮石，再经破碎、筛选出 ϕ3～7mm 的不规则球形颗粒，在马弗炉中焙烧去除水分和杂质，控制温度为 350～400℃，经 1～2h 后取出待用。配制 12%～13%的 $AgNO_3$ 水溶液，将处理合格的浮石完全浸泡，充分混合搅拌，逐步加热使 $AgNO_3$ 溶液缓慢蒸干，等 $AgNO_3$ 浸润到浮石中，再用马弗炉将其烘干，控制温度在 500～550℃促使 $AgNO_3$ 分解，最后升温至 700～750℃进行热定型，保温 2h 后取出，自然冷却至室温备用。这样制得的浮石银含活性组分银的含量只有 35%～42%，因在制备过程中 $AgNO_3$ 会分解产生氮氧化物等有害气体，使用硝酸进行酸处理过程中易灼伤人，催化剂再生后活性递减，生产中转化率低、甲醇物料消耗高等逐步被淘汰，目前只有个别厂家因使用粗甲醇作原料仍用其作为催化剂。

浮石银催化剂抗毒化能力强，对温度适应性宽，制备过程中可灵活加入其他活性因素（如助催化剂）等，以改善催化剂的性能，故称其为改良浮石银。该催化剂的比表面积大，活性较高，甲醇转化率高达 84%，选择性可达 88%。生产中为保证较高的转化率，采取延长停留时间，提高反应温度来实现，装填的催化剂高度一般达到 100～150mm。

（2）电解银催化剂 电解银催化剂是 20 世纪 70 年代中期由我国自行研发成功的纯金属材料催化剂，又称为海绵银。电解银催化剂是以铂或钛钌等金属作为阳极，纯银板作阴极，通过溶有硝酸银的电解液在电解槽由阴极发生还原反应得到电子而析出金属银，将此电解银洗涤、抽滤、烘干、热处理，然后造粒、筛分便制得电解银催化剂。电解过程需经过一次电解和二次电解，一次电解控制较低的电流密度（6～7A/dm^2）使银缓慢析出，主要目的是提纯，一般在初次使用原银或催化剂污染严重时进行；二次电解控制较高的电流密度（12～14A/dm^2），目的是在提纯的同时获得疏松的具有较大比表面积的催化剂，以提高其活性，实际生产中常用此法对失活银进行再生处理。电解银催化剂活性高、甲醇转化率可达90%、选择性可达91%以上。

电解银的制备方法

电解银催化剂与浮石银催化剂相比具有制备方法简便、再生容易、无有害气体产生、银耗少、转化率和选择性较高等特点，甲醇单耗一般可达到440～460kg。但对铁质非常敏感，当银催化剂表面含有铁素杂质时，不仅使催化剂的活性下降，而且还会促进甲醇的完全燃烧反应，造成甲醇消耗增加、床层温度难以控制，形成所谓的“飞温”。

3. 工艺条件的确定

（1）反应温度　反应温度是决定化学反应平衡转化率和选择性的重要因素，也是决定收率和产量的重要因素。工业生产中，反应温度的确定主要是根据催化剂的活性、反应过程甲醛收率、催化剂床层压降以及副反应等因素而决定。图4-1给出了甲醛单程收率和反应温度的关系。

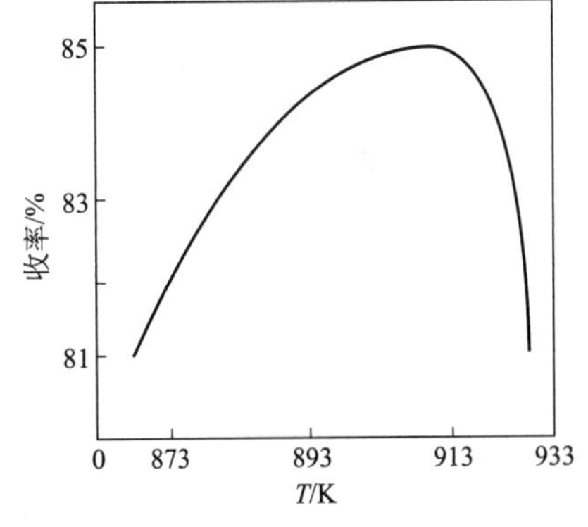

图4-1　反应温度与甲醛单程收率的关系
（氧醇摩尔比为0.34～0.40）

由图4-1可见，当反应温度为873～913K时，均可获得较高的甲醛收率；当温度超过913K时，甲醛收率明显下降。产生这一现象的原因主要有以下两点。

① 在高温条件下，电解银催化剂开始发生熔结，导致晶粒变大、变粗，使活性表面减少、催化剂活性下降，因而反应收率下降。

② 甲醛的热分解反应为：

$$HCHO \longrightarrow H_2 + CO$$

该反应的反应速率随反应温度的升高而加剧，因而在高温下反应选择性下降。

甲醛的氧化反应（即甲醇氧化生成甲醛的反应），在200℃以上范围内都可以进行。而甲醇脱氢反应的平衡转化率与温度关系比较大，当温度升高时，甲醇脱氢反应的平衡转化率增加，而到625℃以后再升高温度时，平衡转化率增加就很缓慢，因此温度较高对甲醇的脱氢反应是有利的。但是温度过高不仅脱氢反应进行缓慢，而且消耗甲醇的副反应也会相应加快；同时由于温度过高，电解银催化剂的熔结现象也会越来越严重，催化剂的活性也会受到影响，催化床的阻力也会显著上升。所以温度究竟取何值，取决于催化剂的活性和热稳定性。也就是说选定的最佳温度，应该是催化剂的活性最高、使用寿命最长的温度。目前电解银法生产甲醛，氧温一般以控制在630～660℃为宜。

（2）反应压力　由于高温下甲醇氧化反应平衡常数较大，故压力对甲醇氧化反应化学平衡的影响基本可以忽略。生产中一般采用常压操作，反应压力为0.02MPa（表）左右，主要是为了克服系统阻力。有时为了避免甲醛蒸气泄漏，也有采用微负压操作的。

（3）氧醇摩尔比　所谓氧醇比是指空气中的氧的千克分子数与甲醇的千克分子数之

比。即：

$$氧醇比=\frac{氧的千克分子数}{甲醇的千克分子数}$$

配料浓度是指三元气中甲醇的质量与蒸汽和甲醇的质量之比。即：

$$配料浓度=\frac{甲醇的质量(kg)}{甲醇的质量(kg)+蒸汽的质量(kg)}\times 100\%$$

蒸汽的加入量是由转化率和选择性来决定的，一般情况下配料浓度控制在56%～60%为最佳。

图4-2表示氧醇摩尔比与甲醛单程收率的关系。由图可见，甲醛的单程收率随氧醇摩尔比的增大而升高。因此，适当提高氧醇摩尔比是有利的。但过大的氧醇摩尔比并无好处。当氧醇摩尔比超过0.40之后，甲醛的单程收率增加缓慢，而尾气中碳的氧化物含量增加，即消耗于二氧化碳和一氧化碳的甲醇量多，反应的选择性下降。因此，工业中生产一般采用氧醇摩尔比为0.39～0.40，实践表明氧醇摩尔比控制在0.38～0.41能得到比较满意的生产效果。

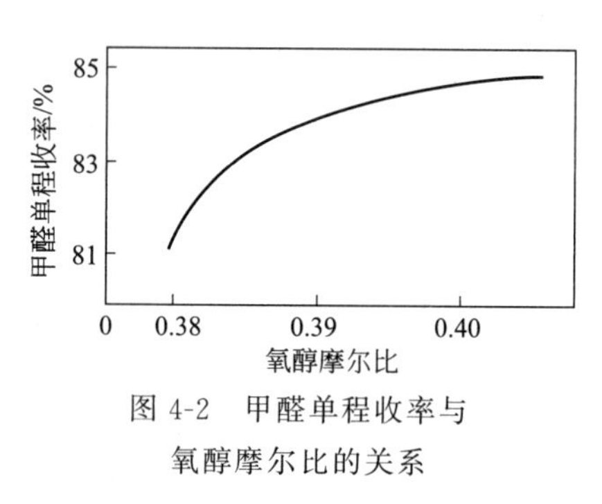

图4-2 甲醛单程收率与氧醇摩尔比的关系

(4) 原料气纯度 原料气中的杂质严重影响催化剂的活性，因此对原料气的纯度有严格的要求。当甲醇中含硫时，它会与催化剂形成不具活性的硫化银；含醛、酮时，则会发生树脂化，甚至成碳，覆盖于催化剂表面；含五羰基铁[$Fe(CO)_5$]时，在操作条件下析出的铁沉积在催化剂表面，会加速甲醛分解反应。为此，作为氧化剂的空气应经过滤，以除去固体杂质，并在填料塔中用碱液洗涤以除去二氧化硫和二氧化碳。为了除去五羰基铁，可将混合原料气体在反应前于473～573K通过充满石英或瓷片的设备进行过滤。

(5) 空速和停留时间 空速是指单位时间、单位体积催化剂所处理的原料在标准状态下的体积。

在温度、压力等条件不变的情况下，空速是衡量催化剂生产能力的一个物理量。空速大，表示单位体积催化剂处理的原料气量也大，反之空速小。

空速表示式：

$$空速=\frac{V}{HA}\times 3600$$

式中 V——每秒进入反应器的原料气体积流量，m^3/s；

H——催化剂的填装高度，m；

A——反应器的横截面积，m^2。

停留时间是指原料气在催化剂层停留的时间。反应时间增加，有利于甲醇转化率的提高；但是也使深度氧化、分解等副反应随之加剧。因此，工业上为了减少副产物的生成，大多采用短停留时间的快速反应方法。目前电解银生产的适宜空速控制在110000～180000h^{-1}，停留时间在0.024s左右。

(6) 甲醛生产中的工艺条件的比较 工艺条件的确定不仅要考虑热力学的因素，而且也要考虑动力学方面的因素。合适的工艺条件不仅使主反应顺利进行，而且能够最大限度地减少副反应的发生。另外，工艺条件的确定和催化剂的性能密切相关。

浮石银催化剂和电解银催化剂在甲醛生产中的工艺条件比较见表 4-4。

表 4-4 浮石银催化剂和电解银催化剂在甲醛生产中的工艺条件比较

反应条件	温度/℃	氧醇比(摩尔分数)	配料甲醇浓度/%	空速/h^{-1}	甲醛收率/%	选择性/%
浮石银	680～720	0.28～0.35	70～75	20000～30000	65～74	80～84
电解银	600～650	0.4	56～62	40000～220000	80～90	80～95

由表 4-4 可见，电解银催化剂反应温度低（600～650℃），可以节省能源。氧醇比略高，甲醇配料浓度较低，但空速较大，因而在相同生产能力条件下，电解银催化剂反而节省用银量。电解银催化剂的甲醛收率和选择性也明显优于浮石银。目前甲醇氧化脱氢制备甲醛的工业生产过程中，基本上均采用活性和选择性较高的电解银催化剂。

二、铁钼法生产甲醛

1. 生产原理

（1）主反应　铁钼法生产甲醛的主反应为：

$$CH_3OH + 1/2O_2 \longrightarrow HCHO + H_2O \qquad \Delta H^{\ominus}_{298K} = -159kJ/mol \tag{4-7}$$

（2）主要副反应　甲醇在铁钼催化剂上，除了生成甲醛的主反应外，还发生许多副反应。

$$CH_3OH + 3/2O_2 \longrightarrow CO_2 + 2H_2O + Q \tag{4-8}$$

$$HCHO + 1/2O_2 \longrightarrow CO + H_2O \tag{4-9}$$

$$HCHO + 1/2O_2 \longrightarrow HCOOH + Q \tag{4-10}$$

其中，反应（4-8）、反应（4-9）对主反应生成甲醛的收率有一定的影响。二氧化碳的生成主要发生在催化剂层中，是平行反应的产物；而一氧化碳和甲酸主要是在脱离催化剂层后生成的，是甲醛深度氧化的连串反应产物。对于二氧化碳的抑制尚无有效的方法。但对脱离催化剂层后深度氧化的连串副反应，则可以通过让反应产物急速冷却的方法加以控制。

2. 催化剂

1921 年五氧化二钒催化甲醇制备甲醛申请专利，1933 年氧化铁-氧化钼催化剂申请了美国专利。1952 年使用铁钼氧化物催化剂的甲醇氧化制甲醛工厂投入生产。1978 年，美国甲醛生产中，大约 1/4 的生产能力为铁钼法——甲醇单纯氧化法。我国采用铁钼法生产甲醛，虽在 20 世纪 60 年代已经开始使用，但技术进展缓慢，由于催化剂性能和工艺控制问题，生产水平较低，直到 90 年代引进国外成套设备技术后，才改变了我国“铁钼法”甲醛生产水平不如“银法”的状况。

对于甲醇氧化制甲醛的反应，若单独以氧化钼作催化剂，反应选择性好，但转化率太低；单独用铁氧化物作催化剂，活性较高，但选择性太差，大量生成二氧化碳。因此，只有铁钼氧化物以适当比例制成的催化剂，才能取得满意的效果。一般氧化铁含量（质量分数）控制在 15%～20%为适宜。过量的氧化钼（80%～85%）可作为助催化剂而存在，加入少量铬（0.2%～0.3%）有利于稳定催化剂的操作。此外，加入少量锰、铈、钴、锡、镍和钒等都可以提高催化效果。

选用载体填料也是很重要的。适量的高岭土或硅藻土（质量分数为 30%～50%），加入“铁-钼”体系中，不仅能增加催化剂强度，而且可以改进铁-钼催化剂活性过高的某些缺点，使反应进行得较为平缓，副产物（如 CO）生成量有所减少，甲醛单程收率有所提高。

铁钼催化剂活性稳定性好，一般正常条件下，持续使用寿命可达 1 年以上，每吨催化剂生产能力不低于 20kt 甲醛（37%）。铁钼法生产工艺因在甲醇的爆炸下限内操作，故设备比较庞大，一次性投资高，耗电比其他生产工艺高出近一倍；尾气中因没有氢气，故热值相对较低，利用价值差；加之催化剂价格昂贵，不能再生循环使用。目前国内采用此法的生产厂家仍然偏少，但该工艺可以直接生产制造树脂使用的脲醛预缩液（UFC），随着对高浓度甲醛溶液（50%以上）的需求增大，铁钼法在大型甲醛（60kt/a）生产装置中得到广泛应用。通过改变催化剂的制备方法、活化方法，或者加入少量其他金属化合物，或负载于载体等方法均可改变铁钼铂催化剂的催化性能。

3. 工艺条件的确定

（1）反应温度　铁钼催化剂导热性能差、不耐高温，必须严格控制反应温度。生产上要求操作温度比催化剂允许的最高使用温度（即制备时的焙烧温度）低 20～40K，即在 653K 以下操作。温度超过 753K 时，催化剂活性被破坏。

甲醇进料浓度对氧化温度的影响很敏感。甲醇浓度绝对值增加 0.1%，反应热点温度大约升高 5K，因此要保持原料气中甲醇浓度恒定。

反应温度对氧化反应的影响如图 4-3 所示。

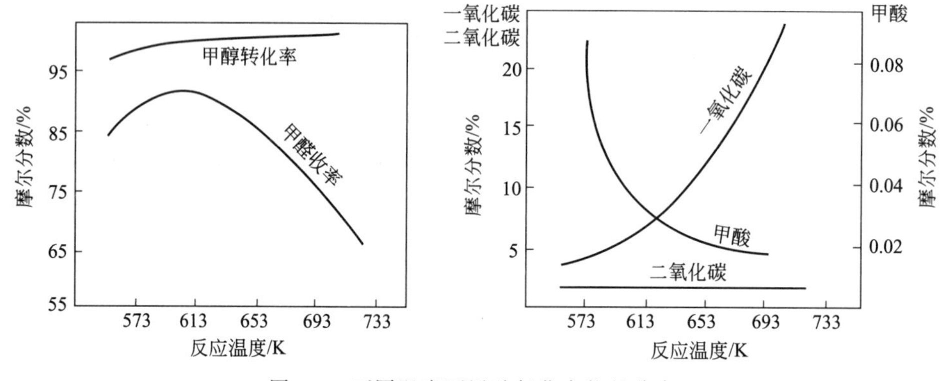

图 4-3　不同温度下甲醇氧化产物的分布

由图 4-3 可知，在 573～633K 甲醛单程收率可达 90%左右，温度愈高，一氧化碳生成量愈多。温度达 703K 时，单程收率下降为 75%，一氧化碳收率已高达 23%。因此认为一氧化碳主要是从甲醛热分解生成的。二氧化碳量在一定温度范围内几乎不变，保持在 2%左右。提高反应温度，甲酸生成量反而减少，这是由于高温下促进了甲酸的分解。为了保证甲醛收率较高，同时使甲酸生成量尽量降低，选择反应温度 623K 左右为宜。

（2）原料配比　甲醇与空气混合气中的配比在一定浓度范围内（3%～8%），对甲醛和一氧化碳收率无显著影响，但甲醇操作浓度太低，生产能力受限制。

工业上通常采用在甲醇和空气混合物爆炸区下限浓度的最高值下进行安全生产，即原料中甲醇的操作浓度（体积分数）一般控制在 6%左右。甲醇氧化反应具有高空速、放热量大的特点，若采用流化床反应器，可提高甲醇操作浓度，使生产能力增加。

（3）接触时间(或空间速度)　接触时间与反应温度有密切关系，催化剂层的温度具有鲜明的最大值，即所谓反应热点温度。空间速度的变化，引起催化剂层沿气流方向的温度分布也发生变化。空间速度减小，反应热点温度就往催化剂层的前部移动。图 4-4 表示不同空速下催化剂层沿气流方向氧化温度的分布及热点位移的情况。接触时间对氧化反应结果的影响如图 4-5 所示。

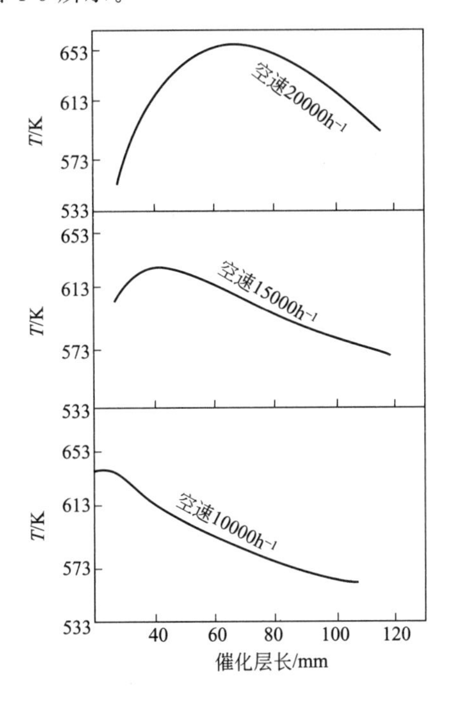

图 4-4 铁钼催化法生产甲醛不同空速时催化剂层的热点位移和温度分布

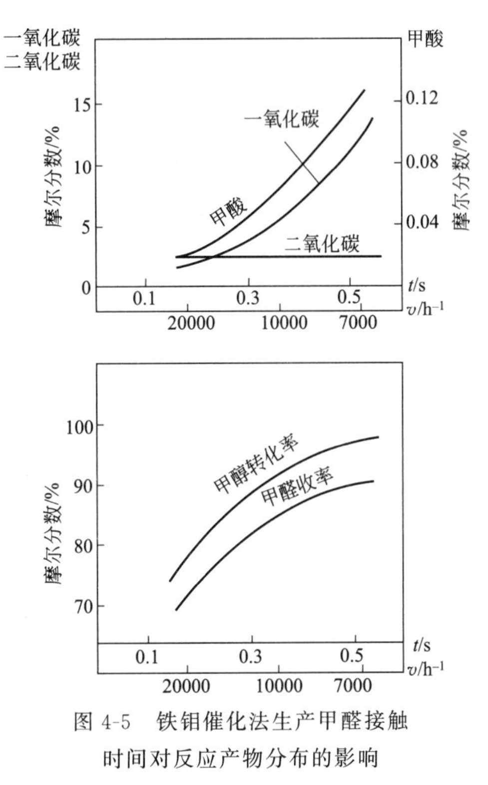

图 4-5 铁钼催化法生产甲醛接触时间对反应产物分布的影响

甲醇在铁钼催化剂上用过量空气氧化适于在高空速条件下进行，工业生产中常用的接触时间为 0.2～0.5s。

任务四 生产工艺流程的组织

一、银法生产工艺流程的组织

银法生产甲醛的工艺流程因银的来源不同又可分为电解银催化剂（又称为中国银法）和浮石银法；按尾气是否循环，又可分为循环工艺和非循环工艺。同时对甲醛溶液的要求不同和企业自身特点，生产工艺略有差别，最具代表性的工艺有英国 ICI、日本 MGC 和法国煤化学生产工艺。国内的银催化氧化法分传统工艺和尾气循环工艺。

1. 传统银法工艺流程

典型传统银法甲醛生产工艺流程如图 4-6 所示。

原料气（在爆炸极限以上的甲醇与空气混合气）经反应器中的银催化剂（浮石载银或电解银）进行氧化、脱氢反应。通过甲醇、空气及加入的水蒸气的比例控制反应温度在 600～680℃。反应后的气体经塔内以水为吸收剂循环吸收，得到 37%～42%的工业甲醛。

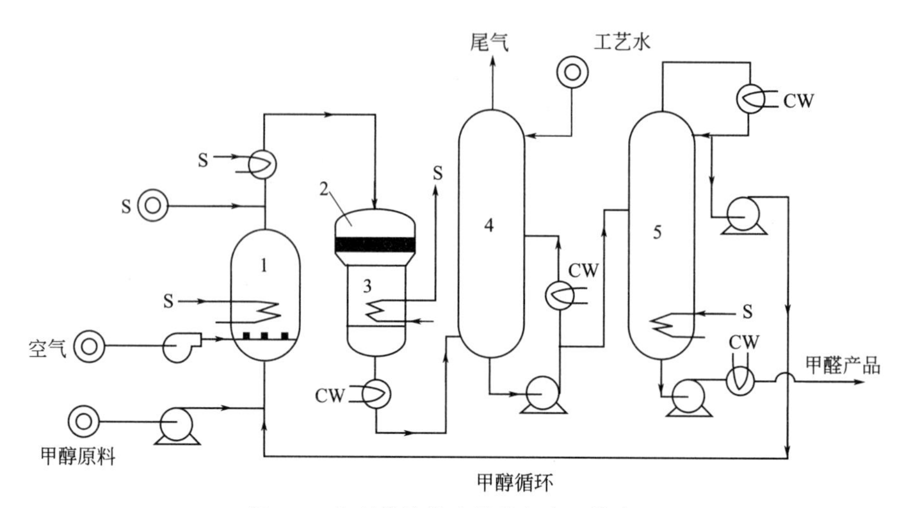

图 4-6　典型传统银法甲醛生产工艺流程

1—蒸发器；2—氧化反应器；3—急骤冷段；4—吸收塔；5—蒸馏塔；S—水蒸气；CW—冷却水

2. 尾气循环工艺流程

德国 BASF 公司和日本三菱瓦斯化学株式会社曾先后开发成功尾气循环工艺，尾气循环工艺采用吸收后的尾气达到必要的热力学平衡和安全生产的目的，从而获得低甲醇含量的高浓度甲醛产品。尾气循环法工艺流程如图 4-7 所示。

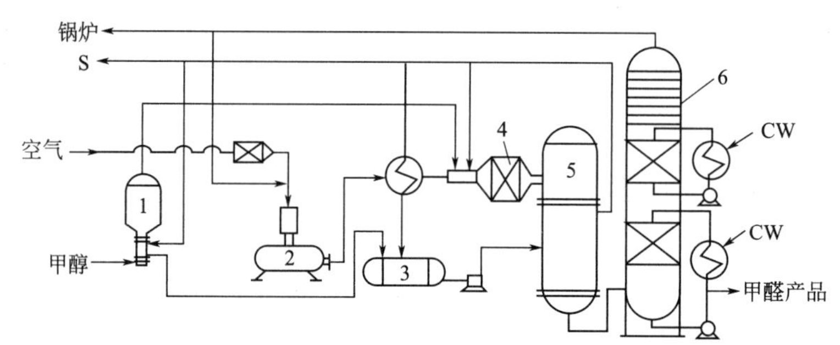

图 4-7　尾气循环法工艺流程

1—蒸发器；2—空压机；3—冷凝器；4—过滤器；5—反应器；
6—吸收塔；S—水蒸气；CW—冷却水

尾气循环法的特点在于在没有蒸馏的情况下能生产 39%～55%(质量分数）的高浓度甲醛，甲醇含量小于 1.2%。甲酸含量比铁钼法还低，约 50×10^{-6} 以下，因此可不必用离子交换法除去甲酸，可免除对环境的污染。吸收塔顶排出的气体除部分循环使用，其余的可用作燃料副产水蒸气，约每吨甲醛回收 0.5t 水蒸气。

尾气循环法与传统银法相比，甲醇转化率和甲醛收率提高。甲醇单耗下降，但电耗和设备投资增高。

3. 法国煤化学公司甲醇氧化脱氢制甲醛工艺流程

法国煤化学公司以甲醇氧化脱氢制 37%甲醛水溶液的工艺流程如图 4-8 所示。其中甲醇含量为 1%～1.5%，甲酸含量小于 150mg/L。该工艺的消耗指标见表 4-5。

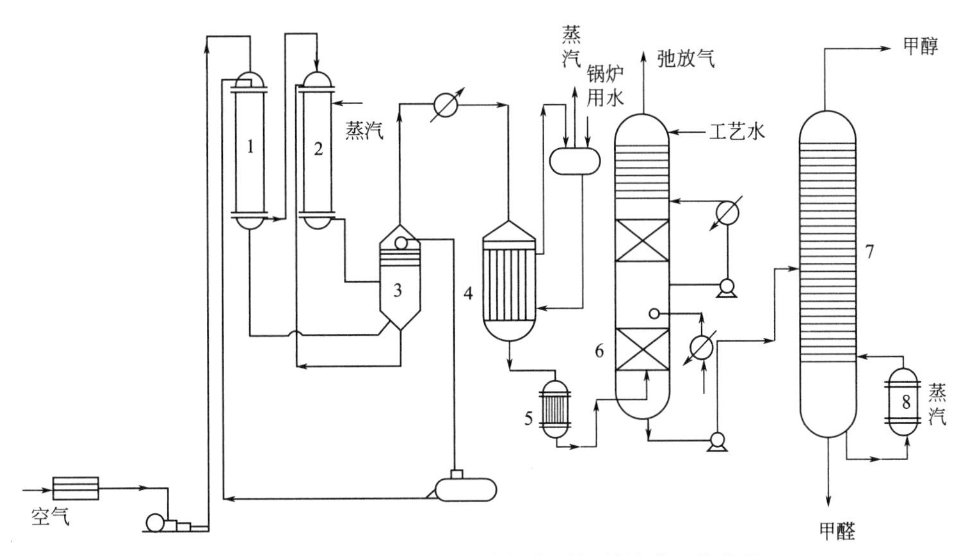

图 4-8 法国煤化学公司甲醇氧化脱氢制甲醛工艺流程

1—第一蒸发器；2—第二蒸发器；3—洗液塔；4—反应器；

5—冷凝器；6—吸收塔；7—精馏塔；8—再沸器

表 4-5 法国煤化学公司甲醇氧化脱氢生产甲醛吨产品消耗

甲醇/kg	蒸汽/kg	电/kW·h	25℃冷却水/m^3	催化剂/g
444	300	22.2	65	9

将甲醇与水连续送入串联的两个蒸发器中，同时用压缩机向蒸发器里压入过滤气。蒸发器在稳定的液位下操作，这个液位是由蒸汽调节阀来控制的，通过此阀供给汽化水-甲醇混合物所必需的热量，蒸发潜热由第二蒸发器内部的蒸汽供给。蒸发后的甲醇-空气气体混合物经洗涤并在热交换器里预热后进入反应器。反应在温度约为 635℃的银催化剂层床上发生，用反应混合物的组分控制反应。反应气体在气体冷却器中迅速冷却到 160℃，为了获得好的反应收率，冷却必须紧靠反应器出口处进行，这样热传导发生在催化剂层床下面。离开气体冷却器的冷气体，在吸收塔中被吸收。吸收分三段进行，在最低一段，大部分的甲醛和甲醇被喷淋液吸收，并由泵经热交换器循环，热量由热交换器中的冷却水移走；中间一段用泵打入，热量由热交换器传出；上面一段由数层塔板构成，由补充水洗涤、吸收。吸收后的甲醇-甲醛-水混合物送入蒸馏塔进行分离。蒸馏塔在部分真空下操作，甲醇由塔顶分离出来，其中一部分供给蒸发器，塔底为浓缩甲醛溶液，热量由热虹吸再沸器供给。

4. 英国 ICI 公司的甲醇氧化脱氢法甲醛生产工艺流程

英国 ICI 公司的甲醇氧化脱氢法甲醛生产工艺流程如图 4-9 所示。该法可以生产 37%～50%的甲醛产品。

将甲醇溶液送入蒸发器中，并向蒸发器内鼓入经过滤并压缩到 1.4kgf/cm^2 的空气。在蒸发器内，甲醇溶液被蒸发，同时与空气混合。将气体混合物加热到露点以上，再加入蒸汽，生成的混合物通过阻火器进入转化器。转化器由两部分组成，上部为转化器，混合气体在薄层银粒构成的催化剂上反应，反应温度为 600～650℃；下部为列管式废热锅炉，热的反应气体在此迅速冷却，以抑制任何不需要的副反应。然后反应气体进入吸收塔，用冷凝水

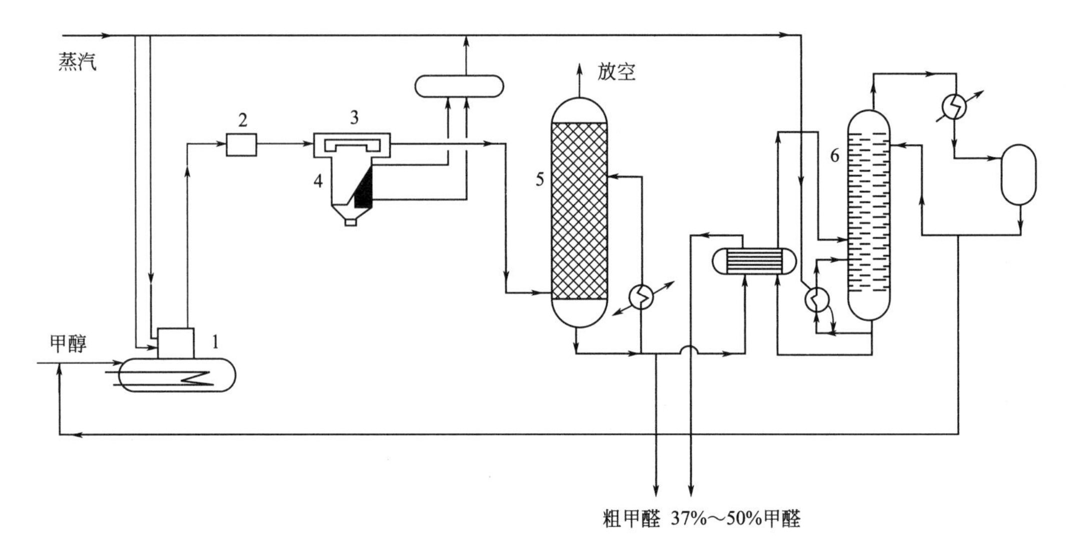

图 4-9 英国 ICI 公司甲醇氧化脱氢法甲醛生产工艺流程

1—蒸发器；2—阻火器；3—转化器；4—废热锅炉；5—吸收塔；6—精馏塔

将甲醛吸收，从吸收塔底得到产品甲醛，尾气放空。

通过适当选择反应条件，本工艺可以在高的或低的转化率下操作，生产出溶液浓度为37%～42%甲醛和3%～15%甲醇的产品。这些溶液如需要，可以直接使用或进入蒸馏塔进行提纯。在蒸馏塔里甲醇离开塔顶，再循环到蒸发器中，而含37%～50%甲醛和0.5%甲醇的产品由塔底流出，产品中甲酸的含量小于0.01%，生产不同规格的产品的消耗定额见表 4-6。

表 4-6 英国 ICI 公司的甲醇氧化脱氢生产甲醛工艺消耗

产品组成	甲醛/%	37	37	44	50
	甲醇/%	3	0.5	0.5	0.5
甲醇/kg		461	434	518	588
锅炉给水/t		0.222			
工艺水/t		0.165	0.243	0.195	0.160
冷却水(Δt=25℃)/t		35	59	57	74
蒸汽/kg		0.080	0.860	0.984	1.100
电/kW·h		25	27	32	37

5. 我国甲醛生产工艺流程

为降低消耗，我国生产厂家对传统的生产工艺进行了优化和改进，形成了循环法生产工艺。循环法生产工艺可分为甲醇循环法和尾气循环法两种工艺。

（1）甲醇循环法　甲醇循环法又叫不完全转化法，具有比较悠久的历史，目前国内采用甲醇循环法的厂家还不多。其特点是控制较低的反应温度，以减少副反应，吸收塔采出的甲醛溶液再经蒸馏脱除大部分未反应的甲醇和水，脱出的原料甲醇和水作为原料回用，所以甲醛浓度高，而甲醇单耗低。但需要增加一套精馏装置，投资较高，操作较复杂。盘锦辽河油田研制出新的甲醇循环法则可不需另外增设精馏塔，而利用反应热和甲醛溶解热达到在吸收塔内脱醇脱水的目的。利用该技术对辽河油田的10kt/a甲醛装置进行技术改造并取得了成功。该装置的甲醇蒸发器采用复合式蒸发器，新蒸发器的阻力较小。采用该工艺后，单位产品甲醇单耗及公用工程消耗均有较大幅度的降低。表4-7是甲醇循环新工艺与传统工艺的对比表。

表4-7 甲醇循环新工艺与传统工艺对比表

原材料消耗	传统工艺		甲醇循环新工艺银法
	银 法	铁 钼 法	
甲醇单耗/(kg/t)	430～440	420～430	425～440
电/kW·h	20	70	18
冷却水/(m^3/t)	20～30	20	12
副产蒸汽/(t/t)	−0.2～−0.5	−0.6	−1.0

（2）尾气循环法　尾气循环法是将尾气总量的40%～50%作为循环气体返回反应器，其作用有二，一是回收利用反应热，二是因为将接近一半的尾气循环，尾气热值高，可以取消甲醇过热器，减少了排放的尾气量，减轻了尾气处理的负荷，可在一定程度上降低甲醛生产能耗，还可生产较高浓度的甲醛，是目前较为先进的新工艺。我国的“尾气循环工艺”是以甲醛生产过程的部分尾气（或尾气燃烧后的部分废气，也称烟道气）与水作为热稳定剂带走反应过程中的多余热量，来稳定控制反应温度。

甲醛生产工序：
尾气循环法

循环的尾气可与新鲜空气混合，与甲醇质量比1.8～1.9，在催化剂床层温度为635℃的条件下进行反应，在这样的条件下，甲醇的单程转化率可达到98%左右，从吸收塔出来的产品甲醛含量为50%～53%，甲醇含量为1%～2%。不需要进一步蒸馏。

尾气循环法不但可以降低能耗，还可生产较高浓度的甲醛，达到铁钼法的类似效果，因此吸引了国内很多甲醛企业。但尾气循环法并不能解决国内甲醛企业目前所有的问题，该工艺对催化剂的制备和设备制造要求较高，大量的气体循环相应要增大处理设备的尺寸。因此有些企业改用尾气循环法以后，效果较明显，而有的企业节能降耗效果不显著，甚至生产成本还有提高，同时高浓度甲醛贮存聚合问题也未解决，有的改为尾气循环法后又改回去。

传统工艺中尾气全部至尾气处理器燃烧，回收热能，产生的蒸汽送至汽包供生产使用；而尾气循环工艺流程类似于传统工艺，其主要差异在于一部分尾气至尾气处理器燃烧，回收热能，另一部分尾气循环至混合器作为反应热的稳定剂。尾气循环工艺比传统工艺具有甲醇转化率高、单耗低以及生产不同浓度的甲醛等优点。

我国的“尾气循环工艺”能生产37%～50%(质量分数）的甲醛，甲醛质量优良，一般甲醇含量在0.1%～0.5%，甲酸含量在0.004%～0.008%；甲醇单耗低（最低单耗达435kg)；能耗低（电耗为25kW·h/t)，每吨产品可副产0.3MPa蒸汽350kg，如需要可产生0.8MPa的蒸汽与蒸汽管网连接。其工艺流程如图4-10所示，工艺的消耗指标见表4-8。

表4-8 我国生产甲醛吨产品消耗

甲醇/kg	甲醇(开车用)/(t/次)	电/kW·h	软水/t	补充水/t
445	2	22.2	8	5

贮罐中甲醇原料由甲醇泵经过甲醇过滤器定量连续送入甲醇再沸器和甲醇蒸发器，在甲醇蒸发器内被加热汽化为甲醇气体送入混合器；经过过滤的空气由罗茨风机定量送入1#空气加热器预热后进入混合器；来自终端高效捕集器的尾气由罗茨风机定量送入尾气加热器后

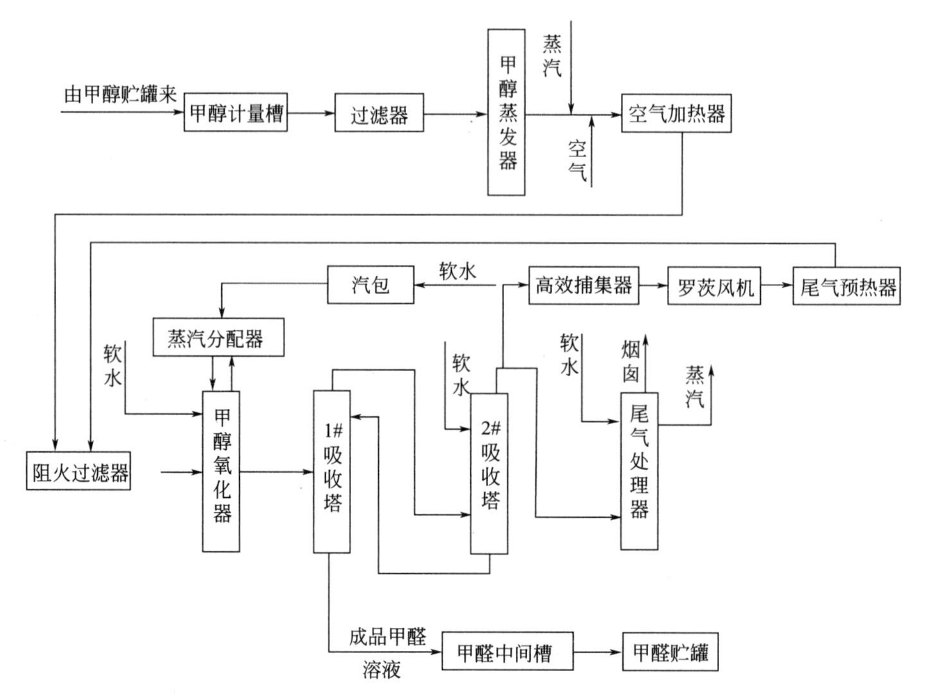

图 4-10 尾气循环法工艺流程简图

进入阻火器过滤器，得到尾气四元混合气体。该混合气体进入阻火过滤器除去机械杂质后进入氧化器反应，在 20kPa 和 600～620℃的高温下和银催化剂接触，发生氧化脱氢反应，大部分甲醇转化为甲醛，生成甲醛气体。生成的高温气体迅速通过氧化器的急冷段，其携带的热量与来自氧化器汽包的软水通过列管入混合器，与定量的甲醇气、过滤后的水蒸气、加热后的空气混合，形成甲醇-空气-水蒸气壁进行热交换，间接产生的 0.35MPa 饱和水蒸气进入蒸汽分配器供生产使用，生成的甲醛气体冷却至 100℃以下，进入装有填料的 1＃吸收塔底部进行吸收操作。

甲醛气体在 1＃吸收塔内与塔顶喷淋吸收液逆向接触吸收，90％的甲醛气体被吸收液吸收后，经 1＃甲醛循环泵进入 1＃板式换热器冷却后，部分返回 1＃塔顶循环吸收，部分作为产品，计量后送至甲醛中间槽及甲醛贮罐。未被吸收的气体由 1＃吸收塔顶出来，再进入 2＃吸收塔二塔部分底部，在 2＃吸收塔二塔部分内与二塔部分塔顶喷淋吸收液逆向接触吸收，经 2＃甲醛循环泵进入 2＃板式换热器冷却后，一部分进入 2＃吸收塔二塔部分顶部作吸收剂，一部分进入 1＃吸收塔作为喷淋吸收液；未被吸收的气体进入 2＃吸收塔三塔部分底部，一定量的低温软水自 2＃吸收塔三塔部分塔顶加入，接触吸收气体，由 2＃吸收塔三塔部分塔底采出稀甲醛溶液，经 3＃甲醛循环泵进入 3＃板式换热器冷却后，经泵打入 2＃吸收塔三塔部分顶部作吸收剂。2＃吸收塔三塔部分顶部出来的气体，经终端高效捕集器后，一部分由罗茨风机送入尾气加热器加热后进入混合器，一部分经尾气液封槽后送至尾气处理器燃烧，回收热能，产生的蒸汽送至汽包供生产使用，尾气燃烧后排放达到减少污染环境的目的。开车前，利用尾气处理器燃烧甲醇产生蒸汽供开车用汽；点火正常后，尾气经管道送至尾气处理器通过专用的喷嘴进入炉膛燃烧，而后停止燃烧甲醇。

电解银催化剂对铁质非常敏感。银催化剂表面含有铁杂质时，不仅使催化剂的活性下降，而且还会催化甲醇的完全燃烧反应，造成甲醇消耗增加，床层温度难以控制。另外，甲醛溶液具有一定的腐蚀性，所以，工艺流程中所用的设备一般应使用不锈钢材料制造。

二、铁钼法生产工艺流程的组织

目前世界上采用铁钼法的生产装置约30%，最具代表性的生产工艺是瑞典Perstorp Formox工艺和丹麦Topsoe工艺。瑞典Perstorp Formox公司是世界上著名的铁钼法甲醛技术的所有者和甲醛生产者之一，在我国已有多套装置，我国引进第一套Perstorp Formox的甲醛装置在1996年一次开车成功。这些装置经过几年实践，运行工况平稳，评价较好。

1. 瑞典Perstorp Formox甲醛工艺

甲醇（必要时预热）喷入蒸发器蒸发后，再与空气和循环工艺尾气混合，然后进入管式反应器，反应器管子内装有钼基催化剂，甲醇经氧化生成甲醛。反应器的操作温度为350℃，属于均温反应器。管间是移热介质，移热介质带走反应热。这样就维持了获得最大转化率所必需的等温条件。移热介质进入废热锅炉，产生中压蒸汽（1.2～3MPa）。瑞典Perstorp Formox公司的甲醛生产工艺流程如图4-11所示。甲醛的原料消耗指标见表4-9。

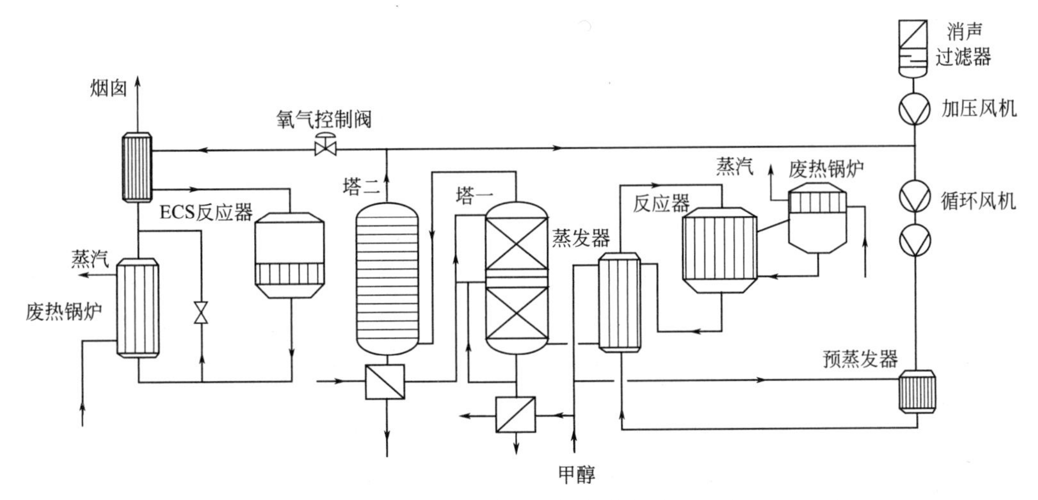

图4-11 瑞典Perstorp Formox公司“铁钼催化法”尾气循环工艺流程

表4-9 Perstorp Formox工艺的消耗指标

甲醇/kg	蒸汽/kg	工艺水/kg	冷却水/m^2	电/kW·h	催化剂/g
421～426	−450～−700	400	40～50	60～70	0.04～0.05

工艺气在甲醇蒸发器中冷却，其热量用于蒸发甲醇，然后进入吸收工段，甲醛产品在此工段溶解于水。吸收工段包括一台或两台间接冷却塔，可以通过调节吸收塔的水流量来调节甲醛溶液的浓度。根据甲醛水溶液的相平衡数据，吸收塔出来的溶液甲醛质量分数为35%～57%。

大约有2/3的吸收塔出口尾气再返回蒸发器，余下的气体送入尾气排放物控制系统——一台换热器和一台催化氧化反应器（即焚烧炉）。在该系统催化剂的作用下，残余的挥发性有机化合物转化成二氧化碳和水。此时焚烧温度明显低于氮氧化物形成的临界温度，不会生成氮氧化物。来自贮罐的蒸汽也可以供给排放物控制系统。如果催化氧化反应器的排放口要用蒸汽，这里设计有一台可选择的蒸汽发生器，以提高热量回收效率。

对于甲醛吸收部分，如果用尿素溶液代替水作吸收液，则可直接获得脲醛预缩液。如果是采用双塔吸收，则可以同时生产甲醛溶液和脲醛预缩液。在进行生产规模较大的装置设计中，应该配置DCS控制系统、双重三级报警和停车系统来提高自动控制水平，从而达到优化生产的目的。

2. Topsoe（托普索）甲醛工艺

Topsoe工艺与Perstorp工艺十分相似，但其催化剂各不相同。1973年该工艺首先在日本Nippon Kasei的Onahama装置投入工业运行，目前仍在运转。迄今，世界上已经有20多套采用该工艺的装置在运行。Topsoe过剩空气甲醛工艺有以下主要步骤：甲醇的蒸发→气态甲醇与空气和循环气的混合→在一个油冷管式催化反应器中甲醇的氧化→用工艺水或尿素溶液吸收甲醛→尾气的催化焚烧。从工艺中产生的余热可以蒸汽的形式送出。通过改变进吸收塔的工艺水量，甲醛水溶液（AF）的含量可在37%～55%（质量分数）之间任意选择。还可以选择用尿素水溶液取代工艺水以生产含高达60%（质量分数）甲醛、25%（质量分数）尿素和剩余水分（UFC-85）的脲醛预缩液。Topsoe特殊设计的FK-2系列催化剂选择性高、形成的压降低。Topsoe甲醛工艺每吨产品的公用工程要求见表4-10。Topsoe甲醛工艺流程如图4-12所示。

表4-10 Topsoe甲醛工艺每吨产品的公用工程要求

产品	AF-37	AF-55	UFC-85
甲醇/kg	420～425	625～630	695～700
60%尿素溶液/kg	—	—	417
工艺水/kg	400	82	117
冷却水/m^3	42	62	62
电力/kW·h	76	113	123

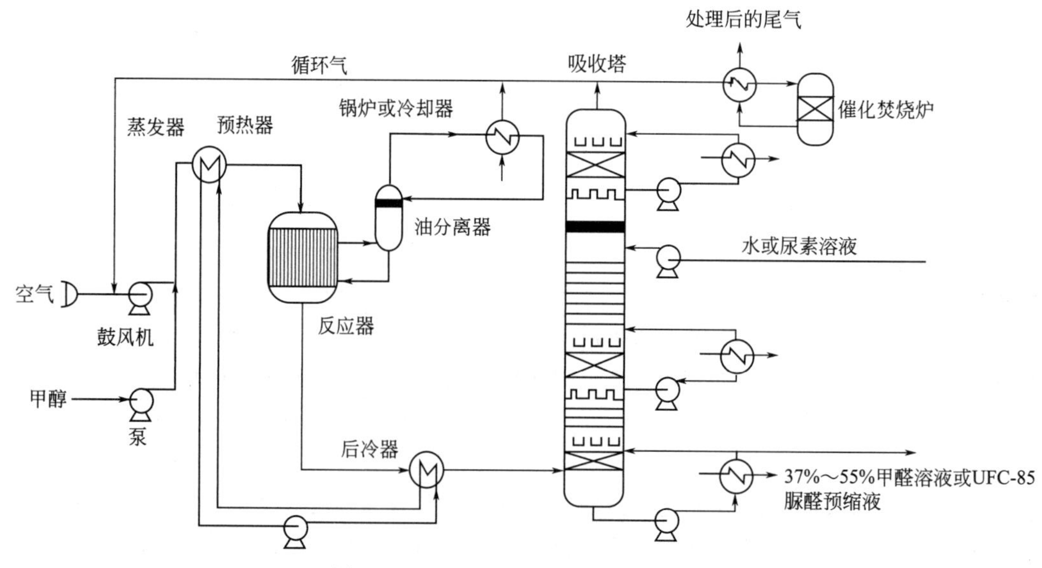

图4-12 Topsoe铁钼法甲醛工艺流程

液体甲醇与风机送来的循环气体混合后，在甲醇蒸发器/工艺气加热器中，甲醇和循环气通过与循环的液体传热油进行热交换，被蒸发和加热到大约165℃。反应前气体混合物中，甲醇的质量分数为8.4%，氧气的质量分数为10%。预热后的气体进入反应器，反应器是列管式的，催化剂在管内。管间是液体传热油。

Topsoe公司生产的金属氧化物催化剂FK-2由钼、铁、铬的氧化物组成。铬氧化物的作用是增加催化剂的稳定性，与不含铬的钼/铁氧化物催化剂相比，降低了催化剂活性和选择性的损失速率。该催化剂挤压成为4.5mm/1.7mm×4mm的环形状，其堆密度稍低于1kg/L。这样催化剂的抗碎强度高（大于8.8MPa），比较容易输送和装入反应器。

除了氨以外，催化剂非常抗中毒。甲醇中含有微量的碳基铁不会危害催化剂。但是必须确保氧气过量，否则反应气体中甲醇浓度太高，使催化剂中毒。

热油介质是循环使用的，实际上反应器的管间是一个油浴，起到了散热均温的作用。来自反应器的油蒸气被送到油分离器，然后在空气冷却器或废热锅炉中冷凝。所有冷凝油在重力作用下通过油分离器返回反应器。在油分离器中，返回的油冷凝液温度与油蒸气温度相互平衡，从而保证了反应器中均匀的油浴温度。

反应器排出的气体在后冷却器中与传热油进行热交换，冷却到大约130℃，而传热油本身已经在蒸发器/预热器中被冷却。传热油的类型与冷却反应器所用的传热油相同，它通过传热油泵在闭合回路中循环，并且在比较低的温度下（90～100℃）操作。

含有甲醛的反应后气体进入吸收塔，甲醛被水吸收生成甲醛溶液或者被尿液吸收生成UFC，尿液可以由尿素装置直接提供或外供。吸收塔下部有两个填料床，它们之间有很多塔板。吸收塔上部也有塔板，顶部有一个填料床。溶液热量和反应气显热在下部填料床被两台吸收冷却器吸收。通过这种方法吸收了大部分甲醛。经过两个填料床之后，气流进入上部塔板部分，气体中剩余的大部分甲醛和甲醇被逆流的尿液洗涤除去，在顶部填料床进行最大限度的冷却。在这一工段，过量的水也被除去。

塔板的形式通常是用浮阀，当然这不是唯一的，目前采用的各种新型填料和塔板在这里均可使用。

Topsoe在甲醛装置的设计、建设和操作方面具有的特点是，它能运用双吸收塔同时生产AF和UFC。实际上是用两个吸收系统同时生产两种产品。

离开吸收塔的净化气体分成循环气和尾气，循环气通过风机返回循环回路，尾气经过催化焚烧炉进一步净化后排出。尾气催化焚烧炉处理洗涤过的尾气并且除去过量的冷凝液。洗涤后的尾气在尾气加热炉中被加热到约250℃，然后进入催化焚烧炉。离开焚烧炉的热气体约450℃，与未处理的尾气换热冷却后排入大气。在焚烧炉中，可燃性化合物如CO、CH_3OH、HCHO和$(CH_3)_2O$在催化剂作用下被尾气中的氧分子氧化成CO_2和H_2O。

Topsoe公司有特殊的焚烧工艺和专用氧化催化剂CKM-22。一般来说，尾气中残留的甲醛、甲醇和二甲醚质量分数都小于10^{-5}，一氧化碳质量分数小于10^{-4}。吸收塔出口的UFC-85产品中甲酸的质量分数约0.04%。

如果UFC-85工艺产生的过量冷凝液不能得到利用，如制备尿液，便送至一台单独的过量冷凝液蒸发器中由工艺废热蒸发，然后与尾气混合，并在催化焚烧炉中得到净化。因此，该甲醛工艺已经完全符合环境保护的要求。如果需要，甲醛工厂可以设计成副产蒸汽。

与其他过量空气工艺相比，Topsoe工艺的优点主要是甲醇蒸发器、反应器和吸收塔的设计，与FK催化剂的独特性能以及与装置设计的相互作用有关。其特别的优点是反应器中温度分布非常均匀。吸收塔的优点是：生产的甲醛水溶液（AF-55）质量分数最高可达55%；脲醛预冷凝液（UFC-85）的质量分数最高可达85%；工厂排放尾气中残留的甲醇和甲醛的含量非常少；尾气洗涤是比较有效的，但吸收塔的压降不大。

3. Topsoe 新工艺

Topsoe 最近宣布了其工艺的新进展，新工艺使用了两台串联的反应器（如图 4-13 所示）。串联反应器方案具有较低资金费用、较低电力消耗、较高蒸汽产量、产品中甲醇含量较低、催化剂更换可在减低负荷下进行等优点。

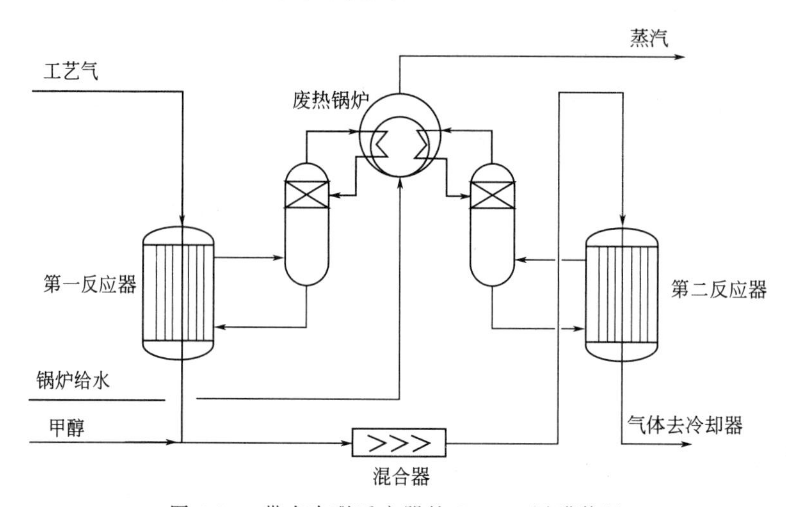

图 4-13　带有串联反应器的 Topsoe 甲醛装置

该工艺已经在沙特阿拉伯 Jubail 的沙特甲醛化学品有限公司成功运行两年多，证明了工艺的先进性。

串联反应器的具体做法是，通过在第一台反应器后串联第二台反应器，并进一步增加甲醇供给量，就可以在通过装置的气体流量很少的情况下达到规定的产量。设备和管道的尺寸减小了，所节约的费用比增加一台反应器的费用要多。因此，不会因为增加反应器而造成投资的上升。串联反应器法还可以应用于现有工厂的改造，达到提高产量的目的。在这种情况下气体流量与原装置保持相同水平。增加一台串联的反应器后，产量最大可提高80%，这取决于吸收塔的原设计是否有余地。如果想适度地提高产量（例如提高30%～40%），在两台反应器运行时，入口处甲醇质量分数达到6%左右就可以了。在这种方式下运行，催化剂寿命可望达到3年。

4. 我国的铁钼法工艺

我国自1966年开始，随着对聚甲醛树脂和烯醛法合成橡胶新工艺对浓甲醛的需要，开始研究开发以 Perstorp Formox 工艺为主体的生产工艺，并在吉林石井沟联合化工厂、天津第二石油化工厂、河南安阳塑料厂等先后兴建了采用铁钼催化剂的甲醛生产装置。但是由于工艺技术落后，科研投入不足，发展缓慢，后来逐步停产淘汰。安阳塑料厂建成我国第一套铁钼法甲醛生产装置，由于早期使用的催化剂活性差、寿命短，致使能耗高而没有得到进一步推广。直至20世纪90年代又引进数套铁钼法生产装置，同时我国也自行开发建设了铁钼法装置。目前国内厂家工艺方法与瑞典 Perstorp 为代表的工艺流程大同小异，其消耗指标也比较接近。不同浓度铁钼法原料消耗对比见表4-11。

表4-11 不同浓度铁钼法原料消耗对比表

原材料	甲醛浓度37%(甲醇最大含量1.0%)	甲醛浓度55%(甲醇最大含量1.5%)
甲醇/kg	426～428	633～636
电/kW·h	75～85	110～126
工艺水/kg	400	110
催化剂/kg	0.04～0.05	0.06～0.07
蒸汽(最高1.96MPa)/kg	−450～−690	−670～−1025

三、银法和铁钼法工艺的比较

采用铁钼法生产工艺可生产37%～55%的甲醛产品。与银法生产工艺相比，铁钼法可不设甲醇回收塔。由于采用过量空气，每摩尔甲醇蒸气需要13mol空气才能保证装置的安全运行，大量的空气使得装置的所有设备和管道与银法相比要大得多。这也是铁钼法工艺的投资比银法高得多的主要原因。铁钼法工艺的优点是甲醇转化率可达95%～99%，甲醇消耗低、催化剂寿命长（达1年以上），副产蒸汽多，产品浓度高（可达55%～58%），产品含醇量低，可直接用于下游产品的生产，杂质较少；缺点是工艺流程较长，投资相对较大，电耗较高。对于小规模的生产装置，铁钼法的经济效益不如银法，因此铁钼法适合50kt/a以上的较大型甲醛装置。

两种不同生产方法的技术经济指标比较（以37%甲醛水溶液计）见表4-12。

表4-12 银法和铁钼法生产甲醛的技术经济指标比较

技术经济指标	银法	铁钼法
投资比	1.00	1.15～1.30
甲醇单耗/(kg/t)	445～470	4.20～4.37
能耗节余/(美元/t)	6.2	11.9
生产成本比	1.0	1.0
工艺指标		
甲醇质量分数(空气中)/%	>37	<7
反应温度/℃	600～700	280～350
催化剂寿命/月	3～6	12～18
反应效果		
甲醛质量分数/%	37～40	55～60
产品醇含量/%	4～8	0.5～1.5
产品酸含量/(mg/kg)	100～200	200～300
收率/%	86～90	95～98
催化剂		
组分	电解银或载体银	Fe-Me
对毒物敏感度	大	小
失活原因	烧结或中毒	Mo升华

任务五　正常生产操作

现以国内电解银催化剂甲醛尾气循环法生产操作为例介绍如下。

一、开车前准备工作

1. 公用工程准备

① 检查所有水、电、汽、仪表空气等公用工程的供应状态，是否符合工艺要求，保证稳定供应，保证排水畅通。

② 公用工程供应指标，见表 4-13。

表 4-13　公用工程供应指标

序　号	名　　称	指　　　标	备　　注
1	循环水	500m^3/h 供水压力 0.4MPa	进水温度≤32℃
2	蒸汽	0.4MPa	
3	电	220/380V	
4	软水	10m^3/h　　0.2MPa	20℃
5	压缩空气	30m^3/h　　0.4MPa	无油
6	氮气	25m^3/h　　0.3MPa	
7	高压消防水	供水压力 0.7MPa	

2. 设备检查

① 检查各电器开关和电动机，是否封闭严密、是否受潮，试用是否有接触不良等不安全现象，发现问题应及时处理。

② 检查各动力设备的运行情况，试车正常，并加足润滑油。

③ 检查各生产设备及管道内有无遗留物，防止物品遗留在设备和管道内。检查完毕，将设备及管道恢复生产状态。

④ 检查各生产设备及管道上的阀门的使用情况，检验阀门是否完好，开关是否灵活，是否在开车所要求的位置。

⑤ 检查计量的控制、检测仪表是否齐全和处于完好状态。

3. 系统的清洗和吹扫

甲醛生产的特点：系统要干净。为了防止铁锈等杂质进入氧化器而影响催化剂的活性、寿命和产品质量，开车前必须对全系统的设备和管道进行全面清洗，特别是蒸发器、过热器、阻火器、过滤器和氧化器系统。清洗干净后，要排尽设备、管道内存水，擦洗干净。

① 首先打开过滤器，取出不锈钢丝网，用5%～10%的草酸溶液浸泡除污后放回阻火过滤器内，然后打开甲醇蒸发器上部，取出不锈钢汽液网，用蒸汽加洗衣粉清洗干净，以无油为准，从阻火过滤器上用大量清水冲洗至甲醇蒸发器底部排出清水为止。

② 打开氧化器顶盖，用钢丝刷（或金属丝网球）和肥皂液刷洗氧化器的顶盖、氧化室四壁、管板和支架、铜网等部位，除掉附着的炭黑及油污，并用清水冲洗干净。

③ 一、二级吸收塔氧化器内的物料排掉后，加水循环，清洗两塔设备，并将污水从各

排污口放入下水道。

④ 将所有打开的设备安装好，按正常开车步骤进行设备蒸煮作业；甲醇蒸发器加水至液位中线位置；打开甲醇蒸发器、再沸器及加热器的蒸汽阀门，加热甲醇再沸器和加热器，启动罗茨鼓风机，打开空气加热器加热阀，通入一定量的配料水蒸气，一、二级吸收塔进水至液位中线位置，启动所有泵打循环，为了保证设备蒸煮作用能除尽设备和管道内的铁锈等杂质，一般连续蒸煮时间要达到 24h 以上，甲醇蒸发器蒸发温度要达到 80℃以上，并且要求更换甲醇蒸发器内的水至排出清水。

⑤ 设备蒸煮作业完成以后，打开甲醇蒸发器、阻火过滤器、氧化器及吸收塔底部的排污阀，将上述所有设备内的水排尽，停一、二级循环泵及循环冷却水泵，关配料蒸汽，继续给甲醇蒸发器和过热器加热，用鼓风机鼓热风，烘干氧化器及前面的一系列设备及工艺管线，使之达到无油污、无锈斑、无积水的要求。一般设备烘干要达到 4h 以上，同时用此方法洗清尾气系统。

二、开车操作

1. 装填电解银催化剂

催化剂装得是否均匀和平整，是决定开车成败的一个关键因素，若铺装不均匀或有裂缝等会造成成品酸度高，因此，必须做到“四平”：管板平、铜网平、铜丝网平、催化剂平。具体操作如下。

① 吊开氧化器顶盖，用干净的布擦净顶盖内及氧化室四壁的水分后，将整平的铜网平放在氧化室床管板上，使热电偶槽道对准热电偶的插入孔。然后将热电偶插入氧化器内与铜网匝住，并固定在氧化器外壁上。

② 将经过退火处理的铜网平铺在管板上，四周用旧的铜丝网塞缝，用水平尺校正管板铜网水平，并使铜丝网服帖，不起弓。

③ 按照下大上小的原则，分层铺装电解银催化剂，并逐层压紧，保持床层催化剂铺装的均匀、平整、无漏缝。

④ 催化剂铺平压紧后，安装电加热点火器，注意不得碰触氧化器四壁和电解银，防止短路；装好后接通电源试点，确认接触良好无异常后，关闭点火电源，吊装氧化器顶盖，注意吊装时要轻提轻放，不得震动和污染催化剂。

2. 投料及开车准备

① 准备热水。向氧化器废锅内通入一定的软水和蒸汽，控制废锅内水温在 120℃以上，液位在 50%左右。

② 冷凝液贮槽控制设定为自动控制状态，并使之液位保持在 80%。

③ 打开阻火过热器，安装阻火器阻火网，安装四块新型滤材，并压紧防止吹翻，使气体走短路，然后安装好阻火过滤器顶盖。

④ 打开甲醇过滤器，更换玻璃棉，并压紧装好，使之不泄漏。

⑤ 开启蒸汽分配器进汽阀，控制蒸汽压力在 0.2MPa，并使蒸汽分配器的疏水阀处于正常状态。

⑥ 打开甲醇计量槽的出料阀和甲醇过滤器的进出口阀，启动甲醇泵，送料至甲醇再沸器，同时视回流量大小，调节甲醇泵出口压力在 0.15～0.18MPa。通过调节阀控制其液位

稳定在中线偏下位置。

⑦ 打开软水泵进出口阀门，启动软水泵，给冷凝水槽及二塔补充软水，加热甲醇蒸发器，通过调节阀控制一定的蒸发温度。若开足加热水量而蒸发温度仍然偏低时，应检查仪表及蒸汽加热阀门使蒸发器压力升至工艺要求。

⑧ 打开鼓风机出口和放空阀门，开启鼓风机，待运转平稳后，控制标准状态下空气流量在 $1200m^3/h$ 左右送入空气预热器。

⑨ 打开加热器的蒸汽加热阀门和出口疏水器，加热加热器，吹热风预热设备。

⑩ 配齐甲醛生产中控分析所用的工具及标准溶液。

⑪ 打开废锅给水泵的进出口阀门，启动废锅给水泵，给氧化器汽包和尾锅汽包进水，使汽包的液位维持在下限，并维持液位稳定。

⑫ 打开冷却循环水进出口阀门，打开一、二级塔冷却器的进水阀门。

⑬ 打开一、二级吸收塔的底阀，给两塔进水至能够保证启动循环泵后使两塔液位稳定在中线位置上，使塔内形成物料循环喷淋。

3. 开车操作要点

（1）准备工作

① 检查氧化器废热锅炉内是否已备有热水。

② 对设备进行系统全面的检查，如各阀门位置、现场手动阀与调节阀位置、电加热器电源、气线路、各机泵、中间槽等。

③ 检查测量仪表。

④ 检查原料及公用设施。

⑤ 准备分析仪器及试剂。

（2）系统开车

① 准备热水。

a. 向氧化器废锅内通入一定的软水和蒸汽，控制废锅内水温在 100℃以上，液位在 50%左右。

b. 冷凝液贮槽/汽包液位控制设定为自动控制状态，并使之液位保持在 80%/50%。

② 暖车。

a. 启动风机，调整空气流量为 $800\sim1000m^3/h$。

b. 开启空气预热器，对空气预热后进入氧化器催化层。

c. 控制一塔液位，启动一塔循环泵，手动开一塔循环水调节阀至 50%，并开启冷却水进入一塔板冷却。

d. 检查反应加热器绝缘电阻，确保其为 0.2MΩ 或更高。

e. 当催化剂床层温度达到 70℃以上时，暖车结束。

③ 升温。

a. 手动控制蒸发器液位和压力分别在 580～650mm 与 0.07MPa，然后调整为自动控制，并将甲醇管路排放干净，确定气体在 79℃。

b. 通加热蒸汽进入甲醇主管线的夹套中，并调整空气和甲醇流量分别达到甲醇（M）$800m^3/h$、空气（A）$850m^3/h$。

c. 系统紧急停车控制开关调整为 ON。

d. 5min 内需调整甲醇和空气的流量达标，并再次确认 A/M 比，反应器加热器打开至 ON。当催化剂层温升至 500℃时，反应器加热器切换至 OFF。

e. 逐渐提升空气流量并使催化剂层温升至 600℃。

④ 供给蒸汽。通加热蒸汽入蒸汽供给管线夹套，完成蒸汽管线的吹泻，以手动控制方式逐步提升配料蒸汽控制量，最终达到水蒸气与甲醇摩尔比为 1∶1。

⑤ 增量。以手动控制方式逐步提升甲醇蒸气供给量，同时调整空气流量来维持反应温度，如此重复操作至标准状态下甲醇蒸气流量达到最大值 $1575m^3/h$。在调整甲醇流量时，以自动控制方式逐步提升蒸汽供给量，重复操作至水蒸气(W)/甲醇气(M)＝1∶1。甲醛浓度则由添加入吸收塔的水量来调整。

⑥ 尾气循环。

a. 先完成废气循环管线的氮气密封或用尾气置换尾气管道中的空气。

b. 启动尾气循环风机，完成废气循环管线吹泻。

c. 启动吸收二塔循环。

d. 导入循环尾气至混合器，并逐步提升流量，同时调整蒸汽量，保持温度平衡。

e. 最终调整至水蒸气（W)/甲醇气（M)＝0.50，循环尾气（G）/甲醇气(M)＝1.2～1.5，反应温度为 650℃。

f. 循环尾气逐步提量时，甲醇流量以手动控制方式逐步提升，水蒸气以手动方式逐步减少，最终确保 W/M＝0.50、G/M＝1.2～1.5。甲醛浓度则以添加水量来调整。

g. 循环尾气减量时，以手动控制方式逐步减少甲醇流量，以自动控制方式逐步减少循环尾气量和蒸汽的供应量，同时注意空气流量的控制，以便控制温度平衡和 W/M＝0.50、G/M＝1.2～1.5。甲醛浓度则以添加水量来调整。

三、停车操作

1. 正常停车操作

① 关闭紧急停车联锁开关。

② 循环尾气控制模式由流控改为压控。

③ 逐渐关闭循环尾气进入混合器的自动控制阀门，同时注意循环。

④ 停止尾气压控与空气放空温控制阀门的控制动作。

⑤ 关闭进入混合器的循环尾气阀门，停止循环尾气风机，并将所有位于废气循环主管线上的阀门关闭。

⑥ 停尾锅，并注意系统中压力及流速的变化情形。

⑦ 将空气放空的自动阀门由“自动控制”调整为“手动控制”。将甲醇气流量控制阀门调为手动，并逐渐关闭，同时注意控制氧温稳定。

⑧ 当空气放空阀全开时，停空气鼓风机。

⑨ 当反应器内催化剂温度低于 150℃时，将甲醇气压控和液控全部关闭。

⑩ 用蒸汽将系统清理 10min 后，关闭配料蒸汽。

⑪ 停止将水添加入吸收塔中，并停止吸收塔的循环后，将所有转动机器设备停止。

2. 紧急停车操作

此项程序和一般停车是相同的，但依据停车的原因差异将会有些不同的步骤。但在上述两种状况下（一般或紧急停车），停止供给空气都是很重要的。

紧急停车系统动作时，由于系统设计将会达成安全停车，但要注意系统中压力的波动。

当反应器催化剂层温度低于150℃时，依据一般停车程序执行停车。

四、安全技术措施

本装置生产过程中的原料、成品、尾气均属于有害物质。原料甲醇易燃、易爆，与空气混合成6%～36.5%(体积分数）可形成爆炸性气体，其贮存场所属甲类火灾危险区。甲醇有毒，车间内最高允许浓度为50mg/m^3。成品甲醛的挥发性和爆炸性可能比甲醇小些，但甲醛有毒，车间内最高允许浓度为3mg/m^3。另外尾气中含有H_2、CO、CH_2O、CH_2OH等易燃、易爆气体，其爆炸极限随这些组分的含量而异。

针对这些不安全因素，为实现安全生产，工艺上主要采取以下安全技术措施。

(1) 将蒸汽加入甲醇与空气的混合气中，使爆炸范围的上限得以大大降低。

(2) 生产方法采用甲醇过量法，即甲醇在原料气中的浓度高于爆炸区的上限。在操作过程中严格控制氧醇比及加入蒸汽的比例。对影响氧醇比的主要工艺参数采用仪表自动调节。

(3) 为了使生产过程正常、安全、有效地进行，工艺条件的控制选用自动化仪表调节、报警装置。

(4) 生产厂房和槽罐存有甲醇、甲醛等化学危险品，属防火、防爆区。凡需动火的必须按有关防火、防爆规范处理。

(5) 蒸发、氧化、吸收工序均按防火、防爆所属等级处理。蒸发、氧化、吸收工序的厂房均采用敞开式结构，以减少有毒有害气体的积聚。操作采取仪表集中控制方式。

(6) 夏季气温较高时，甲醇贮槽采取槽外喷淋冷却，以减少挥发。管线、贮槽都设置防静电装置。

(7) 空气流量除设有自动调节外还设置有手动放空阀，以作应急处理。

(8) 停车后蒸发器内甲醇排入地下槽内，供下次停车前集中使用。甲醇残液绝对不能随便排放。甲醛一般不作排放处理，需要排放处理时，先用氨水中和，再用水稀释到允许排放的浓度后排放。

(9) 甲醇、甲醛系统的电机和照明灯具等均选用有防爆性的设备。

(10) 为了消除静电、雷电的危害，电气设计按易燃、可燃液体静电安全规定和雷电保护要求执行。

(11) 加强对设备、管道的管理，防止泄漏。

(12) 废热锅炉、汽包、氧化器、蒸发器等压力容器的设计、施工，必须按照压力容器有关安全监察规定进行。

(13) 投产后应严格执行化工企业的安全生产有关禁令和配备必需的防护用品。

(14) 为严格操作、确保安全，当生产中发生下列情况之一，当班组长（或主操）有权在未经领导同意的情况下进行紧急停车处理。

① 氧温突然超温，一时无法查明原因应紧急停车。

② 突然停电时，应立即紧急停车。

③ 仪表气源断气，调节失灵应立即紧急停车。

④ 汽包断水，一时又供应不上水源时，应立即紧急停车。

紧急停车的原则：

① 立即关氧化器正路阀门，同时打开旁路阀门；

② 必要时迅速开大配料蒸汽阀，防止回火。

紧急停车后要特别注意各设备液位，以防止液位过高而影响恢复生产。停车时间短，氧温在300℃以上，则可马上恢复生产。但此时必须严格控制好氧醇比。特别要控制好蒸发温度，以免造成事故。

对于每个具体事故，操作人员必须按具体情况和经验，迅速处理，排除故障。

任务六　异常生产现象的判断和处理

电解银催化剂甲醛尾气循环法系统异常生产现象的判断和处理方法见表4-14。

表4-14　反应器异常生产现象的判断和处理方法

异常现象	可能产生原因	处理方法
超温	蒸汽压力下降	开大阀门并适当减负荷
	热水温度下降	加大流量，提高蒸温
	蒸发液面下降	①检查仪表是否失灵 ②检查甲醇有无回流 ③检查甲醇泵是否空转 ④检查甲醇槽有无甲醇
	仪表失灵	请仪表工处理
吸收塔积水	加水量过大	减少塔加水量
	循环泵空转	①打开备用泵 ②检查空转原因
	输送甲醛管被堵	检查清理
	仪表失灵	请仪表工处理
回火	降低原料气过大过快	加大配料蒸汽，减负荷要分步缓慢进行
	风机跳闸	紧急停车
	有液体带入氧化室	检查过热温度
	停车时旁路开得快	开旁路时缓慢进行并迅速关死正路
尾气CO、CO_2偏高，酸度大，催化剂亮度增加，消耗高，醇低	氧温过高	适当提高蒸压和提高配料蒸汽，降风量，降氧温
成品中醇高，酸度不高	氧温低	适当降蒸压，提高风量，提高氧温
甲醛浓度下降，成品不合格	①二塔补水量偏大 ②二塔液位不稳，二塔入一塔的控制阀门失控 ③蒸汽压力不稳，造成配料蒸汽量过多 ④催化剂失活	①减少二塔补水量，恢复二塔到一塔的控制阀，稳定二塔液位 ②稳定分汽缸蒸汽压力 ③提高氧温10～20℃ ④更换无效催化剂

续表

异常现象	可能产生原因	处理方法
开车后醛上升慢，醇不高	配料蒸汽偏多	适当降低配料蒸汽量
开车后醛高，醇降不下来	水蒸气量小	适当增加水蒸气量
醛含量逐渐下降，醇含量逐渐上升	开车时间长，催化剂老化	提高反应温度，如无效则停产更换催化剂
醛含量下降，醇和酸含量升高，升降氧温，改变配比，无效	原料气不纯，催化剂中毒	停车更换过滤器中玻璃棉，更换催化剂
氧温下降	①鼓风机放空阀松动，使空气流量减少 ②分汽缸蒸汽压力骤升，使配料蒸汽流量增加 ③加热蒸汽阀门或加热热水阀门失控，开度增大，使蒸温上升	①修复鼓风机放空阀 ②稳定分汽缸蒸汽压力到原控制范围 ③恢复并关小加热源的控制阀，恢复并控稳蒸温

学习拓展与知识链接

一、甲缩醛生产技术

甲缩醛（MEAL）为微具气味的无色透明液体，它不但是很好的化工原料，还能与许多种试剂混合，具有良好的溶解性，低沸点，与水相溶性好，由于近年来化工行业的迅猛发展，甲缩醛的应用由原来的特种试剂扩展为广泛应用于化妆品、药品、家庭用品、工业汽车用品、杀虫剂、皮革上光剂、清洁剂、橡胶工业领域，涂料、油墨等产品中也由于甲缩醛具有良好的去油污能力和挥发性作为清洁剂，甲缩醛可以替代F11和F113及含氯溶剂，因此是替代氟利昂、减少挥发性有机物排放、降低对大气污染的环保产品。甲缩醛在农药领域作为农药合成的中间原料。用甲缩醛合成的聚甲醛树脂有优异的机械强度和刚性摩擦系数低、耐磨性能好、耐高温高压、尺寸稳定等优点，因而在许多传统上采用金属的地方均用聚甲醛树脂代替，另外由于甲缩醛（MEAL）是合成聚甲醛等的重要化工原料，在电子电器、运输、建筑、医药、农药和橡胶等行业得到广泛应用，由于近期陆续限制甲苯的生产，而甲缩醛是丙酮、甲苯的环保型替代物，因此甲缩醛的市场需求缺口将在近一段时期逐渐呈扩大趋势。

近年来，国内在生产工艺上一直沿用硫酸法，对机器的腐蚀严重。日本为了解决老工业法的弊病和配合甲缩醛装置，开发了以催化精馏甲醇甲醛法合成甲缩醛（MEAL）。催化剂采用固体树脂，从根本上解决了设备腐蚀的问题，并大大提高了产品的产量和品质。山东烟台大学在日本工艺的基础上，成功研发了以固体催化剂的反应和蒸馏联合技术，目前，国内只有少数公司将其工业化。

二、聚甲醛生产技术

聚甲醛的合成一般以甲醛的水溶液在酸的存在下缩合聚合，得到聚合度为100以上的

α-聚甲醛，然后将其加热分解成甲醛气体，经精制和脱水后，通常利用部分预聚合的方法纯化单体，然后通入含少量引发剂的干燥溶剂中进行聚合。

$$\cdots\cdots-\underset{H}{\overset{H}{\underset{|}{\overset{|}{C}}}}-O-\underset{H}{\overset{H}{\underset{|}{\overset{|}{C}}}}-O-\underset{H}{\overset{H}{\underset{|}{\overset{|}{C}}}}-O-\underset{H}{\overset{H}{\underset{|}{\overset{|}{C}}}}-O-\cdots\cdots$$

聚甲醛（POM）是一种性能优良的工程塑料，在国外有“夺钢”“超钢”之称。POM具有类似金属的硬度、强度和刚性，在很宽的温度和湿度范围内都具有很好的自润滑性、良好的耐疲劳性，并富于弹性，此外它还有较好的耐化学品性。POM以低于其他许多工程塑料的成本，正在替代一些传统上被金属所占领的市场，如替代锌、黄铜、铝和钢制作许多部件。自问世以来，POM已经广泛应用于电子电气、机械、仪表、日用轻工、汽车、建材、农业等领域。在很多新领域的应用，如医疗技术、运动器械等方面，POM也表现出较好的增长态势。

聚甲醛分为两大类：一类是三聚甲醛或甲醛的均聚体，称为均聚甲醛；另一类是三聚甲醛与少量戊环的共聚体，称为共聚甲醛。

聚甲醛的主要原料是甲醛。聚甲醛生产工艺分为两种，即均聚甲醛生产工艺和共聚甲醛生产工艺。

1. 均聚甲醛生产工艺

均聚甲醛以甲醛为单体制备。原料甲醛中常含有大量水、甲醛和其他杂质，需经精制得高纯度甲醛，将它通入含有阳离子型催化剂（如三氟化硼乙醚配合物）的惰性溶液中聚合成均聚甲醛，再在乙酸酐存在下将端羟基酯化，得到热稳定的聚甲醛，然后加入抗氧剂等助剂，造粒成均聚甲醛产品。均聚甲醛生产工艺以杜邦公司为代表，其生产工艺主要包括单体精制、聚合反应、聚合物封端、造粒和包装等过程，现简介如下：

① 单体精制　55%的甲醛水溶液与2-乙基己醇混合后进行脱水提纯，脱水后的醇类半缩甲醛进行热裂解而重新得到甲醛和醇，这样就可得到高纯度的甲醛。

② 聚合反应　高纯度甲醛单体在烃类溶剂存在的条件下，加入阳离子或阴离子型催化剂和分子量调节剂进行聚合反应，聚合反应是在聚合釜中进行的。聚合产物经离心机分离后送去干燥。

③ 封端　在乙酸存在的条件下，聚合产物两端用乙酸酐进行封端处理。封端处理后的产品用惰性气流干燥，这样除去残余的乙酸和乙酸酐得到聚甲醛粉料。

④ 造粒和包装　聚甲醛粉料与固化剂、染色剂、抗氧剂、热稳定剂等助剂和改性剂一起进行混配，然后用挤压机切割得到聚甲醛粒料产品，最后进行干燥包装。

日本旭化成是唯一既可生产均聚甲醛又可以生产共聚甲醛的生产商，其均聚甲醛主要产品是带嵌段结构的均聚甲醛。旭化成均聚甲醛生产工艺包括单体净化、溶液连续聚合、连续乙酸酐封端、排气造粒和溶剂回收五大工序，该工艺在连续操作和挤出造粒两方面具有独到的技术，并且优于杜邦公司。

2. 共聚甲醛生产工艺

共聚甲醛主要是由三聚甲醛共聚制备。浓度65%～70%的甲醛在浓硫酸或阳离子交换树脂催化下得到三氧六环并精馏为高纯品，后者与少量共聚单体（如二氧五环）在路易斯酸存在下开环聚合为共聚甲醛。聚合方法大多为本体聚合，采用双螺杆挤出机。共聚甲醛链端大部分是半缩醛端基，对热极不稳定，需进行封端稳定化处理，以成为热稳定的聚甲醛，再加入抗氧剂等助剂，造粒成共聚甲醛产品。

共聚甲醛生产工艺主要包括单体制备、聚合反应、稳定化处理、混配造粒4个过程，现简介如下。

① 单体制备　50%左右的甲醛在连续真空蒸发器中浓缩成65%的甲醛溶液，65%甲醛溶液在有酸性催化剂的反应釜中生产三聚甲醛，三聚甲醛用液液萃取的多塔精馏分离工艺进行提纯，使单体达到99.99%的聚合级纯度。

② 聚合反应　高纯度单体与少量的共聚单体（环氧乙烷或二氧五环）在有路易斯酸的存在下，加入少量引发剂和分子量调节剂，用双螺杆自清理挤出机进行连续本体聚合生产聚合物，聚合物用聚合终止剂终止聚合反应。

③ 稳定化处理　聚合物经过粉碎后进行封端处理，即在碱性条件下进行熔体水解稳定化过程，该处理使聚合物链端不稳定的半缩醛端基得到彻底分解而得稳定的共聚甲醛。

④ 混配造粒　稳定的共聚甲醛加入抗氧剂、甲醛吸收剂、润滑剂、增白剂、颜料等助剂进行混合，然后用双螺杆排气挤出、机头切粒系统进行造粒，最终得到共聚甲醛料产品。

练习与实训指导

1. 比较银法和铁钼法生产甲醛的优缺点。
2. 写出银催化法和铁钼催化法生产甲醛的主、副反应方程式。
3. 铁钼催化剂基本成分有哪些？具有哪些特性？各起什么作用？
4. 工业上生产甲醛的方法有哪些？试从反应原理和工艺流程对这些方法进行比较。
5. 画出由银法甲醇生产甲醛的工艺流程框图。
6. 画出由铁钼法甲醇生产甲醛的工艺流程框图。

项目考核与评价

一、填空题（28%）

1. 银法生产甲醛时，控制甲醇浓度在爆炸范围的__________限以上操作，即__________过量而__________不足。

2. 根据空气的洁净程度，一般可采用__________和__________两种方法。

3. 甲醛生产时，影响转化的因素有__________、__________、__________、__________和__________，另外还有__________和__________。

4. 吸收的任务是将气态甲醛尽可能多地吸收下来，但生产中往往受制约的因素很多，它们分别是__________、__________、__________、__________。

5. 一般而言，电解银催化剂的反应温度在__________～__________℃之间选择。

6. 蒸发器内的甲醇浓度与__________、__________、__________、和__________等有关。

7. 配料蒸汽和氧温成__________比例关系。

8. 汽包有__________、__________、__________和__________的作用。

9. 燃烧必须同时具备三个条件：__________、__________和__________。

10. __________是甲醛安全生产中需要注意的重点问题。

11. 正常生产中，氧醇比一般控制在__________，此值已超过甲醇的爆炸__________限的氧醇比。为此，在操作中扩大__________的同时，必须加入__________等来缩小甲醇的爆炸范围。

12. 要想有效地发挥其催化剂的性能，还必须仔细设计催化剂的__________，要注意床层的__________、__________和__________性，以使气体能均匀地流经催化剂床层。

13. 甲醛尾气的成分：________________、________________、________________、________________、________________。

14. 甲醛开车点火前必须反复测定蒸发器内甲醇的__________，再根据其结果来测定点火时的最适合__________。

15. 甲醇别名__________，其分子式__________，爆炸极限__________。

16. 甲醛别名__________，其分子式__________，爆炸极限__________。

17. 甲醇、甲醛均属于__________有强烈气味的有毒有害物质。

18. 银催化氧化反应将含有__________成分的原料气转化为甲醛气体，利用甲醛溶于水的性质，通过__________过程将甲醛气体变为溶液。

19. 甲醇蒸发器温度是__________℃。

20. 甲醇蒸发器液位是__________ mm。

21. 甲醇蒸汽压力是__________ kPa。

22. __________的高低是影响氧醇比的主要因素之一。

23. 罗茨风机风量是由__________决定的。

24. 由于甲醛在低温时易于__________，所以在操作填料塔时必须严格控制__________，不能太低。

25. 催化剂装填必须做到四平：____。

26. 生产甲醛的方法主要有__________制甲醛及__________制甲醛。

27. 甲醛氧化法按所用催化剂的不同分为两种：一种是以__________为催化剂，简称__________法；另一种是以__________等氧化物为催化剂，简称__________法。

28. 银法采用甲醇与空气混合后，甲醇浓度在爆炸极限__________操作；铁钼法通常采用在甲醇和空气混合物爆炸极限__________操作，以实现安全生产。

二、选择题（18%）

1. 罗茨机风量是由（　　）决定的。

A. 最大打气量　　B. 功率　　C. 电流　　D. 转速

2. 甲醛生产中，甲醇损耗的原因是（　　）。

A. 副反应是造成损耗的主要原因　　B. 原材料不纯造成副反应增加

C. 反应条件控制不当　　D. 开停车次数频繁

3. 以下属于泵打不上液的原因的是（　　）。

A. 泵入口阀未开　　B. 入口管堵　　C. 泵带汽

D. 泵副线阀未关死　　E. 泵反转

4.甲醛在车间空气中最高容许浓度我国标准为（ ）mg/m^3。

A. 3　B. 5　C. 0.3　D. 0.5

5.下列属于甲醇灭火剂的是（ ）。

A. 抗溶性泡沫　B. 干粉　C. 二氧化碳　D. 砂土　E. 水

6.甲醛生产装置中属于压力容器的是（ ）。

A. 过热器　B. 氧化器急冷段　C. 汽包　D. 尾气锅炉

7.称（ ）%的甲醛水溶液为福尔马林。

A. 37　B. 55　C. 30　D. 35

8.空气中对催化剂有毒性的气体是（ ）。

A. N_2　B. SO_2　C. CO_2　D. H_2

9.甲醛在空气中的自燃点为（ ）℃。

A. 385　B. 430　C. 362　D. 470

三、判断题（10%）

1.银催化法生产甲醛的过程中只能采用电解银作催化剂。（ ）

2.银催化法生产甲醛高温下平衡常数较大，压力对化学平衡基本上无影响。（ ）

3.铁钼催化剂的导热性能差，不耐高温，必须严格控制温度。（ ）

4.在任何浓度范围内，甲醇在空气混合物中的配比对甲醛和 CO 的收率无显著的影响。（ ）

5.铁钼催化法生产甲醛的过程中，CO_2 的生成主要发生在催化剂层中，是平行反应的产物。（ ）

四、简答题（24%）

1.叙述银法甲醛生产原理。

2.甲醛生产中为什么要控制蒸发器内的甲醇液位？

3.什么是配料蒸汽？

4.比较银法和铁钼法生产甲醛的优缺点。

5.叙述铁钼法甲醛生产原理。

6.写出银法生产甲醛的主、副反应方程式。

五、计算题（10%）

工业上在甲醇生产甲醛溶液中，氧化剂为空气。试计算反应耗氧量。（尾气组成：甲烷 0.8%，氧气 0.5%，氮气 73.7%，二氧化碳 4.0%，氢气 21%）

六、综合题（10%）

1.氧化反应温度骤然升高，可能有哪些原因？如何处理？

2.氧化反应温度骤然下降，可能有哪些原因？如何处理？

3.影响过热温度的因素有哪些？

项目五

环氧乙烷的生产

教学目标

知识目标：1. 了解环氧乙烷的工业生产方法。
2. 熟悉环氧乙烷产品的规格、性质、用途。
3. 了解环氧乙烷生产的安全卫生防护。
4. 熟悉催化剂的作用、组成及性能。
5. 掌握环氧乙烷生产的原理及影响因素。

能力目标：通过本项目的学习和工作任务的训练，能进行生产方法的选择；能根据生产原理进行工艺生产条件的确定；能够进行工业生产的组织；能认真执行工艺规程和岗位操作方法，完成装置正常操作，并对异常现象和故障进行分析、判断、处理和排除。

素质目标：1. 培养学生具备化工生产的安全、环保、节能及劳动卫生防护职业素养。
2. 增强学生岗位工作的责任心。
3. 提高学生完成任务的团队意识和协作精神。
4. 提高学生的科技创新意识。
5. 培养学生逐步形成“工程”概念。

资源导读：为了深入理论探索、适应教学改革、把握行业动态、获取更多资源，请根据需要，访问下列网址进行学习。
1. 智慧职教→“有机化工生产技术”课程（广西工业职业技术学院　蒋艳忠，等）中关于环氧乙烷生产的相关资源　www. icve. com. cn/portal_ new/courseinfo/courseinfo. html? courseid= ksj2agupoqfbj2vcn29k7g
2. 中国石油化工股份有限公司　www. sinopec. com

任务一　生产方法的选择

工业生产环氧乙烷的方法主要有氯醇法和乙烯直接氧化法（又称气体氧化法）。

一、氯醇法

1859 年，法国化学家 Wurtz 首先以氯乙醇与氢氧化钾作用生成了环氧乙烷，该法经过不断地改进，发展成为早期用于工业生产的氯醇法技术。1914 年工业上已开始以 Wurtz 的氯醇法生产环氧乙烷。1925 年 UCC（Union Carbide Corporation，联合碳化物公司）公司以氯醇法建成了世界上第一个商业生产环氧乙烷的工厂。

氯醇法的生产原理是首先由氯气和水进行反应生成次氯酸，乙烯经次氯酸化生成氯乙醇，然后氯乙醇与氢氧化钙发生皂化生成环氧乙烷粗品，再经分馏、精制得环氧乙烷产品。

氯醇法的特点是使用时间比较早，乙烯的利用率较高。但是，由于其生产过程中存在消耗大量的氯气、设备腐蚀现象严重、生产成本高、污染大、危险性大、产品纯度低等不利因素，有副产物的处理难度大、污水COD值高、处理困难、生产现场脏乱、对人体危害极大等缺点，现已逐渐被工业生产所淘汰。

二、乙烯直接氧化法

工业上采用乙烯直接氧化法生产环氧乙烷的工艺目前主要分两种：一种是空气氧化法；另一种是氧气氧化法。

1931年法国催化剂公司的Lefort发现：乙烯和氧在适当载体的银催化剂上作用可生成环氧乙烷，并取得了空气直接氧化制取环氧乙烷的专利。与此同时，美国UCC公司亦积极研究乙烯直接氧化法制备环氧乙烷技术，并于1937年建成第一个空气直接氧化法生产环氧乙烷的工厂。

以氧气直接氧化法生产环氧乙烷技术是由Shell公司首次于1958年实现工业化的。该法技术先进，适宜大规模生产，生产成本低，产品纯度可达99.99%，而且生产设备体积小，放空量少。氧气直接氧化法排出的废气量只相当空气氧化法的2%，相应的乙烯损失也少。氧气直接氧化法的流程比空气氧化法短，设备少，建厂投资可减少15%～30%，用纯氧作氧化剂可提高进料的浓度和选择性，其生产成本约为空气氧化法的90%。同时，氧气氧化法比空气氧化法的反应温度低，有利于延长催化剂的使用寿命。因此，近年来新建的大型装置均采用氧气氧化法。

当今世界范围内生产环氧乙烷的工厂主要有3家，分别是荷兰壳牌（Shell）公司、美国陶式（Dow）公司和美国科学技术（SD）公司。另外，拥有环氧乙烷直接氧化法生产技术的还有日本触媒化学公司，意大利SNAM、Montedison公司和德国Hiils公司等。采用荷兰壳牌专利技术所建的工厂，其生产能力占世界环氧乙烷生产总能力的47%左右。

任务二　生产原料及产品的认知

一、环氧乙烷的基本性质与主要用途

1. 基本性质

环氧乙烷，又称氧化乙烯（epoxy ethane，ethylene oxide)，简称EO。环氧乙烷是最简单、最重要的环氧化物，在常温下为无色、具有醚味的气体，低温冷凝时则为无色透明、易流动的液体，易溶于水、醇、醚及大多数有机溶剂，在空气中的爆炸极限（体积分数）为2.6%～100%，有毒。环氧乙烷的主要物性数据见表5-1。

表 5-1 环氧乙烷的主要物性数据

项 目	数 值	项 目	数 值
沸点(101.3kPa)/K	283.6	生成热/(kJ/mol) 蒸气	71.13
熔点/K	160.65	液体	97.49
密度(293K)/(g/cm³)	0.8711	熔融热/[kJ/(g·mol)]	5.17
折射率 n_D^7	1.3597	水中溶解热(恒压)/(kJ/mol)	6.3
临界压力/MPa	7.23	着火温度/K	702
临界温度/K	468.9	自燃温度/K	644
闪点(Tag 法)开杯/K	<255	表面张力(293K)/(mN/m)	24.3
比热容(298K)/[kJ/(kg·K)]	1.96	热导率(蒸气,298K)/[J/(cm·s·K)]	1.239×10^{-4}
燃烧热(298K,101.3kPa)/(kJ/mol)	1.304	黏度/mPa·s 273K	0.31
汽化热(283.6K)/[kJ/(g·mol)]	25.543	283K	0.28

环氧乙烷具有含氧三元环结构，化学性质极为活泼，能与许多化合物进行反应，其反应主要是环氧环的开环反应，所得反应产物大多是重要的化工产品。例如，环氧乙烷水合生成乙二醇，是目前工业生产乙二醇的主要方法；与氨反应可以生成一乙醇胺、二乙醇胺和三乙醇胺；环氧乙烷与醇类反应，主要生成乙二醇单醚；与苯酚反应生成苯氧基乙醇，其酯类是香料的定香剂、杀菌剂和驱虫剂；与氢氰酸反应生成 2-氰乙醇（$HOCH_2CH_2CN$）；与卤化氢反应生成卤化乙醇；环氧乙烷本身还可以发生聚合反应，生成聚乙二醇；气态环氧乙烷在高温下可以发生爆炸性分解，在 400℃时可分解生成 CO、CH_4 及 C_2H_6、C_2H_4、H_2、C 和 CH_3CHO 等。

2. 主要用途

环氧乙烷是乙烯系重要产品之一，在以乙烯为原料的产品中，其产量仅次于聚乙烯。其用途主要有：水合生产乙二醇，生产表面活性剂、医用消毒剂，过去还曾用作火箭推进剂等。图 5-1 为环氧乙烷用途的分类。

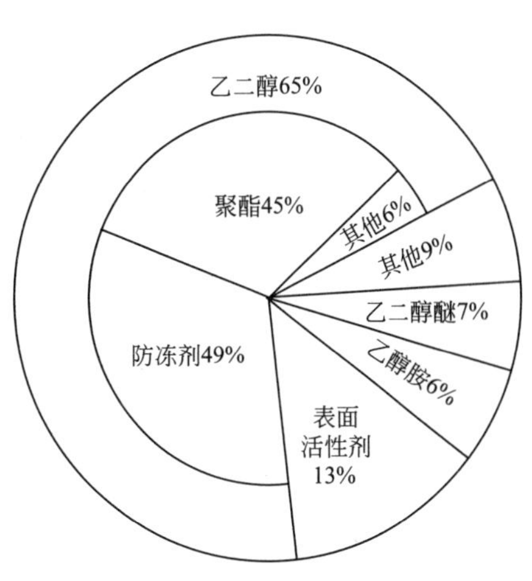

图 5-1 环氧乙烷用途的分类

以环氧乙烷为原料可合成的产品包括溶剂、纺织助剂、表面活性剂、药物、酸性气体脱除剂、增韧剂和增塑剂等。环氧乙烷的直接用途主要用作消毒剂及熏蒸剂等。

（1）消毒剂 环氧乙烷有杀菌作用，对金属不腐蚀，无残留气味，广泛用作消毒剂，用于医院和精密仪器的消毒。

（2）熏蒸剂 环氧乙烷常用于食物保藏。如干蛋粉在贮藏中常因受细菌作用而分解，用环氧乙烷熏蒸处理，可以防止变质，而蛋粉化学成分则不受影响。

（3）抗酸剂 环氧乙烷易与酸作用，用以降低某些物质的酸度或者长期不产生酸性物质的情况，以防止碱洗或水洗时发生水解。

（4）火箭燃料 环氧乙烷自动分解时能产生巨大能量，可以作为火箭和喷气推进器的动力。该燃料一般是用硝基甲烷和环氧乙烷的混合物（60：40）～(95：5)，这种混合燃料性能好，凝固点低，性质比较稳定，不易引爆。

二、主要原料的工业规格要求

乙烯直接氧化生产环氧乙烷的主要原料为乙烯和氧气。乙烯来自乙烯裂解装置，而氧气则来自空气分离装置。另外，作为辅助原料的反应致稳剂为甲烷气体，也来自乙烯裂解装置。原料乙烯、氧气和甲烷的工业规格分别见表 5-2～表 5-4。

表 5-2 原料乙烯的工业规格

组分		控制指标(摩尔分数)/%	组分		控制指标(摩尔分数)/%
乙烯	≥	99.85	水	≤	5×10^{-6}
乙烷+甲烷	≤	0.15	氨	≤	0.2×10^{-6}
氢	≤	5×10^{-6}	砷	≤	0.03×10^{-6}
丙烯与重烃	≤	10×10^{-6}	羰基硫(COS)	≤	0.02×10^{-6}
乙炔	≤	5×10^{-6}	硫(脱硫前/后)	≤	$1\times10^{-6}/0.01\times10^{-6}$
氧	≤	5×10^{-6}	二氧化碳	≤	1×10^{-6}
一氧化碳	≤	1×10^{-6}	氯	≤	1×10^{-6}
总羟基含量(MEK)	≤	1×10^{-6}	氮	≤	5×10^{-6}

表 5-3 原料氧气的工业规格

组分	氧	氮+氩	三氯乙烯(TCE's)
控制指标(摩尔分数)/% ≥	99.6	0.4	0.001

表 5-4 原料甲烷的工业规格

组分		控制指标(摩尔分数)/%	组分		控制指标(摩尔分数)/%
甲烷	≥	94.1	乙炔	≤	200×10^{-6}
氢气	≤	4.5	$CO+CO_2$	≤	0.55
乙烯+乙烷	≤	0.5	丙烯	≤	0.1
总硫	≤	1×10^{-6}	甲醇及其他氧化物	≤	10×10^{-6}

三、环氧乙烷产品的规格要求

典型的环氧乙烷产品规格要求见表 5-5。

表 5-5 环氧乙烷产品的规格要求

指　　标	数　　据	指　　标	数　　据
外观	透明,无色	CO_2 含量/(mg/kg)	10
熔点(101.3kPa)/K	283.9	醛含量/(mg/kg)	50
水含量/(mg/kg)	50	环氧乙烷含量/%	99.5

任务三　应用生产原理确定工艺条件

一、生产原理

1. 主、副反应

乙烯氧化反应按氧化程度不同可以分为选择（部分）氧化和深度（完全）氧化两种情

况。乙烯分子中的碳碳双键（C═C）具有明显的反应活性，在通常氧化条件下，乙烯分子链很容易被破坏，发生深度氧化而生成二氧化碳和水。而在特定氧化条件下，可实现碳碳双键的选择氧化，从而生成目的产物环氧乙烷。

目前工业上乙烯直接氧化生产环氧乙烷的最佳催化剂是银催化剂，除了生成目的产物外，还生成副产物二氧化碳、水及少量的甲醛和乙醛等。

主反应：

$$CH_2{=}CH_2 + 1/2O_2 \longrightarrow \underset{\text{O}}{CH_2{-}CH_2} + 106.9kJ/mol$$

副反应：

$$CH_2{=}CH_2 + 3O_2 \longrightarrow 2CO_2 + 2H_2O + 1312kJ/mol$$

$$\underset{\text{O}}{CH_2{-}CH_2} + 5/2O_2 \longrightarrow 2CO_2 + 2H_2O + 1218kJ/mol$$

$$CH_2{=}CH_2 + 1/2O_2 \longrightarrow CH_3CHO$$

$$CH_2{=}CH_2 + O_2 \longrightarrow 2HCHO$$

$$\underset{\text{O}}{CH_2{-}CH_2} \longrightarrow CH_3CHO$$

其中，生成 CO_2 和 H_2O 的副反应是主要副反应。

与主反应进行比较，不难看出：生成 CO_2 和 H_2O 副反应的反应热是主反应的十几倍。因此，生产中必须严格控制反应的工艺条件，以防止副反应加剧；否则，势必引起操作条件恶化，最终造成恶性循环，甚至发生催化剂床层“飞温（run away）”现象（即由于催化剂床层大量积聚热量造成催化剂床层温度突然飞速上升的现象）而使正常生产遭到破坏。

2. 催化剂

在乙烯直接氧化法生产环氧乙烷过程中，原料乙烯的消耗费用占环氧乙烷生产成本的70%左右。因此，提高经济效益的关键是降低原料乙烯的单耗，其最佳措施就是开发高性能的催化剂。目前，工业上使用的催化剂均为银催化剂。银催化剂活性、选择性和稳定性的提高，主要取决于助催化剂元素的添加、载体结构及组成的改进和催化剂制备方法的完善等因素。

（1）载体　载体的功能主要是提高活性组分银的分散度，防止银的微小晶粒在高温下烧结。我们知道，银的熔点比较低（961.93℃），银晶粒表面原子在500℃即具有流动性。乙烯直接氧化生产环氧乙烷过程存在强放热的副反应，催化剂在使用过程中受热后银晶粒长大，活性表面减少，使催化剂活性下降，使用寿命缩短。因此，工业上对载体的要求是热稳定性好、化学惰性、孔隙率大、比表面低、孔分布范围窄、机械强度高等。

银催化剂所用的载体有碳化硅、氧化镁、氧化锆、烧结氧化铝和硅铝化合物及 α 型氧化铝等，一般比表面积为 $0.3 \sim 0.4m^2/g$。目前，工业采用的载体大部分是 α 型氧化铝或硅铝化合物。

制备 α-氧化铝载体的原料主要包括：三水氧化铝、α-一水氧化铝（勃姆石）、α-氧化铝粉末或一定细度的颗粒。载体的制备方法通常是以各种原料氧化铝水合物加添加剂及黏结剂，捏合、挤压成型后干燥，然后高温煅烧。

制备载体时所需的添加剂及其作用是：①在高温下能分解的无机物或有机物（如碳酸氢铵、草酸铵、蔗糖、淀粉等），其作用是增大孔容；②钡与钙的氧化物，可用以调节比表面积；③氟化合物，可以使载体孔分布集中在一个窄的范围内。

制备载体时所需的黏结剂包括：①无机黏土类及胶体氧化硅类；②无机酸或有机酸等。

（2）助催化剂　研究表明，碱金属、碱土金属和稀土元素等具有助催化剂作用，而且两种或两种以上的助催化剂具有协同作用，其效果优于单一组分。添加助催化剂，不仅能够提高反应速率和环氧乙烷的选择性，而且可以使最佳反应温度下降，防止银晶粒烧结失活，延长催化剂使用寿命。

Shell公司在20世纪70年代开发出了以碱金属（主要为铯）作助催化剂的银催化剂，该催化剂的选择性显著提高。碱金属的作用是使载体表面酸性中心中毒，以减少副反应的进行。此后，世界环氧乙烷生产所用银催化剂都添加了碱金属或碱土金属元素以提高催化剂选择性。Shell公司银催化剂含有铯、氟、锡等元素，载体为水合氧化铝，采用不同的浸渍液，其催化性能得到改善，Shell含铼的银催化剂在添加硫、钼、钨、铬及锆的作用下，催化剂初活性和初选择性得以提高。UCC银催化剂助催化元素包括碱金属、碱土金属、锰、钨、钼、钽、钛、锆、铬、钪等。

（3）催化剂的制备　银催化剂的制备方法有两种，早期采用粘接法或涂覆法，现在采用浸渍法。

20世纪50～60年代，银催化剂的制备一般为涂层型，涂层型催化剂是以氧化银沉淀浆液涂裹在载体表面，所用载体为莫来石和刚玉球。

20世纪60年代以后，催化剂制备均采用浸渍法，并得到不断的改进。该法一般采用水或有机溶剂溶解有机银如羧酸银及有机胺构成的银胺配合物作银浸渍液，该浸渍液中也可溶解有助催化剂组分，将载体浸渍其中，经过后处理制得催化剂。SD提出的催化剂制备方法是用新葵酸银的烃溶液浸渍载体，然后焙烧，再用铯的甲醇溶液浸渍。当今工业所用银催化剂以Shell、SD和UCC三家公司为代表，其性能见表5-6。

表5-6　银催化剂主要性能比较

主要性能	Shell公司	SD公司	UCC公司
催化剂型号	S859	S1105	1285
银(质量分数)/%	14.5±0.4	8～9	14±0.4
空速/h^{-1}	4000	4460	3800
时空收率/[kg/(h·L催化剂)]	0.205	0.195	0.194
寿命/a	2～4	3～5	5
最初的选择性/%	81.0	82.5	82.0
两年后的选择性/%	78.2	78.7～79.1	78.8

我国对环氧乙烷生产用银催化剂的研究主要有北京燕山石化公司研究院、上海石油化工研究院等。其中，燕化的YS系列银催化剂已广泛应用于工业装置。YS系列催化剂性能见表5-7，其活性和选择性达到或优于国外同类催化剂水平。

表5-7　燕山石化公司YS银催化剂性能

催化剂	载体	选择性	催化剂	载体	选择性
YS-1	球状莫来石	72	YS-5	纯α-Al_2O_3环，小孔	83～84
YS-2	球状莫来石	75	YS-6	纯α-Al_2O_3异型，大孔	84～86
YS-3	纯α-Al_2O_3环，小孔	79～80	YS-7	α-Al_2O_3异型，大孔	86～88
YS-4	纯α-Al_2O_3环，大孔	82.5～83.5			

二、工艺条件的确定

1. 原料气纯度

对原料乙烯的纯度要求是其摩尔组成应大于98%，同时必须严格控制有害杂质的含量。例如，对于硫和硫化物、砷化物以及卤化物等会使催化剂中毒的杂质，要求是硫化物含量低于1×10^{-6}g/L，氯化物含量低于1×10^{-6}g/L。乙烯中所含的丙烯在反应中易生成乙醛、丙酮、环氧丙烷等，其他烃类还会造成催化剂表面积炭，因此原料乙烯中要求C_3以上烃类含量低于1×10^{-5}g/L。原料气中氢和一氧化碳也应控制在较低浓度，要求氢气含量低于5×10^{-6}g/L，因为它们在反应条件下容易被氧化。对于空气法生产过程，空气净化是为了除去对催化剂有害的杂质。氧气法生产过程中，氧气中杂质主要为氮及氩，虽然二者对催化剂无害，但含量过高会使放空气体增加而导致乙烯放空损失增加。

2. 原料气的配比

原料气中乙烯和氧的配比将直接影响生产的安全和经济效益。由于乙烯与氧气混合易形成爆炸性的气体，因此，乙烯与氧气的配比受到爆炸极限浓度的制约。

氧浓度过低，乙烯转化率低，反应后尾气中乙烯含量高，设备生产能力受影响。随着氧浓度的提高，转化率提高，反应速率加快，设备生产能力提高，但单位时间释放的热量大，如果不能及时移出，就会造成“飞温”。所以生产中必须严格控制氧的适宜浓度。

同样，乙烯浓度也有一个适宜值，因为乙烯浓度不仅和氧存在着比例关系，会影响反应的转化率、生产能力及选择性，而且还存在着放空损失问题。

对于具有循环的乙烯环氧化过程，进入反应器的原料是由新鲜原料气和循环气混合而成。因此，循环气中的一些组分也构成了原料气的组成。例如，二氧化碳对环氧化反应有抑制作用，但是适当的含量有利于提高反应的选择性，且可提高氧的爆炸极限浓度，故在循环气中允许含有一定量的二氧化碳，并控制其体积分数为7%左右。循环气中若含有环氧乙烷，则对催化剂有钝化作用，使催化剂活性明显下降，故应严格限制循环气中环氧乙烷的含量。

原料气的配比还与所用氧化剂有关。采用不同的氧化剂，进入反应器的原料混合气的组成要求也不同。用空气作氧化剂时，由于空气中有近4倍于氧气体积的氮气，势必造成尾气放空时乙烯的损失较大（其损失占原料乙烯的7%～10%）。为此，在空气氧化法中乙烯浓度不宜过高，一般控制其体积分数（下同）为5%左右，氧浓度为6%左右。当以纯氧为氧化剂时，为使反应不致太剧烈，仍需采用稀释剂（氮气）。进反应器的混合气中，氧的浓度为8%左右，乙烯的浓度为5%～30%。近年来，有些工业生产装置改用甲烷作稀释剂，甲烷不仅导热性能好，而且甲烷的存在还可以提高氧的爆炸极限浓度，有利于氧气允许浓度增加。实践表明，用甲烷作稀释剂时，还可提高环氧乙烷收率，增加反应选择性。

3. 反应温度

对于乙烯直接氧化反应，其主反应（即生成EO）与深度氧化副反应（即生成CO_2和H_2O）之间存在着激烈竞争，解决这一问题的技术关键是反应温度。

研究表明，主反应的活化能比副反应的活化能低。因此，反应温度升高，可加快主反应速率，而副反应速率增加更快。即反应温度升高，乙烯转化率提高，选择性下降，反应放热量增大。如不能及时有效地稳定反应热，便会产生“飞温”现象，影响生产正常进行。实验表明，在银催化剂作用下，乙烯在 373K 时环氧化产物几乎全部是环氧乙烷，但在此温度下反应速率很慢，没有工业生产意义。

工业生产中，综合考虑反应速率、选择性、反应热的移出以及催化剂的性能等因素，一般选择反应温度为 493～573K。适宜的反应温度还与催化剂的活性温度范围有关，在催化剂使用初期，催化剂活性较高，为防止催化剂过热，延长其使用时间，宜选择温度范围的下限；随着使用时间增长，催化剂活性逐渐下降，为保持生产稳定，宜相应提高反应温度。

另外，生产中的反应温度应严格自动控制，使其稳定在±0.5K 范围，并有自动保护装置。因为反应温度稍有升高，强放热的副反应就会剧烈加快，进而造成反应温度迅速升高，引起恶性循环，导致反应过程失控。

4. 操作压力

由生产原理可见：乙烯直接氧化过程的主反应是气体分子数减少的反应，而深度氧化副反应是气体分子数不变的反应。因此，采用加压操作理论上对于主反应有利。而主反应的平衡常数在 298K 时为 10^4、523K 时为 10^6，依然很大，反应可视为不可逆反应。由此可见，压力对反应平衡的影响无实际意义。

目前工业上采用 1～3MPa 操作压力，其主要作用在于提高乙烯和氧的分压，从而加快反应速率，提高收率。提高操作压力的缺点是增加了对反应器的材质、反应热的导出以及催化剂的活性和使用寿命等的要求。

5. 空间速度

空间速度是影响反应转化率和选择性的重要因素之一。空间速度增大，反应混合气与催化剂的接触时间缩短，使转化率降低，同时深度氧化副反应减少，反应选择性提高。

空间速度的确定取决于催化剂类型、反应器管径、温度、压力、反应物浓度、乙烯转化率、时空收率及催化剂寿命等许多因素，这些因素是相互关联的。当其他条件确定之后，空间速度的大小主要取决于催化剂性能（即催化剂活性高可采用高空间速度，催化剂活性低则采用低空间速度）。提高空间速度既有利于反应器的传热，又能提高反应器生产能力。工业生产中空间速度的操作范围一般为 4000～8000h^{-1}。

6. 致稳剂（又称稀释剂）

在乙烯直接氧化法生产环氧乙烷装置中加入致稳剂的主要作用不仅是可缩小原料混合气的爆炸浓度范围，而且是应具有较高的比热容，以移走部分反应热。过去大多使用氮气作致稳剂，现在工业装置上一般采用甲烷作致稳剂，这是因为甲烷致稳较氮气致稳可提高原料气中氧的最高允许浓度，而且甲烷的比热容是氮气的比热容的 1.35 倍，因此可提高撤热效率。

7. 抑制剂

抑制剂的作用主要是抑制乙烯深度氧化生成二氧化碳和水等副反应的发生，以提高反应选择性。这类抑制剂主要是有机卤化物，如二氯乙烷等。生产中抑制剂的加入方式也在不断改进，早期是加到催化剂中，目前工业过程均是将二氯乙烷以气相形式加入到反应物料之中。

任务四　生产工艺流程的组织

乙烯直接氧化生产环氧乙烷的工艺流程，由于所采用的氧化剂不同而分为空气氧化法和氧气氧化法两种。两种方法的工艺流程各有特点，空气氧化法的安全性较好，而氧气氧化法具有反应选择性好、乙烯单耗低、催化剂生产能力大、投资省、能耗低等特点，因此新建工厂大都采用氧气氧化法。只有生产规模小时才采用空气氧化法。目前，Shell、SD 及 UCC 公司为直接氧化法生产技术的主要拥有者，其中 UCC 公司是全球最大的环氧乙烷生产商。

环氧乙烷生产相关资料

乙烯氧气氧化法生产环氧乙烷的工艺流程如图 5-2 所示。该流程可分为乙烯环氧化反应和环氧乙烷的回收精制两大部分。

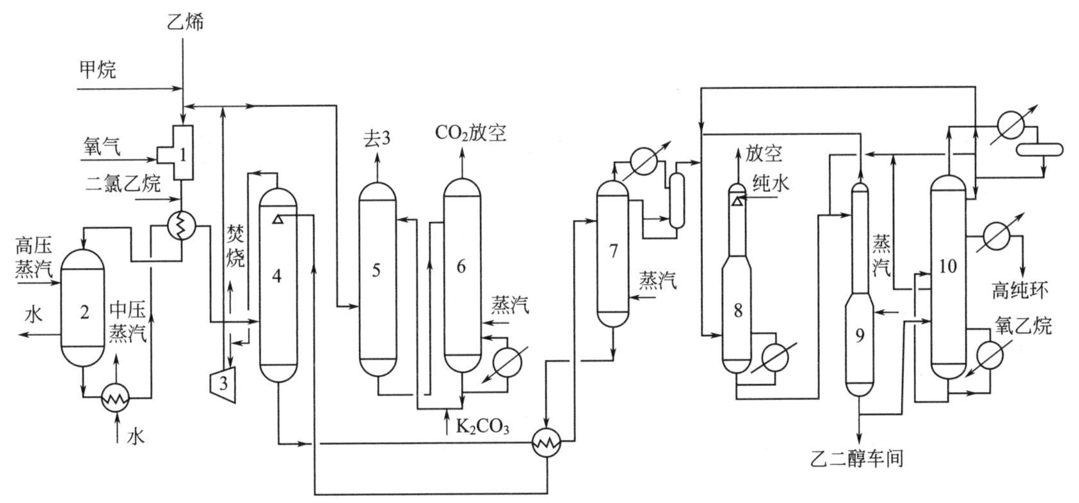

图 5-2　乙烯氧气氧化法生产环氧乙烷工艺流程

1—原料混合器；2—反应器；3—循环压缩机；4—环氧乙烷吸收塔；5—二氧化碳吸收塔；6—碳酸钾再生塔；7—环氧乙烷解吸塔；8—环氧乙烷再吸收塔；9—乙二醇原料解吸塔；10—环氧乙烷精制塔

一、乙烯环氧化反应部分工艺流程的组织

原料乙烯经加压后分别与稀释剂甲烷、循环气汇合进入原料混合器 1 中与氧气迅速而均匀混合达到安全组成，再加入微量抑制剂（二氯乙烷）。原料混合气与反应后的气体换热，预热到一定温度，进入装有银催化剂的列管式固定床反应器 2。反应器操作压力为 2.02MPa，反应温度为 498～548K，空间速度为 4300h^{-1} 左右。乙烯单程转化率为 12%，对环氧乙烷的选择性为 79.6%。反应器采用加压热水沸腾移热，并副产高压蒸汽。原料控制见表 5-8。

表 5-8　进反应器的原料混合气的体积分数　　单位：%

乙烯	氧气	二氧化碳	CH_4	其他(氩、氮、乙烯等)
25	8	7	46	14

反应后气体可产生中压蒸汽并预热原料混合气，而自身冷却到360K左右，进入环氧乙烷吸收塔4。该塔顶部用来自环氧乙烷解吸塔7的循环水喷淋，吸收反应生成的环氧乙烷。未被吸收的气体中含有许多未反应的乙烯，其大部分作为循环气经循环机升压后返回反应器循环使用。为控制原料气中氩气和烃类杂质在系统中积累，可在循环机升压前间断排放一部分送去焚烧。为保持反应系统中二氧化碳含量小于9%，需把部分气体送二氧化碳脱除系统处理，脱除CO_2后再返回循环系统。

二、环氧乙烷的回收精制部分工艺流程的组织

从环氧乙烷吸收塔底部排出的环氧乙烷水溶液进入环氧乙烷解吸塔7，目的是将产物环氧乙烷通过汽提从水溶液中解吸出来。解吸出来的环氧乙烷、水蒸气及轻组分进入该塔冷凝器，大部分水及重组分冷凝后返回环氧乙烷解吸塔，未冷凝气体与乙二醇原料解吸塔顶蒸气及环氧乙烷精馏塔顶馏出液汇合后，进入环氧乙烷再吸收塔8。环氧乙烷解吸塔釜液可作为环氧乙烷吸收塔4的吸收剂。在环氧乙烷再吸收塔中，用冷的工艺水作为吸收剂，对解吸后的环氧乙烷进行再吸收，二氧化碳与其他不凝气体从塔顶排空，釜液含环氧乙烷的体积分数约8.8%，进入乙二醇原料解吸塔。在乙二醇原料解吸塔中，用蒸汽加热进一步汽提，除去水溶液中的二氧化碳和氮气，釜液即可作为生产乙二醇的原料或再精制为高纯度的环氧乙烷产品。在环氧乙烷解吸塔中，由于少量乙二醇的生成，具有起泡趋势，易引起液泛，生产中要加入少量消泡剂。

环氧乙烷精制塔10以直接蒸汽加热，上部脱甲醛，中部脱乙醛，下部脱水。靠塔顶侧线采出质量分数大于99.99%的高纯度环氧乙烷产品，中部侧线采出含少量乙醛的环氧乙烷并返回乙二醇原料解吸塔，塔釜液返回精制塔中部，塔顶馏出含有甲醛的环氧乙烷，返回乙二醇原料解吸塔以回收环氧乙烷。

任务五　正常生产操作

一、循环气压缩机的安全操作

1. 盘车操作

盘车对压缩机操作而言，是一项非常重要和关键的步骤，其主要目的是确认压缩机轴有无卡塞以及调直转子等。如果在启动压缩机之前，未能给压缩机进行盘车，就很容易出现一些意想不到的后果，诸如压缩机过载、联轴器损坏、密封损坏等。对于大型压缩机组而言，原先采取的盘车方式是手动式盘车，主要是采用一些专用的盘车工具通过人工转动的方式来完成。现今，随着技术的发展和改进，手动盘车已经逐步被液压盘车所取代。所谓液压盘车主要是利用液体增压的方法，带动压缩机轴转动从而实现盘车之目的，这样，就大大缩短了压缩机的启动时间。

2. 开车前的检查

开车前的检查操作主要是检查润滑油系统，如温度、液位等，确认已达到开车要求。应注意排除滞留在系统内的气体。

3. 循环气压缩机操作

在引入工艺气体后，建立干气密封系统，其操作步骤如下。

① 干气密封系统。密封介质采用乙烯（EL）或氮气（N_2），从界区来的乙烯(3.5MPa) 经自立式压力调节阀减压至 2.5～3.0MPa，经过滤后分成两段，分别进入压缩机Ⅱ腔和Ⅲ腔。其控制指标是进入Ⅲ腔的气体压力至少要比Ⅱ腔压力高 0.3MPa，由于Ⅲ腔近乎为盲腔，泄漏量很少，而Ⅱ腔与压缩机相通，所以可以调节进Ⅱ腔的气体流量来达到调节压差的目的。当气源压力波动时，可调节自立式压力调节阀，使Ⅱ、Ⅲ腔压差达到稳定值。差压调节阀出现故障时，可以使进入Ⅱ腔的气体走旁路，并通过音速孔板限制进入Ⅱ腔气体的流量、压力，以实现Ⅱ、Ⅲ腔压差稳定。

② 联锁。乙烯可以与氮气切换，保证一旦乙烯压力降低，可以切换为氮气，保证密封气体压力稳定，此联锁一般由 HONEYWELL 的 TDC3000/APM 来实现；循环气压缩机停车联锁，一旦Ⅲ腔和Ⅱ腔之间的压差低于 0.3MPa，压缩机停车，此联锁信号进现场压缩机控制盘内的可编程控制器；Ⅲ腔流量监视，一旦进入Ⅲ腔流量高于 $0.15m^3/min$（标准状态)，控制室会报警。工艺人员可以手动将压缩机停车。

③ 压缩机入口阀开度合适。已有经验表明，在入口压力为 0.7MPa 时，阀门开度露出 1cm 左右能成功启动。原则上，阀门开度应能使压缩机启动时既不过载（开度太大)，又不会使入口压力下降太多（会引起喘振)。

④ 压缩机出口阀全开。

⑤ 循环气管道条件具备，有关阀门位置适当。

⑥ 若长期停运后在潮湿季节开车，则应请电气人员检查马达的绝缘电阻。

⑦ 检查压缩机蜗壳和入口管线内是否存有液体。

二、氧气进料操作

(1) 氧气进料前应确认诸多事项 撤热剂系统加热到 210～215℃，且强制循环；循环气有 25%～40%通过反应器循环；其他各单元做好投氧准备；各在线分析仪表投入使用，正确设定进出口氧分析仪报警及联锁值；氮气压缩机运转正常，开车/停车贮罐压力正常；确认乙烯、甲烷压力正常，一氯乙烷准备就绪；确认氧气合格，准备投氧。

(2) 氧气进料准备 打开氧气过滤器进出口截止阀及上游氧气管线上的截止阀；连接氧气过滤器上游与氮气钢瓶，将氧气界区阀（界区内第二道阀）与氧气长手柄阀之间充氮至氧气压力，然后断开氮气钢瓶，缓慢打开氧气界区阀（第一道阀)，氧气管线压力与总管压力相等；全开开车用氮气贮罐罐顶的调节阀并确认氧气进料阀两侧的压差正常，氧气混合站两侧压差正常，氮气连续吹扫 5min。

(3) 现场复位氧气双截止阀复位按钮 氧气进料双截止阀打开，同时两放空阀关闭；打开停车用氮气贮罐至氮气缓冲罐上的手阀几分钟，直至压力高于 3.8MPa。

(4) 投氧 通过手操器控制氧气进料阀，开始氧气进料；同时观察入口氧浓度的变化，如果一切正常，可以 $140m^3/h$（标准状态）的速度提高氧气进料量，当达到氧气低联锁值时，报警灯熄灭，此时可以将开车用氮气贮罐上的氮气吹扫停掉。

任务六 异常生产现象的判断和处理

一、二氧化碳脱除单元碳酸盐缓冲罐高液位导致停车

在二氧化碳脱除单元，碳酸盐缓冲罐的主要功能是为甲烷能够汽提碳酸盐溶液中的烃类气体（乙烯）提供一个场所。甲烷作为致稳剂，乙烯是反应原料。在乙烯被甲烷靠气体分压从贫碳酸盐溶液当中汽提出来之后，从罐顶排出，然后进入尾气压缩机进行升压，待压力达到设定值，再送往循环气回路与循环气进行混合，进入环氧乙烷吸收塔与贫吸收液进行两相的逆流接触。然后，再从塔顶返回循环气压缩机进行升压，并最终进入到环氧乙烷反应器当中。在实际操作过程中，要求碳酸盐贮罐的液位正常维持在50%左右，并将此贮罐的液位控制器正常投自动。

1. 异常现象判断

操作人员在控制室突然发现在液位控制阀全开的情况下，此罐的液位不但没有任何降低的迹象，反而出现持续上涨的异常现象。

2. 异常现象的危害分析

一旦贮罐的液位过高将造成冒罐，即碳酸盐溶液就会溢流到尾气压缩机。尽管尾气压缩机入口安装有气液分离罐，时间稍微一长就根本无法将气体夹带过来的碳酸盐全部分离下来，结果就会导致碳酸盐液体进入压缩机气缸，由于液体是不可压缩的，这势必造成压缩机损坏。由于碳酸盐富液在此缓冲罐中的积聚，无法向二氧化碳汽提塔提供解析的富碳酸盐。这样，二氧化碳汽提塔的塔釜液位就会急剧下降，即便从二氧化碳气液分离罐中补回一些工艺凝液，但那毕竟是一些工艺水，这样，解析后的贫碳酸盐溶液浓度会大幅度下降。结果就会使循环气中二氧化碳吸收效果变差，整个循环气中的二氧化碳浓度就会升高。一方面，二氧化碳较重，会增加循环气压缩机的负荷，造成压缩机工作电流升高，严重影响整个装置的负荷生产；另一方面，二氧化碳会对氧气与乙烯反应生成环氧乙烷的反应造成一定的抑制，主要是影响反应的转化率，最终会影响产品的收率。如果整个循环气中的二氧化碳浓度持续走高，环氧乙烷反应器的出入口氧气浓度也会随之升高，最终会造成氧气反应系统联锁停车。

3. 异常现象的处理

为了对液位进行确认，操作人员首先要立即奔赴现场，对此罐的液位进行检查。通过现场的玻璃板液位计，可以明显地观察出此贮罐的液位指示的确是真的。作为操作人员，应立即带上步话机和应手的工具到现场的液位控制阀处随时待命，并以最快的速度找到此液位控制阀的旁路手阀，在内外操作人员共同配合协作的前提下，开大此旁路阀对缓冲罐的液位进行排放，同时准确调节二氧化碳汽提塔的汽提蒸汽量。在条件允许的情况下（要以避免吸收量过小、造成碳酸盐夹带进入EO反应系统为原则），尽可能地降低进入二氧化碳吸收塔的贫碳酸盐流量。同时，要以最快的速度通知仪表人员对此阀门进行修理，以求尽快恢复正常生产。

二、仪表风异常

1. 异常现象判断

装置仪表风压力由压力指示器 PI（pressure indicator）进行显示，其压力正常值为 0.6MPa。当压力下降至 0.4MPa 时，压力低报开关 PSL（pressure switch low）会触发报警，提醒操作人员仪表风压力低。如果仪表风压力继续下降至 0.3MPa 时，则压力低低停车 PSLL（pressure shutdown low low）将引发停车联锁和循环气压缩机联锁停车。

2. 异常现象的处理

当仪表风发生故障时，首先应在头脑中有这样一种意识，现场的气动执行机构已经不能控制，其开关状态由其设计特性决定，即风开阀（failure close）处于关闭，风关阀（failure open）处于开启状态。因此，必须到现场进行阀门的开关、截断或疏通各回路，从而确保装置在安全条件下处理停车。

仪表风压力低报警时，应立即与调度取得联系，确认仪表风压力低的原因或者是否现场将仪表风用于其他用途，如已确认仪表风供给出现故障，应立即对装置进行紧急停车。具体操作步骤如下。

① 用氧气紧急停车按钮停止氧气、乙烯、甲烷、抑制剂进料等，并手动关闭其调节阀以及现场端阀。

② 当通过环氧乙烷反应器的循环气中氧含量降低到1%以下时，停掉反应，即将环氧乙烷反应隔离。

③ 停掉循环气压缩机。

④ 将反应器壳体充满水，然后手动关闭给撤热剂加热的蒸汽阀门。

⑤ 循环气压缩机停掉之后，循环气压差联锁将引发碳酸盐停车系统，手动关闭各再沸器的蒸汽阀门以及其他的调节阀，停掉 CO_2 吸收塔和 CO_2 汽提塔。

⑥ 当环氧乙烷从富吸收液中基本汽提出来以后，手动关闭汽提塔的汽提蒸汽阀门，停掉环氧乙烷吸收塔和汽提塔。

⑦ 在氧气进料停止时，要将环氧乙烷精制塔停下来，环氧乙烷水溶液全部送去乙二醇工段。

⑧ 环氧乙烷汽提停下来之后，停掉轻组分脱除塔和放空气吸收塔以及尾气压缩机。

在处理过程中，仪表风已降至对气动执行机构不起任何作用时，上述操作必须到现场进行操作，而 DCS 上也必须将调节器切至手动，并根据安全要求将阀门全开或全关，以便仪表风压力恢复时各阀门能够处于安全状态。

三、装置停车环氧乙烷反应器温度降低过慢

1. 异常现象判断

装置在按计划停车之后，单就反应器壳体当中的撤热剂（水）而言，需要从停车时的240℃降低到100℃，然后再让其进行自然冷却。按照设计要求，其冷却速率一般为10℃/h，这主要靠停车强制循环泵来完成。撤热剂是靠泵从反应器壳体循环到高压汽包，再从高压汽包返回环氧乙烷反应器的壳体。为了按要求对整个撤热剂系统进行降温，就需要操作人员将高压汽包上的电磁控制阀打开，将汽包当中的水蒸气部分放入大气，进而达到能为撤热剂系统进行降温的目的。

当反应器壳体的撤热剂降到100℃以下时，停车强制泵也已经关闭，此时，发现撤热剂的降温速率特别慢。

2. 异常现象的处理

为了加快降温速率，将高压汽包罐顶部的低压氮气保护稍微打开，对此罐进行氮气置换。由于氮气的压力为0.6MPa，在高压汽包通入此氮气之后，压力就会高于大气压力，这样一来，氮气就会从罐顶放空处排出，从而由它所带出的热量就会增加。时间一长必会造成罐内的温度下降。

四、环氧乙烷水溶液缓冲罐温度急剧升高

1. 异常现象的判断

在班组操作过程中，操作人员发现，环氧乙烷水溶液缓冲罐的温度与压力均有不同幅度的增加，罐内温度出现报警，温度居高不下，且急剧升高。

2. 造成此异常现象的原因

① 上游单元送来的物料温度过高。

② 罐内环氧乙烷物料在进行自循环经过此罐的换热器时，未能将罐内的环氧乙烷水溶液的温度冷却下来，时间一长，就会造成罐内的温度久高不下，最终导致了水解反应的出现。众所周知，环氧乙烷与水进行反应为放热反应。

3. 异常现象的处理

从操作的角度上讲，首先操作人员应切断此罐的环氧乙烷进料以及出料，以便将此罐进行暂时隔离，将罐上游来的物料跨过此缓冲罐，而直接进入罐的下游装置。同时，还应告知装置化验分析人员对此缓冲罐中的物料进行取样分析，以确认自己的分析正确与否。

学习拓展与知识链接

一、氧气操作的安全生产措施

由于纯氧能造成人身伤害，故在操作和处理纯氧的时候，要谨防各种各样的安全事故出现。例如，开关并非采用适宜材质制造的氧气节流阀或者为了防止颗粒撞击，而在下游选用了材质不相匹配的管线等均会引发火灾或爆炸。为减少此类情况出现，应制定材质核准、处理、清洁、检查、标识，以及贮存氧气阀门、管线和设备的维护程序，此程序对于操作安全至关重要。

在操作当中，另外一个与安全相关的有可能造成人身伤害的事件，是由于氧气阀快速打开而产生的绝热压缩。迅速压缩产生的温升会引发火灾与爆炸。为减少此类情况出现，氧气进料总管应缓慢升压。此外，一项重要的行政管制与设备限制规定：严禁安装直角回转速开阀，而且此阀下游邻近处也不允许安装（处于关闭位置的）串联阀。

二、防止烃类气体泄漏的安全生产措施

能导致烃类气团形成并发生燃烧的各类事件有导致出现人身伤害的可能。这类事件包括：内外腐蚀，垫片或填料失效，误开排液、放空阀，乙烯总管迅速升压或者是起重机及其他重物对含烃（包括循环气）设备与管线的碰撞。

为了防止此类操作安全事故发生，下列仪表和/或含烃管线与设备的管理规程或程序

均视为必要：

① 规定泄漏检查维护的程序；

② 满足材料规格；

③ 制定并采用测试检验程序；

④ 要确保所有放空和排放关闭，不用时还应安装丝堵、盲法兰；

⑤ 开车前，每隔一定时间间隔，应使用逐项检验表核实以确保满足此标准；

⑥ 制定含烃管线与设备的吊车吊装程序；

⑦ 乙烯总管引入乙烯之前，用甲烷或氮气对乙烯总管的充压程序。

三、乙二醇生产技术

环氧乙烷化学性质极为活泼，能与许多化合物进行反应，其反应主要是环氧环的开环反应，所得反应产物大多是重要的化工产品。例如，环氧乙烷水合生成的乙二醇，是目前工业生产乙二醇的主要方法。

1. 乙二醇的基本性质

乙二醇（EG，ethylene glycol；ethanediol；glycol），俗称甘醇。乙二醇是无色、无臭的黏稠液体，略有甜味，沸点高，难挥发，极易吸水，能以任何比例与水、乙醇、乙二醇醚及丙酮等许多极性溶剂互溶，但在非极性溶剂（如苯、甲苯、二氯乙烷、氯仿等）中溶解度较低。

乙二醇是最简单、最重要的二元醇，分子结构中有两个羟基，其化学反应与一元醇相似，能进行许多醇类的典型反应。特别是下列反应更具有非常重要的工业应用价值。

（1）酯化反应　乙二醇可与某些有机二元酸（如对苯二甲酸、顺丁烯二酸和己二酸等）反应生成线性结构的聚酯，工业上利用乙二醇与对苯二甲酸或对苯二甲酸二甲酯进行酯化反应或酯交换反应制备对苯二甲酸乙二醇酯，后者经聚合得聚对苯二甲酸乙二醇酯（简称聚酯，PET，polyethylene glycol terephthalate），是当前合成纤维产量最大的品种。乙二醇与顺丁烯二酸等不饱和二元酸缩聚可得不饱和聚酯树脂，经纤维增强后其强度与钢接近，是常用树脂之一。乙二醇与邻苯二甲酸反应可制得醇酸树脂，是涂料的主要品种。

（2）脱水反应　乙二醇的两个羟基不易发生分子内脱水，只有在高温热解时才生成少量乙醛。

$$HOCH_2CH_2OH \longrightarrow H_2O + CH_2=CHOH \longrightarrow CH_3CHO$$

乙二醇分子间脱水则生成二甘醇，继续脱水环化即得1,4-二氧六环。工业上使乙二醇在433K与硫酸共热即脱水生成1,4-二氧六环。

（3）醚化反应　乙二醇的醚化随反应物加入量的不同会生成乙二醇单烷基醚或二烷基醚，各种乙二醇醚类主要用途是作溶剂、清洗剂和各类添加剂。

（4）其他反应　乙二醇能与酮或醛缩合生成环状的1,3-二噁茂烷的衍生物，例如，与丙酮反应生成2,2-二甲基-1,3-二噁茂烷；与多聚甲醛在三氯化铁存在时缩合或在甲醛水溶液中与磷酸共热生成1,3-二噁茂烷；与乙醛缩合生成2-甲基-1,3-二噁茂烷，这两者都是赛璐珞（celluloid，由胶棉和增塑剂、润滑剂、染料等经加工而成的塑料）的溶剂。

2. 乙二醇的主要用途

乙二醇自发现以来，其生产发展一直随其用途的开发而发展。乙二醇的最大用途主要用作聚酯纤维的原料，并用于其他聚酯树脂、不饱和聚酯树脂生产。聚酯树脂主要用来制作饮料业用PET瓶及纺织业用的涤纶，在亚洲地区，纺织业是最大的用户。乙二醇的另一种重要用途是由于其可降低水溶液的凝固点，因此可作汽车冷却系统防冻剂，美国在这方面的用途占乙二醇用量首位。此外，乙二醇作为有机中间体也是其较大的消费点。例如，乙二醇用作乙二醛（人造丝防缩剂）的生产。由乙二醇和聚乙二醇能衍生出多种类型的表面活性剂。乙二醇的二硝基化合物（二硝基乙二醇）是炸药。乙二醇与邻苯二甲酸、顺丁烯二酸和反丁烯二酸等多元酸生成的聚合物统称为醇酸树脂，它们经改性后主要以干性树脂和增塑剂的形式出售。用作各类液压机械的传动介质的液压流体（hydraulic fluid），通常分为两类，即油基和水基。油基液压流体可用蓖麻油或改性蓖麻油等制备，其中添加乙二醇可防止流体对液压系统中橡胶的侵蚀；水基液压流体以乙二醇为主要组分，这是一种不能燃烧的液压流体，适用于飞机、汽车和冶金及铸锻等高温作业的液压系统，能满足安全要求。赛璐珞在空气中干燥后即变硬发脆，加入10%～20%乙二醇可以防止发脆，改善赛璐珞的柔性；同时还能提高其机械应力。除此之外，乙二醇也能用于纸张、皮革和某些天然纤维性能的改善。电容器的电解液通常是硼酸盐在乙二醇中的糊状物，主要是利用乙二醇挥发性和腐蚀性小的特征。

3. 乙二醇的生产原理

（1）主反应　在一定温度和压力下，环氧乙烷和水按一定配比可进行液相无催化水合反应，主要反应方程式为：

$$\underset{\diagdown O \diagup}{CH_2—CH_2} + H_2O \longrightarrow \underset{OH\quad OH}{\underset{|\qquad |}{CH_2—CH_2}}$$

（2）副反应　随着反应介质中乙二醇浓度的增加，乙二醇会继续与环氧乙烷反应生成二乙二醇(DEG，diethylene glycol，又称二甘醇)、三乙二醇(TEG，triethylene glycol，又称三甘醇）等多缩乙二醇副产物。其反应方程式为：

$$\underset{OH\quad OH}{\underset{|\qquad |}{CH_2—CH_2}} + \underset{\diagdown O \diagup}{CH_2—CH_2} \longrightarrow \underset{OH\qquad\qquad\qquad\qquad OH}{\underset{|\qquad\qquad\qquad\qquad\quad |}{CH_2—CH_2—O—CH_2—CH_2}} \quad (DEG)$$

$$DEG + \underset{\diagdown O \diagup}{CH_2—CH_2} \longrightarrow \underset{OH\qquad\qquad\qquad\qquad\qquad\qquad OH}{\underset{|\qquad\qquad\qquad\qquad\qquad\qquad |}{CH_2—CH_2—O—CH_2CH_2—O—CH_2CH_2}} \quad (TEG)$$

$$\vdots$$

此外，环氧乙烷在高温下，有可能异构成乙醛。当有碱金属或碱土金属的氧化物存在时，将催化加速这一异构反应。一旦生成乙醛，将是十分有害的，因为乙醛易被氧化生成乙酸而腐蚀设备。所以，生产中对反应用水一定要严格分析控制，要符合所规定的质量指标。

4. 乙二醇生产的安全技术

（1）毒物及防护　由于乙二醇沸点高，蒸气压低，一般不存在吸入中毒现象，但大量饮用（个别人不足50g）会刺激中枢神经，引起呕吐、疲倦、昏睡、呼吸困难、震颤、肾脏充血和出血、脂肪肝、尿闭（肾小管结晶阻塞）、支气管炎、肺炎而致死。人体LD(lethal dose，致死剂量）约1.4mL/kg或100mL。误服者应立即用1∶2000高锰酸钾溶液洗胃和导泻，严重者应立即送医院诊治。

乙二醇容器上应标明“有毒”字样，以防误服及吸入乙二醇蒸气。美国食品药品管理局（FDA，food drug administration）作出规定，禁止用乙二醇作为食品包装用赛璐珞薄膜的增塑剂和软化剂及一切药物配方。操作人员应穿戴防护用具，定期进行体检，特别是尿常规检查。

（2）包装与贮运　乙二醇闪点和沸点高，蒸气压低，毒性较小，没有腐蚀性等，所以处理、运输和贮存比较简单，不需要特殊措施。通常乙二醇可贮存于符合一定规范的铁制容器中；但是，如果需要长期贮存和防止铁的沾染，则贮存的容器可用乙烯基树脂或酚醛树脂衬里，或用铝制容器或不锈钢容器。乙二醇的包装可用镀锌铁桶，每桶100kg或200kg。

乙二醇液面上一般不需要惰性气体覆盖，但乙二醇吸水性强，若要求乙二醇在贮存中含水量不增加，则可考虑使用干燥装置，以除去进入贮槽空气中的水分。

乙二醇即使在室温时亦相当黏稠，温度下降，黏度很快升高；乙二醇的凝固点约为260K，为此，在寒冷的环境里采用地上的室外贮槽时，贮槽和输送管道应备有加热装置，并能很好保温；在选择输送乙二醇的泵时，必须充分考虑乙二醇黏度与温度的关系。

练习与实训指导

1.结合实例说明环氧乙烷有哪些重要用途？

2.目前乙烯直接氧化生产环氧乙烷的生产技术如何？拥有领先技术的是哪些公司？

3.致稳剂的主要作用是什么？工业生产中使用的致稳剂有哪些？

4.环氧乙烷的安全生产注意事项有哪些？

5.乙烯直接氧化生产环氧乙烷的主副反应有哪些？

6.结合乙烯直接氧化制环氧乙烷的生产说明催化剂的制备方法有哪些？

7.压缩机的安全操作要点有哪些？

8.环氧乙烷生产中常见事故及处理措施有哪些？

项目考核与评价

一、填空题（20%）

1.工业生产环氧乙烷的方法主要有氯醇法和乙烯直接氧化法（又称气体氧化法）。氯醇法是早期的工业生产方法，现已逐渐被淘汰。对于乙烯直接氧化法，目前主要分两种：一种是__________；另一种是__________。

2.化工的工艺流程图一般可以分为__________、__________以及__________等。

3.在可逆反应中，引起化学平衡移动的主要因素有__________、__________和__________。

4.化工生产中，对反应产物进行分离精制的目的是__________，以提高原料的利用率。

5.盘车对压缩机操作而言，是一项非常重要和关键的步骤。其主要目的是__________。

6.化工生产过程按其操作方式不同分为__________过程（非稳态操作）、__________过程（稳态操作）和__________（非稳态操作）。

7.化工生产中的主反应是指____。

8.催化剂的催化作用是由其本身的物理性质和化学性质决定的，工业上常用的固体催化剂是由不同组分制成的，主要的组分有：__________、__________、__________、__________。

9.压力改变有两种情况：一是__________；二是__________。

二、选择题（10%）

1.在处理环氧乙烷时，应避免以下具有潜在危险性情况的发生：（　　）。

A.液体或气体的泄漏　　B.空气、氧气或具有反应性的杂质进入环氧乙烷贮罐

C. 危险区的火源　　D. 环氧乙烷的过热

2. 环氧乙烷的运输可使用（　　）。

A. 火车　　B. 槽车　　C. 飞机　　D. 轮船

3. 投料控制主要是指对投料速度、（　　）、顺序、原料纯度及投料量的控制。

A. 配比　　B. 投料时间　　C. 原料密度　　D. 原料体积

4. 化工“三级”安全教育中不包括（　　）。

A. 工厂安全教育　　B. 车间安全教育　　C. 化工安全教育　　D. 岗位安全教育

5. 二氯乙烷是麻醉剂，主要侵害内脏和神经系统，也能通过皮肤侵入而中毒。15～40g可引起急性中毒，对人致死量为（　　）左右。

A. 200g　　B. 150g　　C. 50g　　D. 100g

三、简答题（30%）

1. 目前工业上生产环氧乙烷的主要方法是乙烯直接氧化法（又称气体氧化法），该法的主要原料为乙烯和氧气。请说明为什么还要加入甲烷？

2. 乙烯催化氧化生产环氧乙烷过程中要加入 $C_2H_4Cl_2$，它的作用是什么？

3. 循环气压缩机的安全操作要点有哪些？

四、工艺计算题（15%）

工业上利用乙烯部分氧化生产环氧乙烷。若反应物乙烯和氧按化学反应计量比投入，反应器的单程转化率为60%，反应后生成的环氧乙烷在吸收塔中全部被吸收。分离后的残余物全部返回反应器，继续进行反应，试计算该循环量。

反应方程式为：$2CH_2 = CH_2 + O_2 = 2C_2H_4O$。流程简图如下：

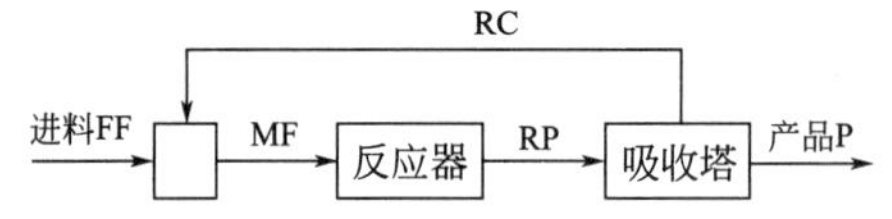

五、生产工艺流程题（15%）

乙烯直接氧化法生产环氧乙烷的工艺流程如图5-3所示。该流程可分为乙烯环氧化反应和环氧乙烷的回收精制两大部分。

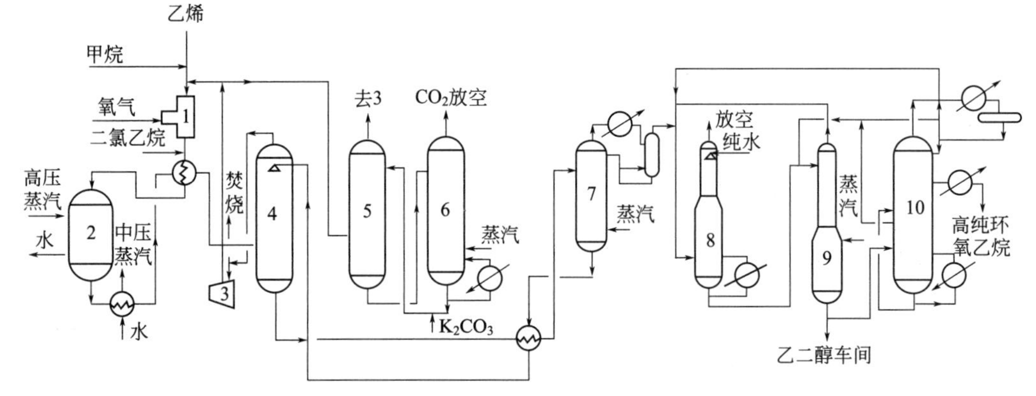

图5-3　乙烯直接氧化法生产环氧乙烷工艺流程

1—原料混合器；2—反应器；3—循环压缩机；4—环氧乙烷吸收塔；
5—二氧化碳吸收塔；6—碳酸钾再生塔；7—环氧乙烷解吸塔；
8—环氧乙烷再吸收塔；9—乙二醇原料解吸塔；10—环氧乙烷精制塔

请简要说明：乙烯环氧化反应部分生产工艺流程。

六、综合题（10%）

在班组操作过程当中，操作人员发现，环氧乙烷水溶液缓冲罐的温度与压力均有不同幅度的增加，罐内温度出现报警，温度居高不下，且急剧升高。请分析造成此异常现象的原因是什么？如何处理？

项目六

乙酸的生产

教学目标

知识目标：1. 了解甲醇低压羰化制乙酸的反应原理、工艺流程。
2. 掌握乙醛氧化制乙酸的反应原理、工艺条件和工艺流程。
3. 掌握乙酸生产过程中的安全、卫生防护等知识。

能力目标：1. 能够进行乙酸生产过程中工艺条件的分析、判断和选择。
2. 能阅读和绘制乙酸生产工艺流程图。
3. 能阅读关键生产设备的结构图、管口表、技术特性表。
4. 能根据生产原理分析生产条件、生产的组织顺序。
5. 能结合工艺流程图，理解岗位操作方法，并对异常现象和故障能进行分析、判断、处理和排除。

素质目标：1. 具备化工生产的安全、环保、节能及劳动卫生防护职业素养。
2. 具备化工生产遵章守纪的职业道德。
3. 具备强烈的责任感和吃苦耐劳的精神。
4. 具备资料查阅、信息检索和加工等自我学习能力。
5. 具备发现、分析和解决问题的能力。
6. 具备表达、沟通和与人合作、岗位与岗位之间合作的能力。

资源导读：为了深入理论探索、适应教学改革、把握行业动态、获取更多资源，请根据需要，访问下列网址进行学习。
智慧职教→“有机化工生产技术”课程（东营职业学院　李萍萍，等）中关于乙酸生产的相关资源　www. icve. com. cn/portal_ new/courseinfo/courseinfo. html? courseid= irhcai6pja9axgwf9cyahq

任务一　生产方法的选择

早在公元前，人类已能用酒经各种乙酸菌氧化发酵制醋，19 世纪后期，发现将木材干馏可以获得乙酸（acetic acid）。1911 年，在德国建成了世界上第一套乙醛氧化合成乙酸的工业装置。合成乙酸的方法虽然很多，但工业上广泛采用的生产方法主要有：乙醛氧化法、低碳烷烃液相氧化法、甲醇羰基化法。

2019 年，我国乙酸生产能力突破 900 万吨，产量约在 760 万吨，出口量约 60 万吨。新增产能仍不少，包括华谊在广西钦州的120万吨/年、信耐能源在内蒙古鄂尔多斯的60万吨/年、建滔在湖北荆州的160万吨/年以及BP与浙江石化合资的100万吨/年乙酸装置。粗略统计，未来几年乙酸新增产能超过450万吨/年，相当于现有产能的一半以上。乙酸产能这几年快速增长的原因之一是由于近几年来我国煤化工发展迅猛，煤化工基础产品甲醇产能迅速增加，市场吸纳速度慢于甲醇产能增长，因此许多甲醇企业为消化和延伸甲醇产品链，纷纷规划建设乙酸项目。我国乙酸乙烯、乙酸酯、精对苯二甲酸（PTA）仍是拉动乙酸下游市场的“三驾马车”，占乙酸消费市场的近80%。

一、乙醛氧化法

主反应式为：

$$CH_3CHO + \frac{1}{2}O_2 \longrightarrow CH_3COOH$$

乙酸的制备方法

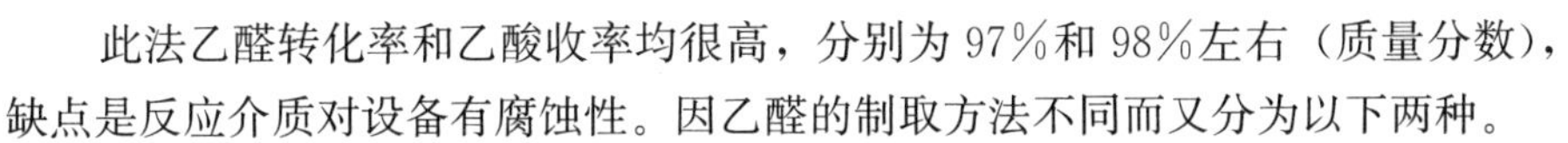

此法乙醛转化率和乙酸收率均很高，分别为97%和98%左右（质量分数），缺点是反应介质对设备有腐蚀性。因乙醛的制取方法不同而又分为以下两种。

（1）乙烯-乙醛法　即乙醛由乙烯氧化而获得。

$$C_2H_4 + \frac{1}{2}O_2 \longrightarrow CH_3CHO$$

20世纪80年代末期，国内先后有上海石化总厂等四家企业利用引进的以乙烯为原料生产乙醛的技术，自行设计配套建成投产四套乙烯-乙醛-乙酸装置，为缓解我国当时乙酸供需矛盾发挥了巨大作用。因近二十年石油价格波动对以此工艺生产乙醛冲击很大。

（2）乙醇-乙醛法　即乙醛由乙醇氧化而获得。

$$CH_3CH_2OH + \frac{1}{2}O_2 \longrightarrow CH_3CHO + H_2O$$

20世纪国内几乎所有小型装置、大部分中型装置均采用此工艺，但该工艺受乙醇原料价格影响以及缺乏规模效应，现今已难生存。

二、低碳烷烃液相氧化法

丙烷、丁烷、$C_5 \sim C_8$烷烃或轻油都可用作生产乙酸的原料。以丁烷作原料时，乙酸的收率较高。反应式为：

$$C_4H_{10} + \frac{5}{2}O_2 \longrightarrow 2CH_3COOH + H_2O$$

氧化在液相中进行，反应温度为150～225℃，压力为4～8MPa，以钴、锰、镍、铬等的乙酸盐为催化剂。低碳烷烃液相氧化法所用原料较为广泛，价格相对便宜，但选择性低，氧化产物品种多，除甲酸外尚有甲乙酮、低碳醇、乙酸酯以及深度氧化产物一氧化碳和二氧化碳，因而必须考虑副产物的回收和利用，该工艺流程较长，腐蚀严重。故仅限于有廉价丁烷或液化石油气供应的地区采用。

三、甲醇羰基化法

甲醇和一氧化碳在催化剂条件下经羰基化反应可生成乙酸：

$$CH_3OH + CO \longrightarrow CH_3COOH$$

因反应压力和所用催化剂不同，又有低压法与高压法之分。1960 年，巴斯夫（BASF）公司开发了 Co-Ⅰ系催化剂，在高压（65.0～71.5MPa）条件下，甲醇与 CO 羰基化合成乙酸的工艺，称作高压甲醇羰基化合成法。1968 年，孟山都（Monsanto）公司开发了 Rh-Ⅰ系催化剂，使 CH_3OH 与 CO 在低压（3～4MPa）下羰基化合成乙酸，称作低压甲醇羰基化合成法。高压法和低压法甲醇羰基化合成乙酸的比较见表 6-1。

表 6-1 高、低压羰基化法制乙酸的比较

项　　目	Monsanto 低压法	BASF 高压法
催化剂金属浓度/(mol/L)	约 10	约 10
碘浓度/(mol/L)	约 10	约 10
反应温度/℃	约 180	210～250
反应压力/MPa	3～4	65.0～71.5
对甲醇选择性/%	>99	>90
副产物	无	甲烷、乙醛、乙醇、乙酸乙酯等
消耗(以 1t 乙酸计)		
CH_3OH/kg	545	610
CO/kg	530	780
冷却水/m^3	150	780
蒸汽/kg		2750
电/kW·h	29	350

甲醇低压羰基化法制乙酸，具有原料价廉、操作条件缓和、乙酸收率高（以甲醇计超过 99%，以一氧化碳计超过 90%）、产品质量好、工艺过程简单等优点，是目前乙酸生产中技术经济指标最先进的方法。但反应介质存在严重的腐蚀性，因此必须使用昂贵的特种钢材。

任务二　生产原料及产品的认知

一、醋酸的性质和用途

视频扫一扫

爆炸极限的实验

乙酸，又称醋酸，分子式为 $C_2H_4O_2$，结构式为 $H_3C—C(=O)—OH$，分子量 60.05。无色透明液体，有刺激性气味。$d_{20}^{4}=1.0492$。熔点 16.604℃，沸点 118.1℃。纯品在低于 16.6℃时呈冰状晶体，故称冰醋酸。闪点 41.7℃，其蒸气易着火，并能和空气形成爆炸混合物，爆炸极限 4%～19.9%。

乙酸是极重要的基本有机化学品，是乙酸乙烯、醋酸纤维素、乙酸酯、对苯二甲酸等多种产品的原料，广泛地应用于几乎所有的工业领域，在未来较长时间内，也许还没有一种有机酸可取代它的位置。冰醋酸还用作酸化剂、增香剂和食品香料。

二、主要原料的工业规格要求

1. 乙烯-乙醛氧化法制乙酸

（1）原料乙醛的来源　以乙烯和氧气（或空气）为原料，在由氯化钯、氯化铜、盐酸组成的催化剂水溶液中，进行液相氧化生产乙醛，其主反应式为：

$$CH_2CH_2 + \frac{1}{2}O_2 \xrightarrow{Pd\text{-}Cl\text{-}HCl\text{-}H_2O} CH_3CHO$$

$$\Delta H^{\ominus}_{298K} = -243.68kJ/mol$$

实际上，上述反应并不是一步完成的，而是经历了以下三个基本反应过程。

① 乙烯的羰基化反应。乙烯在催化剂水溶液中，被氯化钯氧化成乙醛，氯化钯被还原成金属钯。

$$CH_2{=}CH_2 + PdCl_2 + H_2O \longrightarrow CH_3CHO + Pd + 2HCl \tag{6-1}$$

② 金属钯的再氧化反应。反应(6-1) 析出的金属钯被催化剂溶液中的氯化铜氧化，使钯盐的催化性能恢复。

$$Pd + 2CuCl_2 \longrightarrow PdCl_2 + 2CuCl \tag{6-2}$$

③ 氯化亚铜的氧化反应。反应(6-2) 生成的氯化亚铜在盐酸溶液中，迅速被氧化为氯化铜。

$$2CuCl + \frac{1}{2}O_2 + 2HCl \longrightarrow 2CuCl_2 + H_2O$$

上述反应中氯化钯是催化剂，氯化铜实质上是氧化剂，也称共催化剂，没有氯化铜的存在，就不能完成此催化过程。但氧的存在也是必要的，要使反应能连续稳定地进行，必须将还原生成的低价铜复氧化为高价铜，以保持催化剂溶液中有一定浓度的 Cu^{2+}。

乙烯液相氧化生产乙醛，虽然反应选择性很高（可达 95%左右)，但控制不当，仍会有副反应发生。主要副反应如下。

① 平行副反应。主要生成氯乙烷、氯乙醇等副产物。

$$CH_2{=}CH_2 + HCl \longrightarrow CH_3CH_2Cl$$

$$2HCl + \frac{1}{2}O_2 \longrightarrow Cl_2 + H_2O$$

$$CH_2{=}CH_2 + Cl_2 + H_2O \longrightarrow ClCH_2CH_2OH + H^+ + Cl^-$$

② 连串副反应。主要生成氯代乙醛、乙酸、氯代乙酸、丁烯醛、草酸及深度氧化产物等。

$$CH_3CHO + HCl + \frac{1}{2}O_2 \longrightarrow CH_2ClCHO + H_2O$$

$$CH_3CHO + \frac{1}{2}O_2 \longrightarrow CH_3COOH$$

$$CH_2ClCHO + \frac{1}{2}O_2 \longrightarrow CH_2ClCOOH$$

$$CH_3CHO + CH_3CHO \longrightarrow CH_3CH{=}CHCHO$$

$$CH_2ClCHO + 2HCl + O_2 \longrightarrow CCl_3CHO + 2H_2O$$

$$CCl_3CHO + \frac{1}{2}O_2 + H_2O \longrightarrow \begin{matrix} COOH \\ | \\ COOH \end{matrix} + 3HCl$$

$$CH_3CHO + \frac{5}{2}O_2 \longrightarrow 2CO_2 + 2H_2O$$

乙烯液相催化氧化生产乙醛的副产品虽然种类繁多，但它们的量甚少，一般除一氯乙醛外，均无分离回收价值。通常将气体副产物通入火炬焚烧，液体副产物作生化处理后排放。

(2) 技术要求　乙烯-乙醛氧化法制乙酸，对原料乙烯和中间产物乙醛的技术要求见表6-2（某化工股份有限公司企业标准)。

表 6-2 乙烯-乙醛装置乙烯、乙醛的技术要求

名称	采样点	分析项目	控制值	频率
乙烯	乙烯进口管线	C_2H_4	≥99.7%(体积分数)	5次/周
		C_2H_2	≤0.003%(体积分数)	5次/周
		甲烷+乙烷	≤0.05%(体积分数)	5次/周
纯乙醛	纯乙醛贮罐	乙醛	≥99.7%(质量分数)	1次/罐
		总氯	≤0.003%(质量分数)	1次/罐
		CH_3COOH	≤0.04%(质量分数)	1次/罐
		水	≤0.03%(质量分数)	1次/罐
		过氧乙酸	≤0.015%(质量分数)	1次/罐
		巴豆醛	≤0.01%(质量分数)	1次/罐
		三聚乙醛	≤0.01%(质量分数)	1次/罐

2. 甲醇羰化合成乙酸的原料来源

将合成气中 H_2/CO 的摩尔比调整为 2.2 左右，在 260～270℃、5～10MPa 及铜基催化剂作用下可以合成甲醇。

$$CO + 2H_2 \rightleftharpoons CH_3OH$$

具体合成甲醇过程见本书项目三甲醇的生产。图 6-1 和图 6-2 分别是两种典型的甲醇羰化制乙酸的工艺流程，工艺中甲醇的来源和 CO 的分离有着很大的区别。

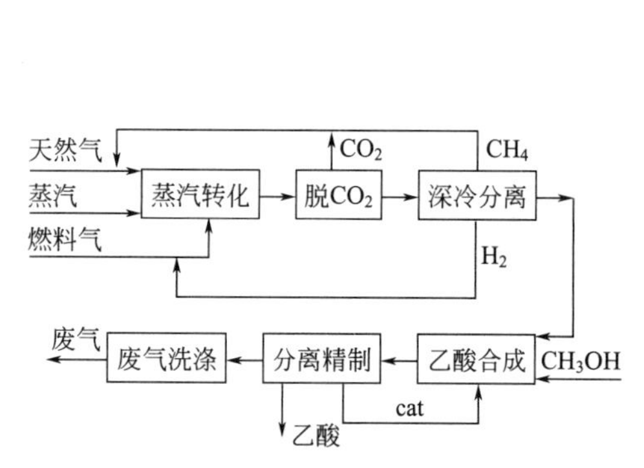

图 6-1 BP/Monsanto 乙酸工艺流程图

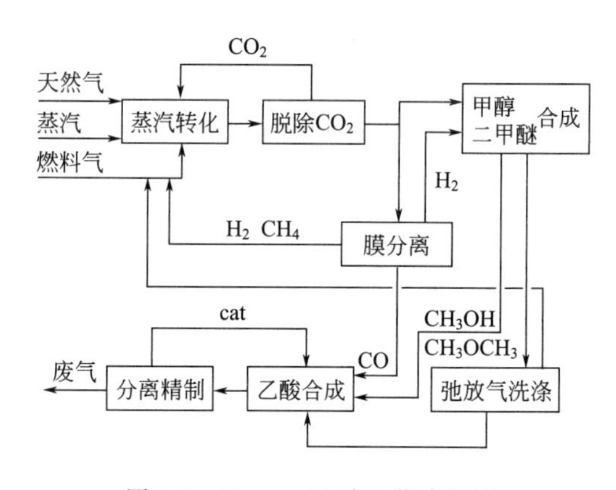

图 6-2 Topsoe 乙酸工艺流程图

BP公司羰基化工艺英文文献

1986 年，孟山都（Monsanto）公司将其专利转让给英国石油（BP）公司，而使 BP 公司成为低压羰基化法生产乙酸技术的控制者。BP 公司又对某些工序做了改进，独具特色，被称为 BP/Monsanto 乙酸工艺。该工艺所需 CO 由天然气蒸气转化获得。先脱除转化气中的 CO_2，并将 CO_2 送回转化炉以弥补碳的不足。再采用深度冷冻法将转化气中的 CH_4、CO 和 H_2 分离。甲烷送回转化炉，氢气作转化用燃料。分离出来的 CO 和外购甲醇进行甲醇羰基化反应。

托普索（Topsoe）乙酸工艺是以单一天然气（或煤）为原料。制取甲醇所需的合成气以及羰基化反应所需的 CO 均来自天然气转化或煤气化，由合成气分两步制取乙酸：第一步在有催化剂条件下，由合成气制成甲醇和二甲醚；第二步在催化剂条件下由甲醇和二甲醚

(不经分离和提纯)和 CO(采用膜分离法提取)进行羰基化反应,生成乙酸。因此 Topsoe 法也被称为合成气二步法乙酸工艺。

3. 乙酸产品质量指标要求

乙酸企业产品质量指标见表 6-3。

表 6-3 工业用冰醋酸技术要求(GB/T 1628—2008)

项目		指标		
		优等品	一等品	合格品
色度/Hazen 单位(铂-钴色号)	≤	10	20	30
乙酸的质量分数/%	≥	99.8	99.5	98.5
水的质量分数/%	≤	0.15	0.20	—
甲酸的质量分数/%	≤	0.05	0.10	0.30
乙醛的质量分数/%	≤	0.03	0.05	0.10
蒸发残渣的质量分数/%	≤	0.01	0.02	0.03
铁的质量分数(以 Fe 计)/%	≤	0.00004	0.0002	0.0004
高锰酸钾时间/min	≥	30	5	—

任务三 应用生产原理确定工艺条件

一、乙醛氧化法生产原理

1. 主反应

$$CH_3CHO + \frac{1}{2}O_2 \longrightarrow CH_3COOH$$

2. 主要副反应

$$CH_3CHO + O_2 \longrightarrow CH_3COOOH\text{(过氧乙酸)}$$

$$3CH_3CHO + 3O_2 \longrightarrow HCOOH + 2CH_3COOH + CO_2 + H_2O$$

$$2CH_3CHO + 5O_2 \longrightarrow 4CO_2 + 4H_2O$$

$$2CH_3CHO + \frac{3}{2}O_2 \longrightarrow CH_3COOCH_3 + CO_2 + H_2O$$

$$3CH_3CHO + O_2 \longrightarrow CH_3CH(OCOCH_3)_2 + H_2O\text{(二乙酸亚乙酯)}$$

$$CH_3CH(OCOCH_3)_2 \longrightarrow (CH_3CO)_2O + CH_3CHO\text{(乙酸酐)}$$

乙醛氧化制乙酸可以在气相或液相中进行,且气相氧化较液相氧化容易进行,不必使用催化剂。但是,由于乙醛的爆炸极限范围宽,生产不安全,而且乙醛氧化是强放热反应,气相氧化不能保证反应热的均匀移出,会引起局部过热,使乙醛深度氧化等副反应增多,乙酸收率低等原因,所以工业生产中多采用液相氧化法。

空气和氧气都可以作为乙醛氧化制乙酸的氧化剂,用空气作氧化剂,则由于大量氮气存在,使得气液接触面上形成很厚的气膜,阻隔了氧气的扩散和吸收,降低了设备利用率。此外大量氮气排放要带走乙醛,增加单耗。用氧气氧化,气流速度很小,气液界面的搅动也小,对传质不利,一般可控制氧气含量为 95%左右,让 5%的氮气参与搅动以达到良好的气液接触,但氧气氧化增加了空分装置,能耗较高。若用氧气氧化,应充分保证氧气和乙醛在液相中反应，以避免反应在气相进行；且在塔顶应引入氮气以稀释尾气，使尾气组成不致达到爆炸范围，氧化塔顶部尾气中氧含量应在5%以下。目前生产中采用氧气作氧化剂的较多。

3. 反应机理和催化剂

在一定的温度和压力下，氧能和乙醛反应，但反应速率很小。自由基链反应理论认为，乙醛氧化反应存在诱导期，在诱导期时，乙醛以很慢的速度吸收氧气，从而生成过氧乙酸，即

$$CH_3CHO + O_2 \longrightarrow CH_3COOOH$$

过氧乙酸可使催化剂乙酸盐中的2价锰离子氧化为3价锰离子，即

$$CH_3COOOH + Mn^{2+} \longrightarrow CH_3COO^- + Mn^{3+} + OH^-$$

3价锰离子存在于溶液中，可引发原料乙醛产生自由基，促进反应的进程。所以为了加速反应的进行，采取升高反应温度并加入催化剂的方法，研究发现，可变价金属（如锰、镍、钴、铜）的乙酸盐或它们的混合物均可作为乙醛氧化法生产乙酸的催化剂，其催化活性高低为Co＞Ni＞Mn＞Fe。虽然钴的乙酸盐反应活性最高，即钴盐催化剂对过氧乙酸的生成有较强的加速作用，但它不能满足使过氧乙酸迅速分解的条件，会造成过氧乙酸在反应系统中积累，过氧乙酸是一种不稳定的具有爆炸性的化合物，在90～110℃下能发生爆炸。当过氧乙酸积累过多时，即使在低温下也能导致爆炸性分解，故钴盐催化剂不能适用。而采用乙酸锰为催化剂不仅使生成过氧乙酸的过程进行得很快，而且使过氧乙酸连续分解成乙酸的过程也加速进行，避免在物系中过氧乙酸的积聚。二价锰离子呈粉红色，随着离子价的升高颜色逐步加深，由粉红色变成红紫、棕色、绿色直至黑色。在操作中往往根据反应液的颜色来判断锰离子的变价情况。同时由于反应器氧化塔是连续操作的，新鲜的乙醛加入到已含有过氧乙酸的反应液中，这样就可以消除催化剂的诱导期。从反应机理来看，连续操作比间歇操作安全。

二、乙醛氧化法工艺条件的确定

1. 反应温度

乙醛氧化生成乙酸是放热反应，这些热量必须及时移走，才能使生产正常进行。一般氧化段反应温度控制在75℃左右为宜。温度过高加快反应速率，但同时也使副反应加剧。由于温度升高还使得易挥发的乙醛大量逸出氧化塔上部的气相空间，增加了乙醛自燃与爆炸的危险。当反应温度低于40℃，过氧乙酸则不能及时分解，会引起积聚而发生爆炸。如果反应温度处于低温向高温的剧烈波动，低温时积聚的过氧乙酸在高温时剧烈分解，引起爆炸事故。操作中必须使反应温度平衡地保持在工艺规定范围内。

2. 反应压力

由主反应方程式可知，反应是体积减小的反应，提高压力有利于向生成乙酸的方向进行，对氧的吸收也有利，并提高了乙醛的沸点，降低了气相中乙醛的分压，减少了乙醛的挥发。但提高压力使得设备制造费用提高，因此氧化塔塔顶压力控制在表压0.23MPa左右。

3. 气液接触

乙醛氧化是通过气液相界面的接触进行的，氧分子向乙醛的乙酸溶液扩散，并吸收生成乙酸。氧化塔中的氧气分布板孔径大小与氧气的吸收率有一定的关系。小的孔径会增加气泡数量和接触面积，但孔径过小将使阻力增加。孔径过大则气液接触不好。因此在氧气进口压力允许的条件下适量缩小孔径，增加气孔数量，对氧的吸收有利。

通入的氧气速度大，则生产能力大，但气速过大，吸收不完全，则增加废气量，同时随气体带出的乙醛和乙酸也将增加，使得单耗加大。从安全角度看，乙醛气带入气相，增加了发生爆炸事故的可能。气速过小则生产能力不能充分发挥，因此根据氧气的吸收率和通入的液柱高度（见表6-4），看出当液柱超过4m时，则氧的吸收率可达97%以上。所以生产上需同时控制加入氧气的速度和保持一定的液层高度。

表6-4 液柱高度与氧的吸收率之间的关系

液柱高度/m	1.0	1.5	2.0	4.0
氧吸收率/%	70	90	95～96	97～98

4. 醛氧比

醛氧比以及氧气在氧化塔的上下进口的分配比例是氧化反应中的一个重要参数。氧气量过少，乙醛反应不完善，转化率低，单耗偏高。氧气量过多，乙醛深度氧化，甲酸增多，影响产品质量，并给后续分离带来困难，因此，必须根据粗乙酸、废气中测定的结果，稳定地控制醛氧比。

5. 原料纯度

对氧化反应有害的杂质有水、氯离子及铋、镁、锌、钡、锡、钠、铅、汞等重金属离子。水与催化剂作用生成无活性的过氧化锰水合物，使催化剂失活。氯离子能使乙醛局部聚合变成三聚乙醛或四聚乙醛，三聚乙醛或四聚乙醛不能起氧化反应，在酸性介质中受热后分解为乙醛进入气相，在气相中与氧气反应引起爆炸。同时氯离子的存在引起乙酸锰中毒。铋等重金属离子是负性很强的负催化剂，能抑制过氧乙酸生成，对反应不利。如原料乙醛中含有乙醇，则在氧化塔中乙醇与乙酸生成乙酸乙酯，使单耗增高。

三、甲醇低压羰化法生产原理

1. 主反应

$$CH_3OH + CO \longrightarrow CH_3COOH$$

2. 副反应

$$CH_3COOH + CH_3OH \rightleftharpoons CH_3COOCH_3 + H_2O$$

$$2CH_3OH \rightleftharpoons CH_3OCH_3 + H_2O$$

$$CO + H_2O \longrightarrow CO_2 + H_2$$

由于生成乙酸甲酯和二甲醚反应是可逆反应，在低压羰化条件下如将生成的副产物循环回反应器，则都能羰化生成乙酸，故使用铑催化剂进行低压羰化，副反应很少，以甲醇为基础生成乙酸选择性可高达99%。CO变换的副反应，在羰化条件下，尤其是在温度高、催化剂浓度高、甲醇浓度下降时，容易发生。故以CO为基准，生成乙酸的选择性仅为90%。

3. 反应机理和催化剂

1968年美国孟山都（Monsanto）公司发明的可溶性羰基铑-碘催化剂体系为近代羰基合成制乙酸工业树立了一块里程碑。该催化剂是三碘化铑，助催化剂是碘甲烷，由铑、一氧化碳、碘共同构成催化剂活性中间体二碘二羰基铑。由于铑基催化剂更容易与碘甲烷反应，生成的 $[CH_3Rh(CO)_2I_3]^-$ 比 $CH_3Co(CO)_4$ 更活泼，更容易发生一氧化碳插入反应，而乙酰

碘更容易从 $[CH_3CORh(CO)_2I_3]^-$ 中消失，因此铑基催化剂比钴基催化剂活性高。这就决定了铑-碘催化剂体系的羰基化法要比高压法生产工艺条件温和，反应效率更高，副产物主要也是 CO_2、H_2 等，产品纯度更大。图 6-3 是铑-碘催化的甲醇羰基化反应机理。

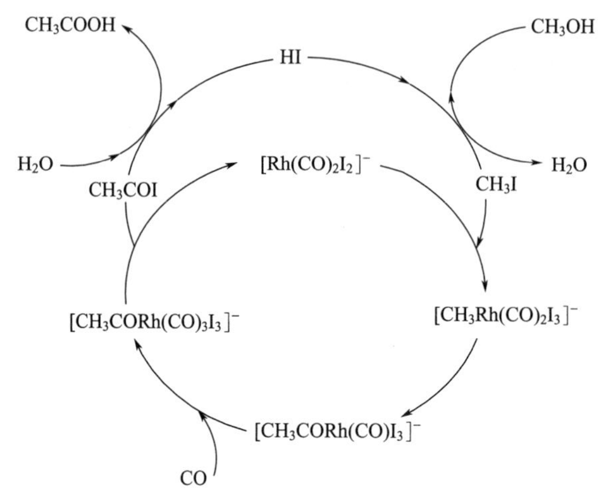

图 6-3 铑-碘催化的甲醇羰基化反应机理

但由于铑的价格昂贵，铑回收系统费用高且步骤复杂，人们仍在开发甲醇羰基合成法的改进工艺与其他催化剂。后来有采用铱 Ir 为催化剂，铱 Ir 价格便宜一些，不过催化剂用量比铑多，另外，有非稀有金属的研究，如钴 Co、镍 Ni 等的催化剂研究，都没有成功的工业化运用，都停留在实验研究中，并且这类催化剂的活性远远不如铑 Rh、铱 Ir 之类。各大公司的甲醇羰基合成制乙酸的核心技术就是其中的催化剂体系。表 6-5 为六种低压甲醇法催化剂体系的比较。

表 6-5 六种低压甲醇法催化剂体系比较

催化剂体系	主催化剂	助催化剂	系统水含量/%	催化剂活性/[mol/(L·h)]
传统 Monsanto 法	羰基铑	CH_3I、HI	13～15	7～8
BP Cativa	羰基铱	羰基钌、LiI、CH_3I、HI	2～5	20～30
Celeance AO Plus	羰基铑	LiI、CH_3I、HI	0.4～4	20～40
上海吴泾	羰基铑	羰基钌、LiI、CH_3I、HI	3～6	17～20
江苏索普	螯合型顺二羰基铑双金属	CH_3I、HI	3～6	17～25
UOP/Chiyoda Acetic	羰基铑	CH_3I	3～8	

四、甲醇羰化法工艺条件的确定

甲醇低压羰基化合成乙酸，主要工艺条件是温度、压力和反应液组成等。

1. 反应温度

温度升高，有利于提高主反应速率，但主反应是放热反应，温度过高，会降低主反应的选择性，副产物明显增多。因此，适当的反应温度，对于保证良好的反应效果非常重要。结合催化剂活性，甲醇低压羰基化反应最佳温度为 175℃，一般控制在 130～180℃。

2. 反应压力

甲醇羰基化合成乙酸是一个气体体积减小的反应。压力增加有利于反应向生成乙酸方向进行，有利于提高一氧化碳的吸收率。但是，升高压力会增加设备投资费用和操作费用。因此，实际生产中，操作压力控制在 3MPa。

3. 反应液组成

主要指乙酸和甲醇浓度。乙酸和甲醇的物质的量比一般控制在 1.44∶1。如果物质的量比<1，乙酸收率低，副产物二甲醚生成量大幅度提高。反应液中水的含量也不能太少，水含量太少，影响催化剂活性，使反应速率下降。

任务四　生产工艺流程的组织

一、乙醛氧化法生产工艺流程的组织

1. 氧化单元

从乙醛装置来的 99.7%（质量分数）的乙醛送入乙醛球罐 R-501，经氮压连续稳定地送入第一氧化塔 T-101。

从空分车间来的氧气压力为 0.8MPa 以上，稳压至 0.6MPa 后送入氧气缓冲罐，分两路送入第一氧化塔。为了控制该塔的氧化反应，送入第一氧化塔的量为总量的 91%左右，从催化剂循环泵 B-201 来的循环催化剂与新鲜催化剂分别加入第一氧化塔。反应全部在液相中进行。从塔下部出来的氧化液由循环泵 B-101a、b、c 送入第一循环冷却器 H-101a、b 移去反应热，温度从 81℃降至 60℃，再从塔中上部进入，其循环比（循环量∶出料量）控制在 120～130。塔内温度控制在 65～81℃，塔顶压力为 0.2MPa，第一氧化塔的乙醛转化率达 90.5%左右时，氧化液从塔上部溢出并进入第二氧化塔 T-102。

第二氧化塔和第一氧化塔一样为外冷式空塔，为保证反应停留时间，并利于化学反应平衡，第二氧化塔比第一氧化塔细长一些。

进入第二氧化塔的氧化液从塔中部进入，塔下部通入过量 4%的氧气，与塔中未反应的乙醛进一步反应，从塔底出来的氧化液用第二氧化塔循环泵 B-102a、b 抽出进入第二循环冷却器 H-103，使氧化液的温度从 82℃降至 70℃左右，然后再循环进入塔内。由于反应热少，循环比控制在 35～40，塔顶压力控制在 0.1MPa，反应温度控制在 75～82℃。从塔上部溢流出的氧化液，其乙酸浓度为 96.5%（质量分数）以上，送入氧化液贮槽或直接进入催化剂回收塔 T-201。

外供来的氮气压力为 0.8MPa 以上，稳压至 0.5MPa，进入氮气缓冲罐。向两个氧化塔上部连续通入氮气，以稀释未反应的氧气，确保安全生产，同时维持塔压。两个氧化塔尾气（乙酸、乙醛、氮气、微量氧气及生成的 CO_2 等）分别进入各自的尾气冷凝器 H-102 和 H-104a、b，用循环水分别冷凝，冷凝液（主要为乙酸及少量的乙醛）分别流入各自的氧化塔。

从冷凝器出来的不凝尾气，混合后进入尾气吸收塔 T-103，用脱盐水吸收并循环，未吸收的气体从塔顶放空。含有乙醛、乙酸的吸收液经吸收塔循环泵 B-106 送往 R-204 混酸缓冲罐。出第二氧化塔的氧化液直接进入蒸馏系统，或进入氧化液贮槽 R-104a、b 然后用氧化液输送泵 B-104a、b 送往蒸馏系统处理，中间贮槽的目的是正常情况下作为氧化液的缓冲容器，停车时可存放氧化液，不合格的乙酸也可由 B-502a、b 泵送入贮槽，再逐渐送蒸馏系统处理。

出第二氧化塔的氧化液组成见表6-6。

表6-6 出第二氧化塔的氧化液组成

项 目	含量(质量分数)/%	项 目	含量(质量分数)/%
乙酸	≥96.5	乙醛	≤0.5
乙酸甲酯	≤0.7	乙酸锰	0.08～0.14
甲酸	≤0.3	过氧乙酸	≤0.4
水	≤2.5	高沸物	≤0.3

2.蒸馏单元

为获得高纯度的商品乙酸，以乙酸为主的氧化液需进一步蒸馏，以分离除乙酸以外的其他组分，并回收催化剂乙酸锰循环使用。

第二氧化塔的氧化液进入催化剂回收塔T-201，用蒸汽间接加热，塔顶温度控制在125～128℃，塔底温度为125～130℃。塔底的催化剂溶液经循环泵B-201a/b返回氧化塔。催化剂循环使用一段时间后排入高沸物贮罐R-301以回收乙酸。

催化剂回收塔蒸出的乙酸等蒸气进入高沸塔T-202进行蒸馏。高沸塔T-202为常压蒸馏。塔底用蒸汽再沸器H-202加热。乙酸、低沸物、水等从塔顶蒸出，经高沸塔冷凝器H-203冷凝后，一部分由高沸塔回流泵B-202a/b回流，回流比为1，另一部分以液相进入低沸塔。从塔釜排出的高沸物含乙酸93%（质量分数）以上，排入高沸物贮槽R-301以回收乙酸。

从高沸塔T-202来的馏出液和从回收塔T-204底来的98%（质量分数）乙酸从中部进入低沸塔T-203进一步蒸馏。低沸物水、甲酸及部分乙酸从塔顶蒸出，经低沸塔冷凝器H-205冷凝后，一部分再经低沸塔回流泵B-203a/b回流，回流比为25，另一部分冷凝液去回收塔进一步回收乙酸。而不凝性气体在低沸塔回流罐R-202上部放空。低沸塔为常压蒸馏，塔底用再沸器加热。乙酸成品从低沸塔底以液相排出。为保证乙酸的质量，在乙酸蒸发器H-206中再次蒸发，底部用B-201c、d排出重金属及少量高沸物，乙酸蒸气经乙酸冷凝器H-208和乙酸冷却器H-209用水冷凝冷却至40℃左右得到优级品乙酸，进入乙酸贮槽R-205，再用乙酸泵B-207a/b送罐区R-502罐贮存。

为保证乙酸的质量及颜色，乙酸蒸发器、换热器、冷却器均采用钛材料制成。

低沸塔顶来的冷凝液含有大量的乙酸、甲酸、水等。为回收这部分乙酸，需将水脱去，故回收塔T-204也称为脱水塔，为常压蒸馏，塔底设回收塔再沸器H-210用蒸汽间接加热。一部分水、乙醛和乙酸甲酯等从塔顶蒸出，经回收塔冷凝器H-211冷凝，冷凝液经回收塔回流泵B-205a/b部分回流，回流比为14，另一部分冷凝液排入污水池。塔底出料为98%（质量分数）的二级品乙酸送往低沸塔进一步蒸馏。

甲酸在回收塔中部分浓集而将其采出，同时采出的有水、乙酸，其组成为：甲酸5%～20%（质量分数），乙酸50%～75%（质量分数），水15%～20%（质量分数）。

经混酸冷却器H-212冷至50℃左右，进入R-204罐再由混酸泵B-206a/b送中间罐区的混酸罐R-503A、B贮存，经计量后出售。

从催化剂回收塔T-201排出的釜液和从高沸塔底排出的高沸物均含有大量的乙酸。经残渣塔T-301进一步蒸馏以回收乙酸。该塔为常压蒸馏，可连续生产，亦可间断生产，塔釜用间接蒸汽加热。塔顶蒸出的乙酸经冷凝器H-301冷凝，其纯度为99%（质量分数）左右，一部分回流（回流比1.5），一部分去T-202，塔底排出物是含乙酸55%（质量分数）左右的高沸物和催化剂的残渣，装桶外售。图6-4为乙酸装置流程图。

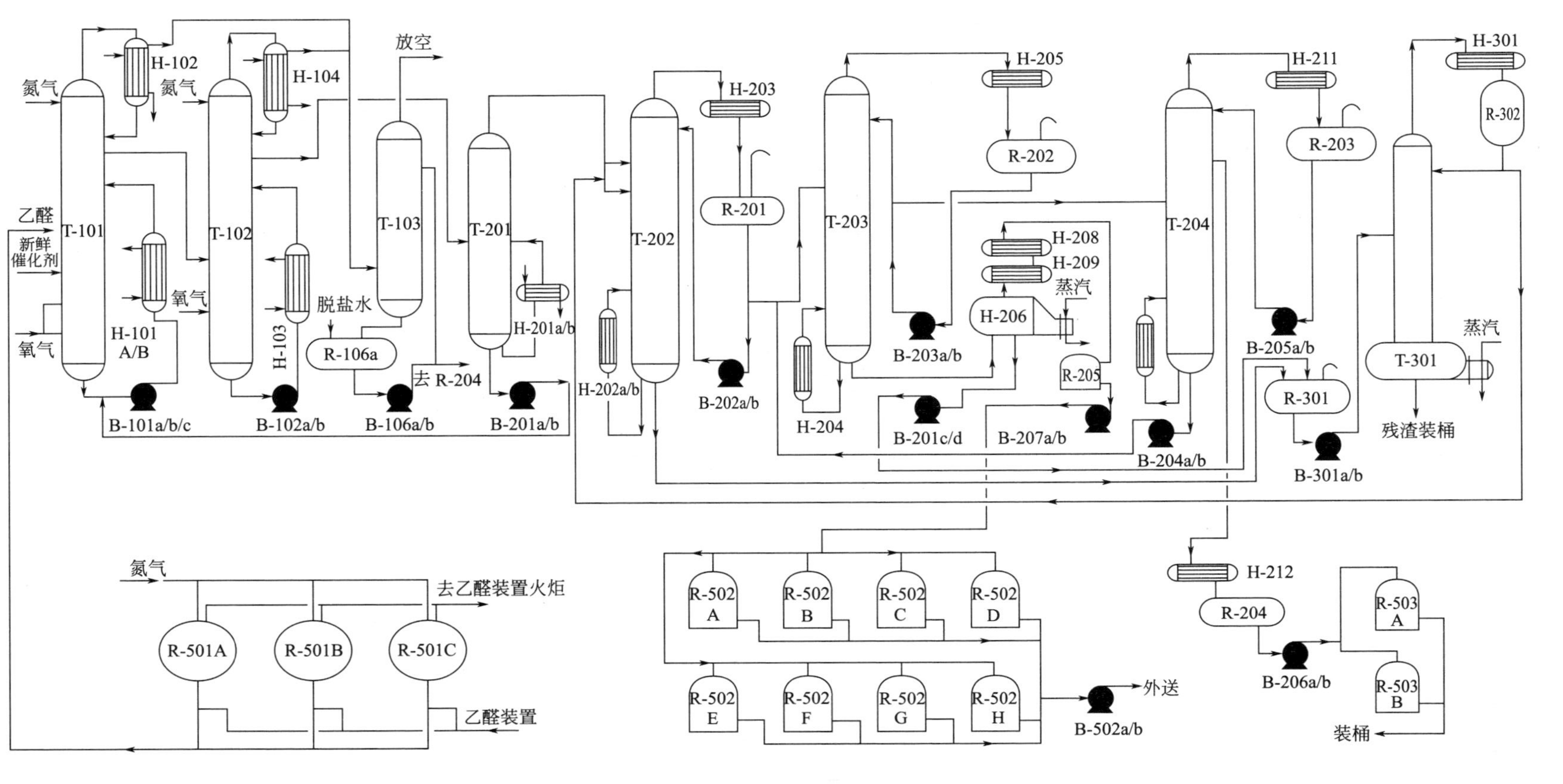
氮气
H-102
氮气
H-104
放空
T-101
T-102
T-103
T-201
乙醛
新鲜
催化剂
氧气
H-101
A/B
氧气
H-103
脱盐水
R-106a
去 R-204
H-201a/b
B-101a/b/c
B-102a/b
B-106a/b
B-201a/b
H-203
T-202
R-201
H-202a/b
B-202a/b
H-205
T-203
R-202
H-208
H-209
蒸汽
H-206
R-205
H-204
B-203a/b
B-201c/d
B-207a/b
H-211
T-204
R-203
B-205a/b
B-204a/b
H-301
R-302
T-301
蒸汽
R-301
残渣装桶
B-301a/b
氮气
去乙醛装置火炬
R-501A
R-501B
R-501C
乙醛装置
R-502 A
R-502 B
R-502 C
R-502 D
R-502 E
R-502 F
R-502 G
R-502 H
外送
B-502a/b
H-212
R-204
B-206a/b
R-503 A
R-503 B
装桶

图6-4 乙酸装置流程图

二、反应器的选用

乙醛氧化生产乙酸的主要特点是：反应为气液非均相的强放热反应，介质有强腐蚀性，反应潜伏着爆炸的危险性。工业生产中采用的氧化反应器为全混型鼓泡床塔式反应器，简称氧化塔。按照移除热量的方式不同，氧化塔有两种形式，即内冷却型和外冷却型。为使氧化塔耐腐蚀，减少因腐蚀引起的停车检修次数，乙醛氧化塔材料选用含镍、铬、钼、钛的不锈钢。

内冷却型氧化塔结构如图 6-5(a) 所示。塔身分为多节，各节设有冷却盘管或直管传热装置，内通冷却水移走反应热以控制反应温度。氧气分数段通入，各段设有氧气分配管，氧气由分配管上小孔吹入塔中（也有采用泡罩或喷射装置的)，通过花板，达到氧气均匀分布。生产过程中，在氧化塔上部留有一定的气相空间，目的是使废气在此缓冲减速，减少乙酸和乙醛的夹带量。塔的顶部设有面积适当的防爆口，并有氮气通入塔中稀释降低气相中乙醛及氧气浓度，以保证氧化过程的安全操作。内冷却型氧化塔可以分段控制冷却水和通氧量，但传热面积小，生产能力受到限制。在大规模生产中采用的是外冷却型鼓泡床氧化塔，其结构如图 6-5(b) 所示。该塔是一个空塔，设备结构简单，位于塔外的冷却器为列管式热交换器，制造检修远比内冷却型氧化塔方便。乙醛和乙酸锰是在塔中上部加入的，氧气分数段加入。氧化液由塔底抽出送入塔外冷却器进行冷却，移走反应热后再循环回氧化塔。氧化液溢流口高于循环液进口约 1.5m，循环液进口略高于原料乙醛进口，安全设施与内冷却型相同。图 6-6 为 7 万吨/年乙酸装置第一氧化塔结构图。表 6-7 和表 6-8 分别为第一氧化塔的管口表和技术特性表。

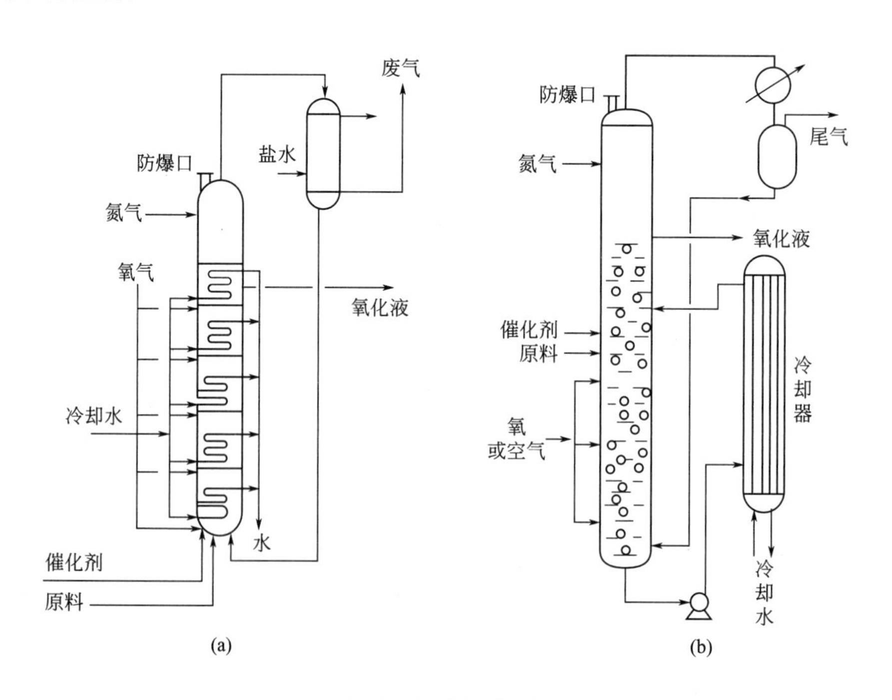

图 6-5 氧化塔示意图

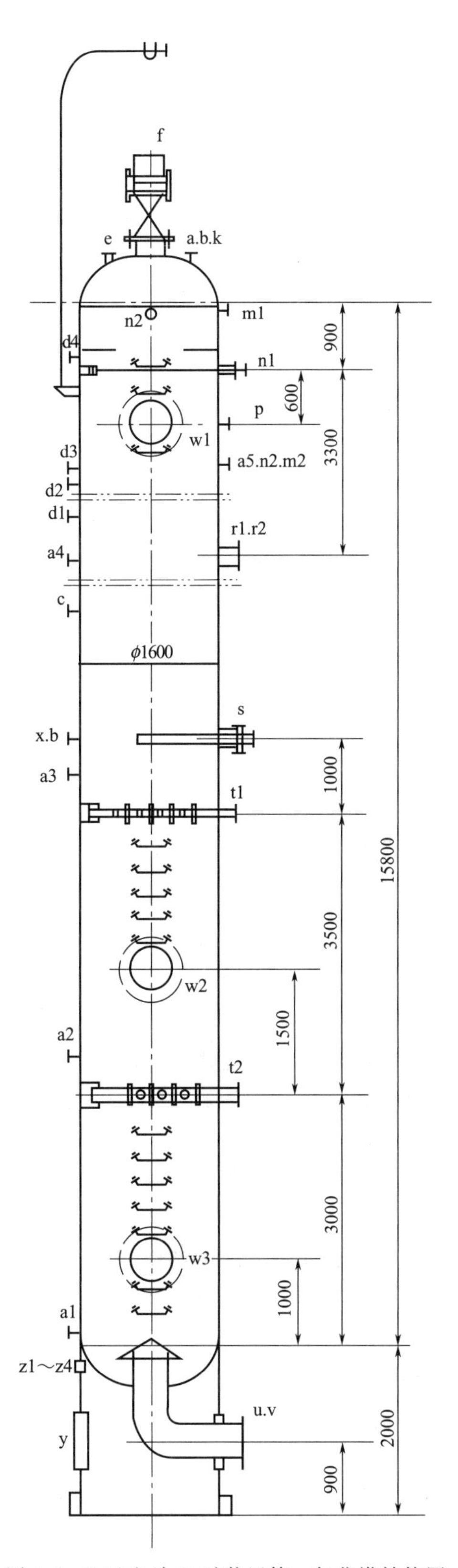

图 6-6 7万吨/年乙酸装置第一氧化塔结构图

表 6-7 第一氧化塔管口表

符号	尺寸	用途	符号	尺寸	用途
v	700	接管口	p	32A	冷凝液回流口
z1～z4	50A	通风口	n1、n2	50A/100A	N_2 进口
y	450×600	人孔	m1、m2	80A	自控液位计口
x	25A	回流进口	f	350A	爆破片接管
u	500A	循环液出口	d1～d4	20A	液位计口
t1、t2	125A	氧气进口	c	50A	备用口
s	80A/150A	乙醛进口	a1～a5	40A	温度计口
r1、r2	125A	循环液进口			

表 6-8 第一氧化塔技术特性表

塔型	空塔	塔型	空塔
设计规范	JISBB243 JPI JR-35	腐蚀裕度/mm	1.5
设计压力/MPa	0.7	焊接系数	1.0
设计温度/℃	80	主要材质	SUS316L
操作压力/MPa	0.2/0.3	液压试验压力/MPa	1.28
操作温度/℃	65/75	射线探伤	10%
物料名称	乙酸氧化液	设备质量/kg	5794.4

任务五 正常生产操作

一、氧化反应岗位职责

氧化岗位的任务是将乙醛和氧气送入氧化塔，在催化剂乙酸锰的作用下，使乙醛氧化生成 96.5%（质量分数）以上的粗乙酸，再送至蒸馏岗位进行精制。其岗位职责如下。

① 负责氧化系统及乙醛球罐区、催化剂配制，13 个容器、7 个换热器、11 台泵等动静设备的操作和巡检保养。

② 负责检查设备、管道、阀门、法兰有无泄漏并及时向上级报告。公称直径 *DN*80 以下的泄漏由操作工维修。

③ 负责与蒸馏岗位、乙醛装置等联系，使生产稳定运行。

④ 发现公用工程及电器、仪表有异常，及时和调度、仪表、电气车间联系。

⑤ 准时、真实、认真填写报表，字迹清楚。

⑥ 定时、认真巡检，精心操作，做到稳产、低耗、长周期生产。

⑦ 负责本岗位所属设备及地区的清洁卫生工作及防止跑、冒、滴、漏，做好文明生产。

二、氧化反应岗位操作法

1. 开车前的准备工作和条件

(1) 大检修后的开车，必须制定详细开车方案，呈报厂主管部门批准。

(2) 上岗人员必须经考核合格，确认可以上岗操作，才能上岗。

(3) 公用工程，水、电、汽、气等均符合开车工艺条件。

(4) 检修后经联试合格，并对检修的氧气管道、法兰、阀门、管件和仪表零部件均要进行脱脂处理。

(5) 备足开车用乙酸、乙酸锰催化剂（提前配制两罐催化剂放在催化剂贮槽 R-403 中，保温 75℃）。

(6) 消防设施齐全，安全阀、防爆片、各仪表报警系统等经试验合格，确认安全可靠。

(7) 系统用氮气吹扫设备内和管道内存有的水及杂物并置换合格，球罐区氧气≤0.5%（体积分数）。合格后用氮气保压 0.05MPa。

(8) 检查所有管道连接是否有泄漏，设备是否严密，检查所有阀门是否灵活好用、严密可靠，检查温度计、压力表和所有阀门是否完整无缺，调节阀灵活、指示准确。检查电器设施是否安全。

(9) 乙醛球罐 R-501、氮气缓冲罐 R-101、氧气缓冲罐 R-102 备料。

① 乙醛球罐 R-501 进乙醛。

a. 检查管道是否畅通，各温度计、流量计、压力表、阀门和仪表等是否好用。关闭所有阀门。

b. 经联动试车合格后吹洗干净后，用 N_2 置换经分析后，罐内含氧量<0.5%（体积分数）以下。

c. 保持罐内压力为 0.2MPa。

d. 需进乙醛时，打开其中一个进料阀（其余的关闭）通知乙醛装置送乙醛。

e. 当物料体积约为球罐容积的 70%时，开另一球罐进料阀，再关闭此进料阀。第三个罐进乙醛步骤同上，或是通知乙醛装置停止送醛。调节 PC-501（乙醛球罐压力记录调节报警）尾气排放及保压氮气，调节阀自动控制在 0.4MPa 保压。当球罐中有 100t 乙醛时，具备开车条件，投料开车。

② 氮气缓冲罐 R-101 进料。缓缓打开 PC-101 调节阀（氮气贮罐压力记录调节报警），向罐内小流量送氮，慢慢打开氮气缓冲罐底阀 1min 后关闭，再打开放空阀片刻，将进气量逐渐开大。但注意罐内压力不要超过操作压力 0.5MPa，调节 PC-101，使 R-101 压力为 0.5MPa，并切自动。

③ 氧气缓冲罐的投料。

a. 关闭去氧化塔的出口阀。

b. 慢慢打开 PC-102 调节阀（氧气贮罐压力记录调节报警），小流量向罐内送氧，慢慢打开缓冲罐底阀 1min 后，关底阀，并将进气量逐渐加大。调节 PC-102，使 R-102 压力为 0.6MPa 并切自动。

(10) 所有冷凝器、冷却器通循环水投用。

(11) 所有通入蒸汽的热交换器，先开蒸汽导淋阀及凝液旁通阀，充分排冷凝液后，开调节阀保护阀，缓慢开蒸汽调节阀，正常后关凝液旁通阀及导淋阀。

(12) 开车前成品乙酸罐 R-502 把成品乙酸送入氧化液贮槽，再用氧化液泵 B-104 把成品乙酸送入第一氧化塔，开第一氧化塔循环泵，清洗氧化塔，清洗合格后，氧化塔液用 B-104 打到氧化液贮槽 R-104 或 T-201 中，作为蒸馏底料，在第一氧化塔投料时蒸馏提前开车并全回流运转，以加快全流程开通时间。

2. 氧化液的配制

(1) 开第一氧化塔和第二氧化塔防爆膜前阀门，同时向 T-101、T-102 进小量氮气。分别保压在 0.2MPa 和 0.1MPa。

(2) 开尾气冷凝器 H-102 和 H-104a/b 冷却水，向 R-106 进脱盐水。当 R-106 釜液面达到 60%时停供脱盐水，开吸收塔循环泵 B-106，并关去 R-204 的阀门，全回流操作。

(3) 用氧化液输送泵 B-104 把 R-104 氧化液贮槽中乙酸 99.8%（质量分数）（由 R-502 乙酸贮罐用泵 B-502 送来的）送入 T-101，控制液面 20%。

(4) 按开泵要求开启第一氧化塔循环泵 B-101 控制循环量 450～500m^3/h。关闭 H-101 循环水上下水阀，打开冷却器 H-101（一台）循环水导淋，排空 H-101 开蒸汽进气阀，加热乙酸，当循环乙酸温度达 75℃后，关小蒸汽保温。

(5) 用氮气把催化剂贮槽 R-403 中 75℃含乙酸锰 1.5%～2.5%（质量分数）的催化剂 3t 经旁路压入 T-101 塔中，循环升温到 75℃左右。

3. 第一氧化塔投料

(1) 控制 T-101 塔顶压力 0.2MPa，T-102 塔顶压力 0.1MPa，打开 R-501 乙醛球罐出料阀，用氮气将 3.3t 乙醛压入氧化塔，进醛完毕后，关闭进塔阀门，保安氮气量至 80～120m^3/h。

(2) 在物料循环的条件下，逐渐升温至 75～78℃。调整液位达 10%～20%，关小加热蒸汽保温，取样分析 T-101 塔中组成，氧化液配制要求：乙醛 7%～10%（质量分数），乙酸>90%（质量分数），乙酸锰 0.16%～0.25%（质量分数），水<1.5%（质量分数），20min 后，再分析其数据，数据近似相等，说明氧化液配制合格。循环量控制在 450～500m^3/h。

(3) 关小加热蒸汽，打开调节阀 FRCSA-103（第一氧化塔进氧量记录调节联锁），打开下部进塔氧气阀及 FIK-116（第一氧化塔氧气小流量指示调节）保护阀，由小流量调节阀 FIK-116 向塔内小流量进氧，提氧幅度为 10m^3/次左右，当液位回降，液相温度上升，氧化反应开始，可以提氧量（提氧量不宜太大），当 FIK-116 进氧量达 300m^3/h 左右时，FIK-105（第一氧化塔下部进氧量指示调节）开始进氧，提氧量为 50～100m^3/次，当氧气量达 1000m^3/h 时，上部开始进氧，进氧同样是先由小流量进氧然后加大流量。

(4) 进氧时密切注意塔顶氧含量分析表，当塔顶氧含量上升时，加大塔顶保安 N_2 流量或减小进氧量，保证塔顶含氧小于 5%（体积分数）。当塔内温度上升到 85℃时，调节氧气循环量至 600m^3/h 左右，反应温度仍继续上升时，开 H-101（一台）循环水上下水线，适当打开循环水调节阀，根据反应温度调节冷却水量，控制反应温度，缓慢下降，当一台换热器冷却水调节阀位达 80%～85%时，开始投用第二台换热器，第二台换热器投用时，投水幅度要更小，防止温度下降太快，抑制反应的进程。控制塔内温度为 65～81℃，当进氧达正常值后，调节温度至正常值，切自动调节。

(5) 当 T-101 反应稳定后，将 FIK-116 流量等量切换至 FIK-105，关闭 FIK-116 调节阀及保护阀，分析氧化液，当乙醛含量降为 3%～5%（质量分数）由罐区向氧化塔进醛，逐渐调节乙醛与氧比例，至正常值。

(6) 当第一氧化塔液位达 30%时，由 LC-101（第一氧化塔液面记录调节）控制向第二氧化塔 T-102 出料，当乙酸锰浓度降到 0.12%（质量分数）以下时，向塔内补加催化剂。

（7）调整各工艺参数至正常操作条件。

塔顶压力：0.2MPa

塔内温度：65～81℃

循环量：800～1600m^3/h

下部进氧：800～1680m^3/h

上部进氧：240～480m^3/h

氮气流量：80～120m^3/h

含醛2.0%～5%（质量分数）、甲酸≤0.3%（质量分数）、水≤2.0%（质量分数）

4. 第二氧化塔投料

（1）第一氧化塔T-101进酸完毕，即向第二氧化塔T-102进成品乙酸20t。

（2）启动第二氧化塔循环泵B-102进行循环。在第二循环冷却器H-103通入加热蒸汽，在物料循环条件下，升温至75℃保温。

（3）在升温过程中，维持塔顶压力为0.1MPa，并切自动，氮气流量为80～120m^3/h。

（4）待第一氧化塔向第二塔出料，T-102出现液位，可根据氧化液中乙醛含量向第二氧化塔进氧，同时加大塔顶进氮量，当氧化液温度达85℃时，通冷却水控制塔内温度在78℃左右。

（5）当液位达40%时，由LC-102（第二氧化塔液面记录调节）控制向氧化液贮槽R-104或催化剂回收塔T-201出料。

（6）调整各工艺参数至正常操作条件后，合上联锁开关。

（7）正常操作条件如下。

塔顶压力：0.1MPa

塔内温度：75～82℃

氧气流量：60～180m^3/h（视T-102含醛量而定）

出料氧化液组分达到表6-6的指标。

5. 尾气吸收塔T-103投运

（1）向R-106进脱盐水，R-106釜液面达60%时停供脱盐水，开吸收塔循环泵B-106全回流操作，循环量为2m^3/h左右。

（2）经分析，R-106乙酸含量达65%（质量分数）以上后，由B-106向R-204或T-204塔出料。

6. 长期停车

（1）接到停车通知后，在停车前1h，调整乙醛进料量，尽量将乙醛全部氧化。使T-101中含醛<0.5%（质量分数）。

（2）在停车前将该配制好的催化剂全部用完。

（3）当乙醛进料量发生波动，说明球罐已空，关闭乙醛进塔阀，停止进乙醛。

（4）停醛以后，逐渐减少进氧量，同时根据液相温度调节H-101、H-103冷却器进水量，尽量维持反应温度。当塔内温度不能保持时，关闭T-101、T-102进氧塔壁阀。然后关调节器FIK-104（第一氧化塔上部进氧量指示调节）、FIK-105（第一氧化塔下部进氧量指示调节）、FIK-106（第二氧化塔进氧量指示调节）及调节阀前后阀，取样分析氧化液。停T-101、T-102循环泵。

（5）将 T-101、T-102 物料，分别退入中间罐 R-104，由中间罐向蒸馏出料，到氧化液处理完为止。

（6）在氧化岗位停车后，将 R-106 罐内物料全部打入 R-204 罐或去 T-204 塔处理。

（7）按要求对系统进行清理，至清理合格，再用氮气对系统进行吹扫，吹尽残留水分，并取样分析合格。

（8）停车后，注意把冷凝器、冷却器等设备剩余水放净。

7. 局部停车

（1）先关 FIK-104、FIK-105，再关掉 FCS-101，根据事故起因控制进氮量的多少，以保证尾气氧含量<5%（体积分数）。

（2）关进氧进醛管线的塔壁阀，以免造成倒流。

（3）其他步骤参照停车步骤。

8. 紧急停车

因停电、汽、气、水或发生其他故障不能生产时，需紧急停车处理。停车步骤先考虑安全因素，给予优先处理，可先停车后，再向领导汇报（在时间允许的条件下，停车前应向厂调度请示并做好开车准备）。

（1）紧急停电　先关 T-101、T-102 氧进塔阀，再关 T-101 乙醛进塔阀，停催化剂循环，以防物料倒流入罐，造成管道设备仪表腐蚀。其余参照正常停车步骤。

（2）紧急停水

① 先关 T-101、T-102 氧气进塔阀，后关乙醛进 T-101 塔阀。

② 适当调节塔顶氮气量。

③ 其他参照正常停车。

（3）紧急停蒸汽

① 及时和调度联系，了解停汽时间。

② 停汽时间短时，氧化岗位可不停车，作减负荷处理，氧化液切入 R-104 罐中。

（4）紧急停氧气

装置状态：乙醛氧气配比严重失调，氧化温度显著下降，氧化液含醛增高。

紧急处理：

① 当发现确实停供氧气时，迅速切断乙醛进塔阀，停止进醛。

② 立即关闭 T-101、T-102 氧气进塔阀，防止氧化液倒回，腐蚀管道和设备。

③ 全开 FCS-102（第一氧化塔进氮量记录调节联锁），大量充 N_2。

④ 其他参照正常停车步骤。

（5）紧急停仪表空气

装置状态：所有气动仪表、调节阀失灵，气开阀全关，气闭阀全开，整个工艺控制失控。

紧急处理：

① 首先切断氧气进塔阀。

② 切断乙醛进塔阀。

③ 到现场调 N_2 进塔量。

④ 用截止阀维持塔顶压力。

⑤ 其他参照正常停车步骤。

(6) 紧急停氮气

装置状态：乙醛贮罐压力下降，无保安氮气，乙醛与氧配比失调。氧气含氧增高。

紧急处理：

① 首先切断进氧，再切断进乙醛。

② 关小冷却水。

③ 其他参照正常停车步骤。

任务六 异常生产现象的判断和处理

氧化反应岗位异常现象及处理方法见表6-9。

表6-9 氧化反应岗位异常现象及处理方法

序号	现 象	分析原因	处理方法
1	T-101塔顶压力突然上升，尾气流量增加，进醛流量大幅波动	①球罐R-501乙醛用完造成 ② N_2 进入T-101内造成	关小氧气及冷却水，保持塔中温度及时切换球罐，补加乙醛以至恢复正常温度和组分
2	T-101反应液颜色由暗红色变成淡黄色并出现塔顶含氧上升，塔内温度下降	① $Mn(Ac)_2$ 含量少 ②催化剂管线流量计不畅通，堵塞 ③乙醛含量高	①分析乙醛、$Mn(Ac)_2$ 含量，补加催化剂 ②检查循环锰流量计，并使畅通 ③检查氧醛配比
3	T-101、T-102液面波动大，无法自控	①循环泵引起 ② N_2 压力波动 ③仪表本身振动	①检查B-101前后压力 ②检查 N_2 总管压力 ③仪表工检查仪表
4	T-101或T-102顶压逐步上升，出现报警，氧化液出料和温度正常	①尾气排放不畅通，局部冻堵 ②尾气调节阀有问题	①手动放空降压，用蒸汽加温解冻 ②临时开付线，联系仪表及时修复调节阀
5	塔顶含氧量超限报警	①氧醛配比不当 ②催化剂少或失活 ③塔内含水高	①调节氧醛配比 ②分析塔中催化剂含量，补加新鲜催化剂 ③分析塔中及乙醛含水量
6	T-101出料不畅塔中液位高，T-102液面降低	①两塔压差小 ②管线阀有毛病 ③仪表失灵 ④T-102顶压高	①调整两塔压差0.1MPa ②调换阀门，检查管线 ③调试仪表 ④查出解决T-102压力升高的原因，降低塔压
7	氧化塔顶气相温度高于液相温度	①氧气量大，反应剧烈 ②乙醛加入量少 ③保安 N_2 通量少 ④氧化液水分多，吸收率低 ⑤ 氧气分布不当，上部多	①减少氧气加入量 ②调整乙醛出口压力及流量 ③提高 N_2 通入量 ④置换氧化液，提高氧气吸收率 ⑤ 调整各节分氧比例
8	氧化塔液相温度过高	①氧气与乙醛加入量过大(负荷太大) ②冷却水量少或循环量少 ③冷却水管堵塞	①减少 O_2 与乙醛加入量(降低负荷) ②增加冷却水循环量 ③清洗或疏通管道

续表

序号	现　象	分析原因	处理方法
9	尾气中含氧量大于规定值	①氧气量过剩 ②保安 N_2 量少 ③催化剂量少或活性小	①调节醛氧比例 ②加大保安 N_2 加入量 ③调节催化剂加入量
10	短时停水停电	水源或电源事故	①停止醛氧进料 ②塔顶继续通保安 N_2 ③保持塔内压力温度
11	氧化液甲酸高于规定值	①氧醛配比不当 ②加料不稳，反应温度过高 ③催化剂含量少或活性降低	①调节氧醛配比 ②稳定工艺，适当降低温度 ③增加催化剂含量，提高活性
12	爆破片被炸破	①配比不当，气相中醛氧反应剧烈 ②液相温度过低、过高使过氧乙酸分解爆炸 ③违反工艺条件，违章操作 ④仪表保安器失灵	立即停车，关闭防爆片前大阀，更换防爆片，找出爆破原因，作开车前准备

学习拓展与知识链接

化学灼伤及其防护

视频扫一扫

试验室危险化学药品灼伤安全处置演练

一、化学灼伤的特点

① 化学灼伤（chemical burns）的损害程度与化学物质的种类、浓度、剂量、作用方式、接触时间、化学物所处的物理状态（固态、气态、液态）、与人体接触面积的大小、是否有合并中毒以及伤后现场急救措施等有关。

② 化学灼伤比单纯的热力烧伤复杂，由于化学物质本身特性的不同，所以对皮肤损害的机理很复杂，可有氧化作用、还原作用、腐蚀作用、毒性作用、脱水作用、起疱作用等。

③ 化学灼伤多呈进行性损害，伤后如不及时清除皮肤表面的致伤物，化学物可继续在皮肤表面、水疱下或深部组织发挥其作用，使创面损伤加深，直至损伤皮下脂肪及肌肉等。

④ 化学灼伤创面的深浅判断较难掌握，多呈外轻内重的特点，即外表像浅度灼伤，而实际上损伤已达深部组织。这主要是由于不同化学物引起皮肤不同颜色的变化。如硫酸灼伤后皮肤先呈黄色，后转为棕褐色或黑色痂皮；硝酸灼伤后皮肤呈黄褐色；盐酸灼伤后皮肤先呈黄蓝色，后转为灰棕色等。

⑤ 有的化学灼伤刚开始时，疼痛不明显，容易被人忽视，但随着时间进展，疼痛会逐渐加重，直至难以忍受，如氢氟酸。

⑥ 有些化学物灼伤皮肤后，经皮肤吸收会引起中毒，如苯酚、黄磷等；而有些化学物在皮肤灼伤的同时，可经呼吸道吸入合并引起中毒，如氨水、硫酸二甲酯等。

二、化学灼伤的急救

化学灼伤一旦发生后，现场处理极为重要，不同处理方法会导致完全不同的结果。

1.现场急救处理原则

立即脱离事故现场，并尽快脱去被化学物污染的衣裤、手套、鞋袜等。立即用大量流动清水彻底冲洗被污染的皮肤。冲洗时间应考虑当时气温及病人耐受程度，一般要求20～30min，至少不低于15min。碱性物质灼伤后冲洗时间应延长。冲洗后可再用中和剂处理。酸性化学物灼伤可用2%～5%碳酸氢钠溶液冲洗或湿敷；碱性化学物灼伤可用2%～3%硼酸溶液冲洗或湿敷。冲洗后创面不要任意涂搽油膏或紫药水，可用清洁（纱）布覆盖，然后再送专科医院治疗。

2.现场急救注意事项

伤者脱离事故现场后，在脱去被化学物污染的衣裤、手套、鞋袜时，应注意保护自己的双手不再被化学物污染。被油性化学物灼伤后，在冲洗前最好先用（纱）布将油性化学物擦去，然后再用大量流动清水或自来水冲洗。

磷烧伤后，应立即扑灭火焰，脱去污染的衣服，创面用大量清水冲洗或浸泡于水中，并仔细清除创面上的磷颗粒，避免与空气接触。然后可用1%硫酸铜清洗，形成黑色磷化铜，便于清除，最后再用清水冲洗（大面积磷烧伤时，不宜用1%硫酸铜清洗）。沥青烧伤时切忌用汽油擦洗，应立即将创面置于冷水中使其降温，然后再用麻油或医用液状石蜡清除创面上的沥青。

化学灼伤后创面冲洗时间，应根据不同情况随机掌握。一般酸或碱的灼伤在病人能耐受情况下，应冲洗到创面pH值中性为止。在气温较冷的季节冲洗躯干部位时，不必过分强调冲洗时间，有条件的可用略温的水冲洗，以防病人休克。

对氢氟酸灼伤，虽强调冲洗时间要延长，但如灼伤面积大于2%（两个手掌大小），特别是脸部灼伤时，应立即边冲洗边静脉注射10%葡萄糖酸钙，无条件者应立即送医院治疗。

【案例】 某化工厂一男性工人，在维修管道时，因管道内氢氟酸突然外溅，致患者被氢氟酸灼伤面积约8%，当时患者仅作简单清洗后，即由单位派车急送医院，经路上近两小时奔波，患者到医院后经检查，心跳、呼吸已停止。

氢氟酸灼伤是一种严重的特殊类型的化学灼伤，灼伤面积大于2%时，可能会因低钙血症引起心跳、呼吸骤停。因此，灼伤后如能及时补充钙剂，就不会造成如此重大的损害。

三、化学灼伤的预防

大多数化学灼伤都是由于在工作中违章操作引发的事故。因此，如何加强自身安全防护意识，树立“安全第一”的观念，是杜绝化学灼伤事故发生的关键。

① 建立健全各项有关安全生产的规章制度，由专人负责定期对生产设备进行保养和维修，防止管道跑、冒、滴、漏，将各种隐患消灭在萌芽状态。

② 对易燃、易爆化学品加强管理，此类化学品应予密闭并有明显的警示标记；应置于阴凉通风处，远离明火、热源及氧化剂。

③ 在有可能发生化学灼伤的作业场所，应根据场地大小设置一些冲淋设备（包括冲眼装置），以便在化学灼伤后能在最短时间内得到冲洗。

④ 加强上岗前培训，工作人员应熟悉本岗位接触的化学品对人体的危害，掌握化学灼伤后的现场自救方法。

⑤ 所有操作人员在工作中必须严格遵守各项操作规程，根据要求佩戴必要的防护用品，如安全帽、手套、眼罩等，以防化学灼伤的发生。

练习与实训指导

1. 如果甲醇价格上涨，BP/Monsanto 乙酸工艺和托普索（Topsoe）乙酸工艺的成本收益会有哪些变化？如果石油价格上涨，对乙醛氧化路线和甲醇羰基合成路线又有什么影响？

2. 分析乙醛氧化生产乙酸的反应器在设计上需要注意哪些方面？

3. 请比较一下，图 6-5 第一氧化塔示意图和图 6-6 真实装置结构图，图 6-4 工艺图和图 6-6 真实装置结构图在工艺表述上有何差异？

4. 请在图 6-6 上画出正常生产时氧化液液位的高度。

5. 请表述一下表 6-9 中异常现象、原因、处理方法的内在逻辑因果关系。

6. 结合图 6-4，通读氧化反应岗位操作法，提出若干疑问，并考虑其答案。

7. 请在图书馆和互联网上查找一下生产乙酸的各种方法的优缺点。尝试给出本项目选用乙醛氧化路线作为教学项目主导，而非现今主流的甲醇羰基合成路线的原因。

项目考核与评价

一、填空题（20%）

1. 甲醇低压羰化法生产乙酸的方程式是__________。

2. 乙醛氧化生产乙酸的主要特点是：反应为__________反应，介质有强腐蚀性，反应潜伏着爆炸的危险性。

3. 工业生产中采用的氧化反应器为__________反应器，简称氧化塔。按照移除热量的方式不同，氧化塔有两种形式，即__________型和__________型。

4. 低级脂肪酸 $C_1 \sim C_3$ 是__________，具有刺鼻的气味，溶于水。中级脂肪酸 $C_4 \sim C_{10}$ 是__________，具有难闻的气味，部分溶于水。高级脂肪酸是__________，无味，不溶于水。

5. 乙酸生产中，为保证乙酸的质量及颜色，乙酸蒸发器、换热器、冷却器均采用__________材质制成。

二、选择题（10%）

1. 合成乙酸的方法，下面不正确的是（　　）。

A. 乙醛氧化法　　B. 低碳烷烃液相氧化法

C. 甲醇羰基化法　　D. 乙醇羰基化法

2. 一旦发生化学灼伤，冲洗时间应考虑当时气温及病人耐受程度，一般要求（　　）。

A. 5～10min　　B. 10～15min

C. 20～30min　　D. 1h 以上

3. 在甲醇羰基化法制乙酸的生产中，很多公司开发了不同种类的催化剂，其中（　　）体系采用最多。

A. 羰基铑-碘催化剂体系　　B. 铱催化剂

C. 钴催化剂　　D. 镍催化剂

4. 1911 年，在（　　）建成了世界上第一套乙醛氧化合成乙酸的工业装置。

A. 法国　　B. 德国　　C. 英国　　D. 美国

5. 新工人学徒或实习生进入装置前，必须进行（　　）三级教育，经考试合格才能进入装置。

A. 车间、班组、师傅　　B. 厂、车间、班组　　C. 学校、企业、班组

三、判断题（10%）

1. 乙酸纯品在低于 16.6℃时呈冰状晶体，故称冰醋酸。（　　）

2. 甲醇低压羰基化合成乙酸工艺条件：最佳温度为 175℃，一般控制在 130～180℃，操作压力控制在 3kPa。（　　）

3. 在大规模乙醛氧化生产乙酸的装置中采用的是内冷却型鼓泡床氧化塔。（　　）

4. 乙醛相对于乙酸，闪点和自燃点低，爆炸范围宽，因此更危险。（　　）

5. 甲醇羰化合成乙酸现主要是 BP/Monsanto 乙酸工艺、Topsoe 乙酸工艺这两种。（　　）

四、简答题（30%）

1. 以乙烯和氧气（或空气）为原料，在由氯化钯、氯化铜、盐酸组成的催化剂水溶液中，进行液相氧化生产乙醛的过程，催化剂各组分分别起到什么作用?

2. 为什么工业生产中乙醛氧化制乙酸多采用液相氧化法?

3. 说明 BP/Monsanto 乙酸工艺和 Topsoe 乙酸工艺的差别。

4. 简单说明一下乙酸工业在有机化学工业中的地位。

5. 若在乙酸生产装置上发生中毒事故，应采取哪些必要措施?

五、画图题（10%）

请画出乙醛氧化生产乙酸装置中内冷却型氧化塔的示意图。

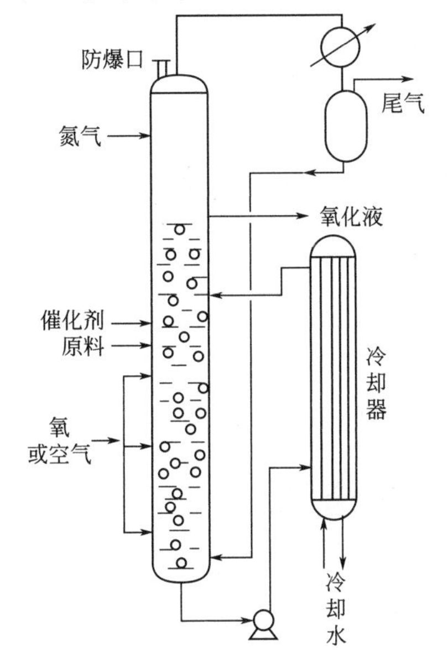

六、综合题（20%）

说明一下外冷却型鼓泡床氧化塔的工作原理。

项目七 氯乙烯的生产

教学目标

知识目标：1. 掌握乙烯法生产氯乙烯三个步骤的原理。
2. 掌握乙烯法各生产过程间的关系和工艺流程组织。
3. 掌握乙烯法过程的生产条件和催化剂。
4. 熟悉开车前的准备过程和典型异常事故的判断和处理方法。

能力目标：1. 能查阅资料获取氯乙烯及其生产的相关信息。
2. 能结合乙烯法的反应特点，分析操作条件的变化对生产的影响。
3. 能识读和画出乙烯法生产氯乙烯的流程图。
4. 能初步掌握开车前的准备过程。
5. 能初步学会典型的异常事故判断和处理方法。

素质目标：1. 培养安全生产意识和经济意识，逐渐树立责任感。
2. 培养分析问题、解决问题的能力，逐渐形成自我学习能力。

资源导读：为了深入理论探索、适应教学改革、把握行业动态、获取更多资源，请根据需要，访问下列网址进行学习。
1. 中国大学 MOOC→“化工生产技术”课程（常州工程职业技术学院　樊亚娟，等）中关于氯乙烯生产的相关资源　www. icourse163. org/course/CZIE-1207445803
2. 智慧职教→“有机化工生产技术”课程（东营职业学院　李萍萍，等）中关于氯乙烯生产的相关资源　www. icve. com. cn/portal_ new/courseinfo/courseinfo. html?courseid= irhcai6pja9axgwf9cyahq
3. 海川化工论坛　bbs. hcbbs. com

任务一　生产方法的选择

1932 年出现了以乙烯、氯化氢和氧为原料，在氯化铜催化剂的作用下进行反应，生成了 1,2-二氯乙烷（EDC）和水的新技术。20 世纪 60 年代该法实现工业化，所得的 1,2-二氯乙烷热裂解即可得到氯乙烯产品，为氯乙烯的生产开辟了新的途径。

目前，全世界乙烯法生产出的氯乙烯占总产能的 95%以上，乙烯直接氯化生成 1,2-二氯乙烷，1,2-二氯乙烷进行热裂解得到氯乙烯产品和副产物氯化氢。经过分离净化后副产的氯化氢恰好满足与乙烯、氧在一定条件下发生氧氯化反应的需要，生成1,2-二氯乙烷，生成的1,2-二氯乙烷再进行热裂解制得氯乙烯。该法使副产物氯化氢在整个生产过程中保持平衡，得以充分利用，同时提高产品总收率，故也称为平衡氧氯化法。

乙烯平衡氧氯化法生产氯乙烯主要包括三个过程，分别是乙烯直接氯化生成二氯乙烷、二氯乙烷裂解生成氯乙烯和氯化氢、乙烯氧氯化生成二氯乙烷，其基本生产原理是：

乙烯直接氯化 $CH_2=CH_2+Cl_2 \longrightarrow ClCH_2CH_2Cl$

乙烯氧氯化反应 $CH_2=CH_2+2HCl+1/2O_2 \longrightarrow ClCH_2CH_2Cl+H_2O$

二氯乙烷裂解 $2ClCH_2CH_2Cl \longrightarrow 2CH_2=CHCl+2HCl$

总反应式 $2CH_2=CH_2+Cl_2+1/2O_2 \longrightarrow 2CH_2=CHCl+H_2O$

其基本工艺过程可简单表示为图7-1。

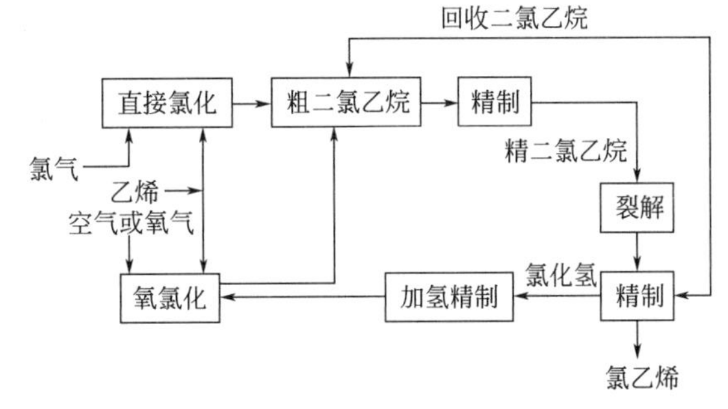

图7-1 乙烯平衡氧氯化法生产氯乙烯的工艺过程

与乙炔法比较，该法能耗低，特别是若原油价格下调或者生产乙烯可用的原料增加、乙烯生产能力提高，则乙烯法的成本优势更加明显。但其设备投资较高，因此设备折旧在成本中所占比重较大。总之，乙烯平衡氧氯化法是世界公认的技术先进、经济合理的氯乙烯生产方法。

由于利用乙烷、炼厂干气中的稀乙烯为原料生产1,2-二氯乙烷具有一定的经济性，因此目前上述研究备受重视。

任务二 生产原料及产品的认知

一、原料的工业规格要求

乙烯法生产氯乙烯工艺的主要原料是乙烯、氧气和氯气，一般原料规格见表7-1。

表7-1 原料规格

序号	原　料	控制项目	规　　格
1	乙烯	纯度	≥99%
2	氯气	纯度 水	≥90% $\leqslant 1\times10^{-5}$
3	氧气	纯度 氮气+氩气 水	≥99.6% ≤0.4% $\leqslant 50\times10^{-6}$

二、产品的工业规格要求

乙烯法生产的产品氯乙烯目前主要供给氯乙烯聚合使用，对单体氯乙烯的纯度要求很高。产品氯乙烯标准见表 7-2。

表 7-2 产品标准（厂标）

纯度 /%	乙炔 /(mg/kg)	乙烯、乙烷 /(mg/kg)	丙烯 /(mg/kg)	高沸物 /(mg/kg)	氯甲烷 /(mg/kg)	氯乙烷 /(mg/kg)	二氯化物 /(mg/kg)	水 /(mg/kg)	HCl /(mg/kg)	含 Fe /(mg/kg)
≥99.9	≤0.5	≤2	≤4	≤15	≤80	≤20	≤2	≤60	≤1	≤0.5

任务三 应用生产原理确定工艺条件

一、乙烯直接氯化制二氯乙烷

1. 生产原理

乙烯和氯气在催化剂三氯化铁作用下，在极性溶剂 1,2-二氯乙烷作用下生成 1,2-二氯乙烷，反应如下。

主反应：
$$CH_2=CH_2+Cl_2 \longrightarrow ClCH_2CH_2Cl+171.5kJ$$

副反应：
$$CH_2=CH_2+HCl \longrightarrow CH_3CH_2Cl$$
$$CH_2Cl-CH_2Cl+Cl_2 \longrightarrow CH_2Cl-CHCl_2+HCl$$
$$CH_2=CH_2+Cl_2 \longrightarrow CH_2=CHCl+HCl$$
$$CH_2=CHCl+Cl_2 \longrightarrow CH_2=CCl_2+HCl$$
$$CH_2Cl-CHCl_2+Cl_2 \longrightarrow CHCl_2-CHCl_2+HCl$$

2. 工艺条件的确定

（1）原料配比　生产中常采用的乙烯与氯气的摩尔比为 1.1∶1.0。过量的乙烯可以保证氯气反应完全，使氯化液中游离氯含量降低，减轻对设备的腐蚀。同时，还可以避免氯气和原料气中含有的氢气直接接触而引起爆炸的危险。生产中控制尾气中氯含量不大于 0.5%，乙烯含量小于 2%。

（2）反应温度　乙烯液相氯化是放热反应，工业上采用液相法进行生产以利于散热。反应温度过高，会使副反应加剧；反应温度过低，则反应速率减慢，也不利于反应。一般控制反应温度为 110～115℃。

（3）反应压力　从乙烯氯化反应原理可见，增大压力对反应有利。压力升高，还可以防止二氯乙烷沸腾汽化损失。但压力过高，氯气无法吸入，反应不能顺利进行。因此，生产中一般控制压力为 0.2～0.3MPa。

（4）原料纯度　氯气中含水会导致催化剂氯化铁水解，生成盐酸，从而造成设备的腐蚀，因此水分含量要严格控制。

二、乙烯氧氯化制二氯乙烷

1. 生产原理

乙烯、氧气和氯化氢在氯化铜催化剂的作用下，在 215～225℃条件下生成 1,2-二氯乙烷，其生产原理如下。

主反应：
$$C_2H_4+2HCl+\frac{1}{2}O_2 \longrightarrow ClCH_2CH_2Cl+H_2O+237kJ/mol$$

副反应：

$$C_2H_4 + 2O_2 \longrightarrow 2CO + 2H_2O$$

$$C_2H_4 + 3O_2 \longrightarrow 2CO_2 + 2H_2O$$

$$2ClCH_2CH_2Cl + 2HCl + O_2 \longrightarrow 2ClCH_2CHCl_2 + 2H_2O$$

$$2ClCH_2CHCl_2 + 2HCl + O_2 \longrightarrow 2Cl_2CH_2CHCl_2 + 2H_2O$$

$$C_2H_4 + 3HCl + 2O_2 \longrightarrow CCl_3CHO + 3H_2O$$

$$CCl_3CHO \longrightarrow CHCl_3 + CO$$

工业上常用 $CuCl_2$ 作催化剂，根据氯化铜催化剂的组成不同，可分为单组分、双组分和多组分催化剂。

（1）单组分催化剂　单组分催化剂是在生产上应用最早的一类催化剂，组成为 $CuCl_2/\gamma\text{-}Al_2O_3$，铜含量为 5%（质量分数）左右，可用成型的 $\gamma\text{-}Al_2O_3$ 浸渍 $CuCl_2$ 溶液制得。该催化剂的主要缺点是，在反应过程中 $CuCl_2$ 易挥发流失，使催化剂活性下降，反应温度越高，挥发流失量越大，活性下降越快。

（2）双组分催化剂　在 $CuCl_2/\gamma\text{-}Al_2O_3$ 催化剂中加入碱金属或碱土金属的氯化物，提高单组分的活性和热稳定性，防止了 $CuCl_2$ 的流失，常用的主要是 KCl。加入少量 KCl 能维持原单组分催化剂的活性，且能抑制深度氧化产物 CO_2 的生成，但 KCl 用量增加时，催化剂的活性迅速下降。加入稀土金属的氯化物，如氯化铈、氯化镧等也可以稳定催化剂的活性并增长其寿命。

（3）多组分催化剂　催化剂多组分增加，性能更趋于完善。以氯化铜-金属氯化物-稀土金属氯化物组成的催化剂，较单独使用单组分，或双组分催化剂具有高活性和热稳定性。

2. 工艺条件的确定

（1）反应温度　乙烯氧氯化反应是强放热反应，因此反应温度的控制十分重要。升高温度对加快反应速率有利，但温度过高，乙烯完全氧化生成的二氧化碳和一氧化碳增多，副产物三氯乙烷等的生成量也增加，反应的选择性下降。温度过高还会使催化剂的活性组分氯化铜挥发流失加快，导致催化剂的活性下降、寿命缩短。因此，生产中一般控制反应温度在 215～225℃。

（2）反应压力　反应压力的高低要根据反应器的类型而定，流化床宜于低压操作，固定床为克服流体阻力，操作压力宜高些。当用空气作氧化剂进行氧氯化时，反应气体中含有大量的惰性气体，为了使反应气体保持一定的分压，常用加压操作。生产中一般控制反应压力为 0.1～1MPa。

（3）原料配比与纯度　实际生产中，通常控制乙烯和氧气过量，以提高氯化氢的转化率，但是乙烯和氧气的含量必须在爆炸极限范围以外。若氯化氢过量，则过量的氯化氢会吸附在催化剂表面，使催化剂颗粒胀大，密度减小，若采用流化床反应器，床层可能会急剧升高，甚至发生节涌现象，影响正常生产。生产中一般控制原料配比为 C_2H_4 ∶ HCl ∶ O_2 = 1.05 ∶ 2 ∶（0.75～0.85）（摩尔分数）。

原料气氯化氢主要由二氯乙烷裂解得到，通常会含有一定量的乙炔，需要进行除炔处理。乙炔的含量必须严格控制，因为它能在氧氯化反应中发生副反应，从而生成三氯乙烯、四氯乙烯、氯代醛等多氯化物，使产品的纯度降低而影响后加工。

三、1,2-二氯乙烷热裂解生成氯乙烯

1. 生产原理

经过精制后的二氯乙烷在裂解炉中发生热裂解反应，转化成氯乙烯和氯化氢，其生产原理如下。

主反应：

$$ClCH_2CH_2Cl \longrightarrow CH_2=CHCl + HCl - 70.7kJ/mol$$

副反应：

$$CH_2=CHCl \longrightarrow CH\equiv CH + HCl$$

$$CH\equiv CH \longrightarrow H_2 + 2C$$

$$ClCH_2CH_2Cl \longrightarrow H_2 + 2HCl + 2C$$

$$CH_2=CHCl + HCl \longrightarrow C_2H_4Cl_2$$

2. 工艺条件的确定

1,2-二氯乙烷热裂解受原料纯度、反应温度、压力和停留时间的影响。

（1）原料纯度　裂解原料二氯乙烷中若含有1,2-二氯丙烷，则会减慢裂解反应速率，并促进生焦。若含有杂质1,1-二氯乙烷也对裂解反应有较弱的抑制作用。原料中如果含有水分，会加剧对设备和管道的腐蚀。铁离子会加速深度裂解副反应。故生产上一般控制原料中1,2-二氯丙烷含量小于0.2%，水分含量控制在1×10^{-5}，含铁量要求不大于1×10^{-4}。

（2）反应温度　二氯乙烷裂解是吸热反应，温度升高对提高反应的速率和平衡常数均有利。温度在450℃时，裂解反应速率很慢，转化率较低；当温度升到500℃左右，裂解反应速率显著加快，但二氯乙烷深度裂解副反应随之增加；当温度超过600℃，副反应速率将显著大于主反应速率，转化率虽然提高，但氯乙烯产品的收率明显下降，因此，生产中一般控制反应温度在485～495℃为宜。

（3）反应压力　二氯乙烷裂解是体积增大的反应，提高压力对反应平衡不利。但实际生产过程中却常采用加压操作，主要有以下几方面原因：一是加压操作可以抑制积炭等深度裂解副反应，提高产品收率；二是加压操作可以改善设备的传热条件，使反应温度均匀，避免局部过热；三是加压还利于提高产品分离温度，节省冷量；四是加压有利于提高设备的生产能力。因此，生产中一般控制反应压力为0.6～1.0MPa，有些工艺压力高达1.5MPa。

（4）停留时间　工业生产中停留时间的选择原则是保证生产过程高收率、低积炭。停留时间的延长，能提高原料的转化率，但是过长的停留时间相应导致副反应增加，从而降低氯乙烯收率。通常转化率控制在50%～55%，停留时间为8s左右。

任务四　生产工艺流程的组织

目前我国乙烯氧氯化生产工艺主要是引进美国B. F. Goodrich公司的空气法氧氯化和日本三井东压公司的氧气法氧氯化。

一、空气法氧氯化工艺流程的组织

我国第一套氧氯化生产氯乙烯单体（VCM）的技术是20世纪70年代北京化工二厂引进美国B. F. Goodrich公司的空气法氧氯化生产技术，其氯乙烯单体的设计生产能力为80kt/a。B. F. Goodrich公司氯乙烯生产全套装置包括直接氯化单元、氧氯化单元、二氯乙烷精馏单元、二氯乙烷裂解单元、氯乙烯精馏单元、废水处理单元和残液焚烧单元，其工艺流程如图 7-2 所示。

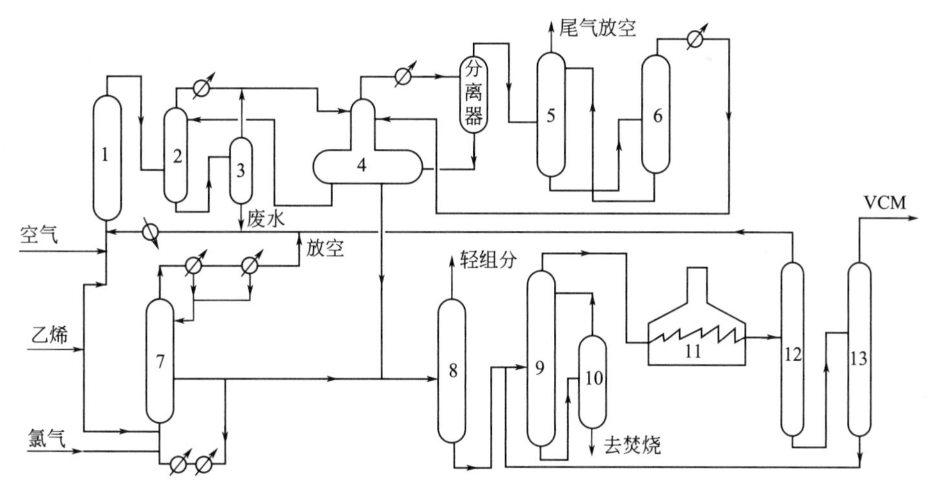

图 7-2 B. F. Goodrich 氧氯化法工艺流程图

1—氧氯化反应器；2—骤冷塔；3—废水汽提塔；4—倾析器；5—吸收塔；6—解吸塔；7—直接氯化反应器；8—脱轻组分塔；9—脱重组分塔；10—真空塔；11—裂解炉；12—氯化氢塔；13—氯乙烯塔

（1）直接氯化单元　原料氯气和乙烯在比率控制器的控制下，经混合一起进入直接氯化反应器 7 中进行反应生产二氯乙烷（EDC）。该反应是以三氯化铁为催化剂在 EDC 的液相进行，反应在常压及 308～326K 温度下实现，高于 333K 时就会有大量的三氯乙烷生成。反应放热的移出是依靠二氯乙烷循环泵不断送入经冷却的二氯乙烷来实现。生成的二氯乙烷经过水洗除去少量的三氯化铁和氯化氢之后，经粗二氯乙烷贮罐再送入二氯乙烷精馏单元。含有乙烯、氯气和惰性气体的尾气经过冷却器和冷凝器回收夹带的二氯乙烷后经缓冲放空。

（2）氧氯化单元　来自氯乙烯精馏单元的氯化氢气体经过预热、加氢除炔烃后与预热后的乙烯及工艺空气混合进入氧氯化反应器 1 内，在氯化铜催化剂的作用下反应生产二氯乙烷。反应温度为 473～499K，适宜的反应温度由催化剂的活性温度范围确定；反应压力为 0.31～0.41MPa。反应气经骤冷塔 2 用水冷却到 373K 以下之后，气体再经冷凝去倾析器 4。离开倾析器 4 的气体经冷却和气液分离后，液体二氯乙烷返回倾析器 4，未凝气体去吸收塔 5 回收二氯乙烷后的尾气放空。吸收的二氯乙烷经解吸塔 6 解吸后返回倾析器 4。骤冷塔 2 底排出的含有催化剂的酸性废水经中和去废水汽提塔 3 回收二氯乙烷后送废水处理单元。

（3）二氯乙烷精馏单元　来自直接氯化单元和氧氯化单元的粗二氯乙烷用泵从粗二氯乙烷贮罐送到脱轻组分塔（低沸塔）8 进行脱水和去除轻组分（低沸点物）。低沸点物送去焚烧单元处理。轻组分塔底物料与来自氯乙烯精馏单元的二氯乙烷去脱重组分塔（高沸塔）9。塔顶得到精 EDC 去二氯乙烷裂解单元；塔底高沸物送到真空塔 10 进一步回收二氯乙烷后送焚烧单元处理。

（4）二氯乙烷裂解单元　精二氯乙烷用泵送入裂解炉，在 773～823K 下发生裂解生成氯化氢和氯乙烯。通常控制转化率为 32%～55%。转化率的控制范围受到物料平衡、氯化氢塔的工艺要求、炉管结焦情况及经济指标等的限制，转化率低，不仅经济上不合理，而且会使高沸塔负荷过载而难以维持，转化率低于 32%还会使氯化氢塔釜传热不良；转化率高可以降低消耗，但受控制技术的限制，国外大都控制在 54%～55%。裂解后的反应气经骤冷换热后去氯乙烯精馏单元。

（5）氯乙烯精馏单元 经骤冷后的裂解气送入氯化氢塔 12，塔顶控制压力为 1.2MPa，温度 249K 分离出 99.8%的氯化氢送入氯化氢管线供氧氯化单元用。氯化氢塔底物料经泵送氯乙烯塔 13，控制氯乙烯塔顶压力为 506.5kPa 和 313K 温度，得到氯乙烯产品；塔底控制温度 423K，回收二氯乙烷液体循环回高沸塔。

（6）废水处理单元（流程图略） 来自各单元的含二氯乙烷废水，用泵送到汽提塔进行汽提，收集到二氯乙烷质量含量为 77.7%左右的液体送回氯化单元重新水洗。汽提后的废水控制二氯乙烷含量达标后送出界区。

（7）残液焚烧单元（流程图略） 来自二氯乙烷精馏单元的残液（主要是有机氯化物）用泵送入燃烧炉与水和空气一起在 1473K 温度下燃烧可转化为氯化氢和二氧化碳。含氯化氢的燃烧气经冷却后经膜式吸收得到 30%盐酸副产品，尾气经吸收后达标排放。

B. F. Goodrich 公司氧氯化法生产氯乙烯消耗定额见表 7-3（以每吨氯乙烯消耗量计）。

表 7-3 B. F. Goodrich 公司生产氯乙烯消耗定额

原料及动力	消耗量	原料及动力	消耗量
乙烯(100%)/kg	485	电/kJ	8.64×10^{5}
氯(100%)/kg	630	燃料气/kJ	5.2335×10^{6}
蒸汽(114.3kPa)/t	9	氧氯化催化剂/kg	0.26
冷却水/m^3	380		

二、氧气法氧氯化工艺流程的组织

日本三井东压公司制备氯乙烯的生产技术，是以乙烯、氯和氧为主要原料，采用平衡氧氯化技术生产氯乙烯。我国于 20 世纪 70 年代末 80 年代初先后从日本引进两套设计能力为 20 万吨氯乙烯/年生产装置，分别建在上海氯碱总厂和山东齐鲁石化。该技术的工艺过程主要包括：直接氯化单元、氧氯化单元、二氯乙烷精制单元、二氯乙烷裂解单元、氯乙烯精制单元、废物处理单元和氯化氢回收单元。

其工艺流程示意如图 7-3 所示。

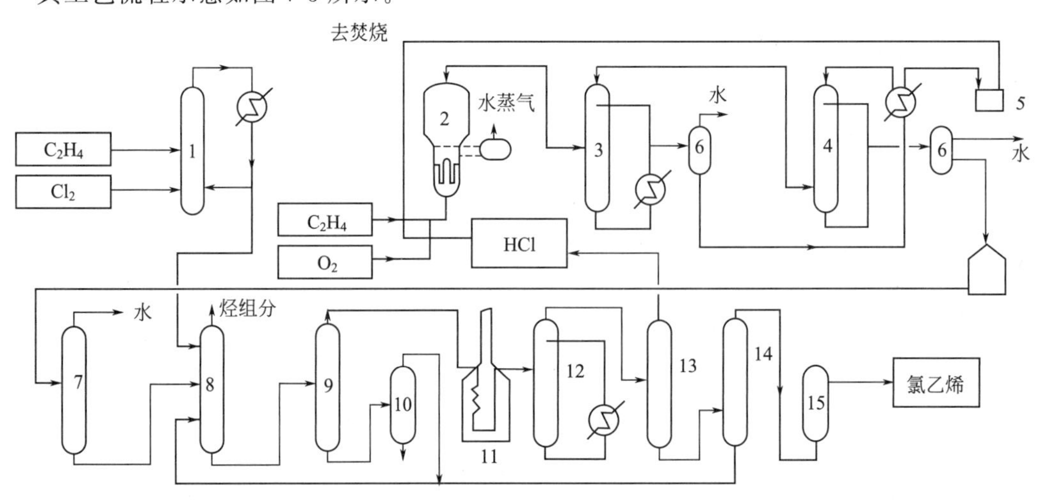

图 7-3 三井东压公司平衡氧氯化法制氯乙烯流程示意图

1—直接氯化反应器；2—氧氯化反应器；3—急冷塔；4—洗涤塔；5—循环气压缩机；6—分离器；7—脱水塔；8—低沸塔；9—高沸塔；10—EDC 回收塔；11—EDC 裂解炉；12—EDC 急冷塔；13—HCl 塔；14—VC 塔；15—VC 干燥器

1. 直接氯化单元

原料氯气经过干燥、升压和过滤除去夹带的酸雾后进入直接氯化反应器1；另外从乙烯装置来的干燥乙烯经过压力、流量调节亦进入直接氯化反应器1。反应器内以二氯乙烷液体作介质，在二氯乙烷中含有无水三氯化铁作为催化剂。

反应器内还设有一个特殊的气体分布器并充填一定高度的瓷环，以使反应气体更好地分布，同时促使氯气全部转化。直接氯化反应为一较强放热反应，为将反应热及时而有效地移出，通常采用外循环办法，将自反应器顶部逸出的二氯乙烷冷凝，冷凝液部分返回反应器的分配器，以使进料反应气有效而均匀分布，并蒸发移去反应热；另一部分冷凝液作为本单元产品送往二氯乙烷精制单元，其质量组成如下。

组　分	组成/%	组　分	组成/%
乙烯	0.08	1,1,2-三氯乙烷	0.1
轻组分(氯乙烷、1,1-二氯乙烷)	0.04	重组分	0.02
1,2-二氯乙烷	99.74	氯化氢	0.02

未被冷凝的气体因其中含有少量乙烯，经过压缩分离其中夹带的二氯乙烷后，送往氧氯化单元作为原料使用。

2. 氧氯化单元

首先将来自直接氯化单元含有乙烯的未凝气和本单元的部分不凝气作循环气与补充的新鲜乙烯原料气混合预热后，再与氯乙烯精制单元来的氯化氢相混合，控制适当的配比与氧做进一步混合后，再预热到一定温度后，进入氧氯化反应器2，与反应器内所含铜催化剂相接触，在低压和反应温度不超过513K下，进行反应生成二氯乙烷。

反应器为不锈钢材料，其主要结构由以下三部分组成：下部为一不锈钢制作的孔板式气体分配器，中下部有嵌在反应器内的带子挡板，两者对进入反应器的混合气体分布和催化剂的流化起着重要作用；反应器中部设有为除去反应热的冷却管，管内充以沸水作为冷却剂以移走反应热，并副产蒸汽可供使用；反应器上部安装旋风分离器系统，以分离和收集反应生成气中夹带的催化剂，收回的催化剂送回反应器底部。净化后的生成气进入急冷塔3，用预先在急冷塔冷却器中被冷却的二氯乙烷-水溶液进行冷却，该塔为一装有填料的喷淋塔，通过喷淋除去未反应的氯化氢并降低反应生成气的温度，塔底收集冷凝下来的液体，送入分离器6将水除去，与洗涤塔底物料混合处理后，待送往二氯乙烷精制单元提纯。氧氯化单元生产之粗二氯乙烷质量组成如下。

旋风分离器

组　分	组成/%	组　分	组成/%
乙烯	0.04	重组分	0.26
轻组分	0.32	水	0.18
1,2-二氯乙烷	98.91	氯乙烯	0.01
1,1,2-三氯乙烷	0.28		

急冷塔顶的不凝气体送入洗涤塔4用碱液洗涤，除去其中的二氧化碳。同时向塔内加入少量的亚硫酸钠溶液，以除去进入该塔的直接氯化尾气中的游离氯。

洗涤塔 4 顶部逸出的气体经过冷凝，大部分二氯乙烷和水被冷凝下来，与急冷塔 3 底部物料混合送入分离器（倾析器）6。将二氯乙烷分出并经水洗后进入贮槽，待送至二氯乙烷精制单元提纯。由分离器流出的污水送往废物处理单元处理。洗涤塔 4 顶部逸出的气体经冷凝后的不凝气，经压缩机加压，部分循环至氧氯化反应器中作为原料使用，部分送至焚烧。

3. 二氯乙烷精制单元

由直接氯化单元及氧氯化单元生产的粗二氯乙烷，分别送往二氯乙烷精制单元，将二氯乙烷提纯后作为裂解原料。

首先将来自氧氯化单元含水的二氯乙烷，经换热至一定温度后进入脱水塔 7，在常压下，水与二氯乙烷形成共沸物，自塔顶逸出，经冷凝后，将水分出。塔底物料与直接氯化单元和氯乙烯精制单元来的粗二氯乙烷，分别送往二氯乙烷低沸塔 8 处理。

二氯乙烷低沸塔为一浮阀塔，在近于常压下，控制顶部温度 353K 左右，将低沸物（如氯乙烷、氯丁二烯和苯等）蒸出，经过冷凝，所得的冷凝液全部回流至本塔内，未凝气体送往焚烧单元处理；低沸塔底产物中除二氯乙烷外，还有高沸物如 1,1,2-三氯乙烷等，送入二氯乙烷高沸塔，以除去其中的高沸物，该塔亦为一浮阀塔，其操作条件是：塔顶温度控制在 361K 左右，塔釜温度在 373K 以下，顶部馏出物为高纯度二氯乙烷，该二氯乙烷部分作为回流液，另一部分作为本单元产品供裂解使用。其质量组成如下。

组　分	组成 /%	组　分	组成 /%
轻组分	0.435	1,1,2-三氯乙烷	0.002
1,2-二氯乙烷	99.53	重组分	0.028
氯丁二烯	0.005		

含有一定量二氯乙烷的高沸物，自塔底进入二氯乙烷回收塔 10，于 36kPa 下，真空回收其中的二氯乙烷，并返回低沸塔 8，塔釜的高沸残液送焚烧单元处理。

4. 二氯乙烷裂解单元

来自二氯乙烷精制单元的纯二氯乙烷，经裂解炉进料泵、出口压力 2.45MPa 以上，将纯二氯乙烷液相送至双面辐射式管式炉 11（炉内以液化石油气为燃料，炉膛的中部横向水平排列着耐高温、耐腐蚀的不锈钢炉管），二氯乙烷在此经过加热、蒸发、过热和裂解，在 1.96MPa 和温度不超过 783K 下，生成氯乙烯和氯化氢。

从裂解炉出来的裂解生成气，进入二氯乙烷急冷塔 12，该塔为一具有多层喷嘴的喷淋塔，在约 1.96MPa 下，从顶部喷淋通过循环冷却器的二氯乙烷混合物进行骤冷，以防止二次反应发生，顶部逸出物料，经过热交换后送往氯乙烯精制单元。

5. 氯乙烯精制单元

从二氯乙烷裂解单元来的不凝气和含氯乙烯、氯化氢及二氯乙烷等凝液，在此经过分离精制，得到高纯氯乙烯及氯化氢产品。

将来自急冷塔的含氯化氢、氯乙烯物料，分别送入氯化氢塔 13，在操作压力 1.18MPa 下，控制塔釜温度，将氯化氢自塔釜蒸出，通过塔内中间冷却器，在顶温 249K 下，得到高纯氯化氢，经冷凝后部分液化作为回流，另一部分经过压力调节器和换热后，送往氧氯化反应器，作为原料使用。氯化氢塔釜物料，经减压后进入氯乙烯塔 14，将氯乙烯自二氯乙烷中分出。控制塔釜压力在 0.588MPa 左右，将氯乙烯蒸出，塔釜液中二氯乙烷送往二氯乙烷精制单元。塔顶分出的氯乙烯，经碱液中和除去氯化氢后送往氯乙烯干燥器15氧氯化进行干燥，干燥后的氯乙烯作为本装置最终成品，供聚合使用。

6. 废物处理及氯化氢回收

本单元的废气与废液，根据其组成，首先将含二氯乙烷的酸性气体，利用氧氯化单元来的碱性液进行洗涤，塔顶逸出气体送往焚烧炉处理；流出的洗涤液经混合罐与其他酸性液混合，沉降分离，底部液态二氯乙烷送往二氯乙烷汽提塔，回收的二氯乙烷经过精制后加以使用。另外来自全过程各处的有害物，均送入焚烧炉进行焚烧处理，经高温处理后，含氯有机废物生成氯化氢，制成20%浓度的盐酸，作为本装置的副产品供使用。

三、空气法氧氯化与氧气法氧氯化的技术经济比较

氧气法氧氯化与空气法氧氯化相比，有如下优点。

① 床层温度分布较好，热点温度较低或不显著，有利于保护催化剂的稳定性。

② 1,2-二氯乙烷的选择性较高，HCl的转化率也较高，具体结果比较见表7-4。

表7-4 乙烯氧氯化选择性、转化率比较 单位：%

乙烯转化产物		空气氧氯化法	氧气氧氯化法
选择性	1,2-二氯乙烷	95.11	97.28
	氯乙烷	1.73	1.50
	CO、CO_2	1.78	0.68
	1,1,2-三氯乙烷	0.88	0.08
	其他氯衍生物	0.50	0.46
HCl的转化率		99.13	99.83

③ 排出系统的废气少，只有空气氧化法的1%～5%，且可进一步用于氯化。空气法氧氯化排出的废气中，乙烯含量很低，一般为1%左右，大量是惰性气体，并含有各种氯化物，使1,2-二氯乙烷损耗增加。且氯乙烯等氯化物对人体十分有害，如直接排入大气，将污染环境，需作焚烧处理。由于可燃物含量低，必须外加燃料。而氧气法氧氯化排出的气体乙烯浓度较高，可直接进行焚烧处理。

④ 氧气法氧氯化乙烯浓度高，有利于提高1,2-二氯乙烷的生成速率和催化剂的生产能力。

⑤ 氧气法氧氯化不需采用溶剂吸收、深冷等方法回收1,2-二氯乙烷，因此流程较简单，设备投资费用较少。

由于氧气法氧氯化有如上这些优点，因此自20世纪70年代末工业化后，国际上已有许多国家的工厂采用，并有取代空气法氧氯化的趋势。

任务五 正常生产操作

正常生产之前要做好各种准备工作，乙烯法平衡氧氯化制氯乙烯装置开车准备工作如下。

① 开车前所有安全消防设施、设备、器材要完好，通信联络畅通，报警系统（火警、可燃气报警）正常投用。

② 人员必须经过专业技术培训和安全生产、防火防爆工具卫生技术教育，熟练掌握岗位安全操作规程及消防防护器材的使用，并经考核合格方可上岗操作。

③ 生产系统开车，应事先全面检查并确认水、电、汽（气）符合开车要求。各种原料、辅助材料的供应必须齐备，投料前必须进行分析确认。

④ 各机泵冷却水畅通，加入合格的润滑油、脂，并满足用量要求，处于可投用状态。

⑤ 开车前应对所有工艺阀门进行检查，液面计、压力表及仪表根部阀全开。保证装置流程畅通。同时确认各种机电设备及电气仪表等处于完好状态。

⑥ 操作人员按规定着装，进入装置必须穿防静电服装，戴安全帽，易燃易爆区域内禁止使用移动电话。

⑦ 检查安全保护、连锁装置是否处于灵敏可靠状态，正常投用。

⑧ 开车前，检查装置避雷装置、静电接地设施完好，发现问题及时处理。

⑨ 保温、保压及清洗过的设备必须符合开车要求，不符合要求时应重新进行处理。

⑩ 检查现场易燃易爆物质工艺管道及设备无泄漏，且置换合格。

⑪ 现场保持清洁，消除可燃易燃物及与生产无关物品。

⑫ 对装置使用的危险化学品要制定严格的管理制度及应急预案，落实有效的防范措施，相关人员熟悉应急处理程序。

⑬ 装置开车应停止一切检修作业，无关人员不准进入现场。

⑭ 检查车间重点防火部位消防、防护设施完好，无安全隐患。各岗位有制定相应的环保措施，禁止乱排乱放，杜绝污染事故。

⑮ 在确认工艺、设备等各种条件具备后方可开车。

⑯ 系统吹扫、置换合格。

⑰ 启动公用工程。

⑱ 各生产单元导顺，空车走程序。

⑲ 化工试车。

任务六　异常生产现象的判断和处理

乙烯平衡氧氯化生产氯乙烯工艺中异常生产现象的判断和处理方法见表 7-5。

表 7-5　异常生产现象的判断和处理方法

序号	单元	异常现象	原　因	处理方法
1	直接氯化单元	反应温度失去控制	①循环 EDC 冷却器冷却水量不足 ②温度控制阀工作不正常 ③负荷改变太大，反应温度调节器无法适应温度变化	①增加冷却水量 ②检查温度控制阀 ③改变负荷要缓慢进行
		反应压力太高	①冷却水故障，去产品 EDC 冷凝器的冷却水量减少太多 ②排空气体管路堵塞或者关闭 ③液体夹带到反应器顶部系统导致液封	①检查和调节冷却水流量和压力 ②检查排空管线的温度和压力 ③反应器顶部系统是否有液体 EDC

续表

序号	单元	异常现象	原　因	处理方法
2	氧氯化单元	氧氯化反应器温度失控	①反应器冷却器罐液位太低 ②反应器冷却器罐压力波动 ③催化剂流化态不好，导致盘管受热不均 ④氯化氢进料低，乙烯氧化严重	①增加锅炉进水量 ②查明原因，进行检修 ③查明原因，进行调整 ④提高氯化氢进料量
		加氢反应器温度过高	①氯化氢塔不稳定或塔顶温度过高，导致氯乙烯含量高 ②氯化氢换热器漏	①增加回流量，降低塔顶温度 ②停车，检修换热器
3	二氯乙烷精制单元	二氯乙烷精制的高沸塔二氯乙烷含水量大	①低沸塔含水量大 ②循环二氯乙烷含水多 ③再沸器或冷凝器漏	①检查低沸塔 ②检查二氯乙烷循环前工序 ③进行设备处理
4	二氯乙烷裂解单元	二氯乙烷蒸气进入裂解炉的流量小	①二氯乙烷蒸发器结焦 ②二氯乙烷过热器结焦 ③裂解炉盘管结焦 ④流量控制阀两端压差小 ⑤过热器换热量太高	①清焦 ②清焦 ③清焦 ④提高蒸发器压力 ⑤提高过热器出口温度，开大支路
		进料二氯乙烷中三氯乙烷的含量>500×10^{-6}	直接氯化中形成的，高沸塔的高沸物上升到塔顶	加强直接氯化，加大高沸塔回流
5	氯乙烯精制单元	氯乙烯塔顶温度高	①塔顶冷凝器水流量低 ②因惰性气体或氯化氢导致冷凝效果不好 ③塔顶回流量小 ④压力控制阀失灵	①调大水流量 ②排放到裂解单元的急冷闪蒸冷凝器 ③增加回流量 ④手控，进行检查
		氯化氢塔压力高	①氯化氢塔釜再沸器蒸汽通量过大 ②制冷单元对氯化氢冷却效果不好 ③到氧氯化的氯化氢量不足 ④氯化氢塔塔顶有惰性气体	①减少蒸汽通量 ②调整对氯化氢的制冷 ③裂解与氧氯化的氯化氢负荷要匹配 ④适当释放

学习拓展与知识链接

中国氯碱工业的创始人——吴蕴初

吴蕴初（1891—1953），中国近代化工专家，著名的化工实业家，中国氯碱工业的创始人。他在20世纪30年代建立起包括天厨味精厂、天原电化厂、天盛陶器厂、天利氮气厂在内的“天字号集团”，在当时中国化工业界有“南吴北范”的说法，北是范旭东，南是吴蕴初。1949年10月，周恩来在北京接见他的时候，称他为“味精大王”。1953年10月15日，62岁的吴蕴初在上海华东医院去世。

练习与实训指导

1. 说明氯乙烯有哪些重要用途。

2. 工业上氯乙烯的生产方法有哪些？

3. 什么是氧氯化？简述乙烯平衡氧氯化生产氯乙烯的基本过程。

4. 画出乙烯平衡氧氯化生产氯乙烯的主要工艺过程示意图，说明设备及其作用。

5. 试分别分析生产条件改变对氧氯化反应、直接氯化和二氯乙烷裂解三个单元造成的影响。

6. 说明氧氯化生产二氯乙烷的催化剂及特点。

7. 乙烯平衡氧氯化采用的氯化氢为何要进行净化处理？

项目考核与评价

一、填空题（19%）

1. 乙烯和氯气在催化剂__________作用下反应。反应器的移热控温方式是设有__________，氯化液降温返塔。

2. 乙烯、氧气和氯化氢在__________催化剂和一定温度下生成1,2-二氯乙烷，温度过高还会使氯化铜__________加快，导致催化剂的活性下降、寿命缩短。

3. 氧氯化单元实际生产中，若__________过量会吸附在催化剂表面，使催化剂颗粒胀大，密度减小，容易导致流化床反应器发生节涌现象，影响正常生产。

4. 精制后的二氯乙烷在__________中发生热裂解反应，转化成氯乙烯和氯化氢，是__________热反应。

5. 氯乙烯生产全套装置包括__________单元、__________单元、二氯乙烷精馏单元、__________单元、氯乙烯精馏单元、废水处理单元和残液焚烧单元。

6. 当空速增加时，通入的反应气量越__________，生产能力越大，气体与催化剂接触的时间短，原料转化率__________。

7. 二氯乙烷裂解温度升高，反应的__________和__________均提高。但温度过高，二氯乙烷的__________副反应随之增加。

8. 以乙烯、氯化氢和氧为原料，在氯化铜催化剂的作用下进行反应，生成了__________和水。

9. 乙烯法生产的产品氯乙烯目前主要供给__________使用，对单体氯乙烯的纯度要求很高。

10. 乙烯平衡氧氯化生产氯乙烯工艺有__________法和__________法。

二、选择题（7%）

1. 氧氯化反应产物水急冷的原理是（　　）。

A. 降温、化学吸收　　B. 降温

C. 降温、物理化学吸收　　D. 降温、生化吸收

2. 氯乙烯的沸点是（　　）。

A. −13.9℃　　B. 28℃

C. 31℃　　D. 11℃

3. 关于乙烯氯化合成二氯乙烷反应，表述错误的是（　　）。

A. 列管式反应器　　B. 反应放热

C. 用冷的二氯乙烷移走反应热　　D. 液相反应

4. 乙烯平衡氧氯化的催化剂化学式为（　　）。

A. CuCl　　B. $CuCl_2$

C. Cu　　D. CuO

5. 氯乙烯产品塔采用（　　）的分离压力操作。

A. 常压　　B. 减压　　C. 加压　　D. 1.01atm

6. 氧氯化单元中以下说法错误的是（　　）。

A. 乙烯过量　　B. 氯化氢过量

C. 注意乙烯和氧气的爆炸极限　　D. 氧气过量

7. 关于乙烯氯化单元说法正确的是（　　）。

A. 原料含水导致催化剂水解　　B. 加压可防止二氯乙烷汽化损失

C. 反应温度过高，会使副反应加剧　　D. 上述均正确

三、判断题（10%）

1. 乙烯平衡氧氯化法生产氯乙烯工艺的主要原料是乙烯、氧气和氯气。（　　）

2. 实际生产中，通常控制乙烯和氧气过量，以提高氯化氢的转化率。（　　）

3. 二氯乙烷裂解是吸热反应，温度升高对提高反应的速率和平衡常数均有利。（　　）

4. 二氯乙烷热分解不需要催化剂。（　　）

5. 氯乙烯产品分离塔采用加压操作。（　　）

6. 二氯乙烷裂解得到的氯化氢不需要进行加氢脱炔处理。（　　）

7. 氯气中含水，会导致催化剂氯化铁水解，生成盐酸，从而造成设备的腐蚀，因此水分含量要严格控制。（　　）

8. 1,2-二氯乙烷热裂解受原料纯度、反应温度、压力和停留时间的影响。（　　）

9. 乙烯平衡氧氯化法生产氯乙烯工艺能回收利用二氯乙烷分解产生的氯化氢。（　　）

10. 二氯乙烷精制原料来自直接氯化单元及氧氯化单元。（　　）

四、生产原理综合分析题（30%）

1. 简述乙烯平衡氧氯化法生产氯乙烯的主要过程及原理。

2. 分析二氯乙烷裂解反应器控制停留时间过长的影响。

3. 二氯乙烷合成时乙烯和氯气配比关系如何，分析确定此比例的原因。

4. 分析二氯乙烷裂解实际生产过程中常采用加压操作的原因。

5. 分析反应温度对乙烯氧氯化反应的影响。

6. 画出乙烯、氯气和空气（氧气）为原料平衡氧氯化生产氯乙烯过程的框图。

五、操作技能题（26%）

1. 氯化氢送氧氯化之前为什么要进行加氢精制?

2. 对二氯乙烷精制的高沸塔而言，塔底的温度过高，会有什么影响?

3. 对二氯乙烷精制的高沸塔而言，塔底的温度过低，会有什么影响?

4. 简述乙烯平衡氧氯化法生产氯乙烯的工艺过程。

5. 根据工艺流程（图 7-4）回答问题（分值 6%）。

（1）该工艺的原料有哪些物质?

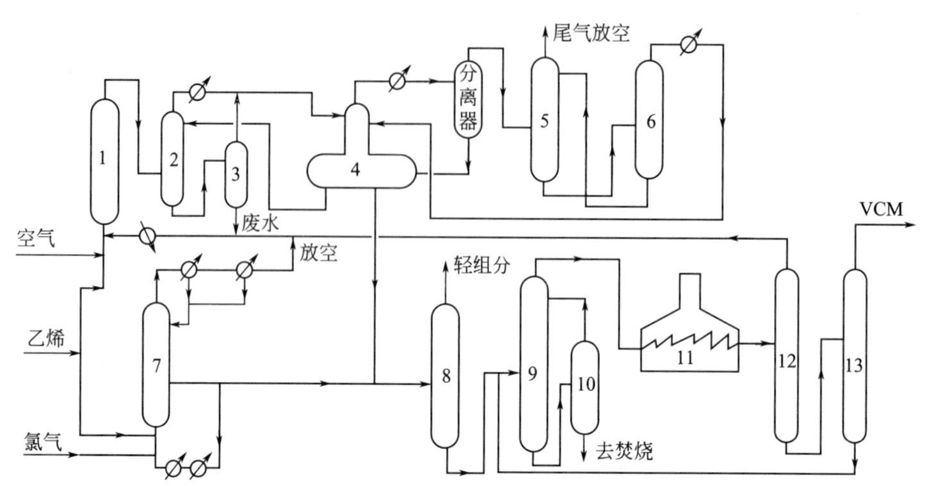

图 7-4 氧氯化法工艺流程图

1—氧氯化反应器；2—骤冷塔；3—废气汽提塔；4—倾析器；5—吸收塔；6—解吸塔；7—直接氯化反应器；8—脱轻组分塔；9—脱重组分塔；10—真空塔；11—裂解炉；12—氯化氢塔；13—氯乙烯塔

(2) 设备 1 的型式是什么？

(3) 设备 7 的控温方式是什么？

(4) 设备 8、9 的分离目的是什么？

(5) 倾析器分离的分别是什么？

(6) 设备 11 完成的最主要反应是什么？

六、填表异常现象判断与处理题 (8%)

序号	单元	异常现象	原因	处理方法
1	直接氯化单元	反应温度失去控制	循环 EDC 冷却器冷却水量__________	增加冷却水量
2	氧氯化单元	氧氯化反应器温度失控	氯化氢进料__________，乙烯氧化严重	提高氯化氢进料量
		加氢反应器温度过高	氯化氢塔不稳定或塔顶温度__________	__________回流量，__________塔顶温度
3	二氯乙烷裂解单元	二氯乙烷蒸气进入裂解炉的流量小	二氯乙烷蒸发器结焦	__________
4	氯乙烯精制单元	氯化氢塔压力高	氯化氢塔釜再沸器蒸汽通量__________	__________蒸汽通量

项目八

丙烯腈的生产

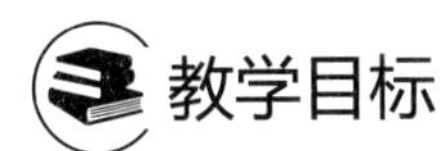

教学目标

知识目标：1. 了解丙烯腈的主要用途。
2. 了解丙烯腈生产安全环保技术。
3. 掌握丙烯氨氧化法生产丙烯腈的反应原理。
4. 掌握丙烯氨氧化法生产丙烯腈的工艺流程。
5. 掌握丙烷氨氧化法生产丙烯腈的反应原理。

能力目标：1. 分析丙烯腈水混合物分离模式。
2. 分析和判断主副反应程度对反应产物分布的影响。
3. 分析丙烷、丙烯氨氧化生产丙烯腈的优缺点。

素质目标：1. 具有自主学习习惯，提高信息检索和加工能力。
2. 具有工作责任意识，提高发现、分析和解决问题能力。
3. 具有团队精神，提高表达、沟通以及与人合作的能力。
4. 具有自主学习的能力，追求知识、独立思考、勇于创新的科学态度和踏实能干、任劳任怨的工作作风。
5. 具有自我认知能力，有参与主动完成工作的意识。
6. 具有化工生产规范操作意识，良好的观察力、逻辑判断力、紧急应变能力。
7. 具有初步的日常工作管理能力。

资源导读：为了深入理论探索、适应教学改革、把握行业动态、获取更多资源，请根据需要，访问下列网址进行学习。
1. 智慧职教→“有机化工生产技术”课程（广西工业职业技术学院　蒋艳忠，等）中关于丙烯腈生产的相关资源　www.icve.com.cn/portal_new/courseinfo/courseinfo.html?courseid=ksj2agupoqfbj2vcn29k7g
2. 中国大学 MOOC→“石油化工生产技术”课程（咸阳职业技术学院　张娟，等）中关于丙烯系产品的相关资源
www.icourse163.org/course/XIANYANGZHIYUAN-1206299816

任务一　生产方法的选择

丙烯腈自 1894 年在实验室问世以来，相继开发了环氧乙烷法、乙醛法、乙炔法、丙烯氨氧化法及目前正在开发的丙烷氨氧化法等十余种方法。

一、环氧乙烷法

最早生产丙烯腈的方法是 1940 年德国建立的环氧乙烷与氢氰酸合成的方法，其反应原理如下。

$$H_2C\overset{O}{—}CH_2 + HCN \xrightarrow[50\sim60℃]{Na_2CO_3} \underset{OH}{CH_2}—\underset{CN}{CH_2}$$

$$\underset{OH}{CH_2}—\underset{CN}{CH_2} \xrightarrow[200\sim220℃]{MgCO_3} H_2C=CH—CN + H_2O$$

二、乙炔法

1952 年以后世界各国相继采用了由乙炔与氢氰酸合成丙烯腈的方法，以乙炔为原料生产丙烯腈的反应原理如下。

$$CH\equiv CH + HCN \xrightarrow[80\sim90℃]{CuCl_2\text{-}NH_4Cl\text{-}HCl} CH_2=CH—CN$$

三、乙醛法

以乙醛为原料生产丙烯腈的反应原理如下。

$$CH_3CHO + HCN \xrightarrow[10\sim20℃]{NaOH} CH_3—\underset{OH}{CH}—CN$$

$$CH_3—\underset{OH}{CH}—CN \xrightarrow[600\sim700℃]{H_3PO_4} CH_2=CH_2—CN + H_2O$$

由于以上方法需用剧毒的 HCN 为原料引进—CN 基，原料来源不易和操作繁杂，生产成本高，所用电石耗电过大，丙烯腈分离提纯也较困难，生产发展受到地区资源等方面的限制，现已基本被淘汰。

目前，世界上 95%的丙烯腈生产均采用索亥俄（Sohio）生产工艺。我国已建成和新建的丙烯腈装置均采用 Sohio 法生产工艺。

四、丙烷氨氧化法

以美国 BP 公司、日本三菱化成公司为代表的主要丙烯腈生产商开始了以丙烷为原料的生产丙烯腈的技术开发工作。该技术主要合成工艺有两种：一是 BP 公司开发的丙烷直接氨氧化法，即在特定的催化剂下，以纯氧为氧化剂，同时进行丙烷氧化脱氢和丙烯氨氧化法反应；二是 BOC 与三菱化成公司开发的独特循环工艺，主要是丙烷氧化脱氢后生成丙烯，然后再以常规氨氧化法生产丙烯腈，其主要特点是采用选择性烃的吸附分离体系的循环工艺，可将循环物流中的惰性气体和碳氧化物选择性除去，原料丙烷和丙烯 100%回收，从而降低了生产成本。丙烷氨氧化法的反应原理如下。

主反应：

$$C_3H_8 + NH_3 + 2O_2 \longrightarrow CH_2=CHCN + 4H_2O$$

副反应：

（1）生成乙腈 $C_3H_8 + 1.5NH_3 + 2O_2 \longrightarrow 1.5CH_3CN + 4H_2O$

（2）生成氢氰酸 $C_3H_8 + 3NH_3 + 3.5O_2 \longrightarrow 3HCN + 7H_2O$

（3）生成二氧化碳　　$C_3H_8 + 5O_2 \longrightarrow 3CO_2 + 4H_2O$

（4）生成一氧化碳　　$C_3H_8 + 3.5O_2 \longrightarrow 3CO + 4H_2O$

丙烷氨氧化法总投资较高，但是由于丙烷价格比丙烯低，因此单从原料成本上看丙烷氨氧化法比丙烯氨氧化法更有前景。研究资料介绍：丙烷法有望比丙烯氨氧化法降低30%的生产成本。

尽管目前尚处于研究阶段，开发高效的催化剂是关键，但是由于丙烷价格低廉、容易得到，不久的将来丙烷氨氧化法可望工业化生产，前景乐观。

五、丙烯氨氧化法

1959年美国索亥俄（Sohio）公司由丙烯经氨氧化一步合成丙烯腈研究成功，1960年投入了工业化生产。由于丙烯氨氧化生产丙烯腈的方法可采用石油炼制和石油裂解制乙烯装置副产的丙烯为原料，原料便宜易得，并对丙烯纯度要求不严，工艺流程简单，产品质量较高，投资省，成本低，副产物也有用途，因此，受到世界各国的极大重视，不仅很快地取代了其他丙烯腈的生产方法，而且使丙烯腈生产进入了高速发展阶段。

丙烯氨氧化生产丙烯腈的反应原理如下：

$$CH_3CH{=}CH_2 + NH_3 + \frac{3}{2}O_2 \longrightarrow CH_2{=}CH{-}CN + 3H_2O$$

目前，全球95%以上的丙烯腈生产都采用美国BP公司（现为BP-AMOCO公司）开发的丙烯氨氧化法技术（又称sohio法）。该法原料易得、工序简单、操作稳定、产品精制方便，经过近40年的发展，技术日趋成熟。

任务二　生产原料及产品的认知

一、丙烯腈的基本性质

1. 丙烯腈的物理性质

丙烯腈（acrylonitrile；vinyl cyanide）在室温和常压下为无色易流动液体，具有刺激性臭味，能与丙酮、苯、乙醚、甲醇等许多有机物互溶。与水部分互溶，其溶解度见表8-1。

表8-1　丙烯腈与水的相互溶解度

温度/℃	水在丙烯腈中的溶解度(质量分数)/%	丙烯腈在水中的溶解度(质量分数)/%	温度/℃	水在丙烯腈中的溶解度(质量分数)/%	丙烯腈在水中的溶解度(质量分数)/%
0	2.10	7.15	50	6.15	8.41
10	2.55	7.17	60	7.65	9.10
20	3.08	7.30	70	9.21	9.90
30	3.82	7.51	80	10.95	11.10
40	4.85	7.90			

丙烯腈与水能形成共沸物，共沸点为 71℃，共沸物中含水 12%（质量分数），在有苯乙烯存在下，还能形成丙烯腈-苯乙烯-水三元共沸混合物。丙烯腈蒸气能与空气形成爆炸性混合物，爆炸极限浓度为 3.05%～17.0%（体积分数）。丙烯腈蒸气有毒，长时间吸入丙烯腈蒸气能引起恶心、呕吐、头晕、疲倦等，工作场所最高允许浓度为 45mg/m^3，在室内允许浓度为 0.002mg/L。丙烯腈的主要物理性质见表 8-2。

表 8-2 丙烯腈的主要物理性质

性质	指标	性质	指标	性质	指标
沸点(101.3kPa)/℃	78.5	比热容/[J/(kg·K)]	20.92±0.03	蒸气压/kPa	
熔点/℃	−82.0	蒸发潜热(0～77℃)/(kJ/mol)	32.6	8.7℃时	6.67
相对密度(d_4^{26})	0.0806			45.5℃时	33.33
黏度(25℃)	0.34	生成热(25℃)/(kJ/mol)	151	77.3℃时	101.32
折射率(n_D^{25})	1.3888	燃烧热/(kJ/mol)	1761	临界温度/℃	246
闪点/℃	0	聚合热(25℃)/(kJ/mol)	72	临界压力/MPa	3.42
燃点/℃	481				

2. 丙烯腈的化学性质

丙烯腈由于分子结构带有 C═C 双键及—CN 键，化学性质非常活泼，可以发生加成、聚合、腈基及氰乙基化等化学反应。

聚合反应和加成反应都发生在丙烯腈的 C═C 双键上，纯丙烯腈在光的作用下能自行聚合，所以在丙烯腈成品及丙烯腈生产过程中，通常要加少量阻聚剂，如对苯酚甲基醚（阻聚剂 MEHQ）、对苯二酚、氯化亚铜和胺类化合物等。除发生自聚外，丙烯腈还能与苯乙烯、丁二烯、乙酸乙烯、丙烯酰胺等发生共聚反应，由此可制得合成纤维、塑料、涂料和胶黏剂等。丙烯腈经电解加氢偶联反应可以制得己二腈。

丙烯腈的性质与用途

氰基反应包括水合反应、水解反应、醇解反应等，丙烯腈和水在铜催化剂存在下，可以水合制取丙烯酰胺。丙烯腈和醇反应可制取烷氧基丙胺，烷氧基丙胺是液体染料的分散剂、抗静电剂、纤维处理剂、表面活性剂、医药等的原料。氰乙基化反应是丙烯腈与醇、硫醇、胺、氨、酰胺、醛、酮等反应；丙烯腈与氨反应可制得 1,3-丙二胺，该产物可用作纺织溶剂、聚氨酯溶剂和催化剂。

二、丙烯腈的用途

丙烯腈是生产有机高分子聚合物的重要单体，85%以上的丙烯腈用来生产聚丙烯腈，由丙烯腈、丁二烯和苯乙烯合成的 ABS 树脂，以及由丙烯腈和苯乙烯合成的 SAN 树脂，是重要的工程塑料。此外，丙烯腈也是重要的有机合成原料，由丙烯腈经催化水合可制得丙烯酰胺，由后者聚合制得的聚丙烯酰胺是三次采油的重要助剂。由丙烯腈经电解加氢偶联（又称电解加氢二聚）可制得己二腈，再加氢可制得己二胺，后者是生产尼龙-66 的主要单体。由丙烯腈还可制得一系列精细化工产品，如谷氨酸钠、医药、农药熏蒸剂、高分子絮凝剂、化学灌浆剂、纤维改性剂、纸张增强剂、固化剂、密封胶、涂料和橡胶硫化促进剂等。丙烯腈的用途见表 8-3。

表 8-3 丙烯腈深加工系列产品及其用途

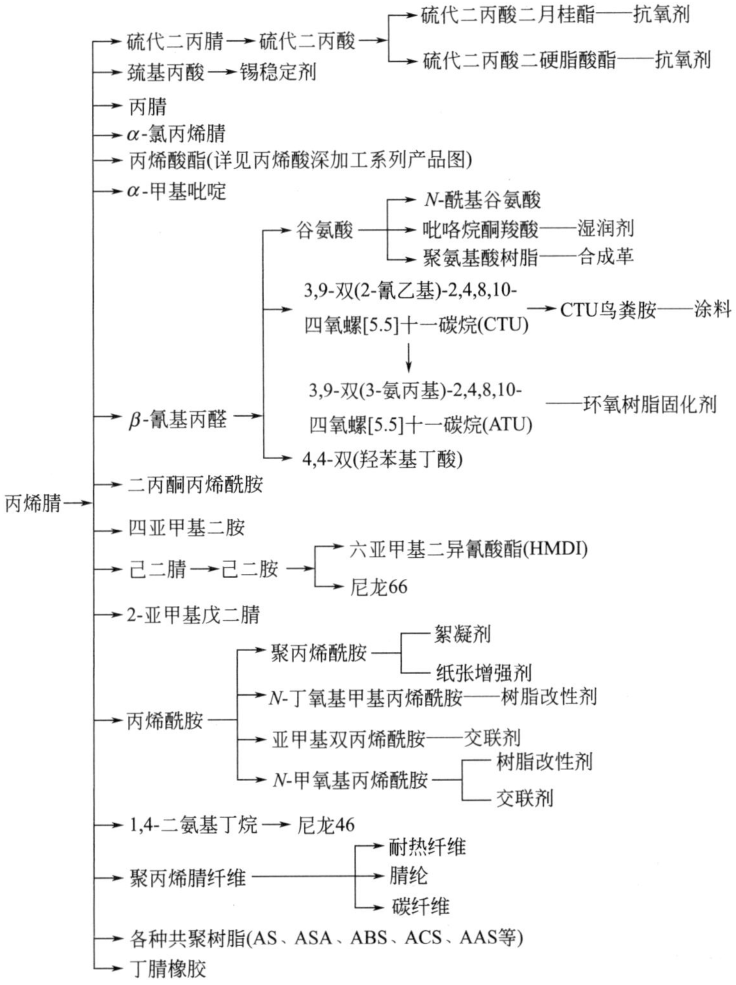

丙烯腈→
- 硫代二丙腈→硫代二丙酸→
  - 硫代二丙酸二月桂酯——抗氧剂
  - 硫代二丙酸二硬脂酸酯——抗氧剂
- 巯基丙酸→锡稳定剂
- 丙腈
- α-氯丙烯腈
- 丙烯酸酯(详见丙烯酸深加工系列产品图)
- α-甲基吡啶
- β-氰基丙醛→
  - 谷氨酸→
    - N-酰基谷氨酸
    - 吡咯烷酮羧酸——湿润剂
    - 聚氨基酸树脂——合成革
  - 3,9-双(2-氰乙基)-2,4,8,10-四氧螺[5.5]十一碳烷(CTU)→CTU乌粪胺——涂料
    - ↓ 3,9-双(3-氨丙基)-2,4,8,10-四氧螺[5.5]十一碳烷(ATU)——环氧树脂固化剂
  - 4,4-双(羟苯基丁酸)
- 二丙酮丙烯酰胺
- 四亚甲基二胺
- 己二腈→己二胺→
  - 六亚甲基二异氰酸酯(HMDI)
  - 尼龙66
- 2-亚甲基戊二腈
- 丙烯酰胺
  - 聚丙烯酰胺
    - 絮凝剂
    - 纸张增强剂
  - N-丁氧基甲基丙烯酰胺——树脂改性剂
  - 亚甲基双丙烯酰胺——交联剂
  - N-甲氧基丙烯酰胺
    - 树脂改性剂
    - 交联剂
- 1,4-二氨基丁烷→尼龙46
- 聚丙烯腈纤维→
  - 耐热纤维
  - 腈纶
  - 碳纤维
- 各种共聚树脂(AS、ASA、ABS、ACS、AAS等)
- 丁腈橡胶

三、丙烯腈产品质量标准

工业用丙烯腈产品的标准见表 8-4。

表 8-4 丙烯腈质量标准（GB 7717.1—2008）

序 号	指标名称	指标		
		优等品	一等品	合格品
1	外观	透明液体、无悬浮物		
2	色度(Pt-Co)/号 ≤	5	5	10
3	酸度(以乙酸计)/(mg/kg) ≤	20	30	—
4	密度(20℃)/(g/cm³)	0.800～0.807		
5	pH 值(5%的水溶液)	6.0～9.0		

续表

序号	指标名称		指标		
			优等品	一等品	合格品
6	滴定值(5%的水溶液)/mL	≤	2.0	2.0	3.0
7	水分的质量分数/%	≤	0.20～0.45	0.20～0.45	0.20～0.60
8	总醛(以乙醛计)的质量分数/(mg/kg)	≤	30	50	100
9	总氰(以氢氰酸计)的质量分数/(mg/kg)	≤	5	10	20
10	过氧化物(以过氧化氢计)的质量分数/(mg/kg)	≤	0.20	0.20	0.40
11	铁的质量分数/(mg/kg)	≤	0.10	0.10	0.20
12	铜的质量分数/(mg/kg)	≤	0.10	0.10	—
13	丙烯醛的质量分数/(mg/kg)	≤	10	20	40
14	丙酮的质量分数/(mg/kg)	≤	80	150	200
15	乙腈的质量分数/(mg/kg)	≤	150	200	300
16	丙腈的质量分数/(mg/kg)	≤	100	—	—
17	噁唑的质量分数/(mg/kg)	≤	200	—	—
18	甲基丙烯腈的质量分数/(mg/kg)	≤	300	—	—
19	丙烯腈的质量分数/%	≥	99.5	—	—
20	沸程(在0.10133MPa下)/℃		74.5～79.0		
21	阻聚剂,对羟基苯甲醚的质量分数/(mg/kg)		35～45		

四、原料及辅助原料的工业规格要求

1. 丙烯

原料丙烯的工业规格要求见表8-5。

表8-5 原料丙烯的工业规格要求

名称	规格	名称	规格
丙烯(质量分数)	≥95.0%	总硫(质量分数)	$\leq 20\times10^{-6}$
丙炔(质量分数)	$<10\times10^{-6}$	H_2S	$<10\times10^{-6}$
乙烯(质量分数)	<0.1%	饱和烃类	无规定
丁烯及丁二烯(质量分数)	<0.1%	H_2、O_2、CO_2、CO、H_2O	无规定
丙二烯(质量分数)	$<50\times10^{-6}$		

2. 氨

氨规格如下：

氨（体积分数） ≥99.5%

水（体积分数） ≤0.2%

油（体积分数） $\leq 5\times10^{-6}$

3. 空气

不含有灰尘和油，并且不含有对催化剂、最终产品、副产品和工艺过程有不良影响的化学成分。

4. 硫酸

含量（质量分数）：冬季＞93％　　夏季＞95％

焚烧后的残渣＜0.1％

任务三　应用生产原理确定工艺条件

一、丙烯氨氧化法的生产原理

1. 主、副反应

丙烯、氨、氧在一定条件下反应，除生成产物丙烯腈外，尚有多种副产物生成，可用以下化学反应方程式表示。

主反应　　$\Delta H^{\ominus}_{298K}$（kJ/mol）

$$CH_2{=}CHCH_3 + NH_3 + \frac{3}{2}O_2 \longrightarrow CH_2{=}CH{-}CN + 3H_2O \qquad -514.8$$

副反应

$$CH_2{=}CHCH_3 + 3NH_3 + 3O_2 \longrightarrow 3HCN + 6H_2O \qquad -942.0$$

氢氰酸的生成量约占丙烯腈质量的1/6。

$$2CH_2{=}CHCH_3 + 3NH_3 + 3O_2 \longrightarrow 3CH_3CN + 6H_2O \qquad -362.5$$

乙腈的生成量约占丙烯腈质量的1/7。

$$CH_2{=}CHCH_3 + O_2 \longrightarrow CH_2{=}CHCHO + H_2O \qquad -353.3$$

丙烯醛的生成量约占丙烯腈质量的1/100。

$$CH_2{=}CHCH_3 + \frac{9}{2}O_2 \longrightarrow 3CO_2 + 3H_2O \qquad -1920.9$$

除上述副反应外，还有生成乙醛、丙酮、丙烯酸、丙腈等的副反应，因其量很小，故可忽略不计。

丙烯氨氧化过程的主、副反应的平衡常数都很大，因此，可以将它们看作不可逆反应，反应过程已不受热力学平衡的限制，考虑反应动力学条件就可。由于所有的主、副反应都是放热的，而且二氧化碳的生成量约占丙烯腈质量的一半，它是产量最大的副产物。该反应是一个放热量非常大的副反应，转化成二氧化碳的反应热要比转化成丙烯腈的反应热大三倍多。因此，生产中应特别注意反应热的及时移除和反应温度的有效控制，以免因温度过高而引起烯相燃烧和产品分解等事故的发生。

2. 催化剂

工业生产条件下的丙烯氨氧化过程实际上是相当复杂的。副反应都是强放热反应，尤其是深度氧化反应。在反应过程中，副产物的生成必然降低目的产物的收率，这不仅浪费了原料，而且使产物组成复杂化，给分离和精制带来困难，并影响产品质量。为了减少副反应，提高目的产物收率，除考虑工艺流程合理和设备强化外，关键在于选择适宜的催化剂，所采用的催化剂必须使主反应具有较低活化能，这样可以使反应在较低温度下进行，使热力学上更有利的深度氧化等副反应，在动力学上受到抑制。

丙烯氨氧化所采用的催化剂主要有两类，即 Mo 系催化剂和 Sb 系催化剂。Mo 系催化剂由 Sohio 公司开发，并已由 C-A 型发展到第四代的 C-49、C-89。Sb 系催化剂由英国酿酒公司首先开发，日本化学公司在此基础上又相继开发成功第三代的 NS-733A 和第四代的 NS-733B。

（1）Mo 系催化剂　工业上最早使用的是 P-Mo-Bi-O（C-A）催化剂，其代表组成为 $PBi_9Mo_{12}O_{52}$。其中 Mo、Bi 为催化剂的活性组分（主催化剂）。单一的 MoO_3 虽有一定的催化活性，但选择性差，单一的 BiO_3 对生成丙烯腈无催化活性，只有二者的组合才表现出较好的活性、选择性和稳定性。单独使用 P-Ce 时，对反应不能加速或极少加速，但当它们和 Mo-Bi 配合使用时，能改进 Mo-Bi 催化剂的性能。Bi 的作用是夺取丙烯中的氢，Mo 的作用是往丙烯中引入氧或氨，因而是一个双功能催化剂。P 是助催化剂，起提高催化剂选择性的作用，其用量一般在 5%以下。

这种催化剂要求的反应温度较高（460～490℃），丙烯腈收率 60%左右。由于在原料气中需配入大量水蒸气（约为丙烯量的 3 倍），在反应温度下 Mo 和 Bi 因挥发损失严重，催化剂容易失活，而且不易再生，寿命较短，只在工业装置上使用了不足 10 年就被 C-21、C-41 等代替。

C-41 是七组分催化剂，可表示为 $P\text{-}Mo\text{-}Bi\text{-}Fe\text{-}Co\text{-}Ni\text{-}K\text{-}O/SiO_2$，是由德国 Knapsack 公司在 Mo-Bi 中引入 Fe 后再经改良研制而成的。中国兰州化学物理研究所曾对催化剂中各组分的作用做过研究，发现 Bi 是催化活性的关键组分，不含 Bi 的催化剂，丙烯腈的收率很低（6%～15%）；Fe 与 Bi 适当地配合不仅能增加丙烯腈的收率，而且有降低乙腈生成量的作用；Ni 和 Co 的加入起抑制生成丙烯醛和乙醛的副反应的作用；K 的加入可改变催化剂表面的酸度，抑制深度氧化反应。根据实验结果，适宜的催化剂组成为：$Fe_3Co_{4.5}Ni_{2.5}Bi_1Mo_{12}P_{0.5}K_e$（$e=0\sim0.3$）。C-49 和 C-89 也为多组分催化剂。

（2）Sb 系催化剂　Sb 系催化剂在 20 世纪 60 年代中期用于工业生产，有 Sb-U-O、Sb-Sn-O 和 Sb-Fe-O 等。初期使用的 Sb-U-O 催化剂活性很好，丙烯转化率和丙烯腈收率都较高，但由于具有放射性，废催化剂处理困难，使用几年后已不采用。Sb-Fe-O 催化剂由日本化学公司开发成功，即牌号为 NB-733A 和 NB-733B 催化剂。据文献报道，催化剂中 Fe/Sb 比为 1∶1（mol），X 光衍射测试表明，催化剂的主体是 $FeSbO_4$，还有少量的 Sb_2O_4。工业运转结果表明，丙烯腈收率达 75%左右，副产乙腈生成量甚少，价格也比较便宜，添加 V、Mo、W 等可改善该催化剂的耐还原性。添加电负性大的元素，如 B、P、Te 等，可提高催化剂的选择性。为消除催化剂表面的 Sb_2O_4 不均匀的白晶粒，可添加镁、铝等元素。

锑系催化剂的活性组分是 Sb、Fe，锑铁催化剂中的 $\alpha\text{-}F_2O_3$ 是活性很高的氧化催化剂，但选择性很差。据研究，在纯氧化铁催化剂上丙烯氨氧化结果是丙烯腈的收率只有 2.5%，而 CO_2 的收率达 93%。纯氧化锑活性很低，但选择性良好，只有氧化铁和氧化锑的组合才表现出了优良的活性和选择性。锑系催化剂中 $Sb^{5+} \rightleftharpoons Sb^{3+}$ 循环是催化剂活性的关键。

表 8-6 列出了几种工业催化剂的反应活性数据。

表 8-6 几种工业催化剂的反应活性数据 单位：%

催化剂型号		C-41	C-49	C-89	NS-733B	MB-82	MB-86
单程收率	丙烯腈	72.5	75.0	75.1	75.1	76～78	81.4
	乙腈	1.6	2.0	2.1	0.5	4.6	2.58
	氢氰酸	6.5	5.9	7.5	6.0	6.2	5.96
	丙烯醛	1.3	1.3	1.2	0.4	0.1	0.19
	乙醛	2.0	2.0	1.1	0.6	0	
	二氧化碳	8.2	6.6	6.4	10.8	10.1	7.37
	一氧化碳	4.9	3.8	3.6	3.0	3.3	6.19
丙烯转化率		97.0	97.0	97.9	97.7	98.5	98.7
丙烯单耗		1.25	1.15	1.15	1.18	1.18	1.08

由表 8-6 可见，中国自行开发的 MB-82 和 MB-86 催化剂已达到国际先进水平。

丙烯氨氧化催化剂的活性组分本身机械强度不高，受到冲击、挤压就会碎裂。为增强催化剂的机械强度和合理使用催化剂活性组分，通常需使用载体。由于反应是强放热，特别是流化床反应器要求催化剂强度高，耐磨性能好，所以流化床催化剂采用耐磨性能特别好的粗孔微球形硅胶（直径约 55μm）为载体，活性组分和载体的比为 1∶1(质量比)，采用喷雾干燥成型。固定床反应器用催化剂，因传热情况远比流化床差，一般采用导热性能好、低比表面积、没有微孔结构的惰性物质，如刚玉、碳化硅和石英砂等作载体，用喷涂法或浸渍法制造。

二、工艺条件的确定

1. 反应温度

反应温度是丙烯氨氧化合成丙烯腈的重要参数，它不仅影响反应速率，也影响反应选择性。反应温度对丙烯的转化率、生成丙烯腈的选择性和催化剂的活性都有明显影响。在初期的 P-Mo-Bi-O 催化剂上的研究表明，丙烯氨氧化反应在 350℃就开始进行，但转化率甚低，随着反应温度的递增，丙烯转化率相应地增高。当温度低于 350℃时，几乎不生成丙烯腈。要获得丙烯腈的高收率，必须控制较高的反应温度。图 8-1 所示是丙烯在 P-Mo-Bi-O/SiO_2 催化剂上氨氧化反应温度对主、副反应产物收率的影响。由图 8-1 可以看出，随着反应温度的升高，丙烯腈收率增加，在 733K 左右出现最大值，而副产物在 690K 左右出现最大值，超过最适宜温度，丙烯腈收率和副产物乙腈及氢氰酸的收率都下降，表明在过高温度时连串副反应（主要是深度氧化反应）加剧。适宜的反应温度与催化剂的活性有关。因此，对初期的 P-Mo-Bi-O 系催化剂而言，最适宜的反应温度为 450～550℃，一般取 460～470℃，只有当催化剂长期使用而活性下降时，才提高到 480℃。生产中发现，反应温度达到 500℃时，有结焦、堵塞管路现象发生，而且因丙烯深度氧

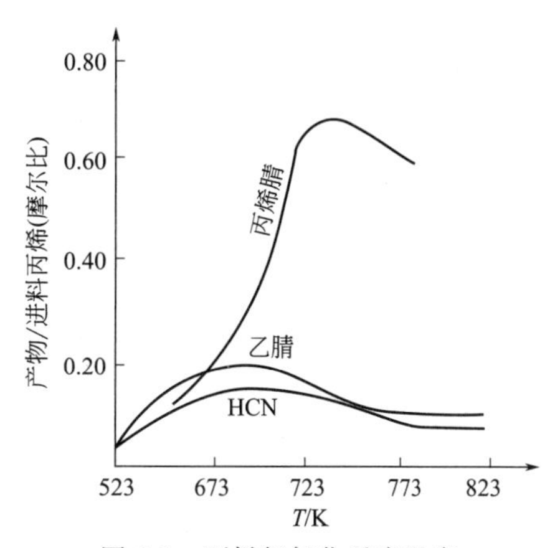

图 8-1 丙烯氨氧化反应温度对主、副反应产物收率的影响

C_3H_6∶NH_3∶O_2∶H_2O=1∶1∶1.8∶1

化，反应尾气中 CO 和 CO_2 的量也开始明显增加。因此，实际操作中应控制反应低于 500℃，若接近或超过 500℃，应当采取紧急措施（如喷水蒸气或水）降温。

应当指出，不同催化剂有不同的最佳操作温度范围。C-A 催化剂（P-Mo-Bi-O/SiO_2）活性较低，需在 730K 左右进行反应；而 C-41 催化剂（P-Mo-Bi-Fe-Co-Ni-K-O/SiO_2）活性较高，适宜温度为 710K 左右。当反应温度高于 743K 时，丙烯腈收率明显下降，高温也会使催化剂的稳定性下降。

2. 反应压力

丙烯氨氧化生产丙烯腈是体积增大的反应，从热力学观点看，降低压力可提高反应的平衡转化率。由生产原理可见，丙烯氨氧化的主、副反应化学反应平衡常数 K 的数值都很大，故可将这些反应看作不可逆反应。此时，反应压力的变化对反应的影响主要表现在动力学上。从动力学分析，反应压力的增加有利于加快反应速率，提高反应器的生产能力。反应压力对丙烯腈收率及副产物生成的影响见图 8-2 及图 8-3。

由图 8-2 及图 8-3 的实验结果可见：增加丙烯氨氧化反应压力，反应器的生产能力虽然增加了，而选择性却下降了，从而使丙烯腈的收率下降，故丙烯氨氧化反应不宜在加压下进行。因此，工业生产中一般不采用加压操作。反应器中的压力只是为了克服后续设备的阻力。对固定床反应器，反应进口气体压力为 0.078～0.088MPa(表)；对于流化床反应器，为 0.049～0.059MPa(表)。

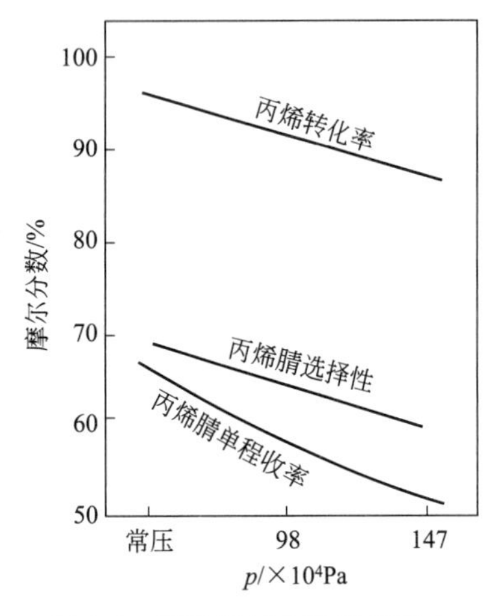

图 8-2 丙烯氨氧化法反应压力对丙烯腈收率的影响

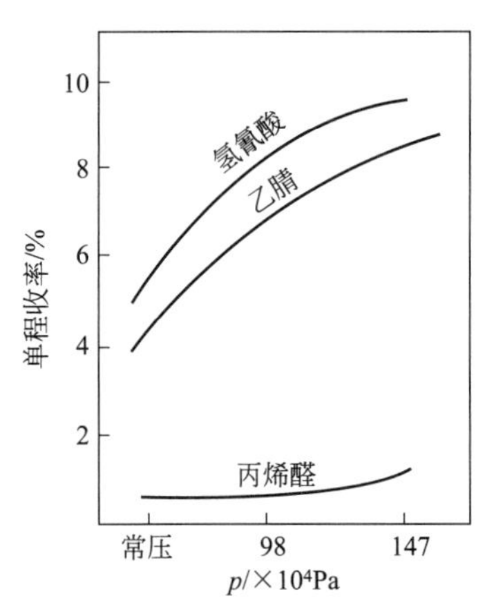

图 8-3 丙烯氨氧化法反应压力对副产物生成的影响

3. 接触时间和空速

丙烯氨氧化反应是气-固相催化反应，保证反应原料气在催化剂表面停留一定时间是很必要的，该时间与反应原料气在催化剂床层中的停留时间有关，停留时间愈长，原料气在催化剂表面停留的时间也愈长。因此，确定一个适宜的停留时间是很重要的。

接触时间与主、副反应产物单程收率以及丙烯转化率的关系见表 8-7。

由表 8-7 可见，对主反应而言，增加接触时间对提高丙烯腈单程收率是有利的。对副反应而言，增加接触时间除生成 CO_2 的副反应外，其余的收率均没有明显增长，即接触时间的变化对它们的影响不大。由此可知，适当增加接触时间对氨氧化生成丙烯腈的主反应是有利的，随着丙烯转化率的提高，丙烯腈的单程收率也会增加；但过分延长接触时间，丙烯深度氧化生成 CO_2 的量会明显增加，导致丙烯腈收率降低。同时，由于氧的过分消耗，容易使催化剂由氧化态转为还原态，降低了催化剂活性，并缩短催化剂使用寿命，这是因为长期缺氧，会使 $Mo^{5+} \rightarrow Mo^{4+}$，而 Mo^{4+} 转变为 Mo^{5+} 则相当困难，即使通氧再生催化剂，也难恢复到原有的活性。另外，接触时间的延长，降低了反应器的生产能力，对工业生产也是不利的。

表 8-7 接触时间对丙烯氨氧化反应的影响

接触时间/s	单程收率/%					丙烯转化率/%
	丙烯腈	氢氰酸	乙腈	丙烯醛	二氧化碳	
2.4	55.1	5.25	5.00	0.61	10.0	76.7
3.5	61.6	5.05	3.88	0.83	13.3	83.8
4.4	62.1	5.91	5.56	0.93	12.6	87.8
5.1	64.5	6.00	4.38	0.69	14.6	89.8
5.5	66.1	6.19	4.23	0.87	13.7	90.9

注：进料配比为丙烯∶氨∶氧∶水＝1∶1∶(2～2.2)∶3；反应温度为470℃；空塔线速为0.8m/s；催化剂为P-Mo-Bi-Ce。

适宜的接触时间还与催化剂的活性、选择性以及反应温度有关。对于活性高、选择性好的催化剂，接触时间应短一些，反之则应长一些；反应温度高时，接触时间应短一些，反之则应长一点。一般工业生产上选用的接触时间是：流化床为5～10s（以原料气通过催化剂层静止高度所需的时间表示），固定床为2～4s。

4. 进料配比

合理的原料配比，是保证丙烯腈合成反应稳定，副反应少，消耗定额低，以及操作安全的重要因素。因此，严格控制投入反应器的各物料流量十分重要。

（1）丙烯与氨的配比（氨比或氨烯比） 由化学反应方程式可知，理论所需氨与丙烯之比为1∶1，但实际生产中，反应一般都是在氨过量的情况下进行的。这是因为氨与丙烯的配比直接影响到丙烯腈的收率和氧化副产物及深度氧化副产物的生成量。图8-4和图8-5分别表示了在不同氨烯比条件下，丙烯醛出口浓度与接触时间的关系，以及深度氧化副产物二氧化碳与接触时间的关系。

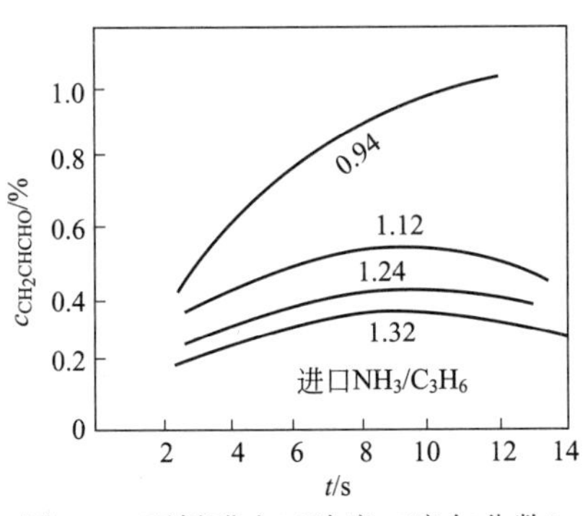

图8-4 丙烯醛出口浓度（摩尔分数）与接触时间的关系

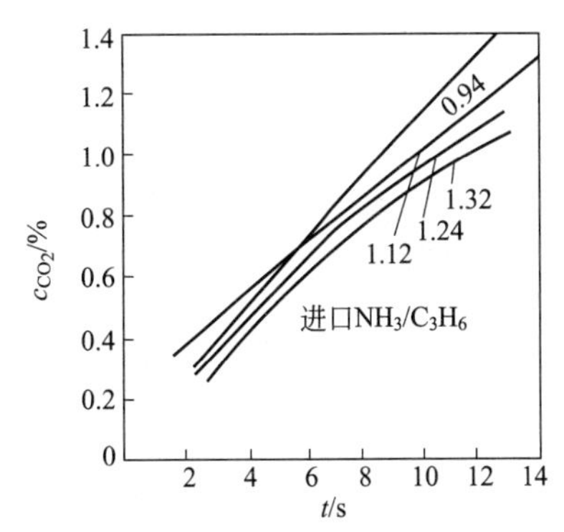

图8-5 深度氧化副产物浓度（摩尔分数）与接触时间的关系

由图可见，氨烯比小于1时，丙烯醛和深度氧化副产物生成量增加。随着氨烯比的提高，丙烯醛和深度氧化副产物的生成量就减少，尤其是丙烯醛的生成量减少得更快，这是因为氨的浓度高，抑制了吸附态丙烯和晶格氧之间的反应，减少了丙烯醛的生成；同时，当反应物料中有适量的氨存在时，丙烯醛也可以进一步氧化生成丙烯腈。另外，在较高氨烯比条件下，易氧化的丙烯醛含量下降，稳定性较高的含氮化合物生成，使深度氧化物减少。但过高的氨烯比将使氨耗上升，且会增加中和过量氨所需硫酸的消耗量。但在实际投料中发现，当氨烯比小于理论值1∶1时，有较多的副产物丙烯醛生成，氨的用量至少等于理论比。但用量过多也不经济，既增加了氨的消耗量，又增加了硫酸的消耗量，因为过量的氨要用硫酸去中和，所以又加重了氨中和塔的负担。因此，按照氨耗最小、丙烯腈收率最高、丙烯醛生成量最少的要求，丙烯与氨的摩尔比应控制在理论值或略大于理论值，即氨∶丙烯＝1.1～1.2。

丙烯和氨的配比除满足氨氧化反应外，还需考虑副反应（例如生成乙腈、丙腈及其他腈类等）的消耗及氨在催化剂上分解或氧化成 N_2、NO 和 NO_2 等的消耗。另外，过量氨的存在对抑制丙烯醛的生成有明显的效果。

(2) 丙烯与空气的配比（简称氧比） 丙烯氨氧化所需的氧气是由空气带入的，增加氧比（即增加空气用量）时，对丙烯转化率没有显著影响，但氧比过大，随空气带入的惰性气体较多，使混合气中的丙烯浓度降低，影响反应速率，从而降低了反应器的生产能力。且氧浓度过高，能促使反应物离开催化剂床层后，继续发生深度氧化反应，使反应选择性下降。

目前，工业上实际采用的丙烯与氧的摩尔比为（2～3）∶1（大于理论值1.5∶1），折合为空气对丙烯的摩尔比（9.5～12）∶1。采用大于理论值的氧比，主要是为了保护催化剂，不致因缺氧而引起催化剂失去活性。因为反应在缺氧条件下进行，催化剂就不能进行氧化还原循环，六价钼离子被还原成低价钼离子，催化剂活性下降。反应时若在短时间内因缺氧造成催化剂活性下降，可在540℃温度下通空气使其再生，恢复活性。但若催化剂长期在缺氧条件下操作，虽经再生，活性也不可能全部恢复。

丙烯和空气的配比，除满足氨氧化反应的需要外，还应考虑：副反应要消耗一些氧、保证催化剂活性组分处于氧化态。为此，要求反应后尾气中有剩余氧气存在，一般控制尾气中氧含量为0.1%～0.5%。但空气过多也会带来一些问题，如使丙烯浓度下降，影响反应速率，从而降低了反应器的生产能力；促使反应产物离开催化剂床层后，继续发生深度氧化反应，使选择性下降；使动力消耗增加；使反应器流出物中产物浓度下降，影响产物的回收。因此，空气用量应有一适宜值，在生产中应经常注意反应后气体中保持氧的体积分数为2%。

(3) 丙烯与水蒸气的配比（简称水比） 丙烯氨氧化的主反应并不需要水蒸气参加。但根据该反应的特点，在原料中加入一定量水蒸气有多种好处，能改善氨氧化反应的效率。首先，它作为一种稀释剂，可以调节进料组成，避开爆炸范围。这种作用在开车时更为重要，用水蒸气可以防止在达到稳定状态之前短暂出现的危险情况；水蒸气可加快催化剂的再氧化速度，有利于稳定催化剂的活性；有利于氨的吸附，防止氨的氧化分解；有利于丙烯腈从催化剂表面的脱附，减少丙烯腈深度氧化反应的发生；水蒸气有较大的热容，可将一部分反应热带走，避免或减少反应器过热现象的发生。但水蒸气的加入会促使P-Mo-Bi-O系催化剂中活性组分 MoO_3 和 Bi_2O_3 的升华，催化剂因 MoO_3 和 Bi_2O_3 的逐渐流失而造成永久性的活性下降，寿命大为缩短。

水蒸气的添加量与催化剂的种类有关，Mo系催化剂C-A、C-21等水蒸气加入量一般为

H_2O : C_3H_6 =(1～3) : 1。七组分催化剂活性高，对氨吸附强，催化剂中的 K 可调整表面酸度，防止深度氧化反应的发生。流化床用 P-Mo-Bi-O 系七组分催化剂因丙烯、氨和空气采取分别进料方式，可避免形成爆炸性混合物，保证安全生产，故不需添加水蒸气；在固定床反应器中，由于传热较差和为了避免原料气在预热后发生爆炸，就需添加水蒸气，其用量为水蒸气 : 丙烯＝ (3～5) : 1 (摩尔分数)。

5. 原料纯度

原料丙烯由石油烃热裂解气或石油催化裂化所得裂化气经分离得到，其纯度一般都很高，但仍有 C_2、C_3、C_4 等杂质存在，有时还可能存在微量硫化物。在这些杂质中，丙烷和其他烷烃（乙烷、丁烷等）对氨氧化反应没有影响，只是稀释了丙烯的浓度，但因含量甚少(1%～2%)，反应后又能及时排出系统，不会在系统中积累，因此对反应器的生产能力影响不大；乙烯没有丙烯活泼，一般情况下少量乙烯的存在对氨氧化反应无不利影响；丁烯及高碳烯烃化学性质比丙烯活泼，会对氨氧化反应带来不利影响，不仅消耗原料混合气中的氧和氨，而且生成的少量副产物混入丙烯腈中，给分离过程增加难度。例如：丁烯能氧化生成甲基乙烯酮（沸点 79～80℃）；异丁烯能氨氧化生成甲基丙烯腈（沸点 92～93℃）。这两种化合物的沸点与丙烯腈的沸点接近，给丙烯腈的精制带来困难，并使丙腈和 CO_2 等副产物增加。故要求丙烯原料中丁烯含量<1%。

硫化物的存在则会使催化剂活性下降，应预先脱除。一般要求原料中硫含量<0.005%。原料氨的纯度达到肥料级就能满足工业生产要求；原料空气一般需经过除尘、酸碱洗涤，除去空气中的固体粉尘、酸性和碱性杂质后就可在生产中使用。

任务四 生产工艺流程的组织

丙烯氨氧化生产丙烯腈的工艺过程可简单表示如下。

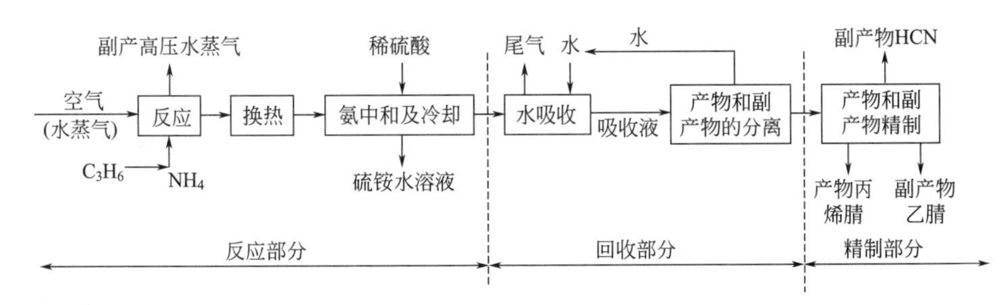

工艺流程主要分三个部分：反应部分、回收部分和精制部分。各生产装置的工艺流程所采用的反应器的型式各不相同，回收部分和精制部分流程也有较大差异，现对工业上采用较多的工艺流程组织分别讨论如下。

一、反应部分工艺流程的组织

1. 工艺流程的组织

丙烯氨氧化是一种强放热反应，反应温度又较高，工业上大多采用流化床反应器。其工艺流程如图 8-6 中 A 所示。

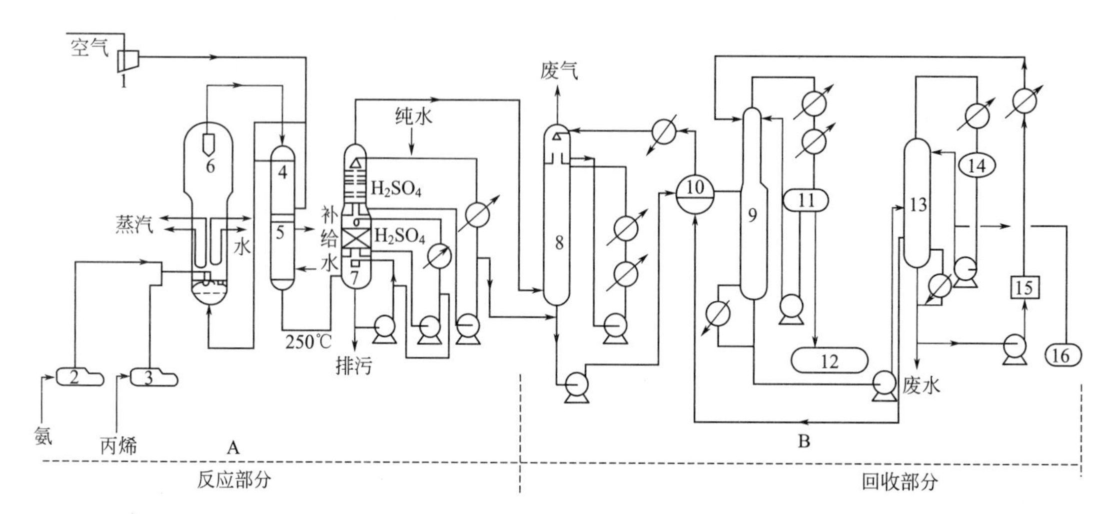

图 8-6 丙烯氨氧化制丙烯腈反应和回收部分的工艺流程

1—空气压缩机；2—氨蒸发器；3—丙烯蒸发器；4—空气预热器；5—冷却管补给水加热器；6—反应器；7—急冷器；8—水吸收塔；9—萃取塔；10—热交换器；11—回流沉降槽；12—粗丙烯腈中间贮槽；13—乙腈解吸塔；14—回流罐；15—过滤器；16—粗乙腈中间贮槽

原料空气经过滤器除去灰尘和杂质后，用空气压缩机 1 加压，在空气预热器 4 与反应器出口物料进行热交换，预热到 573K 左右，然后从流化床底部经空气分布板进入流化床反应器 6。丙烯和氨分别来自丙烯蒸发器 3 和氨蒸发器 2，先在管道中混合后，经分布管进入流化床。丙烯和氨混合气的分布管设置在空气分布板上部。空气、丙烯和氨均需控制一定的流量以达到工艺规定的配比要求。

三种原料在反应器中催化剂作用下进行氧化反应。反应气经过反应器内旋风分离器捕集反应气夹带的催化剂粉末，之后进入空气预热器 4 和冷却管补给水加热器 5，降温至 423K 左右（不能太低，太低易发生聚合副反应），再进入急冷器 7。

为保证流化床反应温度稳定，在流化床反应器内设置一定数量的 U 形冷却管，通入高压热水，利用水的汽化来移走反应热。反应温度的控制，除使用冷却管的管数来调节外，原料空气预热温度的控制也很重要。反应放出的热量一小部分为反应物料带出，经与原料空气换热和冷却管补给水换热得到回收利用；大部分是由反应床中冷却管导出，产生高压过热水蒸气（2.8MPa 左右），作为透平压缩机的动力。高压过热水蒸气经透平压缩机利用其能量后，变为低压水蒸气（0.35MPa 左右），可作为回收和精制部分的热源。

从反应器出来的反应气体的组成，因所用催化剂不同及反应条件不同而有差异。表 8-8 所列是反应结果实例。

表 8-8 丙烯氨氧化反应结果举例

项目	反应产物和副产物							未反应物质		惰性物质		
	丙烯腈	乙腈	HCN	丙烯醛	CO_2	CO	H_2O	C_3H_6	NH_3	O_2	N_2	C_3H_8
收率/%	73.1	1.8	7.2	1.9	8.4	5.2						
组成(摩尔分数)/%	5.85	0.22	1.73	0.15	2.01	1.25	24.90	0.19	0.20	1.10	61.8	0.6

注：反应温度为 713K，接触时间为 7s，C_3H_6：空气：NH_3=1：9.8：1（摩尔分数），空速为 0.5m/s。

从表 8-8 中数据可以看出，在反应器出口的反应气体中，尚有少量未反应的氨，这些氨必须先除去。因为氨为碱性物质，在碱性介质中会发生一系列不希望发生的反应：HCN 的聚合，丙烯醛的聚合，HCN 与丙烯醛加成为丁二腈，以及 NH_3 与丙烯腈反应生成 $H_2NCH_2CH_2CN$、$NH(CH_2CH_2CN)_2$ 和 $N(CH_2CH_2CN)_3$ 等。生成的聚合物会堵塞管道，而各种加成反应会导致产物丙烯腈和副产物 HCN 的损失，使回收率降低。

除去氨的方法有多种，现在工业上均采用硫酸中和法，硫酸质量浓度为 1.5%左右。中和过程也是反应物料的冷却过程，故氨中和塔也称急冷塔。反应物料经急冷塔除去未反应的氨并冷却到 313K 左右后，进入回收系统。

2. 反应器的选用

（1）固定床反应器　丙烯腈合成固定床反应器属内部循环列管式固定床反应器，结构示意见图 8-7。使用的载热体是由 KNO_3、Na_2NO_2 和少量 Na_2NO_3 组成的熔盐。用旋桨式搅拌器强制熔盐循环，使反应器上部和下部熔盐的温差仅为 4℃，并使熔盐吸收的热量及时传递给水冷换热构件，此构件可通入饱和蒸汽，加热后产生副产高温过热蒸汽，用作工艺用热能能源。催化剂装在列管内，管内径为 25mm，长度为 2.5～5m。一台反应器往往有多达 1 万根以上的管子。原料气体由列管上部进入，为了缓和进口段的反应速率，不使催化剂因遇上高浓度原料气反应过猛，造成催化剂上层局部区域温度过高，在反应管上部充填一段活性差的催化剂或在催化剂中掺入一些惰性物质以稀释催化剂。为增大列管内气体流速，强化传热效率，近年来倾向于采用较大管径（直径为 38～42mm）的管子，同时相应增加管子的长度，以弥补因增大管径造成的换热面积的不足。进料气体采用自上而下的走向可以避免催化剂床层因气速变化而受到的冲击，破碎的催化剂也不易被气流带走。催化剂一般制成直径 3～4mm、长 3～6mm 的圆柱体，或压成片状。催化剂载体为没有微孔结构的导热性能优良的惰性物质，如刚玉、碳化硅和石英砂等。

固定床反应器中流体流动属活塞流，转化率比较高，催化剂固定不动，不易磨损，可在高温和高压下操作，但对丙烯氨氧化反应而言，催化剂需在适宜的温度范围内才能获得最佳的催化效果，这一点列管式固定床反应器很难办到；由于不能充分发挥各部分催化剂的作用，反应器的生产能力也比较低。此外，诸如催化剂装卸更换困难，反应器体积庞大，又需用熔盐作热载体，不但增加了辅助设备，熔盐还对碳钢设备有一定的腐蚀作用等，也是固定床反应器的不足之处。因此，世界上丙烯腈合成反应器采用固定床反应器的并不多。

（2）流化床反应器　丙烯氨氧化的反应装置多采用 Sohio 流化床反应器，其结构如图 8-8 所示。流化床反应器按其外形和作用分为三个部分，即床底段、反应段和扩大段。

床底段为反应器的下部，许多流化床的底部呈锥形，故又称锥形体，此部分有气体进料管、防爆孔、催化剂放出管和气体分布板等部件。床底段主要起原料气预分配的作用，气体分布板除使气体均匀分布外，还承载催化剂的堆积。

反应段是反应器中间的圆筒部分，其作用是为化学反应提供足够的反应空间，使化学反应进行完全。催化剂受气体的吹动而呈流化状，主要集中在这一部分，催化剂粒子的聚集密度最大，故又称浓相段。为排出反应放出的热量，在浓相段设置一定数量的垂直 U 形管，管中通入高压软水，利用水的汽化带出反应热，产生的蒸汽可作能源。

扩大段是指反应器上部比反应段直径稍大的部分，其中安装了串联成二级或三级的旋风分离器，它的主要作用是回收气体离开反应段时带出的一部分催化剂。在扩大段中催化剂的聚集密度较小，故也称为稀相段。

流化床中的气体分布板有三个作用：①支承床层上的催化剂；②使气体均匀分布在床层的整个截面上，创造良好的流化条件；③导向作用。气流通过分布板后，造成一定的流动曲线轨迹，加强了气-固系统的混合与搅动，可抑制气-固系统“聚式”流化的原生不稳定性的恶性引发，有利于保持床层良好的起始流化条件和床层的稳定操作。生产实践证明，对自由床或浅床，如果气流分布板设计不合理，对流化反应器的稳定操作影响甚大。

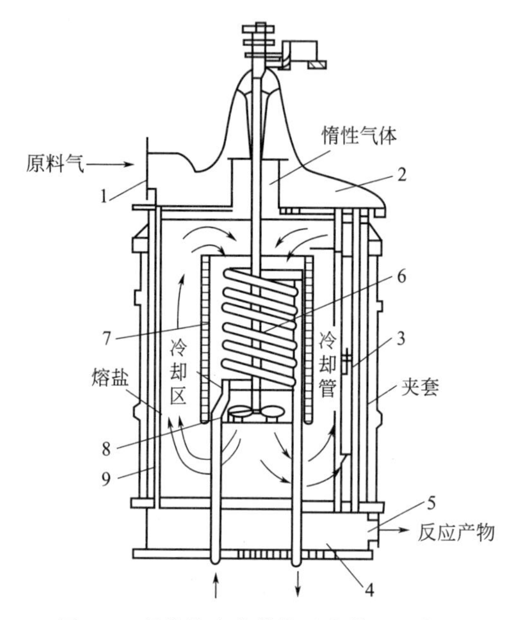

图 8-7 以熔盐为载热体反应装置示意图

1—原料气进口；2—上头盖；3—催化剂列管；4—下头盖；5—反应气出口；6—热载体冷却器；7—防爆片；8—搅拌器；9—笼式冷却器

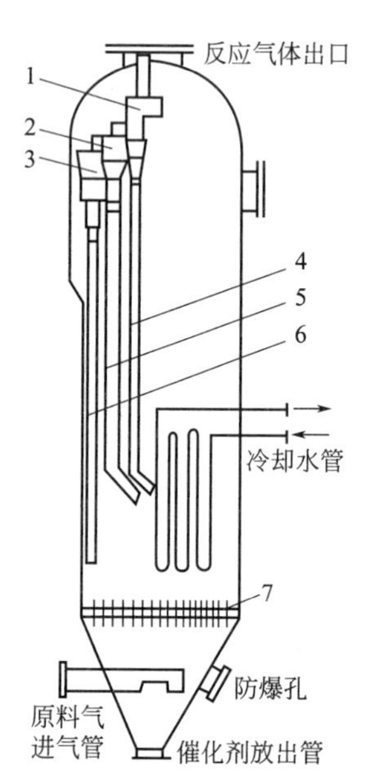

图 8-8 丙烯氨氧化流化床反应器结构图

1—第一级旋风分离器；2—第二级旋风分离器；3—第三级旋风分离器；4—三级料腿；5—二级料腿；6—一级料腿；7—气体分布板

丙烯-氨混合气体分配管与空气分布板之间有适当的距离，形成一个催化剂的再生区，可使催化剂处于高活性的氧化状态。丙烯和氨气与空气分别进料，可使原料混合气的配比不受爆炸极限的限制，比较安全，因而不需要用水蒸气作稀释剂，对保持催化剂活性和延长催化剂寿命，以及对后处理过程减少含氰污水的排放量都有好处。

U 形垂直管组不仅移走了反应热，维持适宜的反应温度，而且还起到破碎流化床内气泡，改善流化质量的作用。

在流化床反应器扩大段设置的旋风分离器，一级旋风分离器回收的催化剂颗粒较大，数量较多，沿下料管通到催化剂层底部，下料管末端有堵头。二级和三级旋风分离器的下料管通到催化剂层的上部（二级稍下一点），在下料管末端设置翼阀，以防止气体倒吹。当下料管内催化剂积蓄到一定数量，其重量超出翼阀外部施加的压力时，翼阀便自动开启，让催化剂排出。为了防止下料管被催化剂堵塞，在各下料管上、中、下段，需测量料位高度，并向下料管中通入少量空气以松动催化剂。由于反应后的气体中含氧量很少，催化剂从扩大段进入旋风分离器最后流回反应器的过程中，容易造成催化剂被还原而降低活性，因此，在下料管中通入空气也起到再生催化剂、恢复其活性的作用。

二、回收部分工艺流程的组织

回收部分的工艺流程如图 8-6 中 B 所示。这部分流程主要由三个塔组成：吸收塔、萃取塔和乙腈解吸塔。由急冷塔出来的反应气体进入水吸收塔 8，利用反应器中丙烯腈、氢氰酸和乙腈等产物与其他气体在水中溶解度相差较大的特性，用水作为吸收剂的吸收方法，使产物和副产物与其他气体分离。反应气由塔釜进入，冷却至 278～283K 的水由塔上部加入，使它们逆流接触，以提高吸收率。产物丙烯腈，副产物乙腈、氢氰酸、丙烯醛及丙酮等溶于水中，其他气体自塔顶排出。所排出的气体中要求丙烯腈和氢氰酸的含量均 $<20mL/m^3$，吸收塔排出的吸收液要求不呈碱性。

丙烯腈生产设备——急冷塔

从吸收塔塔釜排出的吸收液含丙烯腈质量分数为 4%～5%，含其他有机副产物质量分数为 1%左右。由于从吸收液中回收产物和副产物的顺序和方法不同，流程的组织也不同。基本上有两种流程：一种是将产物和副产物全部解析出来，然后分别进行精制；另一种流程是先将产物丙烯腈和副产物氢氰酸解析出来（称为部分解析法），然后分别进行精制。后一种流程，获得产品丙烯腈的过程较简单，工业生产中大多采用此流程，图 8-9 所示即为这种流程。

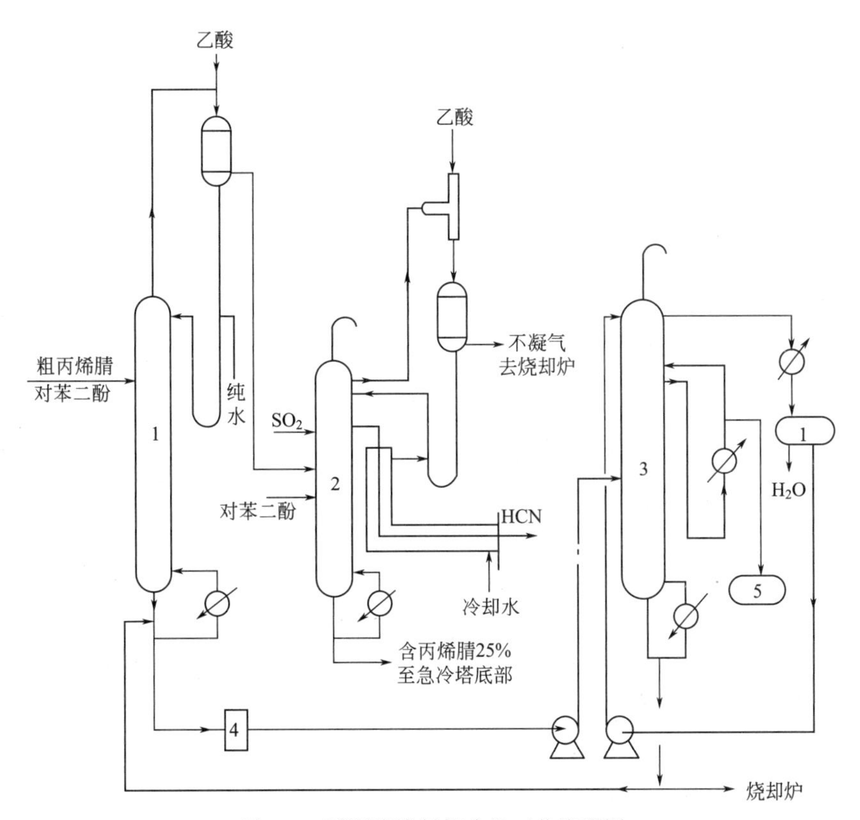

图 8-9　丙烯腈精制部分的工艺流程图

1—脱氢氰酸塔；2—氢氰酸精馏塔；3—丙烯腈精制塔；4—过滤器；5—成品丙烯腈贮槽

该流程首先要解决丙烯腈和乙腈的分离问题，它们的分离完全程度不仅影响产品质量，而且也影响回收率。丙烯腈和乙腈的相对挥发度很接近（沸点仅差 4K），难以用一般精馏方法分离。工业上是采用萃取精馏法，以水作萃取剂，以增大它们的相对挥发度。萃取水的用量为进料中丙烯腈含量的8～10倍，在萃取塔9中，塔顶蒸出的是氢氰酸和丙烯与水的共沸物，乙腈残留在塔釜。副产物丙烯醛、丙酮等羰基化合物虽沸点较低，但由于它们能与氢氰酸发生加成反应生成氰醇，而氰醇沸点较高，故它们主要以氰醇形式留在塔釜，只有少量被蒸出。

由于丙烯腈与水是部分互溶，塔顶蒸出的共沸物经冷凝后，分为水相和油相，水相回流至萃取塔，油相是粗丙烯腈，进入中间贮槽12作为精制工序的原料。

萃取精馏塔塔釜排出液中，乙腈含量仅1%左右或更低，并含有少量氢氰酸和氰醇，其中大量是水，送乙腈解吸塔13，以回收副产品乙腈和符合质量要求的水，水循环回水吸收塔和萃取精馏塔作为吸收剂和萃取剂用，形成闭路循环。自乙腈解吸塔排出的少量含氰废水送污水处理装置。

三、精制部分工艺流程的组织

回收部分所得到的粗丙烯腈需进一步分离精制，以获得聚合级产品丙烯腈和所需纯度的氢氰酸。精制部分工艺流程如图8-9所示。该流程也是由三个塔组成的，即脱氢氰酸塔、氢氰酸精馏塔和丙烯腈精制塔。

从粗丙烯腈中间贮槽来的粗丙烯腈含丙烯腈＞80%（质量分数），氢氰酸10%左右，水约8%，并含有微量丙烯醛、丙酮和氰醇等，由于它们的沸点相差较大，可用普通精馏方法精制。

粗丙烯腈进入脱氢氰酸塔1，塔顶蒸出氢氰酸，塔釜液进入丙烯腈精制塔3。丙烯腈精制塔塔顶蒸出的是丙烯腈和水的共沸物，并含有微量丙烯醛、氢氰酸等杂质，经冷却、冷凝和分层后，油层丙烯腈仍回流入塔，水层分出；塔釜液为含有少量丙烯腈的高沸物水溶液；聚合级成品丙烯腈从塔上部（第35块塔板）气相出料，冷凝后部分回流入塔，大部分入成品贮槽。其纯度（质量分数）为：

丙烯腈$>99.5\%$　水分$<0.5\%$　丙酮$<100\times10^{-6}$

乙腈$<300\times10^{-6}$　丙烯醛$<15\times10^{-6}$　氢氰酸$<5\times10^{-6}$

为了防止丙烯腈聚合和氰醇分解，该塔是在减压下操作。

丙烯腈生产相关资料

自脱氢氰酸塔中蒸出的氢氰酸，再经氢氰酸精馏塔2精馏，脱去其中的不凝气体和分离掉高沸点物丙烯腈等，得到纯度为99.5%的氢氰酸。

精制部分所处理的物料丙烯腈、氢氰酸、丙烯醛等都容易发生自聚，聚合物会使塔板和塔釜发生堵塞现象，影响正常生产。故处理这些物料时必须加入少量阻聚剂。由于发生聚合的机理不同，所用阻聚剂的类型也不同。氢氰酸在碱性介质中易聚合，需加酸性阻聚剂，由于它在气相和液相中都能聚合，所以均需加阻聚剂。一般气相阻聚剂用二氧化硫，液相阻聚剂用乙酸等，氢氰酸贮槽可加入少量磷酸作稳定剂。丙烯腈的阻聚剂可用对苯二酚或其他酚类。有少量水存在对丙烯腈也有阻聚作用。

氢氰酸是剧毒物质，丙烯腈的毒性也很大，在生产过程中必须做好安全防护。

四、典型的Sohio生产丙烯腈工艺流程

图 8-10 为丙烯氨氧化法合成丙烯腈的工艺流程图。

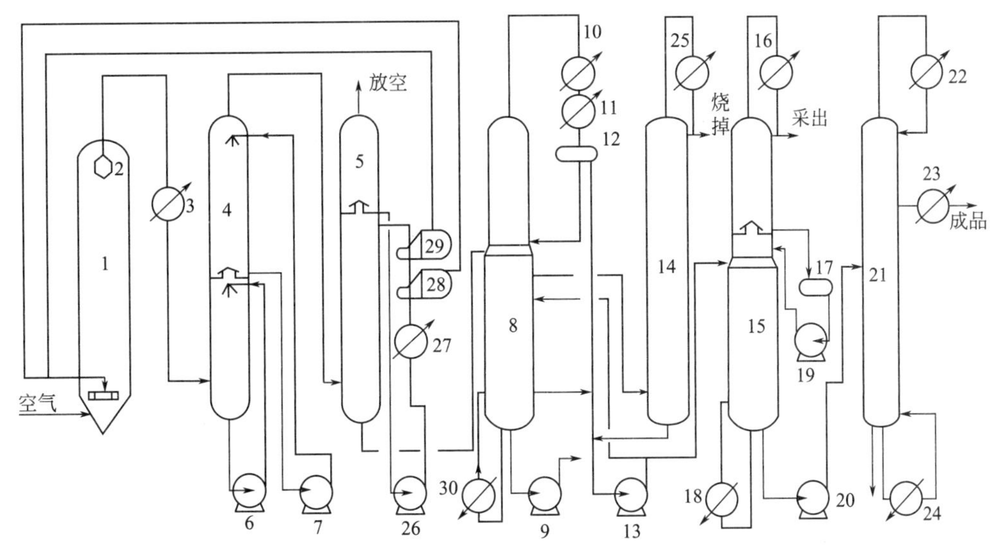

图 8-10 丙烯氨氧化法合成丙烯腈工艺流程图

1—反应器；2—旋风分离器；3,10,11,16,22,25—塔顶气体冷凝器；4—急冷塔；5—水吸收塔；6—急冷塔釜液泵；7—急冷塔上部循环泵；8—回收塔；9,20—塔釜液泵；12,17—分层器；13,19—油层抽出泵；14—乙腈塔；15—脱氰塔；18,24,30—塔底再沸器；21—成品塔；23—成品塔侧线抽出冷却器；26—吸收塔侧线采出泵；27—吸收塔侧线冷却器；28—氨蒸发器；29—丙烯蒸发器

原料丙烯经蒸发器 29 蒸发，氨经蒸发器 28 蒸发后，进行过热、混合，从流化床底部经气体分布板进入反应器 1，原料空气经过滤由空压机送入反应器 1 锥底，原料在催化剂作用下，在流化床反应器中进行氨氧化反应。反应尾气经过旋风分离器 2 捕集生成气夹带的催化剂颗粒，然后进入塔顶气体冷凝器 3 用水冷却，再进入急冷塔 4。氨氧化反应放出大量的热，为了保持床层温度稳定，反应器中设置了一定数量的 U 形冷却管，通入高压热水，借水的汽化潜热移走反应热。

经反应后的气体进入急冷塔 4，通过高密度喷淋的循环水将气体冷却降温。反应器流出物料中尚有少量未反应的氨，这些氨必须除去。因为在氨存在下，碱性介质中会发生一些不希望发生的反应，如氢氰酸的聚合、丙烯醛的聚合、氢氰酸与丙烯醛加成为氰醇、氢氰酸与丙烯腈加成为丁二腈，以及氨与丙烯腈反应生成氨基丙腈等。生成的聚合物会堵塞管道，而各种加成反应会导致产物丙烯腈和副产物氢氰酸的损失。因此，冷却的同时需向塔中加入硫酸以中和未反应的氨。工业上采用硫酸浓度为 1.5%（质量分数）左右，中和过程也是反应物料的冷却过程，故急冷塔也叫氨中和塔。反应物料经急冷塔除去未反应的氨并冷至 40℃左右后，进入水吸收塔 5，利用合成气体中的丙烯腈、氢氰酸和乙腈等产物，与其他气体在水中溶解度相差很大的原理，用水作吸收剂回收合成产物。通常合成气体由塔釜进入，水由塔顶加入，使它们进行逆流接触，以提高吸收效率。吸收产物后的吸收液应不呈碱性，含有氰化物和其他有机物的吸收液由吸收塔釜泵送至回收塔 8。其他气体自塔顶排出，所排出的气体中要求丙烯腈和氢氰酸含量均小于 2×10^{-5}。

丙烯腈的水溶液含有多种副产物，其中包括少量的乙腈、氢氰酸和微量丙烯醛、丙腈

等。在众多杂质中，乙腈和丙烯腈的分离最困难。因为乙腈和丙烯腈沸点仅相差4℃，若采用一般的精馏法，据估算精馏塔要有150块以上的塔板，这样高的塔设备不宜用于工业生产中。目前在工业生产中，一般采用共沸精馏。在塔顶得丙烯腈与水的共沸物，塔底则为乙腈和大量的水。

利用回收塔8对吸收液中的丙烯腈和乙腈进行分离，由回收塔侧线气相抽出的含乙腈和水蒸气的混合物送至乙腈塔14，以回收副产品乙腈；乙腈塔顶蒸出的乙腈水混合蒸气经冷凝、冷却后送至乙腈回收系统回收或者烧掉。乙腈塔釜液经提纯可得含少量有机物的水，这部分水再返回到回收塔8中作补充水用。从回收塔顶蒸出的丙烯腈、氢氰酸、水等混合物经冷凝、冷却进入分层器12中。依靠密度差将上述混合物分为油相和水相，水相中含有一部分丙烯腈、氢氰酸等物质，由泵送至脱氰塔15以脱除氢氰酸。回收塔釜含有少量重组分的水送至废水处理系统。

含有丙烯腈、氢氰酸、水等物质的物料进入脱氰塔15中，通过再沸器加热，使轻组分氢氰酸从塔顶蒸出，经冷凝、冷却后送去再加工。由脱氰塔侧线抽出的丙烯腈、水和少量氢氰酸混合物料在分层器17中分层，富水相送往急冷塔或回收塔回收氰化物，富丙烯腈相再由泵送回本塔进一步脱水，塔釜纯度较高的丙烯腈料液由泵送到成品塔21。

由成品塔顶蒸出的蒸汽经冷凝后进入塔顶作回流，由成品塔釜抽出的含有重组分的丙烯腈料液送入急冷塔中回收丙烯腈，由成品塔侧线液相抽出成品丙烯腈经冷却后送往成品中间罐。

任务五　正常生产操作

一、丙烯腈生产安全规则

1. 一般规则

① 禁止任何人将任何火种带入车间。

② 禁止班前饮酒。

③ 禁止不佩戴劳动防护品及穿钉鞋、凉鞋进入车间。

④ 禁止迟到、早退、随便脱离生产岗位。

⑤ 禁止在高温设备、管道上烘烤及放置易燃物。

⑥ 禁止班上睡觉、打闹、阅读报刊书籍及做与操作无关的事；禁止破坏、撕毁生产记录及私自变更工艺条件。

⑦ 禁止无安全措施处理事故或高空作业。

2. 防火防盗原则

① 应设有灭火设备和器材，每个操作人员都会使用。

② 各岗位的灭火设备和器材各班组都要有专人管理，定期检查，认真交接。

③ 电气设备及照明灯具，应符合甲级防火要求。

④ 物料设备和管线都要有可靠的接地。

⑤ 禁止用铁器敲击设备、管线及阀门。

⑥ 物料贮槽的大气连通管，要设有阻火器，生产设备要有防火膜。

⑦ 易燃、易爆场所及设备管线，动用明火时需事先办理动火手续，采取安全措施，并经过气体分析（可爆气不大于0.2%）。

3. 防止中毒和化学烧伤规则

（1）消除“跑、冒、滴、漏”。

（2）有毒物质在空气中及废水中的浓度，均不得超过国家标准，否则为事故状态，须立即查清加以处理。

（3）生产人员处理事故时，必须佩戴适宜的防毒专具（氰化物浓度不大于2%，环境中氧含量不小于18%时可佩戴Ⅰ或Ⅱ号过滤式专具，否则要佩戴空气呼吸器），并且必须会正确使用放毒专具和熟知有关防毒知识，防毒专具要定期检查和更换。

（4）室外操作人员应站在有毒气体的上风侧。

（5）严禁在有毒环境中饮水和就餐，严禁将沾染毒物的护品带回宿舍、食堂、托儿所等场所。

（6）硫酸、烧碱等均系强腐蚀性介质，操作时必须佩戴劳动防护品。

（7）在车间的关键位置应设置安全淋浴器或冲洗设备。

（8）操作人员在HCN设备周围工作时，应随身携带HCN个人报警器，在检修HCN设备和管线时，应穿戴整体气体防护服。

（9）维修人员在进入设备内检修时，必须做到：

① 打开有关设备有关人孔，接管冲洗干净，并用压缩空气进行置换至合格；

② 戴长管专具，并在腰间系有安全救护绳；

③ 在设备外设有专人监护，并有规定的联络方法；

④ 使用低压安全照明行灯。

4. 设备卫生规则

① 各岗位所管设备要彻底消除跑、冒、滴、漏，保持清洁，班班擦洗。

② 机泵润滑良好，发生异常现象要及时处理。

③ 地面卫生要班班清洗。

二、化工投料前必须具备的安全条件

所有设备、管道、阀门、电气、仪表等必须经过严格的质量检查，确保设备、管件、材料制造安装质量符合设计要求。

设备、管线水压强度试验合格。

系统气密试验和泄漏量符合规范标准。

安全阀调试动作在三次以上，确定起跳灵敏，并要核对相应工艺系统的压力，试后应有安全部门的铅封。防爆膜、阻火器、呼吸阀、水封、分子封、真空破坏器等必须符合工艺要求，安装质量优良。

工艺各报警联锁系统调试合乎要求，并经静态调试三次以上，确定动作无误好用。

自控仪表经过调试灵敏好用，就地安装的仪表，应有最高、最低极限标志。

高压消防水泵房、消防水池、泡沫装置、消防通讯报警、可燃气体探测仪等，都应经过安全消防部门与生产单位共同进行实际试验，证明好用。要配备足够消灭初期火灾所需数量的灭火器材。

防雷、防静电设施和所有设备，管架的接地线要安装完善，测试合格。

电灯、信号灯、报话机等安全通信系统，均应符合设计要求。

通风、换气设备良好，达到设计的换气次数。

凡设计要求的防爆电气设备和照明灯具均应符合防爆标准，不经批准不得使用临时电线和灯具。

安全防护设施如走梯、护栏、安全罩要坚固齐全，现场洗眼器和淋浴器要保证四季畅通好用。

坑沟、阴井盖板齐全完整，楼板穿孔处要有盖板、地面平整无障碍、道路畅通无阻。

装置内清扫完毕，不准堆放杂物，尤其是易燃品，对日常使用的油品和化学药品要堆放在安全部门指定的地点。

生产指挥人员、操作人员经技术考核、安全考核合格方准任职上岗。

各种规章制度齐备，人人有章可循。

设备标志、管线流向标志齐全，厂区消火栓、地下电缆沟、交通禁令、安全警示等标志齐全醒目。

开车必备的工器具及劳保用品齐全，并符合防爆防火要求。

群众性安全、消防、救护组织健全，并经过训练，能够掌握灭火救护本领，都有明确的责任分工，做到平时有职责，急时能用上，临危不乱。

紧急救护器具齐全，包括防毒专具、空气呼吸器、安全带、担架、急救箱等，并且都会使用。

任务六　异常生产现象的判断和处理

丙烯腈生产装置所用原料和产品及副产物均为可燃气体或易燃液体，其中氢氰酸为Ⅰ级毒物，丙烯腈等为Ⅱ级毒物。该装置属石油、化工生产中安全卫生检查的重点。

一、氧化反应器

氧化反应器是本装置的主要生产设备，生产中参加反应的物料丙烯、氨、空气具有形成爆炸性混合物的基础条件，加之反应温度提供的热能源，因此具备燃烧、爆炸“三要素”。当工艺控制失调，参加反应气体比例达到爆炸范围，由催化剂床温即可引爆或引燃（床温450℃，丙烯自燃点410℃），此类事故在开、停工过程中更易发生。某丙烯腈装置在开工预热时，因系统的氮气置换不彻底，加热炉点火造成反应器内的可燃气体爆鸣。

丙烯氨氧化为强放热反应，保持器内正常热量平衡是安全稳定操作的关键，当遇到自动控制系统故障，如突然停电、停水、停气（仪表空气）或仪表局部失灵等，有发生飞温烧坏催化剂或设备的危险。在自动化程度不高和安全保护设施不够完善的固定床反应器的操作中，发生事故的可能性更大。如某厂固定床反应器，曾两次发生反应器列管腐蚀泄漏，造成丙烯、氨、空气进入热载体——熔盐（硝酸钾、亚硝酸钠的混合物）着火，引起熔盐分解爆炸事故。

二、精制工序机泵区

精制工序机泵区是转送丙烯腈、氢氰酸、乙腈和其他混合物料的集中区。泵区的静、动密封点甚多，是跑、冒、滴、漏等隐患的危险区域，特别是氢氰酸的沸点仅为26℃，常温下极易汽化，对作业人员威胁甚大。该装置中发生氢氰酸、丙烯腈中毒或因抢救知识不足、方法不当而发生的死亡事故已有多起。正确的操作维护和严格的防护以及安全监督是该区不容忽视的工作。

三、火炬和焚烧炉

火炬和焚烧炉是处理装置中排出的废气、废液、废渣的专用设施，一般不被重视。但是，它们的故障会造成整个装置的废料无处排放而被迫停车，还可构成爆炸、污染、中毒等严重事故。

四、安全处理方法

1. 氧化反应器

① 预热升温投料前，必须进行系统气密性试压，经氮气置换氧含量低于2%，否则不准点火升温和投料。

② 投料升温时，要检查投料程序是否正确，一定按照先投空气再投氨，待器内氧含量降至7%以下逐渐投入丙烯的顺序进行，防止丙烯过早进入反应器与过量氧气发生激烈燃烧而飞温，致使催化剂和设备被烧坏。

③ 生产过程中需经常对原料气的混合比例和催化剂床层温度进行检查。其中床层温度不能超过450℃，发现异常要及时查找原因和处理。要防止丙烯投料过量，造成飞温或投料比例失常，形成爆炸性混合气体。

④ 反应器的高压冷却水是平衡反应热量的重要手段，其供水压力是重要的工艺指标之一，必须经常检查。发现不正常现象时要迅速处理，防止烧坏水管（高压蒸汽锅炉）或由此而引起的其他事故。

2. 精制工艺

① 机泵区及塔系的静、动密封点是正常生产中应经常检查和严密监视的部位，发现泄漏和有不正常现象时，必须迅速采取措施处理，不准在泄漏和不正常的情况下继续生产，以防止中毒、污染环境及形成爆炸性混合物。

② 丙烯腈、氢氰酸等物料有自聚性质（国内某丙烯腈装置曾有自聚爆炸事故教训），要注意对回收塔、脱氢氰酸塔系统操作温度的检查和按规定添加阻聚剂，防止高温自聚而堵塞设备和管道。

③ 要经常注意检查急冷塔的硫酸铵母液浓度，发现超过正常值22%时，要及时调整处理，防止浓度过高硫酸铵结晶使系统堵塞。

④ 为防止接触剧毒物料时的中毒危险（泵区抢修中曾发生多次沾染剧毒物料，造成中毒和死亡事故），对机泵的抢修要严格进行安全措施的检查。其主要内容包括：关闭泵出入口及旁路阀，泵内物料排放至废液回收槽，通入清水冲洗泵内物料和用氮气吹扫，作业人员佩戴防护用具，监护人员和救护器材到位，拆机泵螺栓时要避开接口。上述措施未执行前，

禁止开始抢修作业。

⑤ 要定期对塔系统的避雷接地、易燃可燃高电阻率物料的设备管道静电接地、电气设备的外壳接地等安全保护设施进行检查，发现隐患和缺陷要及时消除和整改。

3. 火炬和焚烧炉

① 火炬常明线在生产投料前要检查是否已点燃及正常生产中有无熄火现象，发现熄火要立即查明原因并及时恢复正常状态。氢氰酸、氰化钠（或丙酮氰醇）装置突然故障时，要防止大量剧毒物料排空造成的环境污染、中毒、爆炸着火等事故。

② 要经常用工业电视对焚烧炉的燃烧情况进行检查和监视，防止因燃料油中带水或残液残渣中含水过多造成熄火和可能发生的复燃，防止炉膛爆鸣或爆炸。

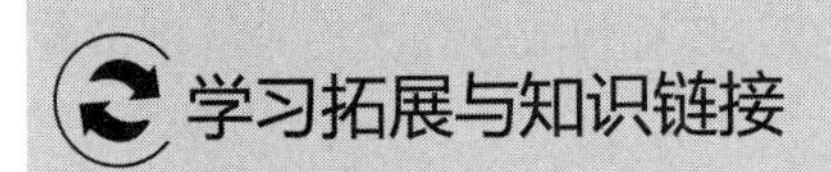

丙烯羰基合成常用工艺比较

丁辛醇的工业生产方法主要有乙醛缩合法、发酵法、齐格勒法和羰基合成法等，羰基合成法是当今最主要的丁辛醇工业生产技术，而低压羰基法由于其反应条件温和，备受生产企业的青睐。在丙烯羰基合成醛，再由醛制备相应醇的过程中，丙烯羰基合成工艺及催化剂的改进显得尤为重要。羰基合成工艺分为高压钴法、中压法（改进钴法、改良铑法）、低压法（低压铑法、改进铑法）等。其中低压铑法具有温度低、压力低、速度高、正异构比高、副反应少、铑催化剂用量少、寿命长、可回收再用以及设备少、投资省、丁/辛醇可切换生产等优点，已取代高压法成为丁辛醇合成技术的主流。

目前具有竞争力的羰基合成工艺有鲁尔-化学的中压技术以及伊士曼、三菱化成和戴维的低压技术。鲁尔-化学技术消耗最低，正异比最高，但其技术转让晚，目前世界上采用该技术的装置能力仅占世界羰基合成能力的 9%。伊士曼技术具有产品可依市场灵活调节的优点，但没有成套技术转让的经验。戴维技术在美国、瑞典、日本、波兰等欧亚及北美地区就有 13 套装置，目前世界上 90%以上的丁辛醇生产工艺采用该技术。

目前，丙烯羰基合成法的主流技术专利商如下。

低压法：巴斯夫（BASF）技术、伊士曼（Eastman）技术、戴维（Davy UCC Johnson Matthey）技术、三菱化成（MCC）技术、鲁尔工艺技术等。几种常用工艺的数据比较见表 8-9。

表 8-9 典型低压羰基合成法工艺条件比较

项目名称	UCC/DAVY 工艺	三菱化成工艺	鲁尔工艺	BASF 工艺
主要原料	丙烯、一氧化碳、氢气	丙烯、一氧化碳、氢气	丙烯、一氧化碳、氢气	丙烯、一氧化碳、氢气
催化剂	铑、三苯基膦	铑、三苯基膦	乙酸铑、三苯基膦三磺酸钠盐	铑、三苯基膦
溶剂	正异构丁醛	甲苯	水	正异构丁醛、高沸物
反应压力/MPa	1.6～1.8	≥1.7	5.0～7.0	约 2.0

续表

项目名称	UCC/DAVY 工艺	三菱化成工艺	鲁尔工艺	BASF 工艺
反应温度/℃	100～110	100～120	110～130	约 100
转化率/%	91～93	95		>99
正异构比例	10∶1	10∶1 可调 8∶1	19∶1	(9∶1)～(8∶1)
催化剂循环方式	蒸发分离 液相循环	蒸发分离 液相循环	水相循环	蒸发分离 液相循环
反应器形式	槽式带搅拌、2 台串联	槽式、塔式、串联	内装若干个降膜蒸发器的搅拌釜	塔式(1 台)

低压羰基合成法是丙烯、一氧化碳和氢气在 100～120℃、1.6～2.0MPa 条件下，有过量三苯基膦存在时，在羰基铑膦配合物的催化作用下生成丁醛。

1. 戴维（DAVY）羰基合成法

目前工业上普遍使用的 DAVY 羰基合成法是由 DAVY/DOW（原 Kvaerner/UCC）联合开发的第二代铑法低压羰基合成工艺——液相循环工艺。采用的催化剂是配位体三苯基膦的铑膦配合物，由于其稳定性好，沸点也较高，催化剂与反应产物一起离开反应器，通过闪蒸及蒸发将催化剂溶液分离出来，再循环回反应器，使得生产能力大大提高。

该合成工艺具有原料消耗低、产物正异构比较高、反应压力低、操作容易、物料对设备无腐蚀、流程短、设备较少、投资低等特点，是羰基合成最先进的技术之一。其工艺流程如图 8-11 所示。

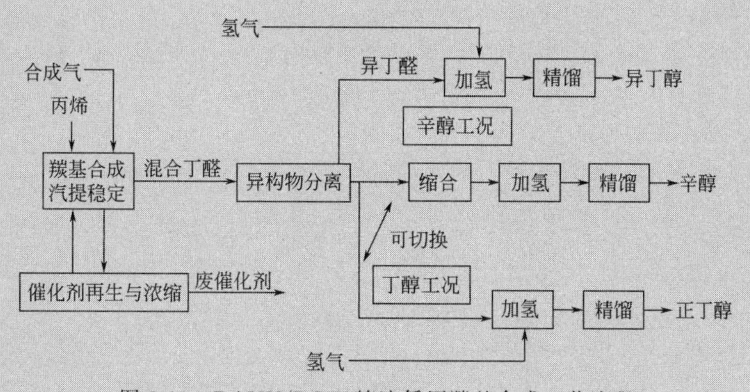

图 8-11　DAVY/DOW 铑法低压羰基合成工艺流程

2. 三菱化成羰基合成工艺

三菱化成合成法是由日本三菱化成公司开发的。采用的催化剂是铑配合物，催化剂在回收循环中，有少量废催化剂需抽出待处理，同时连续将新催化剂加入反应器，以补充所减少的量。

三菱化成开发的铑法低压羰基合成技术采用甲苯作铑催化剂的溶剂，具有黏度低、传热好、催化剂活性高、产品质量高、铑夹带损失小、催化剂活性下降慢及反应器生产效率高等特点。装置内部带有催化剂回收系统，采用结晶及离心过滤从废催化剂中回收三苯基膦和铑配合物。未能回收的废铑催化剂浓缩后定期送催化剂制造厂回收铑，制备新催化剂返回工厂再使用。

三菱工艺的特点是铑催化剂和三苯基膦不固定在反应器中，而是以适当浓度的溶液在蒸馏塔中与产物进行分离并循环使用，使催化剂部分的初装费用降到最低，并可以在(2～10)：1的范围内调节和选择产物的正异构比。该合成工艺的反应压力、温度低，产物正异构比较高，物料对设备无腐蚀。但流程长、设备多，总投资较高。工艺流程如图8-12所示。

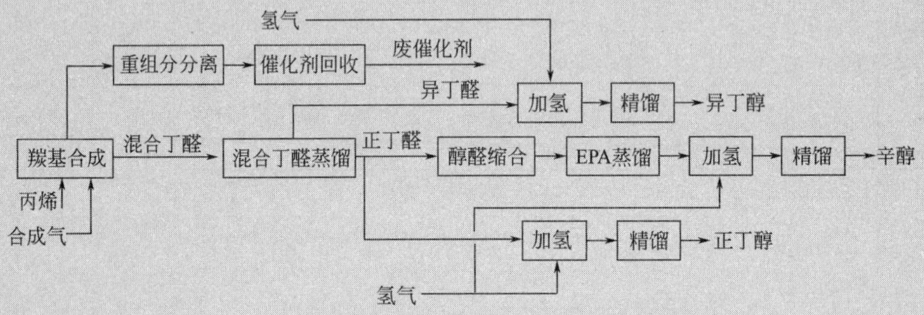

图 8-12 三菱化成铑法低压羰基合成工艺流程

2000年以后三菱化成申请了30余篇关于氢甲酰化工艺制备醛的专利。内容涉及氢甲酰化工艺，催化剂的制备、回收及贮存等方面。20世纪末，三菱化成大多采用铑-有机亚磷酸盐配合物作催化剂，21世纪初，开始采用铑-三价有机磷配合物作催化剂，在此基础上又开发出水溶性铑-三价有机磷配合物催化剂（日本专利JP2006281211）。

3. BASF公司羰基合成工艺

巴斯夫合成法是德国BASF公司开发设计的。BASF公司的低压羰基合成工艺采用铑的配合物为催化剂，催化剂采用液相循环工艺。BASF公司在1982年和1985年分别将西班牙和美国的两套高压法羰基合成装置改为低压法（1.5～2.0MPa），在德国新建1套低压法装置。该工艺采用铑配合物为催化剂，三苯基膦为配位体，产物丁醛的正异构比为(9～8)：1。采用液相循环工艺，每年抽出10%～15%催化剂送有关工厂再生，同时补充新鲜催化剂。它是羰基合成最先进的技术之一。该工艺流程如图8-13所示。

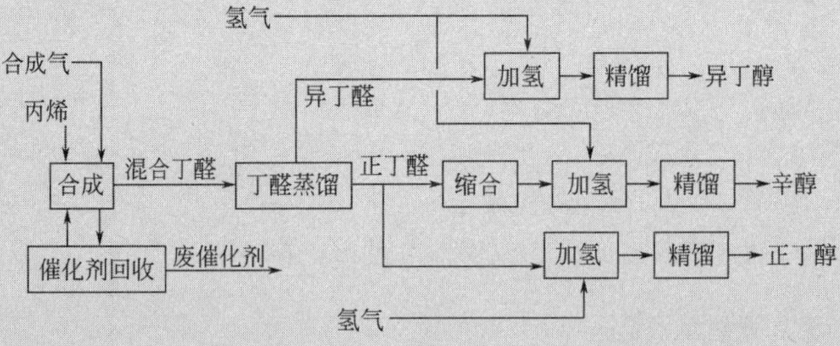

图 8-13 BASF的羰基合成工艺流程

BASF低压羰基合成工艺具有原料和公用工程消耗低，正异构比例较高且有变化弹性，反应压力低，采用1台鼓泡塔型反应器及液相加氢工艺后，使流程简单，操作方便，物料对设备无腐蚀，投资低等优点。近年来，BASF开发了以丁二烯为原料制辛醇的工艺，可利用低成本的丁二烯。近10年，BASF申请的羰基合成专利主要以高压铑法为主，包括2个碳原子以上的烃类化合物与CO和H_2在反应区里进行连续氢甲酰化反应。

4. 鲁尔公司羰基合成工艺

鲁尔公司等开发的多相反应新技术采用水溶性膦作配位体，这种配位体通过芳基膦磺化而得，即苯环上接磺酸基团，使催化剂能溶于水，从而将催化剂的分离简化为相分离。羰基化装置主要由1台带气体分离器的搅拌反应器、相分离器及1个汽提塔组成。预热的烯烃和合成气通入反应器，在催化剂水溶液中反应。催化剂水溶液经换热产生蒸汽后返回反应器。工艺流程如图8-14所示。

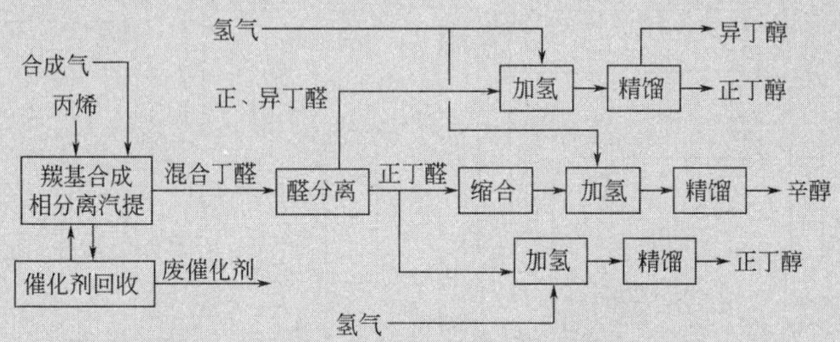

图8-14 Ruhr-Chemie/Rhone-Poulenc的羰基合成工艺流程

首次采用Ruhr-Chemie/Rhone-Poulenc正丁醛生产工艺的是1984年在Ruhr-Chemie公司投产的1套100kt/a装置。丙烯最高转化率可达99%，生成的粗醛中，正（异）丁醛各占95%、5%，有机相中铑的损耗可以忽略不计。

5. 伊士曼公司羰基合成工艺

伊士曼公司最早开发了以铑化合物为催化剂，三苯基膦为配位体的低压铑法，1952年就开始在得克萨斯州郎维生产。目前，郎维是世界上单一生产能力最大的羰基合成生产厂，年生产能力为725kt。2000年以后，伊士曼化工在羰基合成方面申请的专利以催化剂的改进为主。

练习与实训指导

1. 试比较工业上生产丙烯腈几种方法的优、缺点。

2. 在丙烯氨氧化法生产丙烯腈过程中，有哪些化学反应发生？

3. 工业上丙烯氨氧化反应的催化剂有哪些？载体是什么？

4. 在丙烯腈生产中，原料配比和反应温度对产品收率有什么影响？为什么在原料中加入水蒸气？

5. 丙烯氨氧化生产丙烯腈的工艺过程主要包括哪几个部分，简述其工艺流程。

6. 从原料的来源和价格，谈谈丙烷氨氧化制丙烯腈的前景。

7. 丙烷氨氧化的前景如何？

8. 图8-15为丙烯氨氧化制丙烯腈工艺流程，请回答下列题。

① 该工艺流程分为哪几部分？

② 空气经过怎样的预处理？

③ 空气、丙烯、氨应有怎样的配比？在工艺过程中要求的配比如何实现？

④ 7#设备为何装置，有何特点和作用？该装置操作中特别应控制什么？为什么？

⑤ 预处理后的空气为何不全部通过4#热交换器，而要设置旁路？

⑥ 9#设备的作用是什么？

⑦ 15＃设备为何塔？操作压力怎样？为何要如此操作？

⑧ 8＃设备为何设置二段？请指出图中有关该设备的错误。

⑨ 为防止产物、副产物发生聚合，都采取了哪些措施？

⑩ 此工艺流程采用固定床反应器可以吗？若行，应用什么作载热体？

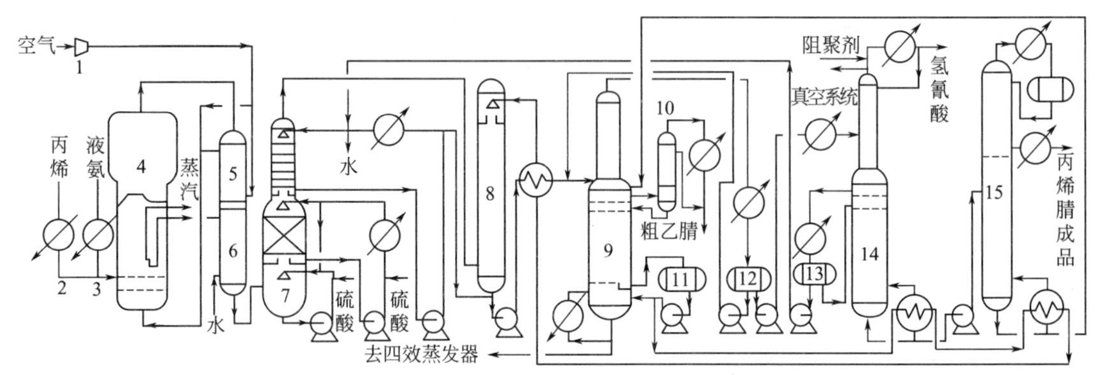

图 8-15　丙烯氨氧化生产丙烯腈工艺流程示意图

1—空气压缩机；2—丙烯蒸发器；3—氨蒸发器；4—反应器；5—热交换器；6—冷却管补给水加热器；7—氨中和塔；8—水吸收塔；9—萃取精馏塔；10—乙腈塔；11—贮罐；12,13—分层器；14—脱氰塔；15—丙烯腈精馏塔

项目考核与评价

一、填空题（20%）

1. 丙烯的主要来源有两个：一是__________；二是__________。

2. 我国丙烯消费最大的衍生物是__________；第二大衍生物是__________；我国丙烯的第三大消费衍生物是__________。

3. 丙烯氨氧化生产丙烯腈的原料有__________、__________和__________；产量最大的副产物是__________。

4. 工业上用于丙烯氨氧化反应的催化剂主要有两大类，一类是__________；另一类是__________。

5. 丙烯氨氧化的反应装置多采用流化床反应器，按其外形和作用分为三个部分，即__________、__________、__________。

6. 丙烯生产丙烯腈时，氨比小于理论值 1∶1 时，有较多的副产物__________生成，氨的用量应至少为__________。

7. 丙烯腈生产中常用的是磷钼酸铋、磷钨酸铋-硅胶催化剂，其中__________是主催化剂，__________是助催化剂。

8. 丙烯腈主要的工业生产方法是__________。

9. 丙烯氨氧化生产丙烯腈是__________的反应，从热力学观点看，__________可提高反应的平衡转化率。

10. 丙烯腈工艺流程主要分三个部分：__________、__________和__________。

二、选择题（20%）

1. 目前，工业上合成丙烯腈的主要方法是以（　　）为原料。

A. 环氧乙烷　　B. 乙醛　　C. 乙炔　　D. 丙烯

2. 丙烯氨氧化制丙烯腈是一（　　）反应，反应温度（　　），工业上大多采用流化床反应器。

A. 强放热，较高　　B. 微放热，较高　C. 微吸热，较低　　D. 强吸热，较低

3. 丙烯氨氧化制丙烯腈是强放热反应，反应温度较高，工业上大多采用（　　）反应器。

A. 固定床　　B. 流化床　　C. 移动床　　D. 裂管式

4. 丙烯腈装置以下设备中，不需进行抽真空试验的设备有（　　）。

A. 成品塔　　B. 回收塔　　C. 脱氢氰酸塔　　D. 催化剂储罐

5. 在影响反应丙烯转化率其他因素不变情况下，反应温度降低则丙烯转化率会（　　）。

A. 上升　　B. 下降　　C. 不变　　D. 波动

6. 造成反应丙烯转化率偏低的原因可能有（　　）等。

A. 反应温度低　　B. 丙烯纯度下降

C. 催化剂活性低　　D. 催化剂重时空速太高

7. 为防止气态氢氰酸的聚合，设计上应加入少量（　　）进行阻聚。

A. 乙酸　　B. 对苯二酚　　C. 对苯二酚甲基醚　D. 二氧化硫

8. 停车时脱氢氰酸塔冷凝器内物料通常应（　　）。

A. 送焚烧炉焚烧　　B. 送火炬焚烧

C. 经塔釜送至不合格丙烯腈槽　　D. 排至 PS 线

9. 乙腈塔停车处理时，其浓度较低乙腈应送往（　　）。

A. 污水槽　　B. 催化剂沉降槽

C. 废水/废有机物槽　　D. 回收塔进料

10. 反应器投料顺序极其重要，对于丙烯腈装置来说，应始终按（　　）投料顺序进行投料。

A. 空气、氨、丙烯　　B. 氨、丙烯、空气

C. 氨、空气、丙烯　　D. 空气、丙烯、氨

三、判断题（10%）

1. 丁辛醇也是丙烯的主要衍生物之一。（　　）

2. 丙烯腈毒性很小，但能灼伤皮肤，低浓度时刺激黏膜。（　　）

3. 纯丙烯腈在光的作用下就能自行聚合。（　　）

4. 丙烯氨氧化生成丙烯腈时，HCN 为最大副产物。（　　）

5. 温度是影响丙烯腈生产的因素，当温度低于 350℃时几乎不生成丙烯腈。（　　）

6. 工业上用于丙烯氨氧化反应的反应器常采用固定床反应器。（　　）

7. 丙烯氨氧化反应是气固相催化反应，反应是在催化剂的表面进行的。（　　）

8. 丙烯生产丙烯腈是体积缩小的反应，提高压力可增大反应的平衡转化率。（　　）

9. 丙烯腈蒸气能与空气形成爆炸性混合物，爆炸极限浓度为 3.05%～17.0%（体积分数）。（　　）

10. 丙烯腈的生产方法是丙烷氧化法。（　　）

四、简答题（30%）

1. 比较工业上曾经采用过的生产丙烯腈的几种方法。

2.写出丙烯氨氧化生产丙烯腈反应过程中的主副反应方程式，并分析其特点。

3.试分析和确定丙烯氨氧化生产丙烯腈的原料配比。

4.试分析如何选择丙烯氨氧化生产丙烯腈操作温度。

5.丙烯氨氧化生产丙烯腈时加入水蒸气有何优缺点？

五、生产工艺流程题（10%）

图8-16为丙烯氨氧化制丙烯腈工艺流程，请回答下列问题。

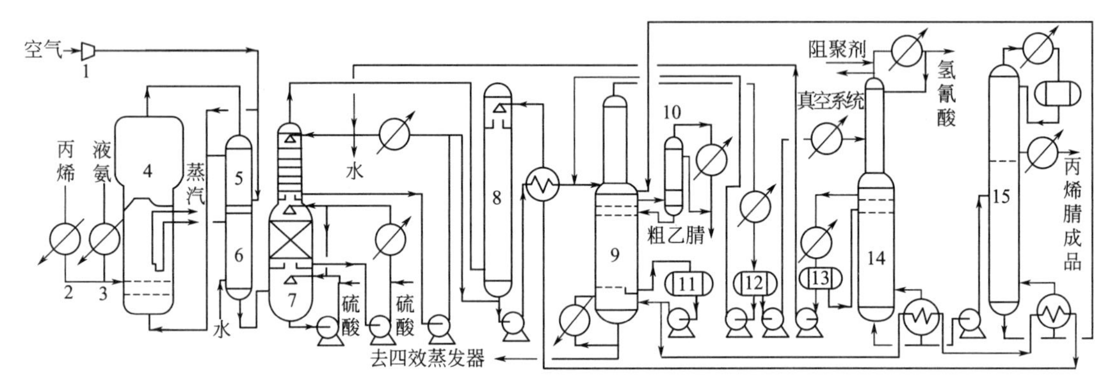

图8-16 丙烯氨氧化生产丙烯腈工艺流程示意图

1—空气压缩机；2—丙烯蒸发器；3—氨蒸发器；4—反应器；5—热交换器；6—冷却管补给水加热器；7—氨中和塔；8—水吸收塔；9—萃取精馏塔；10—乙腈塔；11—贮罐；12，13—分层器；14—脱氰塔；15—丙烯腈精馏塔

（1）该工艺流程分为哪几部分？

（2）空气经过怎样的预处理？

（3）空气、丙烯、氨应有怎样的配比？在工艺过程中要求的配比如何实现？

（4）7＃设备为何装置，有何特点和作用？该装置操作中特别应控制什么？为什么？

（5）预处理后的空气为何不全部通过4＃热交换器，而要设置旁路？

（6）9＃设备的作用是什么？

（7）15＃设备为何塔？操作压力怎样？为何要如此操作？

（8）8＃设备为何设置二段？请指出图中有关该设备的错误。

（9）为防止产物、副产物发生聚合，都采取了哪些措施？

（10）此工艺流程采用固定床反应器可以吗？若行，应用什么作载热体？

六、综合题（10%）

1.画出丙烯氨氧化生产丙烯腈工艺流程示意图，并简述主要组成部分。

2.画出丙烯氨氧化生产丙烯腈的流化床反应器结构示意图。

项目九

丁二烯的生产

教学目标

知识目标：1. 了解丁二烯的性质和用途。
2. 掌握碳四抽提生产丁二烯的原理。
3. 掌握萃取剂乙腈的特点。
4. 掌握乙腈法抽提生产丁二烯的工艺流程组织。
5. 熟悉开车、停车过程以及异常事故的处理方法。

能力目标：1. 能查阅资料获取丁二烯及其生产的相关信息。
2. 能结合丁二烯生产原理分析生产条件对操作的影响。
3. 能识读和画出乙腈法抽提生产丁二烯的流程图。
4. 能结合生产实际初步掌握开车、停车的基本过程。
5. 能结合生产实际初步掌握装置常见异常事故及处理方法。

素质目标：1. 培养安全生产意识和经济意识，逐渐树立责任感。
2. 培养分析问题、解决问题的能力，逐渐形成自我学习能力。

资源导读：为了深入理论探索、适应教学改革、把握行业动态、获取更多资源，请根据需要，访问下列网址进行学习。
中国大学 MOOC→“石油化工生产技术”课程(咸阳职业技术学院　张娟，等)中关于丁二烯生产的相关资源　www.icourse163.org/course/XIANYANGZHIYUAN-1206299816

任务一　生产方法的选择

丁二烯（butadiene）在石油化工烯烃原料中的地位仅次于乙烯和丙烯，它可以采用以粮食酒精、电石乙炔和乙醛、丁烯、正丁烷为原料进行生产。随着石油烃裂解的发展，乙烯生产能力增大，由于其副产的 C_4 馏分中含有 40%～60%的丁二烯，为丁二烯生产提供了一种丰富而廉价的原料来源，因此各种 C_4 抽提法生产丁二烯的工艺备受重视。

工业上获取丁二烯的方法主要有以下三种。

一、丁烷（丁烯）催化脱氢制取丁二烯

该法采用正丁烷、正丁烯为原料，在高温下进行催化脱氢生成丁二烯。反应式为：

$$CH_3CH_2CH_2CH_3 \rightleftharpoons CH_2=CH-CH=CH_2+2H_2$$

$$CH_3-CH_2-CH=CH_2 \rightleftharpoons CH_2=CH-CH=CH_2+H_2$$

二、丁烯氧化脱氢制取丁二烯

该法采用空气为氧化剂，丁烯和空气在水蒸气存在下通过固体催化剂，发生氧化脱氢反应而生成丁二烯。反应式为：

$$C_4H_8 + \frac{1}{2}O_2 \xrightarrow{\text{水蒸气}} C_4H_6 + H_2O$$

氧化脱氢法于1965年开始工艺化。它开辟了从碳四馏分中获取丁二烯的新途径，而且较以前丁烯催化脱氢法有许多显著优点，因此颇为科学界和企业界所重视，并已逐渐取代了丁烯催化脱氢法。

三、碳四馏分抽提制取丁二烯

DMF法抽提生产丁二烯工艺流程

此法是在裂解碳四馏分中加入某种溶剂，使丁二烯分离出来。因使用的溶剂不同，名称也不同。

典型的 C_4 抽提法主要有三种，分别是以乙腈为萃取剂的乙腈法（ACN）；以 *N*,*N*-二甲基甲酰胺为萃取剂的二甲基甲酰胺法（DMF）；以 *N*-甲基吡咯烷酮为萃取剂的甲基吡咯烷酮法（NMP）。

目前，我国的丁二烯生产方法也主要是丁烯氧化脱氢生产丁二烯和 C_4 馏分抽提生产丁二烯。2018年，我国丁二烯生产企业有29家，总产能4029kt/a。

以生物质为原料的丁二烯生产方法正在研究中，全球生物能源公司于2014年宣布，通过直接发酵成功生产出了丁二烯，未来此类技术将逐步获得工业验证。

以下将介绍以乙腈为萃取剂的乙腈法碳四馏分抽提生产丁二烯工艺。

任务二　生产原料及产品的认知

一、丁二烯的性质和用途

1. 丁二烯的基本性质

丁二烯在常温常压下是无色无味的气体，沸点为－4.5℃。气体相对密度为1.84，熔点为－108.9℃，闪点为－78℃，自燃点为415℃，爆炸极限为1.40%～16.30%（体积分数）。易自聚，易燃，遇火星和高温有燃烧爆炸危险。

丁二烯微溶于水和醇，易溶于苯、甲苯、乙醚、氯仿、四氯化碳、汽油、无水乙腈、二甲基甲酰胺、*N*-甲基吡咯烷酮、糠醛、二甲基亚砜等有机溶剂。

丁二烯具有毒性，低浓度下能刺激黏膜和呼吸道，高浓度能引起麻醉作用。工作场所空气中允许的丁二烯浓度为0.1mg/L。

2. 丁二烯的主要用途

丁二烯用途广泛，主要用于生产高分子材料，例如丁二烯和苯乙烯共聚可生产丁苯橡胶；丁二烯在催化剂作用下可发生定向聚合反应生成顺丁橡胶；丁二烯与丙烯腈共聚生成丁腈橡胶等。另外丁二烯与苯乙烯、丙烯腈三元共聚可生成ABS树脂；丁二烯与苯乙烯在不同的条件下，可生产BS和SBS等产品。其中90%以上的丁二烯用来生产合成橡胶。

丁二烯系列产品及其用途如图9-1所示。

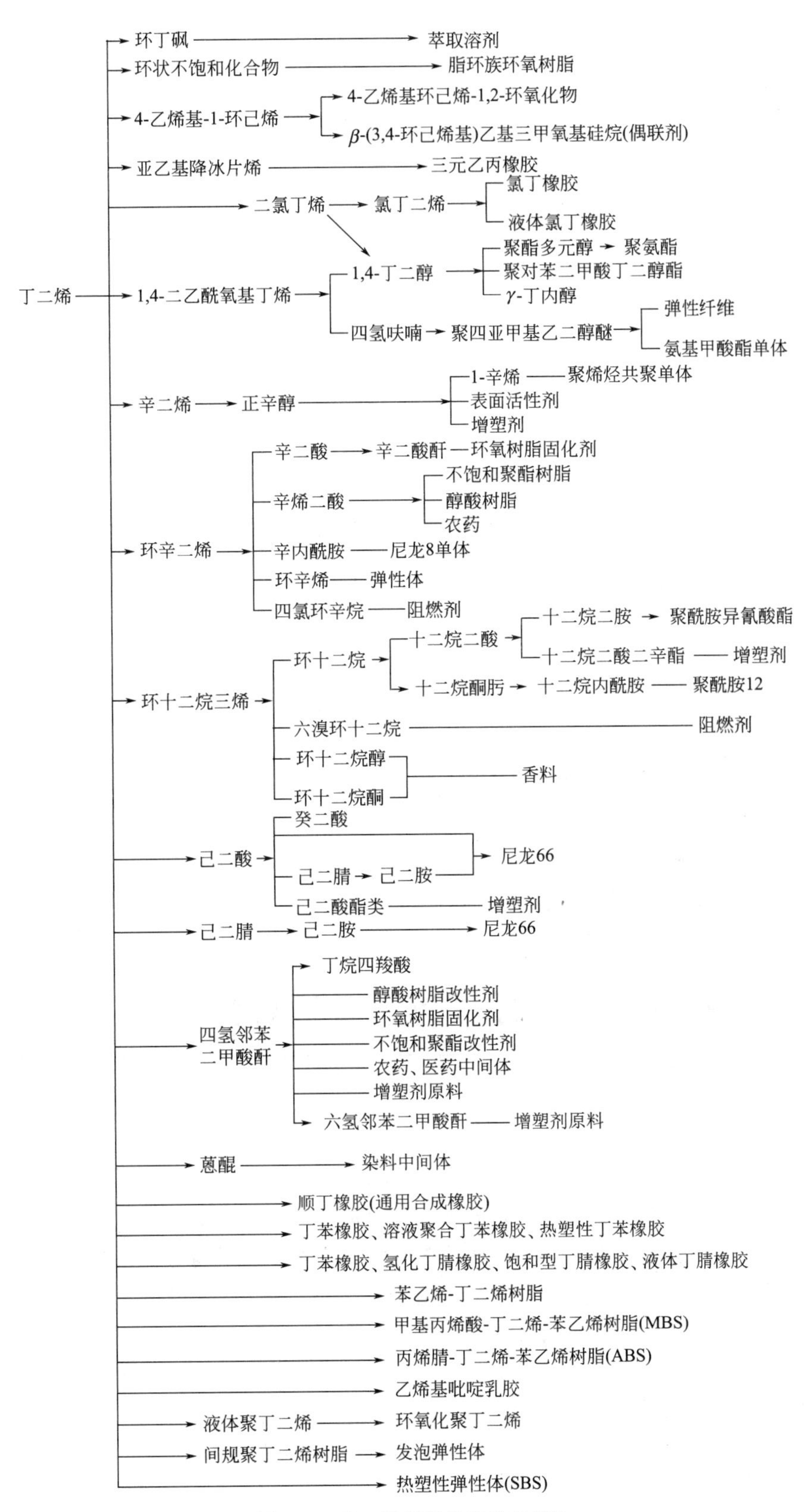

图 9-1 丁二烯系列产品及其用途

二、原料的工业规格要求

工业上碳四馏分抽提生产丁二烯工艺的主要原料是粗丁二烯，其工业规格要求见表 9-1。

表 9-1 原料粗丁二烯工业规格要求

项目	单位	指标
外观		无色透明无悬浮物
1,3 丁二烯含量(质量分数)	%	≥40.0
总炔烃含量(质量分数)	%	≤2.0
丁二烯二聚物含量	mg/kg	≤1000
过氧化物含量	mg/kg	≤9.4
水含量	mg/kg	≤500
气相含氧量(体积分数)	%	≤0.3
C_2+C_3 含量(质量分数)	%	≤0.5
C_5+C_5 以上组分含量(质量分数)	%	≤1.0

三、丁二烯产品的质量指标要求

工业用丁二烯产品的质量指标要求见表 9-2。

表 9-2 工业用丁二烯产品的质量指标要求

项目	单位	指标
丁二烯纯度(质量分数)	%	≥98.0
丁二烯水值	mg/kg	≤30
乙腈含量	mg/kg	0
炔烃含量	mg/kg	≤30
二聚物含量	mg/kg	≤50

任务三 应用生产原理确定工艺条件

一、生产原理

碳四抽提分离丁二烯的原理是萃取精馏。碳四馏分中，除含有丁二烯以外，还含有丁烯、丁烷、丁炔、乙烯基乙炔等多种物质，由于碳四组分之间的相对挥发度较小，很难用普通精馏实现分离，而乙腈作为萃取剂（或溶剂）加入混合碳四馏分中，能够改变原有组分间的相对挥发度，未被萃取下来的易挥发组分由塔顶逸出，难挥发组分和萃取剂由塔底采出，从而达到分离要求，分离后的丁二烯再经过水洗、脱水、精馏，获得纯度大于 98% 的聚合级丁二烯产品，送往聚合装置。

萃取剂乙腈的特点如下。

① 选择性高，明显提高组分的相对挥发度。加入乙腈后，组分的挥发度顺序为炔烃<二烯烃<单烯烃<烷烃。

② 乙腈沸点为 81.6℃，比碳四馏分任一组分都高，挥发性小，不易混入塔顶产品中，

却易于与其他组分分离回收，损耗小。与其他萃取剂比较沸点较低，可在较低温度下操作，降低能量损耗，回收分离时也可以避免塔釜温度过高，生产工艺条件容易控制。

③ 溶解度大，能与被分离混合物互溶，避免分层。

④ 热稳定性和化学稳定性好，高温下不容易分解和结焦，安全可靠。

⑤ 乙腈 25℃时的黏度为 0.32mPa・s，黏度较低，利于提高塔板效率。

⑥ 具有价廉易得、无腐蚀等特点，能够满足一般的工业要求。

二、工艺条件的确定

为了达到分离要求，需要控制合适的溶剂比、塔的回流比和进料热状态等。

1. 回流比

萃取精馏加入的萃取剂用量较多，沸点又高，所以在塔内各板上，基本维持一个固定的浓度值，此值为溶剂恒定浓度，一般为 70%～80%。当进料量和溶剂量一定时，增加回流比会降低塔板上的溶剂浓度，反而会降低分离效果，降低产品质量。因此一般不宜采用由塔顶温度控制回流量的方法，应当以恒定浓度和溶剂入塔温度作为主要的被调参数。

粗萃取塔恒定浓度计算公式为：

$$X_s=\frac{S}{(1-\beta)(L+S+F)}$$

式中，X_s 为恒定浓度；L 为回流量，mol；S 为溶剂量，mol；F 为进料量，mol；β 为 0.052。

2. 进料热状态

如果萃取精馏塔为液体进料，进料可能使萃取剂的浓度突然变化，降低分离效果。为避免萃取剂稀释，常采用气体进料。

3. 溶剂的进塔温度

在萃取精馏操作过程中，由于溶剂量很大，溶剂的入塔温度影响塔内每层塔板上各组分的浓度和汽液相平衡，其较小变化会引起内回流的变化。若萃取温度低，会使塔内回流量增加，反而会使希望的恒定浓度降低，不利于分离正常进行，导致塔釜产品不合格；如果溶剂温度过高，使塔底溶剂损失量增加，塔顶产品不合格。生产中乙腈的入塔温度一般比塔顶温度高 3～5℃。

4. 溶剂比

溶剂比是指溶剂与进料用量之比。实际生产中如果溶剂比过小，达不到要求的分离效果；溶剂比增大，选择性明显提高，分离越容易进行。但是，过大的溶剂比将导致设备与操作费用增加，经济效果差。

5. 溶剂含水量

溶剂中加入适量的水可提高组分间的相对挥发度，使溶剂选择性大大提高。乙腈溶剂含 5%的水时，沸点将由 81.6℃降至 78℃，因此，溶剂含水也可以降低操作温度，减少蒸汽消耗，避免二烯烃自聚。但是，随着溶剂中含水量不断增加，烃类在溶剂中的溶解度降低，容易引起萃取精馏塔内出现分层现象，需要提高溶剂比，从而增加了蒸汽和动力消耗。在工业生产中，以乙腈为溶剂，加水量以 8%～12%为宜。

任务四 生产工艺流程的组织

一、粗丁二烯萃取解吸系统工艺流程的组织

图 9-2 为乙腈法生产丁二烯的流程示意图。由罐区来的粗丁二烯入粗丁二烯原料罐 1，由粗丁二烯进料泵抽出，经预热至露点 60～70℃进入粗丁二烯萃取塔 2 第 70 层板，溶剂乙腈用溶剂泵从粗溶剂罐中抽出，经流量控制进入冷却器冷却至 50～60℃，进入粗丁二烯萃取塔 3 的第 142 层板，进行萃取精馏，轻组分异丁烯从萃取塔顶馏出，经塔顶冷凝器冷凝后进入粗回流罐，然后用回流泵部分打回流，部分合格产品产入异丁烯水洗塔 4，经水洗后的异丁烯入异丁烯产品罐中，产满后经异丁烯中间罐由产品泵连续送 MTBE 等装置。异丁烯水洗塔洗涤水使用装置内的循环热水，在塔内水与异丁烯逆向接触，洗涤后的水洗塔下水去回收塔进行乙腈回收。

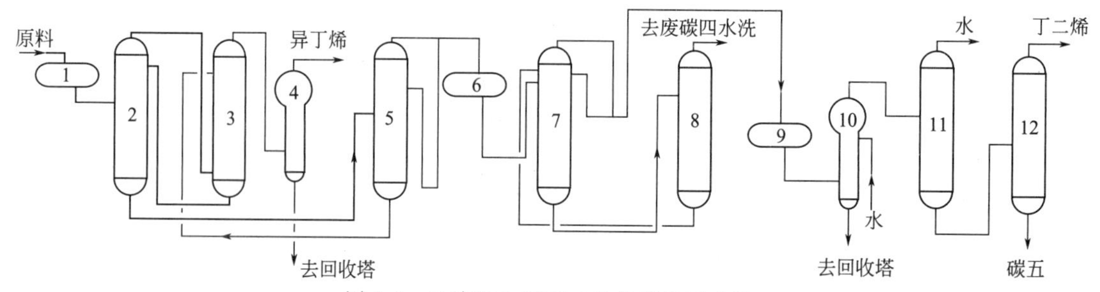

图 9-2 乙腈法生产丁二烯的流程示意图

1—原料罐；2—粗丁二烯萃取塔Ⅰ；3—粗丁二烯萃取塔Ⅱ；4—异丁烯水洗塔；
5—粗丁二烯解吸塔；6—炔烃原料罐；7—炔烃萃取塔；8—炔烃解吸塔；
9—脱水原料罐；10—丁二烯水洗塔；11—脱水塔；12—再蒸馏塔

粗丁二烯萃取塔底含丁二烯的乙腈溶液靠压差作用压入粗丁二烯解吸塔 5 第 34 块板进行丁二烯与乙腈的分离。丁二烯馏分从粗丁二烯解吸塔顶馏出，经塔顶冷凝器进入粗解吸回流罐中，经回流泵抽出，一部分打回流，另一部分合格的丁二烯产入炔烃原料罐 6。粗丁二烯解吸塔底解吸干净的乙腈靠压差进入粗丁二烯原料预热器，换热后进入粗溶剂罐中循环使用。

二、炔烃及脱水再蒸馏系统工艺流程的组织

由粗解吸塔顶来的含炔烃的丁二烯入炔烃原料罐 6，用进料泵抽出，经炔烃原料预热器预热至 50～60℃后进入炔烃萃取塔 7 第 10 层塔板；炔烃溶剂罐内乙腈溶剂用溶剂泵抽出，经溶剂冷却器控制在 36～44℃进入炔烃萃取塔 7 第 80 层塔板，经过萃取精馏，塔顶产出的炔烃含量合格的丁二烯经塔顶冷凝器冷凝后进入炔烃萃取回流罐，然后用回流泵抽出，一部分打回流，另一部分送入脱水原料罐 9。

炔烃萃取塔底含炔烃的乙腈溶剂靠压差压入炔烃解吸塔 8 的第 30 层塔板，进行碳四与乙腈的分离，塔顶产出的含炔烃的丁二烯经塔顶冷凝器进入炔烃解吸塔回流罐，然后由回流

泵抽出，部分打回流，另一部分输出到废碳四水洗塔回收废碳四。炔烃解吸塔底的热乙腈经过炔烃原料预热器预热后，进入炔烃溶剂罐循环使用。

由炔烃萃取塔顶来的炔烃含量合格的丁二烯进入脱水原料罐 9，然后由进料泵抽出，经流量控制后进入丁二烯水洗塔 10，丁二烯由塔顶出来进入脱水塔 11 第 58 层塔板，脱水塔顶水和丁二烯的共沸物经冷凝器冷凝后先入分水罐将分层水脱掉，然后丁二烯入回流罐，用回流泵抽出，经回流泵控制全部打回流，水值合格的丁二烯由塔底产出，经塔底泵和塔底液控后打入再蒸馏塔 12 第 50 层塔板进料，丁二烯从塔顶蒸出，经塔顶冷凝器冷凝后入回流罐，然后用回流泵抽出，部分打回流，部分作为原料供聚合装置，塔底的重组分靠塔的压力压入碳五罐。

丁二烯水洗塔的洗涤水是软化水经水流量控制后进入洗涤水冷却器，冷却至 25～35℃后，进入丁二烯水洗塔 10 的顶部与丁二烯逆向接触，进行液液萃取，丁二烯由塔顶产出入脱水塔 11，含有乙腈及杂质的洗涤水从塔底排出，靠塔压经塔釜液控后压入溶剂回收塔。

各水洗塔下水、各脱水罐下水以及炔烃解吸和粗解吸塔的再生溶剂一并进入溶剂回收塔，在常压下进行精馏，乙腈馏分从塔顶产出循环使用，塔釜的水经冷却循环使用。

任务五　正常生产操作

一、开车操作

① 开工检查。确认开工准备全部到位。确认各岗位工艺管线连接正确，设备、仪表、安全附件完好备用，各机泵加好合格润滑油，盘车正常，冷却水畅通。

② 引入系统工程。引蒸汽、引循环水、引净化风、电进入装置。

③ 执行盲板方案。各系统贯通、试压。

④ 系统吹扫。按流程走向确认吹扫流程，打开各岗位设备的排凝阀，进行吹扫工作。

⑤ 氮气置换。确认氮气置换流程，确认所有定点打开的排气阀和排凝阀，各岗位引氮气排气置换，气源压力要保证不低于 0.1MPa。采样分析合格，萃取系统含氧量≤2%（体积分数)、脱水再蒸馏系统含氧量≤0.1%（体积分数)。

⑥ 抽插盲板、氮气保压。执行盲板方案，确认各岗位盲板抽插正确，重新充氮气进行保压。对各抽插盲板位置进行气密试漏。

⑦ 摆岗位生产流程。通过确认阀门状态，按照开车生产摆岗位流程。

⑧ 收油、垫底。启动粗原料进料泵进原料碳四，进行油气置换氮气，分别收系统溶剂和碳四垫底。

⑨ 升温、升压，各塔串联，系统建立循环。

⑩ 各塔质量合格，循环改生产，进入正常生产。

在开车时需要摆岗位生产流程，即确认相关阀门的开关状态是否正确，如需要打开的，要处于打开状态；如果需要关闭的，必须关闭。

异丁烯水洗塔部分的生产工艺流程如图 9-3 所示，其生产操作步骤如下。

① 确认循环水罐液位＞50%。

② 确认循环水罐顶溢流阀、回收塔底入口阀、循环水罐出口阀已开。
③ 确认循环水罐液面计手阀、一次表手阀已开。
④ 确认异丁烯外送泵入口阀开（备用泵关)。
⑤ 确认循环水入异丁烯水洗塔水流控前手阀、后手阀已开，副线阀、排凝阀已关。
⑥ 确认洗涤水冷却器循环上水阀、回水阀已开。
⑦ 确认循环水入异丁烯水洗塔冷却器出口排凝阀已关。
⑧ 确认循环水入异丁烯水洗塔入口塔壁阀已开。
⑨ 确认异丁烯水洗塔液底控前手阀、后手阀已开，排凝阀已关。
⑩ 确认异丁烯水洗塔液控后去回收塔进料阀已开。
⑪ 确认异丁烯水洗塔顶至异丁烯罐顶入口阀门、安全阀底座阀已开。
⑫ 确认异丁烯罐各仪表、液面计、引压点手阀开。
⑬ 确认异丁烯罐出口阀开。

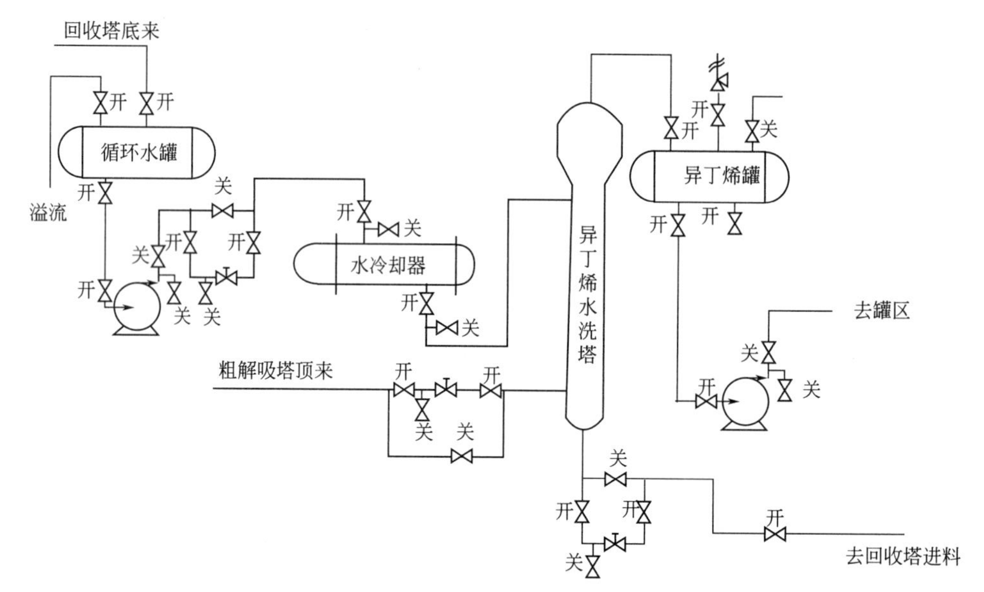

图 9-3 异丁烯水洗塔生产工艺流程

以粗萃取岗为例，收油垫底后，各塔要升温、升压，建立系统循环，其操作步骤如下。
① 粗萃取塔重沸器给蒸汽，手动升温升压，升温速率控制在 30℃/h。
② 塔压控打手动控制，根据塔顶输出情况及时调节开度。
③ 当温度、压力达到控制指标时投自动控制。
④ 当回流罐液面达到 30%后即可启动回流泵，建立塔回流。
⑤ 手动调节回流流量控制，到达正常值，平稳后投自动控制。
⑥ 启动溶剂泵，向粗萃取塔进溶剂。
⑦ 启动原料泵，向粗萃取塔进原料。
⑧ 按规定的腈烃比（5～8）进行流量控制，手动平稳后改投自动控制。
⑨ 当粗萃取塔 2 液面达 30%后，启动中间泵。
⑩ 投塔 2 液面控制，手动平稳后改投自动控制。

⑪ 粗萃取塔1液面达60%后，开塔1液控前后手阀门，与粗解吸塔串联起来。

⑫ 投塔1液面控制，手动平稳后改投自动。

⑬ 粗解吸塔液面达60%后，开塔底液控前后手阀门，溶剂去循环溶剂罐。

⑭ 投粗解吸塔液面控制，手动平稳后改投自动。

⑮ 稳定粗丁二烯萃取塔和粗解吸塔的操作条件，调节质量。

⑯ 回流罐压力高可打开回流罐放空排放不凝气。

⑰ 当粗丁二烯萃取塔和粗解吸塔回流罐液面达60%后，将循环阀门打开返原料罐，进行全循环。

二、停车操作

以异丁烯水洗塔为例，介绍正常停车操作步骤。

① 关好异丁烯水洗塔入塔进油阀门。

② 关闭异丁烯水洗塔液控前手阀。

③ 断续向异丁烯塔进水，可把水量适当提高到6t/h。

④ 脱水罐有大量水或产品罐有界面时，打开异丁烯水洗塔液控前手阀。

⑤ 关异丁烯水洗塔水流量控进料前手阀，下水去回收塔。

⑥ 关异丁烯水洗塔水流量控前、后手阀。

⑦ 关异丁烯罐入口阀。

⑧ 异丁烯罐产品脱水罐进行脱水。

⑨ 产品罐油外送，油送净后，打开产品罐排空，排净油气。

任务六　异常生产现象的判断和处理

乙腈法碳四抽提生产工艺中异常生产现象的判断和处理方法见表9-3。

表9-3　乙腈法碳四抽提生产工艺中异常生产现象的判断和处理方法

序号	岗　位	异常现象	原　　因	处理方法
1	粗丁二烯萃取塔	塔压力超高	①回流罐满 ②回流罐内有不凝气 ③冷凝器内油温高 ④仪表压控失灵	①开大输出阀，加大回流罐输出 ②开回流罐放空阀，放出不凝气 ③开大冷却水阀 ④找仪表处理压控
		塔釜温度逐渐下降	①塔压降低 ②重沸器或控制阀有堵	①手动控制，稳定塔压 ②停产或减量生产，找仪表检修
2	粗丁二烯解吸塔	塔顶带大量乙腈	①进料量过大 ②乙腈含水高 ③塔顶温度高 ④粗解吸塔掉压 ⑤溶剂温度高	①减进料阀开度，减进料 ②降低溶剂含水 ③减小温控阀开度，降低塔顶温度 ④关回流罐放空阀或关小冷却水阀门 ⑤手动调节，降低溶剂温度

续表

序号	岗 位	异常现象	原 因	处理方法
3	炔烃萃取塔	掉压	①回流罐脱水过快 ②外送油量过大 ③溶液剂温度过低	①减慢脱水速度 ②减小外送油量 ③恢复溶剂正常温度
		塔液面高	①控制阀堵 ②塔压力低 ③炔烃解吸塔压力高	①走付线调节，找仪表清理控制阀 ②提高塔压力 ③开回流罐放空阀，排出不凝气

学习拓展与知识链接

化工生产的消耗定额

消耗定额是指生产单位产品所消耗各种原材料的量，如原料、水、燃料、电力和蒸汽量。消耗定额是在实现产品产量和质量的前提下，为降低消耗而确定的工艺技术经济指标。消耗定额越低，生产过程越经济，产品的单位成本也就越低。但是，消耗定额低到某一水平后，就难以或不可能再降低，此时的标准就是最佳状态。

在消耗定额的各个内容中，水、电、汽和各种辅助材料、燃料等的消耗均影响产品成本，应努力减少消耗。其中最重要的是原料的消耗定额，因为原料成本在大部分化学过程中占产品成本的60%～70%，所以降低产品的成本，原料通常是最关键的因素之一。

1. 原料消耗定额

$$消耗定额=\frac{原料量}{产品量}$$

如果原料量是按原料转化为产品时的化学反应方程式以化学计量为基础计算出来的，该消耗定额称为理论消耗定额 $A_{理}$，它表示原料消耗的最小值。因此实际过程的原料消耗量绝不可能低于理论消耗定额。

在实际生产过程中，由于有副反应发生，会多消耗一部分原料，在所有各个加工环节中也免不了损失一些物料（如随废气、废液、废渣带走的物料，设备及阀门等跑、冒、滴、漏损失的物料，由于生产工艺不合理而未能回收的物料以及由于操作事故而造成的物料损失等），因此，由于各种化学的和物理的损耗，原料消耗量将大于理论量，如果将原料损耗均计算在内，得出的原料消耗定额称为实际消耗定额 $A_{实}$。理论消耗定额与实际消耗定额之比即为原料的利用率。

$$\frac{A_{理}}{A_{实}}\times100\%=原料利用率=1-原料损失率$$

生产一种目的产品，若有两种以上的原料，则每一种原料都有各自不同的消耗定额数据。对某一种原料，有时因为初始原料的组成情况不同，其消耗定额也不等，差别可能还会比较大。因此，在选择原料品种时，还要考虑原料的运输费用，以及不同类型原料的消耗定额的估算等，计算消耗定额时，每一种原料应分别计算各自的消耗定额，选择一个最经济的方案。

制定消耗定额应具有先进性和现实性两条标准，消耗定额低说明原料利用得充分，收率高而成本低，也说明了副反应少，“三废”少，管理水平高，损耗少。反之，消耗定额高势必增加产品成本，加重“三废”治理的负担。所以，消耗定额是反映生产技术水平和管理水平的一项重要经济指标，同时也是企业管理的基础数据之一。

2. 公用工程的消耗定额

公用工程指的是化工厂必不可少的供水、供热、冷冻、供电和供气等条件。公用工程消耗定额，是指生产单位产品所消耗的水、蒸汽、电以及燃料的量。

工艺技术管理工作的目标除了保证完成目的产品的产量和质量，还要努力降低消耗，因此各化工企业都根据产品设计数据和本企业的条件在工艺技术规程中规定了各种原材料的消耗定额，作为本企业的工艺技术经济指标。如果超过了规定指标，必须查找原因，降低消耗，以达到生产强度大、产品质量高、单位产品成本低的目的。

练习与实训指导

1. 请说明丁二烯的来源、用途，并简述丁二烯的性质。
2. 简述碳四馏分抽提生产丁二烯的原理。
3. 用于碳四馏分抽提生产丁二烯的溶剂有哪些？
4. 乙腈作为萃取剂有哪些特点？
5. 分析生产条件对碳四馏分抽提生产丁二烯主要有哪些影响？
6. 识读丁二烯生产过程的工艺流程图，并说明图中主要工艺设备的名称、作用。
7. 开工时摆生产流程的含义和主要目的是什么？

项目考核与评价

一、填空题（20%）

1. 目前，我国的丁二烯生产方法主要为两大类：__________和__________。

2. 碳四分离丁二烯的原理是__________。

3. 乙腈法分离丁二烯工艺一般采用__________级抽提。

4. __________橡胶由丁二烯和苯乙烯共聚生产，丁二烯在催化剂作用下可发生定向聚合反应生成__________橡胶；丁二烯与丙烯腈共聚生成__________橡胶等。

5. 萃取精馏过程通过加入萃取剂，使待分离组分的相对挥发度__________。

6. 异丁烯水洗塔内水与异丁烯逆向接触，目的是回收______，并由塔______采出。

二、选择题（10%）

1. C_4 抽提法生产丁二烯的萃取剂正确的是（　　）。

A. 乙腈　　B. 二甲基甲酰胺

C. *N*-甲基吡咯烷酮　　D. 以上均正确

2. 乙腈法分离粗丁二烯时，表述正确的是（　　）。

A. 以8%～12%为宜　　B. 含水多较好

C. 不能含水　　D. 应含50%

3. 乙腈法分离粗丁二烯时，关于粗丁二烯萃取塔表述正确的是（　　）。

A. 丁二烯与炔烃由塔釜采出　　B. 丁二烯与炔烃由塔顶采出

C. 乙腈由塔顶采出　　D. 异丁烯由塔釜采出

4. 乙腈法分离粗丁二烯时，关于炔烃萃取塔表述正确的是（　　）。

A. 炔烃由塔釜采出　　B. 炔烃由塔顶采出

C. 乙腈由塔顶采出　　D. 丁二烯由塔釜采出

5. 乙腈法分离粗丁二烯时，关于脱水塔表述正确的是（　　）。

A. 吸附法　　B. 萃取

C. 共沸精馏　　D. 萃取精馏

三、判断题（10%）

1. 丁二烯是生产高分子材料的原料。（　　）

2. 萃取剂乙腈不溶于水。（　　）

3. 溶剂比是指溶剂与进料用量之比。（　　）

4. 在开车时需要根据岗位生产流程，确认相关阀门的开关状态是否正确。（　　）

5. 当进料量和溶剂量一定时候，增加回流比会降低塔板上的溶剂浓度，降低分离效果，降低产品质量。（　　）

四、生产原理综合分析题（46%）

1. 乙腈作为萃取剂有哪些特点？（分值 12%）

2. 分析溶剂的进塔温度对碳四馏分抽提生产丁二烯主要有哪些影响？（分值 5%）

3. 分析溶剂比对碳四馏分抽提生产丁二烯主要有哪些影响？（分值 5%）

4. 分析溶剂含水量对碳四馏分抽提生产丁二烯主要有哪些影响？（分值 5%）

5. 化工生产中碳四馏分的一般组成是什么？（分值 7%）

6. 根据工艺流程（图 9-4）回答问题。（分值 12%）

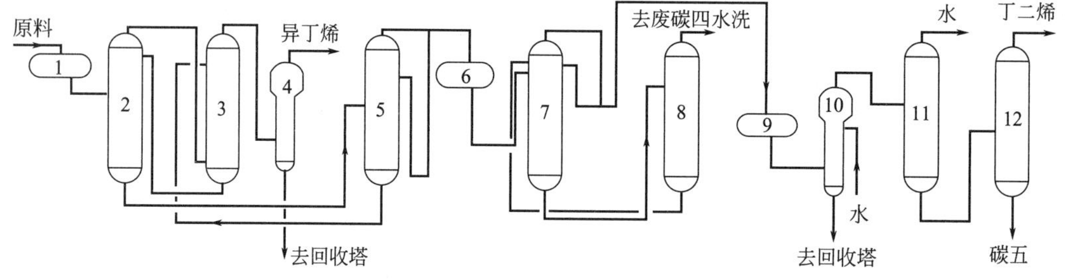

图 9-4　乙腈法生产丁二烯的流程示意图

1—原料罐；2—粗丁二烯萃取塔Ⅰ；3—粗丁二烯萃取塔Ⅱ；4—异丁烯水洗塔；5—粗丁二烯解吸塔顶；6—炔烃原料罐；7—炔烃萃取塔；8—炔烃解吸塔；9—脱水原料罐；10—丁二烯水洗塔；11—脱水塔；12—再蒸馏塔

（1）设备 2、3 的分离的主要目的是什么？

（2）设备 2 的分离原理是什么？

（3）设备 5 的分离目的是什么？

（4）设备 7 的分离目的是什么？

（5）设备 10 的分离目的是什么？

（6）设备 12 的分离原理是什么？

五、填表异常现象判断与处理题（14%）

<table>
<tr><th>序号</th><th>岗位</th><th>异常现象</th><th>可能原因</th><th>处理方法</th></tr>
<tr><td rowspan="3">1</td><td rowspan="3">粗丁二烯萃取塔</td><td rowspan="2">塔压力超高</td><td>回流罐内有＿＿＿＿＿</td><td>开回流罐放空阀，放出不凝气</td></tr>
<tr><td>冷凝器内油温＿＿＿＿＿</td><td>开大冷却水阀</td></tr>
<tr><td>塔釜温度逐渐下降</td><td>塔压＿＿＿＿＿</td><td>手动控制，稳定塔压</td></tr>
<tr><td rowspan="2">2</td><td rowspan="2">粗丁二烯解吸塔</td><td rowspan="2">塔顶带大量乙腈</td><td>塔顶温度＿＿＿＿＿</td><td>减小温控阀开度，降低塔顶温度</td></tr>
<tr><td>粗解吸塔压力＿＿＿＿＿</td><td>关回流罐放空阀</td></tr>
<tr><td rowspan="2">3</td><td rowspan="2">炔烃萃取塔</td><td>掉压</td><td>回流罐脱水过＿＿＿＿＿</td><td>减慢脱水速度</td></tr>
<tr><td>塔液面高</td><td>炔烃解吸塔压力＿＿＿＿＿</td><td>开回流罐放空阀，排出不凝气</td></tr>
</table>

项目十

苯乙烯的生产

教学目标

知识目标：1. 了解苯乙烯在国民经济中的地位和应用。
2. 了解苯乙烯的产品质量要求和生产方法。
3. 理解乙苯脱氢生产苯乙烯的反应原理和影响因素。
4. 掌握工艺操作参数确定、控制及常见故障的处理方法。
5. 掌握工艺流程图和主要设备图的阅读。
6. 掌握生产过程中的安全、卫生防护、设备维护和保养等知识。

能力目标：1. 能进行生产方法的选择。
2. 能根据生产原理进行生产条件的确定和工业生产的组织。
3. 能认真执行工艺规程和岗位操作方法，完成乙苯脱氢生产苯乙烯装置正常操作，并对异常现象和故障能进行分析、判断、处理和排除。

素质目标：1. 具备化工人为苯乙烯产业服务的人生观、价值观和科学发展观。
2. 具备化工生产的安全、环保、节能及劳动卫生防护职业素养。
3. 具备化工生产遵章守纪的职业道德。
4. 具备强烈的责任感和吃苦耐劳的精神。
5. 具备资料查阅、信息检索和加工等自我学习能力。
6. 具备发现、分析和解决问题能力。
7. 具备表达、沟通和与人合作、岗位与岗位之间合作的能力。

资源导读：为了深入理论探索、适应教学改革、把握行业动态、获取更多资源，请根据需要，访问下列网址进行学习。
1. 中国大学 MOOC→“化工生产技术”课程（常州工程职业技术学院　樊亚娟，等）中关于苯乙烯生产的相关资源　www. icourse163. org/course/CZIE-1207445803
2. 智慧职教→“有机化工生产技术”课程（广西工业职业技术学院　蒋艳忠，等）中关于苯乙烯生产的相关资源　www. icve. com. cn/portal_new/courseinfo/courseinfo. html? courseid= ksj2agupoqfbj2vcn29k7g

任务一　生产方法的选择

苯乙烯的生产方法有许多种，工业上可用不同原料、不同的化学反应等生产苯乙烯。

一、乙苯脱氢法

1. 乙苯催化脱氢生产苯乙烯

该方法是以苯和乙烯为原料，通过苯烷基化反应生成乙苯，然后乙苯再催化脱氢生成苯乙烯。其反应方程式如下：

$$C_6H_6 + C_2H_4 \longrightarrow C_6H_5-C_2H_5$$

$$C_6H_5-C_2H_5 \xrightarrow[580\sim600℃]{催化剂} C_6H_5-CH{=}CH_2 + H_2$$

这是工业上最早采用的生产方法，通过近年来的研究发展，使其在催化剂性能、反应器结构和工艺操作条件等方面都有了很大的改进。

2. 乙苯氧化脱氢生产苯乙烯

乙苯在氧化剂存在下，发生氧化脱氢转化为苯乙烯。以氧为氧化剂时反应方程式如下：

$$C_6H_5-C_2H_5 + \frac{1}{2}O_2 \longrightarrow C_6H_5-CH{=}CH_2 + H_2O$$

乙苯氧化脱氢技术是用较低温度下的放热反应代替高温下的乙苯脱氢吸热反应，从而大大降低了能耗，提高了效率。

二、环氧丙烷-苯乙烯联产法（共氧化法）

以乙苯和丙烯为原料联产苯乙烯和环氧丙烷，可分为三步进行。

① 乙苯氧化生成过氧化氢乙苯。

$$C_6H_5-C_2H_5 + O_2 \xrightarrow[300\sim500kPa]{403K} C_6H_5-CH(O{-}OH)-CH_3$$

② 在催化剂存在下，过氧化氢乙苯与丙烯发生环氧化生成 α-苯乙醇和环氧丙烷。

$$C_6H_5-CH(O{-}OH)-CH_3 \xrightarrow[363\sim383K,2\sim4MPa]{环烷酸钼} C_6H_5-CH(OH)-CH_3 + CH_3CH\underset{O}{—}CH_2$$

③ α-苯乙醇催化脱水转化为苯乙烯。

$$C_6H_5-CH(OH)-CH_3 \xrightarrow[523\sim553K]{ThO_2} C_6H_5-CH{=}CH_2 + H_2O$$

该法的特点是不需要高温反应，可以同时联产苯乙烯和环氧丙烷两种重要的有机化工产品。将乙苯脱氢的吸热和丙烯氧化的放热两个反应结合起来，节省了能量，解决了环氧丙烷生产中的“三废”处理问题。另外，由于联产装置的投资费用要比单独的环氧丙烷和苯乙烯装置低25%，操作费用低50%以上，因此采用该法建设大型生产装置时更具竞争优势。该法的不足之处在于受联产品市场状况影响较大，且反应复杂、副产物多、投资大、乙苯单耗和装置能耗等都要高于乙苯脱氢法工艺，但从联产环氧丙烷的共氧化角度而言，可避免氯醇法给环境带来的污染，因此具有很好的发展潜力。

三、丁二烯合成法

Dow化学公司和荷兰国家矿业公司（DSM）都在开发以丁二烯为原料合成苯乙烯技术，即将实现工业化生产。其主要反应方程式如下：

$$CH_2{=}CHCH{=}CH_2 \longrightarrow H_2C{=}CH\text{-}C_6H_9\ (\text{4-乙烯基环己烯})$$

$$H_2C{=}CH\text{-}C_6H_9 \longrightarrow C_6H_5\text{-}CH{=}CH_2 + 2H_2$$

Dow化学工艺以负载在γ-沸石上的铜为催化剂，于1.8MPa和100℃下，在装有催化剂的固定床上进行反应，丁二烯转化率为90%，4-乙烯基环己烯（4-VCH）的选择性接近100%。之后的氧化脱氢采用以氧化铝为载体的锡/锑催化剂，在气相中进行。在1个月的运转期内，催化剂活性下降了一半，此时在催化剂床上通入氧气使其再生。该反应在0.6MPa和400℃下进行，VCH的转化率约为90%，苯乙烯的选择性为90%，副产物为乙苯、苯甲醛、苯甲酸和二氧化碳；DSM工艺采用在四氢呋喃溶剂中负载于二亚硝基铁的锌为催化剂，锌的作用是使硝基化合物活化。液相反应在80℃和0.5MPa下进行，丁二烯转化率大于95%，4-乙烯基环己烯选择性为100%。之后4-乙烯基环己烯的脱氢采用负载氧化镁的钯催化剂，在300℃和0.1MPa的气相中进行，4-乙烯基环己烯完全转化，乙苯选择性超过96%，唯一的副产物是乙基环己烷。

四、其他方法

1. 石油热裂解

裂解汽油中含有4%～6%的苯乙烯，可以从其中分离得到苯乙烯。苯乙烯和芳香烃的沸点很接近，且苯乙烯本身易聚合，因此，获得聚合级苯乙烯则必须采用萃取精馏。

2. 煤加工的副产物

苯乙烯也可以从煤加工的副产物焦化苯中分离出来。

除此之外，其他尚在开发中的苯乙烯合成工艺还包括甲苯甲醇合成法、乙烯-苯直接偶合法、苯乙酮法、甲苯二聚法以及甲苯和合成气反应法等。

规模化的工业生产苯乙烯的方法主要有乙苯脱氢法和苯乙烯-环氧丙烷联产法。其中联产法工艺复杂，一次性投资大，能耗高，难以成为主导方法，因此其产量仅为苯乙烯总产量的10%，乙苯催化脱氢制苯乙烯，其流程短，转化率高，且乙苯易得价廉，因此其余90%苯乙烯采用乙苯催化脱氢的方法。本项目主要介绍乙苯催化脱氢生产苯乙烯。

任务二　生产原料及产品的认知

一、苯乙烯的性质和用途

苯乙烯又名乙烯基苯，英文名称为styrene；styrol；vinylbenzene；phenylethylene。它

是无色油状液体，沸点（101.3kPa）为418K，凝固点为242.6K，难溶于水（298K时单体在水中溶解度为0.032%，水在单体中溶解度为0.07%），能溶于甲醇、乙醇及乙醚等溶剂。

苯乙烯在高温下容易裂解和燃烧，生成苯、甲苯、甲烷、乙烷、一氧化碳、二氧化碳和氢气等。苯乙烯蒸气与空气能形成爆炸混合物，其爆炸范围为1.1%～6.01%。

苯乙烯具有乙烯基烯烃的性质，反应性能极强，如氧化、还原、氯化等反应均可进行，并能与卤化氢发生加成反应。苯乙烯暴露于空气中，易被氧化成醛、酮类。

苯乙烯易自聚生成聚苯乙烯树脂，也易与其他含双键的不饱和化合物共聚。例如苯乙烯与丁二烯、丙烯腈共聚，其共聚物可用以生产ABS（acrylonitrile butadiene styrene）工程塑料；与丙烯腈共聚为AS（acrylonitrile styrene）树脂；与丁二烯共聚可生成乳胶或合成橡胶SBR（styrene butadiene rubber）。此外苯乙烯还被广泛用于制药、涂料、纺织等工业。

二、主要原料的工业规格要求

工业上采用乙苯催化脱氢生产苯乙烯的主要原料是乙苯。

1. 原料来源

乙苯的工业生产方法一般在$AlCl_3$催化剂作用下，采用乙烯与苯烷基化生产得到，其生产过程一般由催化配合物的配制、烷基化反应、配合物的沉降与分离、中和除酸、粗乙苯的精制与分离等工序组成。

苯烷基化反应指在苯环上的一个或几个氢被烷基所取代，生成烷基苯的反应。

主反应式为：

$$C_6H_6 + H_2C{=}CH_2 \xrightarrow[368K]{AlCl_3\text{ 配合物}} C_6H_5{-}CH_2{-}CH_3$$

主要副反应包括：

（1）多烷基苯的生成

$$C_6H_5CH_2CH_3 + CH_2{=}CH_2 \xrightarrow[368K]{AlCl_3\text{配合物}} C_6H_4(CH_2CH_3)_2$$

$$C_6H_4(CH_2CH_3)_2 + CH_2{=}CH_2 \longrightarrow C_6H_3(CH_2CH_3)(CH_2CH_3)_2$$

（2）异构化反应　由于烷基的异构转位，单乙苯进一步烷基化反应，可得到邻、间、对三种二乙苯的异构体。反应条件越激烈，如温度较高、时间较长、催化剂活性和浓度较高时，异构化反应越易发生。

（3）烷基转移反应　多乙苯与过量的苯发生烷基转移反应，转化为单乙苯，可以增加单乙苯的收率。

$$C_6H_4(CH_2CH_3)_2 + C_6H_6 \longrightarrow 2\,C_6H_5CH_2CH_3$$

（4）芳烃缩合和烯烃的缩合反应　主要生成高沸点的焦油和焦炭。

综上所述，由于芳烃的烷基化过程中，同时有其他各种芳烃转化反应发生，产物是乙苯、二乙苯、多乙苯的复杂混合物。实际生产中选择适宜的烷基化反应温度、压力、原料纯度和配比，对获得最佳一烷基苯收率具有十分重要的意义。

2. 技术要求

工业用乙苯的技术要求见表 10-1。指标项目仅对由三氯化铝法烃化工艺生产的乙苯进行测定。

表 10-1 工业用乙苯的技术要求（SH/T 1140—2018）

序号	项目		质量指标	
			优等品	一等品
1	外观		清澈透明液体，无机械杂质和游离水	
2	色度(铂-钴)/号	≤	10	
3	纯度(质量分数)/%	≥	99.80	99.50
4	二甲苯(质量分数)/%	≤	0.10	0.15
5	异丙苯(质量分数)/%	≤	0.030	0.050
6	二乙苯(质量分数)/%	≤	0.0010	
7	硫/(mg/kg)	≤	3.0	5.0
8	氯/(mg/kg)	≤	1.0	

三、苯乙烯产品质量指标要求

工业用苯乙烯产品的质量指标要求见表 10-2。

表 10-2 工业用苯乙烯的质量指标要求（GB/T 3915—2011）

序号	项目	指标		
		优等品	一等品	合格品
1	外观	清晰透明，无机械杂质和游离水①		
2	纯度(质量分数)/%	≥99.8	≥99.6	≥99.3
3	聚合物/(mg/kg)	≤10	≤10	≤50
4	过氧化物(以过氧化氢计)/(mg/kg)	≤50	≤100	≤100
5	总醛(以苯甲醛计)/(mg/kg)	≤100	≤100	≤200
6	色度(铂-钴色号)/号	≤10	≤15	≤30
7	乙苯(质量分数)/%	≤0.08	报告	—
8	助聚剂(TBC)/(mg/kg)	10～15②		

① 将试样置于 100mL 比色管中，其液层高度为 50～60mm，在日光或日光灯投射下目测。

② 如遇到特殊情况，可按供需双方协议执行。

任务三 应用生产原理确定工艺条件

一、乙苯脱氢生产原理

1. 主反应

乙苯脱氢生成苯乙烯的主反应为：

$$C_6H_5-C_2H_5 \longrightarrow C_6H_5-CH=CH_2 + H_2 \qquad \Delta_r H_m^{\ominus}=117.8kJ/mol$$

乙苯脱氢生成苯乙烯是吸热的体积增大的反应。

2. 主要副反应

在生成苯乙烯的同时可能发生的平行副反应主要是裂解反应和加氢裂解反应，因为苯环比较稳定，裂解反应都发生在侧链上。

$$C_6H_5-C_2H_5 \longrightarrow C_6H_6 + CH_2{=}CH_2 \qquad \Delta_r H_m^\ominus = 105kJ/mol$$

$$C_6H_5-C_2H_5 + H_2 \longrightarrow C_6H_5-CH_3 + CH_4 \qquad \Delta_r H_m^\ominus = -54.4kJ/mol$$

$$C_6H_5-C_2H_5 + H_2 \longrightarrow C_6H_6 + C_2H_6 \qquad \Delta_r H_m^\ominus = -31.5kJ/mol$$

在水蒸气存在下，还可能发生下述反应：

$$C_6H_5-C_2H_5 + 2H_2O \longrightarrow C_6H_5-CH_3 + CO_2 + 3H_2$$

与此同时，发生的连串反应主要是产物苯乙烯的聚合或脱氢生焦以及苯乙烯产物的加氢裂解等。聚合副反应的发生，不但会使苯乙烯的选择性下降，原料消耗量增加，而且还会使催化剂因表面覆盖聚合物而活性下降。

3. 乙苯脱氢反应的催化剂

由于乙苯脱氢的反应必须在高温下进行，而且反应产物中存在大量氢气和水蒸气，因此乙苯脱氢反应的催化剂应满足下列条件要求：

① 有良好的活性和选择性，能加快脱氢主反应的速度，而又能抑制聚合、裂解等副反应的进行；

② 高温条件下有良好的热稳定性，通常金属氧化物比金属具有更高的热稳定性；

③ 有良好的化学稳定性，以免金属氧化物被氢气还原为金属，同时在大量水蒸气的存在下，不致被破坏结构，能保持一定的强度；

④ 不易在催化剂表面结焦，且结焦后易于再生。

在工业生产上，常用的脱氢催化剂主要有两类：一类是以氧化铁为主体的催化剂，如 Fe_2O_3-Cr_2O_3-KOH 或 Fe_2O_3-Cr_2O_3-K_2CO_3 等；另一类是以氧化锌为主体的催化剂，如 ZnO-Al_2O_3-CaO、ZnO-Al_2O_3-CaO-KOH-Cr_2O_3 或 ZnO-Al_2O_3-CaO-K_2SO_4 等。这两类催化剂均为多组分固体催化剂，其中氧化铁和氧化锌分别为主催化剂，钙和钾的化合物为助催化剂，氧化铝是稀释剂，氧化铬是稳定剂（可提高催化剂的热稳定性）。

这两类催化剂的特点是都能自行再生，即在反应过程中，若因副反应生成的焦炭覆盖于催化剂表面时，会使其活性下降。但在水蒸气存在下，催化剂中的氢氧化钾能促进反应 $C + H_2O \longrightarrow CO + H_2$ 的进行，从而使焦炭除去，有效地延长了催化剂的使用周期，一般使用一年以上才需再生，而且再生时，只需停止通入原料乙苯，单独通入水蒸气就可完成再生操作。

目前，各国以采用氧化铁系催化剂最多。我国采用的氧化铁系催化剂组成为：Fe_2O_3 8%，$K_2Cr_2O_7$ 11.4%，K_2CO_3 6.2%，CaO 2.40%。若采用温度 550～580℃时，转化率为 38%～40%，收率可达 90%～92%，催化剂寿命可达两年以上。

二、热力学和动力学分析

1. 热力学分析

乙苯脱氢生成苯乙烯是吸热反应，其平衡常数在温度较低时很小，由表 10-3 可见，平衡常数随温度的升高而增大。

表 10-3 乙苯脱氢反应的平衡常数

温度/K	700	800	900	1000	1100
K_p	3.30×10^{-3}	4.71×10^{-2}	3.75×10^{-1}	2.00	7.87

因此可以用提高温度的办法来提高苯乙烯的平衡转化率。

温度对乙苯脱氢生成苯乙烯反应的平衡转化率和平衡组成的影响如图 10-1 和图 10-2 所示。

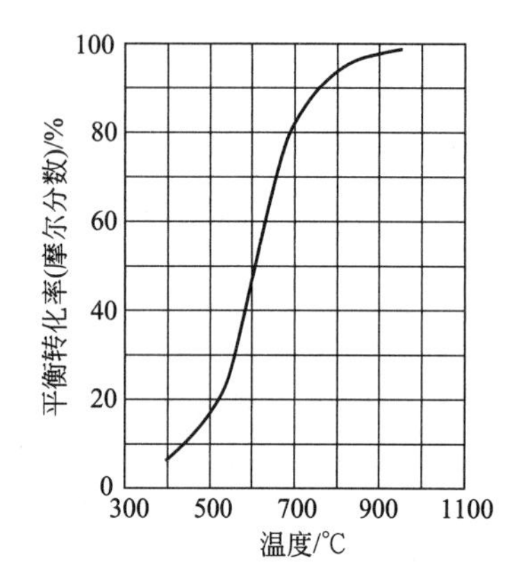

图 10-1 乙苯脱氢反应平衡转化率与温度的关系

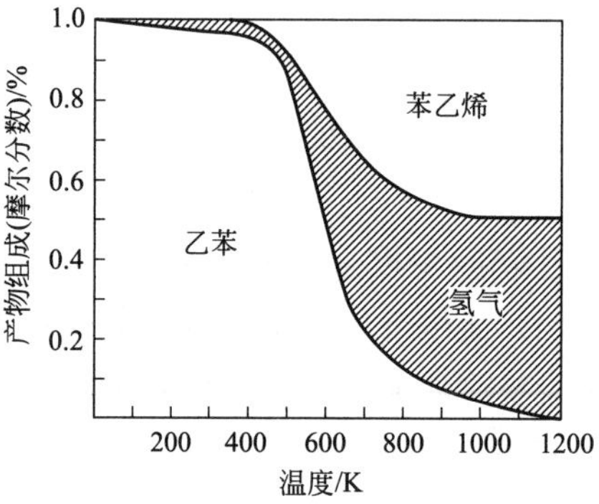

图 10-2 乙苯脱氢产物组成与温度的关系

乙苯脱氢生成苯乙烯的反应是分子数增加的反应，因为

$$K_p=K_y\left(\frac{p}{p^0}\right)^{\Delta n}$$

而 $\Delta n>0$，所以降低 p 值，可以使 K_y 增大，即产物的平衡浓度可以提高，也就是提高了反应的平衡转化率。平衡转化率随压力下降而提高，见表 10-4。

表 10-4 压力对乙苯脱氢反应平衡转化率的影响

压力:101.3kPa		压力:10.1kPa	
温度/℃	平衡转化率/%	温度/℃	平衡转化率/%
465	10	390	10
565	30	455	30
620	50	505	50
675	70	565	70
780	90	630	90

由表中数据可见，压力从 101.3kPa 降低到 10.1kPa，若要获得相同的平衡转化率，所需要的脱氢温度可以降低 100℃左右；而在相同的温度条件时，由于压力从 101.3kPa 降低到 10.1kPa，平衡转化率则可提高 20%～40%。

2. 动力学分析

大量实验认为，烃类在固体催化剂表面的脱氢反应是表面反应速率所控制。列别捷夫提出了乙苯在氧化铁催化剂条件下的脱氢反应动力学图式：

k_2 k_4 $+H_2$ $-C_2H_5$ k_1 $-CH=CH_2$ $+H_2$ k_3 $+H_2O$ $-CH_3$ k_5 $+H_2$

并认为主副反应是在相同的活性中心上发生，而乙苯和氢的吸附都比苯乙烯弱得多，氢的吸附更弱。乙苯脱氢主副反应的动力学参数见表 10-5。

表 10-5　乙苯脱氢主副反应的动力学参数

反应	温度/℃	反应速率常数/[mol/(kg·atm·h)]	活化能 E/(kcal/mol)
1	60	632	46.1
2	60	15.5	48.9
3	60	15	60～65
4	60	658	38.8
5	60	2640	41.1

注：1atm=101325Pa，1cal=4.18J。

由表中数据可以看出，在催化剂的作用下，乙苯脱氢生成苯乙烯的主反应比乙苯裂解生成苯和水蒸气转化生成甲苯的副反应的活化能都降低了，主反应的反应速率常数大大提高了，改善了动力学因素，有利于乙苯脱氢反应。根据此动力学图式，副产物苯和甲苯可以由平行或连串副反应生成，连串副反应的活化能比平行副反应小，其反应速率常数比平行副反应大，甚至比主反应也大。这样，当乙苯转化率达到一定值时，连串副反应的竞争必然变得很激烈，使选择性明显下降。在连串副反应中，由于 $k_5>k_4$，苯乙烯氢解的主要倾向是生成甲苯，且随着温度的升高，其倾向愈大。在上述动力学图式中没有考虑乙苯氢解副反应。

随着反应温度的升高，平衡转化率提高，反应速率加快。但烃类物质在高温下（尤其 t >600℃时）极不稳定，易发生许多副反应，甚至分解成 C+H。

反应温度升高，不仅使选择性显著下降，并使催化剂表面结焦速度也加快，催化剂再生周期缩短。在氧化铁催化剂存在下，乙苯在 500℃左右脱氢几乎没有裂解副产物生成。随着温度增高，乙苯脱氢速度增加，但裂解和水蒸气转化等副反应的速度增加更快，结果乙苯转化率增加，而苯乙烯的产率随之降低，副产物苯和甲苯的生成量增多。乙苯脱氢反应的转化率和选择性关系见图10-3。

高温为取得高产率苯乙烯提供了可能性，要使其变为现实则必须借助催化剂，活性、选择性俱佳的催化剂，能使脱氢在某一高温下进行，使 $r_{主}>r_{副}$（加快主反应速率，使副反应来不及反应或进行得很慢），获取高产率苯乙烯，提高设备生产能力，减少副产物便于精制分离。

图 10-3　乙苯脱氢转化率与选择性的关系

三、工艺条件的确定

1. 反应温度

从表 10-4 和图 10-1 可见，提高反应温度有利于提高脱氢反应的平衡转化率，也能加快反应速率。但是，温度越高，相对地说更有利于活化能更高的裂解等副反应，其速度增加得会更快，虽然转化率提高，但选择性会随之下降。温度过高，不仅苯和甲苯等副产物增加，而且随着生焦反应的增加，催化剂活性下降，再生周期缩短。工业生产中一般适宜的温度为600℃左右。

压力对反应过程的影响

2. 反应压力

从表 10-4 的数据可见，降低压力有利于脱氢反应的平衡。因此，脱氢反应最好是在减压下操作，但是高温条件下减压操作不安全，对反应设备制造的要求高，投资增加。所以，一般采用加入水蒸气的办法来降低原料乙苯在反应混合物中的分压，以此达到与减压操作相同的目的。总压则采用略高于常压以克服系统阻力，同时为了维持低压操作，应尽可能减小系统的压力降。

不同水蒸气比对反应结果的影响

3. 水蒸气用量

加入稀释剂（水蒸气）是为了降低原料乙苯的分压，有利于主反应的进行。选用水蒸气作稀释剂的好处在于：

① 可以降低乙苯的分压，改善化学平衡，提高平衡转化率；

② 与催化剂表面沉积的焦炭反应，使之气化，起到清除焦炭的作用；

③ 水蒸气的热容量大，可以提供吸热反应所需的热量，使温度稳定控制；

④ 水蒸气与反应物容易分离。

在一定的温度下，随着水蒸气用量的增加，乙苯的转化率也随之提高，但增加到一定用量之后，乙苯转化率的提高就不太明显，而且水蒸气用量过大，能量消耗也增加，产物分离时用来使水蒸气冷凝耗用的冷却水量也很大，因此水蒸气与乙苯的比例应综合考虑。用量比也与所采用的脱氢反应器的形式有关，一般绝热式反应器脱氢所需水蒸气量大约比等温列管式反应器脱氢大一倍左右。

4. 原料纯度

若原料气中有二乙苯，则二乙苯在脱氢催化剂上也能脱氢生成二乙烯基苯，在精制产品时容易聚合而堵塔。出现此种现象时，只能用机械法清除，所以要求原料乙苯沸程应在135～136.5℃。原料气中二乙苯含量小于0.04％。

5. 空间速度

空间速度小，停留时间长，原料乙苯转化率可以提高，但同时因为连串副反应增加，会使选择性下降，而且催化剂表面结焦的量增加，致使催化剂运转周期缩短；但若空速过大，又会降低转化率，导致产物收率太低，未转化原料的循环量大，分离、回收消耗的能量也上升。所以最佳空速范围应综合原料单耗、能量消耗及催化剂再生周期等因素选择确定。

四、主要工艺参数的控制方案

乙苯脱氢工艺按反应器的型式可分为列管式等温反应器和绝热式反应器两种。由于绝热式反应器具有结构简单、制造费用低、生产能力大等优点，因此大规模的生产装置都采用绝热式反应器。

以绝热式反应器为例，影响脱氢反应的主要因素是脱氢反应温度、压力、水蒸气用量及空间速度。其中影响反应温度的主要因素又是原料，原料的组成及流速不仅影响到反应的温度，而且影响到反应体系的压力，因此，要达到绝热式脱氢反应的最佳工艺参数，就必须稳定设置乙苯流量、稀释水蒸气流量和原料气及脱氢产物进出口温度四个基本调节回路（图10-4）。

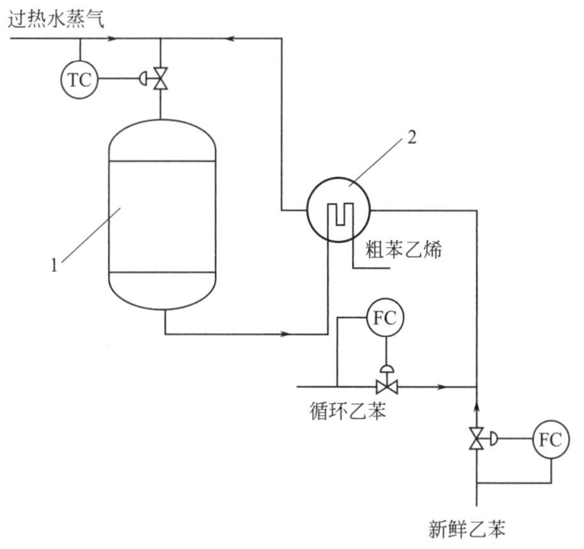

图10-4 乙苯脱氢控制方案

1—脱氢反应器；2—换热器

由于脱氢反应是强吸热反应，因此，在绝热反应器中反应温度是逐渐下降的。乙苯与水蒸气的比例及流速会给反应带来双重影响，乙苯与水蒸气的比例及流速越大，反应温度下降越快，所以对乙苯流量和水蒸气流量采用定值调节是必要的。这两个流量调节回路的稳定控制可以排除脱氢反应过程中的两个主要干扰因素。此时对脱氢反应的影响主要取决于反应区的温度。

任务四 生产工艺流程的组织

一、反应系统生产工艺流程的组织

1. 生产工艺流程的组织

乙苯脱氢的化学反应是强吸热反应，因此工艺过程的基本要求是要连续向反应系统供给大量热量，并保证化学反应在高温条件下进行。根据供给热能方式的不同，乙苯脱氢的反应过程按反应器型式的不同分为列管式等温反应器和绝热式反应器两种。

（1）列管式等温反应器脱氢的工艺流程 列管式等温反应器乙苯脱氢的工艺流程如图10-5所示。

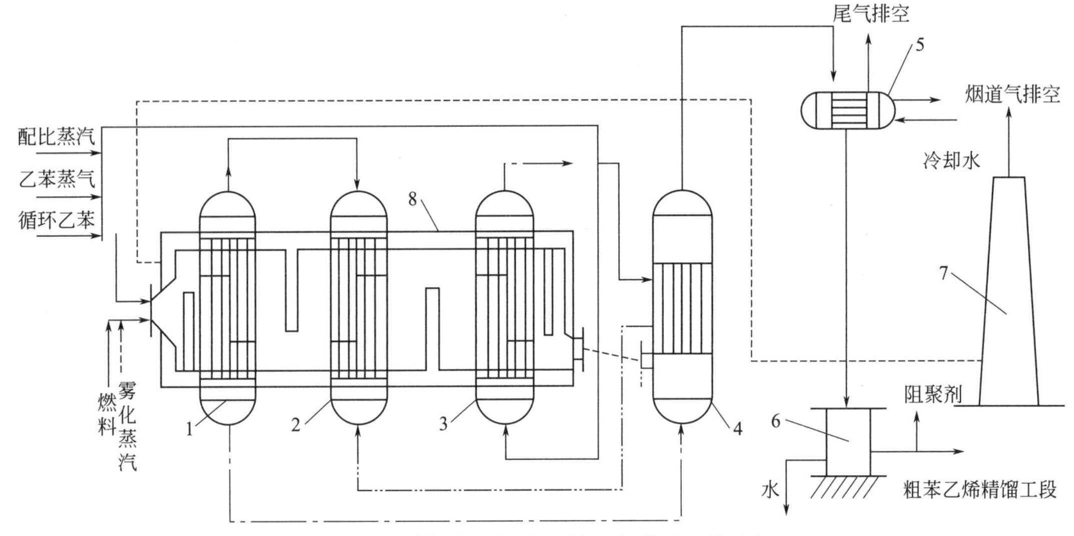

图 10-5 列管式等温反应器乙苯脱氢工艺流程

1—脱氢反应器；2—第二预热器；3—第一预热器；4—热交换器；5—冷凝器；6—粗苯乙烯贮槽；7—烟囱；8—加热器

原料乙苯蒸气和配比蒸汽混合后，先后经过第一预热器3、热交换器4和第二预热器2预热至540℃左右，进入脱氢反应器1的管内，在催化剂作用下进行脱氢反应。反应后的脱氢产物离开反应器时的温度为580～600℃，进入热交换器4，利用其余热间接预热原料气体，而同时使反应产物降温。然后再经冷凝器5冷却、冷凝，凝液在粗苯乙烯贮槽6中与水分层分离后，粗苯乙烯送精馏工序进一步精制为精苯乙烯。不凝气体中会有90%左右的H_2，其余为CO_2和少量C_1及C_2烃类，一般可作为气体燃料使用，也有直接用作本流程中等温反应器的部分燃料。

苯乙烯生产相关资料

该等温反应器的脱氢反应过程中，水蒸气仅仅是作为稀释剂使用，因此水蒸气与乙苯的摩尔配比为(6～9)：1。脱氢反应的温度控制范围与催化剂活性有关，一般新鲜催化剂控制在580℃左右，已老化的催化剂可以逐渐提高到620℃左右。反应器的温度分布是沿催化剂床层逐渐增高，出口温度可能比进口温度高 40～60℃。此外，为了充分利用烟道气的热量，一般是将脱氢反应器、原料第二预热器和第一预热器顺序安装在用耐火砖砌成的加热炉内，加热炉后的部分烟道气可循环使用，其余送烟囱排放；此外用脱氢产物带出的余热也可间接在热交换器 4 中预热原料气，都充分地利用了热能。

对脱氢吸热反应来说，由于升高温度对提高平衡转化率和提高反应速率都是有利的，因此催化剂床层的最佳温度分布应随转化率的增加而升高，所以等温反应器比较合理，可获得较高的转化率，一般可达 40%～45%，而苯乙烯的选择性达 92%～95%。

列管等温反应器的水蒸气耗用量虽为绝热式反应器的一半，但因反应器结构复杂，耗用大量特殊合金钢材，制造费用高，所以不适用于大规模的生产装置。

(2) 绝热式反应器脱氢工艺流程　单段绝热式反应器乙苯脱氢的工艺流程如图 10-6 所示。循环乙苯和新鲜乙苯与水蒸气总用量中 10% 的水蒸气混合以后，与高温的脱氢产物在热交换器 4 和 3 间接预热到 520～550℃，再与过热到 720℃ 的其余 90% 的过热水蒸气混合，大约是 650℃ 进入脱氢反应器 2，在绝热条件下进行脱氢反应，离开反应器的脱氢产物约为 585℃，在热交换器 3 和 4 中，利用其余热间接预热原料气，然后在冷凝器 5 中进一步冷却、冷凝，凝液在分离器 6 中分层，排出水后的粗苯乙烯送精制工序，尾气中氢含量为 90% 左右，可作为燃料，也可精制为纯氢气使用。

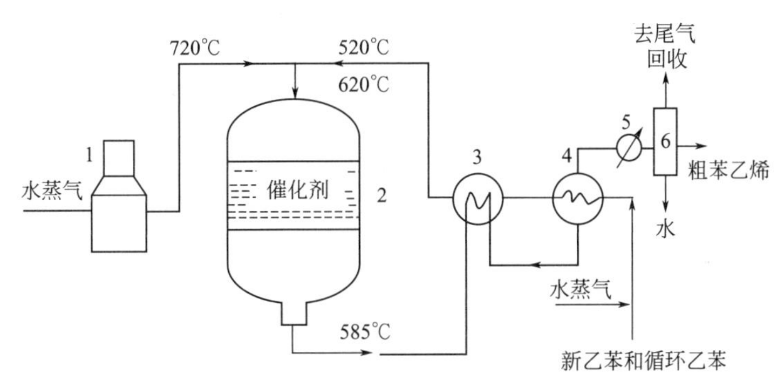

图 10-6　单段绝热式反应器乙苯脱氢工艺流程

1—水蒸气过热炉；2—脱氢反应器；3，4—热交换器；5—冷凝器；6—分离器

绝热反应器脱氢过程所需热量完全由过热水蒸气带入，所以水蒸气用量很大。反应器脱氢反应的工艺操作条件为：操作压力 138kPa 左右，水蒸气：乙苯（摩尔比）=14：1，乙苯液空速 0.4～0.6$m^3/(m^3 \cdot h)$。单段绝热反应器进口温度比脱氢产物出口温度高约 65℃，由前面分析可知，这样的温度分布对提高原料的转化率是很不利的，所以单段绝热反应器脱氢不仅转化率比较低（35%～40%），选择性也比较低（约 90%）。

与列管等温反应器相比较，绝热式反应器具有结构简单、耗用特殊钢材少、制造费用低、生产能力大等优点。一台大型的单段绝热反应器，生产能力可达年产苯乙烯 6 万吨。

2. 反应器的选用

(1) 外加热式列管反应器　列管式等温反应器结构示意如图 10-7 所示。反应器由许多耐高温的镍铬不锈钢管或内衬铜、锰合金的耐热钢管组成，管径为 100～185mm，管长 3m，管内装催化剂。反应器放在用耐火砖砌成的加热炉内，以高温烟道气为载体，将反应所需热量在反应管外通过管壁传给催化剂层，以满足吸热反应的需要。

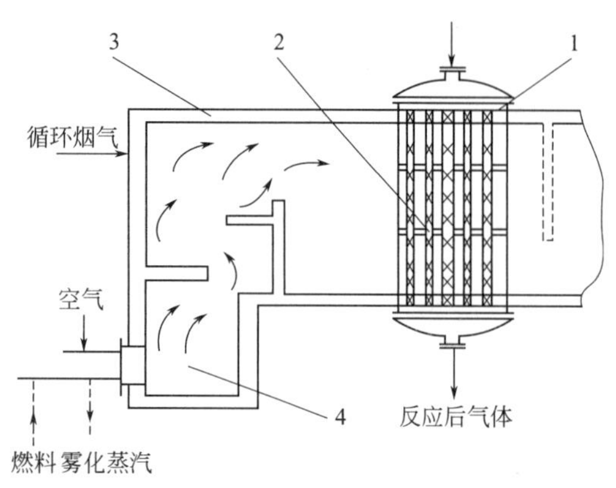

图 10-7 乙苯脱氢列管式等温反应器

1—列管反应器；2—圆缺挡板；3—加热炉；4—喷嘴

为了保证气流均匀地通过每根管子，催化剂床层阻力必须相同，因此，均匀地装填催化剂十分重要。管间载热体可为冷却水、沸腾水、加压水、高沸点有机溶剂、熔盐、熔融金属等。载热体选择主要考虑的是床层内要维持的温度。对于放热反应，载热体温度应较催化剂床层温度略低，以便移出反应热，但二者的温度差不能太大，以免造成靠近管壁的催化剂过冷、过热。载热体在管间的循环方式可为多种，以达到均匀传热的目的。

外加热式列管反应器的优点是反应器纵向温度较均匀，易于控制，不需要高温过热蒸汽，蒸汽耗量低，能量消耗少。其缺点在于需要特殊合金钢（如铜锰合金），结构较复杂，检修不方便。

（2）绝热式反应器　绝热式反应器不与外界进行任何热量交换，对于一个放热反应，反应过程中所放出的热量，完全用来加热系统内气体。对于乙苯脱氢吸热反应，反应过程中所需要的热量依靠过热水蒸气供给，而反应器外部不另行加热。因此随着反应的进行，温度会逐渐下降，温度变化的情况主要取决于反应吸收的热量。原料转化率越高，一般来说吸收的热量越多，由于温度的这种变化，使反应器的纵向温度自气体进口处到出口处逐渐降低。当乙苯转化率为 37%时，出口气体温度将比进口温度低 333K 左右，为了保证靠近出口部分的催化剂有良好的工作条件，气体出口温度不允许低于 843K，这样就要求气体进口温度在 903K 以上。又为防止高温预热时乙苯蒸气过热所引起的分解损失，必须将乙苯和水蒸气分别过热，然后混合进入反应器，绝热式反应器为直接传热，使沿设备横向截面的温度比管式反应器均匀。

绝热式反应器的优点是结构比较简单，反应空间利用率高，不需耐热金属材料，只要耐火砖就行了，检修方便，基建投资低。其缺点是温度波动大，操作不平稳，消耗大量的高温（约 983K）蒸汽并需用水蒸气过热设备。

（3）绝热式脱氢过程的改进　绝热式反应器一般只适用于反应热效应小，反应过程对温度的变化不敏感及反应过程单程转化率较低的情况。为了克服单段绝热反应器的缺点，降低原料和能量的消耗，后来在乙苯脱氢的反应器及生产工艺方面有了很多改进措施，效果较好。

将几个单段绝热反应器串联使用，在反应器间增设加热炉。或是采用多段式绝热反应器，即将绝热反应器的床层分成很多小段，在每段之间设有换热装置，反应器的催化剂放置在各段的隔板上，热量的导出或引入靠段间换热器来完成。段间换热装置可以装在反应器内，也可设在反应器外。加热用过热水蒸气按反应需要分配在各段分别导入，多次补充反应所需热量。这样不仅降低了反应器初始原料的入口温度，也降低了反应器物料进、出口气体的温差，转化率可提高到 65%～70%，选择性在 92%左右。

从理论上讲将床层分的段数愈多则愈接近等温反应器，但是段数愈多，结构愈复杂，这样就使其结构简单的优点消失了。生产中多采用两段绝热式反应器，第一段使用高选择性催化剂以提高选择性，第二段使用高活性的催化剂，由此来改善因反应深度加深而导致温度下降对反应速率不利的影响，该种措施可使乙苯转化率提高到64.2%，选择性为91.1%，水蒸气消耗量由单段的6.6t/t（苯乙烯），降低到4.5t/t（苯乙烯），生产成本降低16.9%。

图10-8所示是三段绝热式径向反应器结构。每一段均由混合室、中心室、催化剂室和收集室组成。催化剂放在由钻有细孔的钢板制成的内、外圆筒壁之间的环形催化剂室中。乙苯蒸气与一定量的过热水蒸气进入混合室混合均匀，由中心室通过催化剂室内圆筒壁上的小孔进入催化剂层径向流动，并进行脱氢反应，脱氢产物从外圆筒壁的小孔进入催化剂室外与反应器外壳间环隙的收集室。然后再进入第二段的混合室，在此补充一定量的过热水蒸气，并经第二段和第三段进行脱氢反应，直至脱氢产物从反应器出口送出。

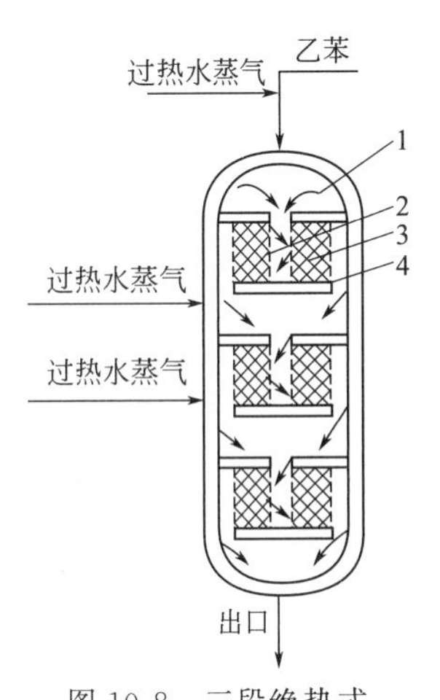

图10-8 三段绝热式径向反应器
1—混合室；2—中心室；3—催化剂室；4—收集室

此种反应器的反应物由轴向流动改为催化剂层的径向流动，可以减小床层阻力，使用小颗粒催化剂，从而提高选择性和反应速率。其制造费用低于列管等温反应器，水蒸气用量比一段绝热反应器少，温差也小，乙苯转化率可达60%以上。

此外还有提出以等温反应器和绝热反应器联用，以及在三段绝热反应器中使用不同的催化剂，采用不同的操作条件等改进方案的，也都有一定好的效果。

二、粗苯乙烯分离与精制方案的确定

1.粗苯乙烯分离和精制方案的选择

由于乙苯脱氢反应伴随着裂解、氢解和聚合等副反应，同时乙苯转化率一般在40%左右，所以脱氢产物是一个混合物，其组成大致见表10-6。

表10-6 脱氢产物的组成

组分名称	乙苯	苯乙烯	苯	甲苯	焦油
含量/%	55～60	35～45	约1.5	约2.5	少量
沸点/℃	136.2	145.2	80.1	110.7	

脱氢产物可用精馏方法分离，但由于脱氢产物中除苯乙烯外，尚含有乙苯、苯和甲苯，这些物质均为基本有机原料，也需进行回收。因此，脱氢产物的分离和精制过程较复杂，而乙苯-苯乙烯的分离又是整个分离和精制过程的关键。在组织苯乙烯分离和精制流程时需要注意的问题如下。

① 苯乙烯在高温下容易自聚，而且聚合速率随温度的升高而加快，如果不采取有效措施和选择适宜的塔板型式，就容易出现堵塔现象，使生产不能正常进行。为此，除在苯乙烯高浓度液中加入阻聚剂（聚合用精苯乙烯不能加）外，塔釜温度应控制不能超过90℃，因此必须采用减压操作。

② 欲分离的各种物料沸点差比较大，用精馏方法即可将其逐一分开。但是苯乙烯和乙苯的沸点比较接近，相差仅9℃，因此在原来的分离流程中，将粗苯乙烯中低沸物蒸出时，因采用泡罩塔，压力损失大，效率低，因而釜液中仍含有少量乙苯，必须再用一个精馏塔蒸出这少量的乙苯，即用两个精馏塔分离乙苯，流程长，设备多，动力消耗也大，不经济。后

来的流程对此做了改进，乙苯蒸出塔采用压力损失小的高效筛板塔，就简化了流程，用一个塔即可将乙苯分离出去。

根据以上情况，对于粗苯乙烯分离和精制流程组织方案可有如下两种。

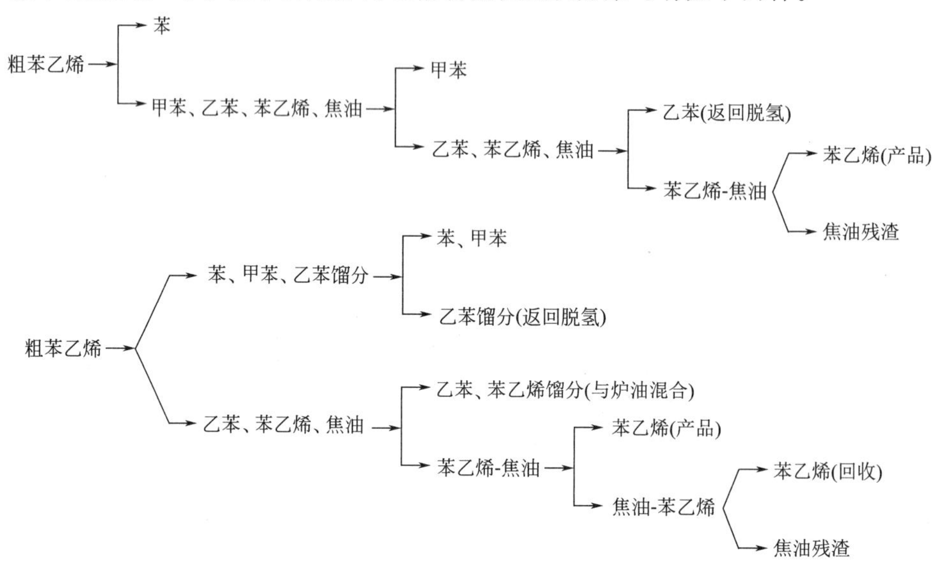

第一种方案是按粗苯乙烯中各组分的挥发度顺序，先轻组分，后重组分，逐个蒸出各组分进行的。此方案的特点是可节省能量，但目的产品苯乙烯被加热的次数较多，聚合的可能性较大，对生产不太有利。

第二种方案比较合理，较前一个方案的优点是：产品苯乙烯是从塔顶取出，保证了苯乙烯的纯度，不会含有热聚产物；苯乙烯被加热的次数减少一次，减少了苯乙烯的聚合损失；苯-甲苯蒸出塔因没有苯乙烯存在，可不必在真空下操作，节省了能量。

2. 分离和精制工艺流程

粗苯乙烯分离和精制的工艺流程示意如图 10-9 所示。

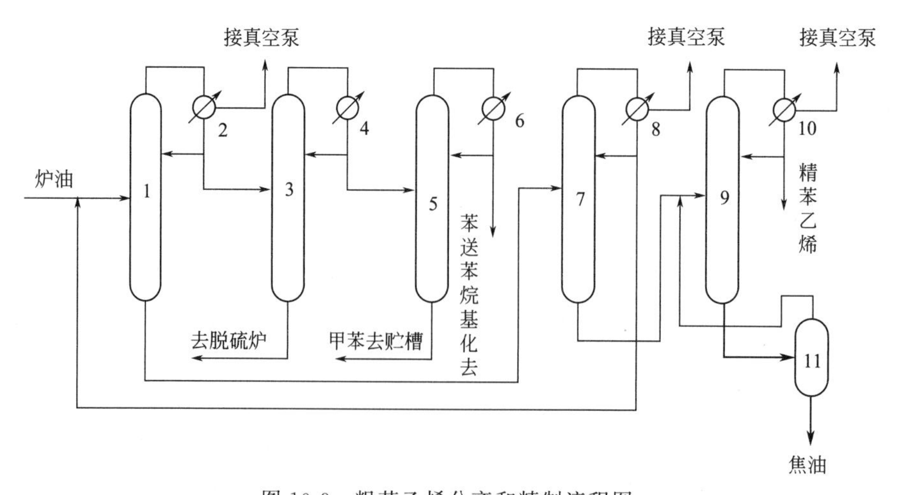

图 10-9 粗苯乙烯分离和精制流程图

1—乙苯蒸出塔；2—冷凝器；3—苯、甲苯回收塔；4,6,8,10—冷凝器；5—苯、甲苯分离塔；7—苯乙烯粗馏塔；9—苯乙烯精馏塔；11—蒸发釜

粗苯乙烯（炉油）首先送入乙苯蒸出塔 1，该塔是将未反应的乙苯和副产物苯、甲苯与苯乙烯分离。塔顶蒸出乙苯、苯、甲苯经冷凝器冷凝后，一部分回流，其余送入苯、甲苯回收塔 3，将乙苯与苯分离。塔釜得到乙苯，可送脱氢炉作脱氢用，塔顶得到的苯、甲苯经冷凝器冷凝后部分回流，其余再送入苯、甲苯分离塔 5，使苯和甲苯分离，塔釜得到甲苯，塔顶得到苯，其中苯可作烷基化原料用。

乙苯蒸出塔后冷凝器 2 出来的不凝气体经分离器分出夹带液体后去真空泵放空。

乙苯蒸出塔塔釜液主要含苯乙烯、少量乙苯、焦油等，送入苯乙烯粗馏塔 7，将乙苯与苯乙烯、焦油分离，塔顶得到含少量苯乙烯的乙苯可与粗苯乙烯一起进入乙苯蒸出塔。苯乙烯粗馏塔塔釜液则送入苯乙烯精馏塔 9，在此，塔顶即可得到聚合级成品精苯乙烯，纯度可达到 99.5%以上，苯乙烯收率可达 90%以上。塔釜液为含苯乙烯 40%左右的焦油残渣，进入蒸发釜 11 中可进一步蒸馏回收其中的苯乙烯。回收苯乙烯可返回精馏塔作加料用。

粗苯乙烯和苯乙烯精馏塔顶部冷凝器 8、10，出来的未冷凝气体均经一分离器分离掉所夹带液滴后再去真空泵放空。

该流程中乙苯蒸出塔 1 和苯乙烯粗馏塔 7、苯乙烯精馏塔 9 要采用减压精馏，同时塔釜应加入适量阻聚剂（如对苯二酚或缓聚剂二硝基苯酚、叔丁基邻苯二酚等），以防止苯乙烯自聚。

分离精制系统中，各个蒸馏塔的操作条件随着所进料物组成的改变有所不同。如随着物料中苯乙烯含量的增加，塔釜操作温度是递减的，而塔的真空度却要增加。为了便于操作控制，每一个塔都担负着特定的控制指标，有的是着重塔顶的成分，有的则是着重塔釜的成分，相互配合，以完成分离任务。此外随物料性质的不同和各组分沸点差的变化，相应地选择合适的塔型，即选择压力小、板效率高的塔板结构，以满足分离和精致的要求。

任务五　正常生产操作

乙苯脱氢的生产过程可采用列管式等温反应器和绝热式反应器，不同的反应器类型其正常操作过程不同，采用列管式等温反应器正常生产操作如下。

一、开车操作

1. 开车前的准备工作

① 所有设备、管道、阀门试压合格，清洗吹扫干净。

② 所有温度、流量、压力、液位的仪表要正确无误。

③ 机泵单机运行正常，备用泵同样应处于可运转状态。

④ 燃料系统经试压后无泄漏，喷嘴无堵塞，油温预热至正常操作温度，并注意油贮罐排水。

⑤ 生产现场无杂物乱堆乱放，符合安全技术的有关规定。

⑥ 与调度联系，使燃料气、燃料油、动力空气、仪表空气、水蒸气、冷冻盐水、循环水、电、原料乙苯等处于备用状态。

2. 正常开车

经过燃料管道吹扫、炉膛吹扫、点火后，可以进行化工投料操作。

① 点火后待火焰稳定，开始记录温度，然后以一定的速率升温。

② 当温度升至150℃时，逐步开大烟囱挡板的角度，控制温度在150℃稳定4h，并做好通空气的准备。

③ 150℃稳定结束，通入动力空气，并控制空气的压力和流量。

④ 恒温结束后，继续以一定的速率升温。

⑤ 当温度升至500℃时，开大烟囱挡板的角度，并恒温24h。

⑥ 在500℃恒温过程中，做好通水蒸气的准备工作。当恒温结束，开始切换通入水蒸气。

⑦ 水蒸气通入后，仍以一定的速率升温。

⑧ 温度升为500℃时，水蒸气以一定的流量进入水蒸气过热炉的辐射段，并以一定的流量通入乙苯蒸发器。

⑨ 温度升为600℃时，加大水蒸气的通入量。仍以一定的速率升温。

⑩ 温度升为800℃时，进一步加大水蒸气的通入量。再进一步开大烟囱挡板的角度。

⑪ 在800℃稳定6h后，准备投料通乙苯。

⑫ 开乙苯贮罐的底部出口阀，启动乙苯泵，控制一定的流量。

⑬ 一段时间后，采样分析，根据结果调节乙苯的流量和炉顶温度，炉顶温度指示不得超过850℃。

二、停车操作

1. 正常停车操作

① 接到停车通知后，逐步减少乙苯进料流量，以10℃/h速率降低炉顶温度至800℃后恒温。

② 在800℃恒温下，仍按一定的速率减少乙苯进料量，直至切断乙苯。

③ 800℃恒温结束后，以15℃/h速率降低炉顶温度至750℃，关小烟囱挡板角度。

④ 750℃恒温1h，逐步减少水蒸气进入量，再关小烟囱挡板角度，以减少空气进入量，关闭盐水阀。

⑤ 以15℃/h速率降低炉顶温度至500℃，减少水蒸气进入量。

⑥ 500℃恒温17h，恒温过程中，第三小时开始进一步减少水蒸气进入量，交替切换动力空气，控制动力空气的流量。

⑦ 恒温结束后，以15℃/h速率降低炉顶温度至150℃，继续以一定流量通动力空气。

⑧ 150℃恒温2h，关小烟囱挡板角度。

⑨ 恒温结束切断动力空气阀，关小烟囱挡板角度，并以20℃/h速率降低炉顶温度至熄火，然后自然降温。

⑩ 切断循环上水，排净存水，必要时要加盲板。

2. 停车注意事项

① 切断或使用水蒸气、空气、燃料、乙苯、循环水时要及时与调度联系。

② 火焰调节要均匀，温度不可以突升或突降。

③ 停车时要切断报警系统的仪表。

④ 停车过程中，要加强巡回检查，发现故障应尽快处理。

⑤ 停车过程中，各温度、压力、流量、液位的记录要完整。

3. 紧急停车操作

（1）蒸汽供给不足时的紧急停车操作

① 蒸汽压力尚能维持数小时。a. 炉顶温度以 30～40℃/h 速率急剧降温。b. 当反应器二段出口温度低于 600℃时，停通乙苯，继续降温，改通空气后按正常降温指标执行。c. 若停蒸汽时间短，可在 500℃时恒温通空气，待蒸汽恢复后重新升温开车。

② 蒸汽压力低于 0.5MPa。a. 立即切断乙苯进料，以 100℃/h 的速率降低炉顶温度。b. 切断乙苯 1h 后，切换通空气。c. 蒸汽流量如果较小，而短期不能恢复供汽，则按正常停车操作执行。d. 蒸汽压力低于 0.1MPa 时，切断蒸汽总阀，防止倒压。

（2）燃料供给出现异常时的紧急停车操作

① 燃料尚能维持 12h 以上。a. 参照停蒸汽①a. 的处理办法执行。b. 当炉顶温度在 600℃时，交替切换通空气，切断水蒸气，立即关小烟囱挡板至 20°，让其自然降温；当炉顶温度在 200℃时，停止通空气。

② 燃油压力低于 0.3MPa，或燃气压力低于 0.1MPa。a. 立即切断乙苯进料，通知调度，要求燃料气升压，或组织抢修油泵或启动备用泵。b. 若不能维持，则按不正常停车的降温速度参照执行，取消恒温阶段。c. 中途能恢复，则重新升温可按正常开车的相应操作阶段执行。

③ 燃料突然中断。a. 立即切断喷嘴阀门，启动空压机送工艺空气。b. 立即切断乙苯进料。c. 关小烟囱挡板至 20°，让其自然降温。d. 减少蒸汽流量，一段反应器入口温度降至 500℃时，交替切换通空气，150℃时停止通空气。e. 燃料系统，特别是尾气燃料中，若进入空气，在重新点火前，应吹扫炉膛，分析合格方可点火。

（3）原料乙苯供给突然停止的紧急停车操作

① 关闭乙苯总阀，停乙苯泵。

② 将一段反应器入口温度降至 600℃恒温。

③ 重新投料按正常开车的相应步骤参照执行。

（4）突然停电时的紧急停车操作

① 所有管线全部采用现场手控阀操作。

② 所有液面全部现场观察。

③ 立即关闭乙苯进料。

④ 降低炉膛温度至 600℃，恒温，若乙苯仍供应不上，关蒸汽进口阀，加盲板，同时通空气。

⑤ 重新开车自控应缓慢切换，切一条稳一条。否则按正常停车处理。

（5）工艺空气突然中断时的紧急停车操作

① 在开车过程中通空气恒温阶段若停空气，则按正常停车处理，取消其中恒温阶段。

② 在停车过程中若遇停空气，处理方法同上。

③ 立即查明断空气的原因，待供气正常后则停止降温，按正常开车重新升温。

（6）仪表空气突然中断时的紧急停车操作 参照突然停电时的紧急停车操作。

（7）冷冻盐水突然中断时的紧急停车操作

① 降低乙苯进料量，保证放空管无物料喷出。

② 迅速查明原因，待盐水供应正常后再适当恢复乙苯进料量。

③ 若盐水供应在24h内无法恢复，则按正常停车执行。

④ 短时间的停盐水，除乙苯适当减量外，其他工艺条件不变。

（8）循环水突然中断时的紧急停车操作

① 立即关闭乙苯进料。

② 通知调度，要求恢复供水。

③ 调节一段反应器的入口温度至600℃。

④ 若24h无法恢复供水，按正常停车操作执行。

三、正常生产操作

① 维持蒸汽和乙苯流量稳定在规定控制范围内。

② 炉顶温度及炉膛负压稳定控制在规定范围，反应温度稳定，燃烧完全，不回火，确保安全生产。

③ 每小时按规定时间认真做好原始记录，数据正确无误，字迹端正，不得涂改。

④ 由分析工取样分析脱氢液苯乙烯含量每两小时一次，每天全分析一次，每天尾气含量分析一次，根据分析结果和工艺操作情况，及时调整操作条件，使各项工艺指标稳定在规定范围内。

⑤ 做好环境卫生工作，保持操作室、仪表屏、操作台的整洁。

⑥ 仪表机泵发生故障，应及时通知维修，不得拖延。

⑦ 岗位所属系统的跑、冒、滴、漏应及时解决，严重的可报工段或车间解决。

⑧ 每小时按量向溶解锅内加阻聚剂。

任务六 异常生产现象的判断和处理

列管式等温反应器异常生产现象的判断和处理方法见表10-7。

表10-7 列管式等温反应器异常生产现象的判断和处理方法

序号	异常现象	原因分析	操作处理方法
1	炉顶温度波动	①燃料波动 ②仪表失灵 ③烟囱挡板滑动造成炉膛负压波动 ④乙苯或水蒸气流量波动 ⑤喷嘴局部堵塞 ⑥炉管破裂(烟囱冒黑烟)	①调节并稳定燃料供应压力 ②检查仪表,切换手控 ③调整挡板至正常位置 ④乙苯或水蒸气流量波动 ⑤清理堵塞,重新点火 ⑥按事故处理,不正常停车

续表

序号	异常现象	原因分析	操作处理方法
2	反应温度下降	①炉顶温度下降 ②物料系统预热温度下降 ③水蒸气及乙苯流量突然增加 ④烟道密封圈脱落,冷空气漏入 ⑤炉后蝶阀开得太小,引风不足	①提高炉顶温度 ②提高系统预热温度 ③检查调整水蒸气及乙苯流量 ④降温堵嵌密封圈 ⑤开大炉后蝶阀,增加引风量
3	反应系统压力上升	①催化剂固定床阻力增大 ②乙苯或水蒸气流量加大 ③进口管堵塞 ④盐水冷凝器出口冻结	①检查床层,催化剂烧结或粉碎,应限期更换 ②调整流量 ③停车清理,疏通管道 ④调节或切断盐水解冻,严重时用水蒸气冲刷解冻
4	脱氢液颜色发黄	①水蒸气配比太小 ②催化剂活性下降 ③反应温度过高 ④回收乙苯中苯乙烯含量过高	①加大水蒸气流量 ②活化催化剂 ③降低反应温度 ④不合格乙苯不能使用
5	苯乙烯的转化率和选择性下降	①反应温度偏低 ②乙苯投料量太大 ③催化剂已到晚期 ④副反应增加 ⑤催化剂炭化严重,活性下降	①在允许的情况下提高反应温度 ②降低空速,减少投料量 ③更新催化剂 ④活化可以减少副反应的发生 ⑤停止进料,通水蒸气活化,提高活性

学习拓展与知识链接

中国近代化学工业的奠基人——侯德榜

中国化学工业史上，有一位杰出的科学家，他为祖国的化工事业奋斗终生，并以独创的制碱工艺闻名于世界。他犹如一块坚硬的基石，与范旭东、陈调甫等实业家、化学家一起，托起了中国现代化学工业的大厦。他就是被人们称为“国宝”的侯德榜先生。

侯德榜一生在化工技术上有三大贡献：第一，他揭开了索尔维制碱法的秘密，并公布于世，1933 年他用英文撰写了《纯碱制造》，该书作为美国化学会丛书在纽约出版。这本书的出版，结束了氨碱法制碱技术被垄断、封锁的历史，在学术界和工业界受到高度重视，被公认为制碱工业技术的权威著作。美国著名化学家威尔逊教授称赞这是“中国化学家对世界文明所作出的重大贡献”。《纯碱制造》一书相继被译成多种文字出版，对世界制碱工业的发展起了重要作用。当时，制碱工艺是 1862 年由比利时化学家索尔维发明的，为英国公司所垄断。经过 5 年艰苦的摸索实验，侯德榜带领科研人员终于揭开了索尔维制碱法的秘密。1924 年 8 月他负责的永利碱厂正式投产，1926 年永利碱厂生产的“红三角”牌纯碱在美国费城举办的万国博览会上荣获了金质奖章，得到“中国近代工业进步的象征”的评价，他本人也获得了中国“制碱大王”的美誉。第二，他创立了中国人自己的制碱工艺——侯氏制碱法。1937 年，抗日战争爆发，永利制碱公司被迫迁至西南重庆。由于当时内地盐价昂贵，用传统的索尔维法制碱成本太高，无法维持生产。永利碱厂决定向德国购买盐的利用率可高达90%～95%的察安制碱法，但当时的纳粹德国与日本暗中勾结，除了向侯德榜一行索要高价外，还提出有损中国主权的苛刻条件。为了维护民族尊严，范旭东与侯德榜拂袖而去，毅然决定“自己干”。经过侯德榜等人的艰苦实验研究，1941年，侯德榜所发明的“侯式制碱法”终于成功投产。这个新工艺使食盐的利用率从70%提高到了98%，产品回收率高、成本低，还解决了废液占地毁田、污染环境的问题。这个新工艺将世界制碱水平推向了一个新高度，赢得了国际化工界的极高评价。1943年，在中国化学工程师学会举办的第十一届年会上，“侯式制碱法”被授予“化工贡献最大者奖”。中国化学工程师学会一致同意将这一新的联合制碱法命名为“侯氏联合制碱法”，又称侯氏制碱法、循环制碱法或双产品法。此法公布后，在国际上引起了强烈反响。为此，侯德榜荣获英国皇家学会、美国化学工程学会、美国机械学会荣誉会员的称号，并成为美国机械工程师协会终身荣誉会员。从此，中国化学工业技术一跃登上世界舞台。晚年他总结自己从事制碱工业40余年的经验，写出了《制碱工学》，全书共54章80余万字，详细介绍了自己所发明的“侯式制碱法”，成为至今制碱工业的权威著作。第三，便是他为中国小化肥工业的发展做出了不可磨灭的贡献。1957年，为发展中国的小化肥工业，侯德榜倡议用碳化法制取碳酸氢铵，他亲自带队到上海化工研究院，与技术人员一道，使碳化法氮肥生产新流程获得成功，侯德榜是首席发明人。这种小氮肥厂，在当时促进了化肥工业的发展，也对农业生产起到了巨大的推动作用。

同时，他还积极传播交流科学技术，培育了很多科技人才，为发展科学技术和化学工业做出了卓越贡献。

练习与实训指导

1. 请说明苯乙烯的产品质量指标和生产方法。
2. 请说明生产苯乙烯的原料和来源，并对乙苯的性质作简要说明。
3. 从乙苯脱氢生产苯乙烯的反应原理说明脱氢反应在热力学上有哪些特点？
4. 脱氢反应的催化剂应满足哪些要求？
5. 反应温度、压力、水蒸气用量、原料纯度和空间速度对乙苯脱氢反应有何影响？
6. 单段绝热式反应器有何不足之处？20世纪70年代以来有哪些好的改进方案？
7. 写出苯乙烯生产中的主要反应方程式（包括主、副反应），说明其特点；并对反应过程进行热力学、动力学分析；通过分析判断苯乙烯生产的主要影响因素有哪些？
8. 阅读苯乙烯生产过程的工艺流程图，并说明图中主要工艺设备的名称、数量；说明图中主要物料的工艺流程。
9. 乙苯脱氢制苯乙烯生产中有哪些常见的异常现象？请分析原因并提出处理办法。
10. 试进行乙苯脱氢制苯乙烯模拟操作训练。

项目考核与评价

一、填空题（24%）

1. 苯乙烯分子中，由于侧链是__________双键，因此，化学性质较为活泼，苯乙烯在室温下__________。

2.乙苯脱氢生成苯乙烯是__________反应，在生成苯乙烯的同时可能发生的副反应主要是__________和__________，因为苯环比较稳定，__________都发生在__________上。

3.实验认为__________比__________更具有竞争力。在__________中，苯乙烯氢解的主要倾向是生成甲苯，且随着温度的__________，其倾向__________。

二、选择题（6%）

1.苯乙烯的生产方法有（　　）。

A.乙苯脱氢法　　B.共氧化法　　C.丁二烯合成法　　D.以上都是

2.为什么要求原料乙苯中二乙苯含量小于0.04%？（　　）

A.二乙苯有毒　　B.二乙苯也能脱氢生成二乙烯基苯

C.催化剂中毒　　D.副反应多

3.列管式等温反应器系统压力上升的原因是（　　）。

A.床层阻力增大　　B.催化剂活性下降

C.反应温度过高　　D.副反应增多

三、判断题（10%）

1.工业上常采用加入水蒸气的办法来降低原料乙苯在反应混合物中的分压，以此达到与减压操作相同的目的。（　　）

2.聚苯乙烯无毒，所以苯乙烯也无毒。（　　）

3.乙苯脱氢反应随着温度的升高，转化率下降。（　　）

4.副产物苯和甲苯可以由平行或连串副反应生成，苯乙烯氢解的主要倾向是生成甲苯，且随着温度的升高，其倾向愈大。（　　）

5.从乙苯脱氢平衡常数与压力的关系式 $x_e=\sqrt{\dfrac{K_p}{K_p+p}}$ 可知，增加压力有利于平衡向正方向移动。（　　）

四、简答题（30%）

1.从乙苯脱氢生产苯乙烯的反应原理说明脱氢反应在热力学上有哪些特点？

2.脱氢反应的催化剂应满足哪些要求？

3.反应温度对乙苯脱氢反应有何影响？

4.选用水蒸气作稀释剂有哪些好处？

5.采用列管式等温反应器正常停车时有哪些注意事项？

五、计算题（10%）

某乙苯脱氢实验，乙苯纯度为98.5%，乙苯用量62.9mL，得脱氢液61.6mL，脱氢液色谱分析组成（体积分数）：乙苯51.10%、苯乙烯43.15%。试计算：(1) 转化率；(2) 选择性；(3) 收率。（乙苯的密度为0.867g/cm^3，苯乙烯的密度为0.906g/cm^3）

六、综合题（20%）

写出苯乙烯生产中的主要反应方程式（包括主、副反应），说明其特点；并对反应过程进行热力学、动力学分析；通过分析判断苯乙烯生产的主要影响因素有哪些？

参 考 文 献

[1] 梁凤凯，舒均杰．有机化工生产技术．第2版．北京：化学工业出版社，2011.

[2] 卞进发，彭德厚．化工工艺概论．第2版．北京：化学工业出版社，2010.

[3] 李峰主编．甲醛及其衍生物．北京：化学工业出版社，2006.

[4] 王焕梅．有机化工生产技术．第2版．北京：高等教育出版社，2013.

[5] 黄金霞等．丙烯腈生产技术进展及市场分析．化学工业，2020，02：43-51.

[6] 崔克清，陶刚．化工工艺及安全．北京：化学工业出版社，2004.

[7] 胡聪等．丙烯腈工艺废水四效蒸发技术研究进展．山东化工，2020，06：67-69.

[8] 张春玲等．丙烯腈急冷塔尾气治理技术．河南化工，2019，12：10-12.

[9] 金栋，燕丰．我国醋酸合成技术的研究进展．乙醛醋酸化工，2019，03：4-12.

[10] 刘振河．化工生产技术．第2版．北京：高等教育出版社，2013.

[11] 刘代俊，蒋文伟，张昭．化学过程工艺学．第2版．北京：化学工业出版社，2014.

[12] 中国石油化工集团公司职业技能鉴定指导中心．有机合成工．北京：中国石化出版社，2008.

[13] 刘连委．甲醛合成方法研究进展．化学工程与装备，2018，02：251-252.

[14] 徐春华．大型甲醇合成工艺技术研究进展．化学工程与装备，2019，05：230-233.

[15] 李俊胜，冯玉萍．有机合成工．北京：化学工业出版社，2007.

[16] 周忠元，陈桂珍．化工安全技术与管理．第2版．北京：化学工业出版社，2002.

[17] 中国石油化工集团公司人事部，中国石油天然气集团公司人事服务中心编．精对苯二甲酸装置操作工．北京：中国石化出版社，2008.

[18] 梁凤凯，厉明蓉．化工生产技术．天津：天津大学出版社，2008.